Christa Erichson

Von Null bis Zett
Mathematik nachschlagen

Illustrationen von Nils Fliegner

LERNBUCHVERLAG

Impressum

Christa Erichson
Von Null bis Zett – Mathematik nachschlagen
1. Auflage 2008
© 2008 LERNBUCHVERLAG in Kooperation mit dem Erhard Friedrich Verlag, Seelze
bei Auer Verlag GmbH, Donauwörth

www.**LERNBUCHVERLAG**.de
Illustrationen: Nils Fliegner
Technische Zeichnungen: Ilka Jacobus, Stephanie Schicke
Layout und Realisation: Sarah Birkholz, Martina Heskamp / Friedrich Mediengestaltung
Druck: Himmer AG, Augsburg

ISBN: 978-3-403-11600-4

Inhaltsverzeichnis

Von Null bis Zett – Eine Einführung

Für wen und wozu?

Der Titel dieses Nachschlagebuches lautet **Von Null bis Zett**. Die **Null** steht für die Mathematik, die ihr darin nachschlagen könnt, und das **Zett** für die Sprache, in der sie euch vermittelt wird. Es handelt sich um ein Lexikon, in dem ihr dem Alphabet nach mathematische Stichwörter nachschlagen könnt.

Von Null bis Zett ist für alle gemacht, die etwas Neues über Mathematik erfahren wollen oder die Altes wieder auffrischen wollen oder die einfach nur herumstöbern mögen, um etwas Interessantes zu entdecken.

Das seid in erster Linie ihr Schüler und Schülerinnen, auch wenn ihr keine Einsteins werden wollt. Das sind bestimmt auch eure Eltern, Großeltern, älteren Geschwister oder andere Verwandte, Bekannte und Hausaufgabenhelfer. Auch eure Lehrerinnen und Lehrer finden sicher manche schöne Idee für den Unterricht und manchen interessanten Tipp und „Appetithappen" für ein ganz spezielles mathematisches Thema.

Es gibt natürlich schon eine Menge anderer mathematischer Schüler-Lexika. Sie sind meist so gemacht, dass Schüler und Schülerinnen sich bis zum Abitur Informationen daraus holen können. Für jüngere Schülerinnen und Schüler sind sie deshalb meistens noch zu kompliziert und in einer Fachsprache abgefasst, mit der sie (noch) nicht zurecht kommen.

Von Null bis Zett beschreibt grundlegende mathematische Sachverhalte in einer Sprache, die leichter zu verstehen ist. Zahlreiche Abbildungen, Geschichten und Übungsbeispiele helfen dabei.

Suchen und Finden

Wie in jedem Lexikon findet ihr die Stichwörter dem Alphabet nach. Ihr lest euch am besten erst einmal in das Thema ein und entscheidet, ob ihr den ganzen Beitrag durchlesen wollt oder ob ihr nur bestimmte Sachen wissen wollt.

Ihr könnt dann den Text überfliegen und euch z. B. an den Überschriften oder Abbildungen orientieren. Einige Sätze sind markiert. Das sind wichtige Kernsätze. Auch an ihnen könnt ihr ablesen, an welcher Stelle das Gesuchte vielleicht zu finden ist.

Verweise

Zu jedem Beitrag werdet ihr auf weiterführende Stichwörter aufmerksam gemacht, z. B. zum Beitrag Kugel: **Kreis**, **Pi**, **Volumen**… Wenn Ihr einen Begriff nicht kennt oder mehr über das

Thema erfahren wollt, könnt ihr dann unter dem neuen Stichwort nachschlagen.

Manchmal ist das Nachschlagen in einem Lexikon wie eine Rallye. Ihr wollt zum Beispiel wissen, wie man Kommazahlen miteinander malnimmt, dann kann sich eure Suche so abspielen, wie in der Bilderfolge unten.

Wenn ihr ein Stichwort nicht findet, dann gibt es im Lexikon selbst keinen eigenen Eintrag dazu. Im alphabetischen Register ab Seite 528 bekommt ihr aber einen Hinweis, unter welchen Hauptstichwörtern ihr trotzdem etwas zu eurem gesuchten Begriff erfahren könnt.

Stöbern und Hängenbleiben

In einem Lexikon einfach nur so herumzustöbern, kann wie eine Fahrt ins Blaue sein, auf der man auch immer mal Überraschendes entdeckt und erlebt. Das ist bei diesem Lexikon bestimmt auch so. Ob an Stichwörtern oder Kernsätzen, Fotos oder Schaubildern, Witzen oder Rechenrätseln: Irgendwo bleibt man immer hängen und lernt etwas Neues kennen.

Wir wünschen euch überraschende Entdeckungen!

Buchstabe   Register

D   Drittel · Durchmesser

Oder so:

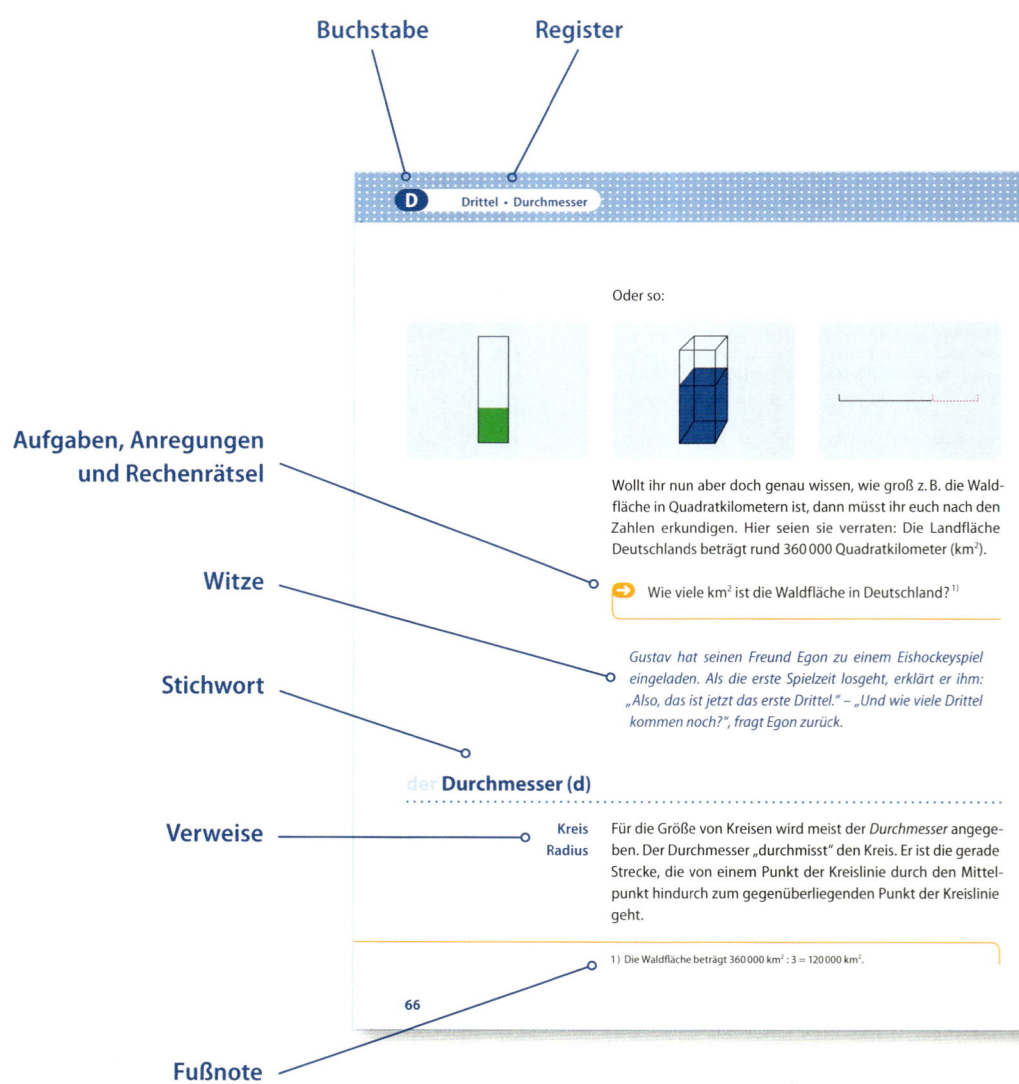

Wollt ihr nun aber doch genau wissen, wie groß z. B. die Wald-fläche in Quadratkilometern ist, dann müsst ihr euch nach den Zahlen erkundigen. Hier seien sie verraten: Die Landfläche Deutschlands beträgt rund 360 000 Quadratkilometer (km²).

Aufgaben, Anregungen und Rechenrätsel

Witze

→ Wie viele km² ist die Waldfläche in Deutschland? [1]

Stichwort

Gustav hat seinen Freund Egon zu einem Eishockeyspiel eingeladen. Als die erste Spielzeit losgeht, erklärt er ihm: „Also, das ist jetzt das erste Drittel." – „Und wie viele Drittel kommen noch?", fragt Egon zurück.

der **Durchmesser (d)**

Verweise   Kreis   Für die Größe von Kreisen wird meist der *Durchmesser* angege-
         Radius   ben. Der Durchmesser „durchmisst" den Kreis. Er ist die gerade Strecke, die von einem Punkt der Kreislinie durch den Mittel-punkt hindurch zum gegenüberliegenden Punkt der Kreislinie geht.

1) Die Waldfläche beträgt 360 000 km² : 3 = 120 000 km².

66

Fußnote

Zeichnen könnte man unendlich viele Durchmesser. Es ist egal von welchem Punkt der Kreislinie man ausgeht. Hauptsache, die gerade Linie geht durch den Mittelpunkt. Deshalb braucht man den Punkt auf der gegenüberliegenden Seite auch nicht groß zu suchen. Das Lineal trifft ihn von selbst.

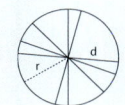

Exakte Kreise werden mit dem Zirkel geschlagen. Will man einen Kreis mit einem Durchmesser von 10 cm schlagen, muss man den Zirkel auf den halben Durchmesser einrichten. Das ist der *Halbmesser*. Er wird in der Mathematik *Radius* (r) genannt. Der Durchmesser ist zweimal so groß wie der Radius:

Merksätze und Formeln

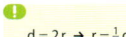

$$d = 2r \;\rightarrow\; r = \tfrac{1}{2}d$$

der **Durchschnitt**

Das Wort *Durchschnitt* kommt von „durchschneiden". Ihr kennt das Wort „durchschnittlich". Wenn etwas durchschnittlich ist, ist es nicht besonders gut, aber auch nicht besonders schlecht. Es liegt genau dazwischen.

Statistik
Daten
schätzen

Der Durchschnitt ist der Wert, der genau in der Mitte liegt. Man nennt ihn deshalb auch Mittelwert. Den Durchschnitt braucht man für alle möglichen statistischen Aussagen und Vergleiche.

- Die Deutschen schlecken im Durchschnitt 8 Liter Eis pro Jahr, die Amerikaner sogar 24 Liter.
- Säuglinge schlafen im Durchschnitt täglich 16 Stunden.
- Im Durchschnitt hat jeder Mensch $2\tfrac{1}{2}$ Kilogramm Übergewicht. Vor 10 Jahren waren es im Durchschnitt noch 2 kg.

67

à

je
pro
Das *à* mit dem kleinen Schrägstrich darüber ist nicht nur ein Buchstabe, sondern ein ganzes Wort.[1] Es kommt aus dem Französischen und bedeutet „zu" bzw. „zu je".

„Ich habe drei Hefte à 39 Cent gekauft." Also: „drei Hefte *zu* 39 Cent" oder deutlicher: „drei Hefte *zu je* 39 Cent". Jedes der drei Hefte kostet also 39 Cent. „Ich habe *pro* Heft 39 Cent bezahlt."

abrunden

runden
aufrunden
ungefähr
Ihr habt bestimmt schon mal den Ausspruch gehört: „6 Euro und ein paar Zerquetschte!" Damit ist gemeint, dass ein Preis ein paar Cent höher lag als 6 Euro. Die paar Cent spielen in dem Zusammenhang keine große Rolle. Man *rundet* auf 6 Euro *ab*. Derselbe Ausspruch ist aber auch bei sehr viel höheren Beträgen zu hören. Zum Beispiel sagt einer: „Mein Auto hat 25 000 Euro und ein paar Zerquetschte gekostet". Genau waren es 25 370 Euro. Die „paar Zerquetschten" sind hier schon ein paar Hunderter und Zehner. Trotzdem wird abgerundet, weil die Zehner oder Hunderter im Verhältnis zu dem hohen Betrag von 25 000 Euro auch wenig sind.
Noch viel mehr „Zerquetschte" sind im Spiel, wenn es in der Wirtschaft oder Politik um Millionen oder Milliarden geht. Da heißt es zum Beispiel in der Zeitung: „Für den Ausbau des Straßennetzes wurden gut 3 Milliarden Euro ausgegeben". Genau genommen mögen es 3 004 689 250 Euro gewesen sein. Hier

---

1) Der kleine Schrägstrich über dem „a" ist ein Akzentzeichen.
Das „a" soll kurz ausgesprochen werden.

fallen beim Abrunden also schon 4 Millionen 689 Tausend 250 Euro unter den Tisch. Davon hätte man schon gern ein Milliönchen. (Natürlich fallen die Millionen nicht wirklich unter den Tisch, sondern stehen in den Rechnungsbüchern, aber für die Zeitungsleser wird abgerundet. Kaum einer würde sich die genaue Zahl merken können oder wollen.)

> Beim Runden kann sowohl die Höhe der Zahlen eine Rolle spielen, als auch die Situation, um die es geht. Abrunden ist also zu einem Großteil Gefühlssache.

In der Mathematik gibt es aber natürlich auch Rundungsregeln. Die findet ihr unter dem Stichwort **runden.**

abziehen

subtrahieren

das **Achtel**

Begriffe und Schreibweise

Ein *Achtel* bedeutet der „achte Teil". Die Silbe „-tel" ist ein Überbleibsel von dem Wort „Teil" (eigentlich müsste „Achtel" also mit zwei „t" geschrieben werden: Acht-tel).
Ein Achtel schreibt man in der Kurzform mit einem Bruchstrich: $\frac{1}{8}$

Bruch
Hälfte
Viertel
Drittel
Dezimalbruch
Kommazahl

Achtel in der Umgebung

- Eine Torte wird gern in acht Teile geschnitten, weil man so am besten gleich große Stücke schneiden kann. Zuerst wird die Torte in zwei Hälften geteilt, dann in vier Viertel und schließlich in acht Achtel. Die ganze Torte besteht dann aus acht gleich großen Teilen, also aus 8 Achteln. 1 Achtel ist hier schon herausgeschnitten. Es sind noch 7 Achtel übrig: $\frac{8}{8} - \frac{1}{8} = \frac{7}{8}$

- In der Musik gibt es Achtelnoten. Das bedeutet, dass die Achtelnote achtmal schneller gespielt oder gesungen werden soll als eine ganze Note. Acht Achtelnoten dauern also so lang wie eine ganze Note.

laaaaaaaa   laaaa laaaa   laa laa laa laa   la la la la la la la la

1 ganze Note = 2 halbe Noten = 4 viertel Noten = 8 achtel Noten

- In der Mode gibt es Sieben-Achtel-Hosen. Im Volksmund nennt man sie auch „Hochwasserhosen". Ihre Länge ist ein Achtel kürzer als eine normal lange Hose. Man muss sich vorstellen, dass die Normallänge der Hosenbeine in acht Teile geteilt und ein Achtel davon abgeschnitten wurde. Die Hochwasserhose ist dann also nur noch sieben Achtel lang. Ihr könnt ja mal nachmessen, ob diese Hose wirklich eine $\frac{7}{8}$-Hose ist.

Mit Achteln rechnen

Ein Achtel bedeutet den achten Teil von einem Ganzen. Das Ganze kann alles Mögliche sein, zum Beispiel ein Liter Milch (= 1 000 Milliliter) oder ein Geldbetrag von 40 Euro oder auch eine Herde von 200 Schafen. $\frac{1}{8}$ ist immer der achte Teil von dem Ganzen.

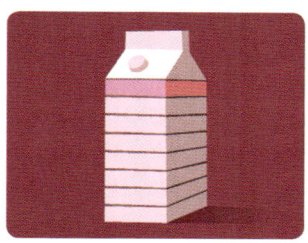

$\frac{1}{8}$ l Milch

$\frac{1}{8}$ von 40 Euro

$\frac{1}{8}$ der Schafherde

- Wie viel Milch, wie viel Euro, wie viele Schafe sind jedes Mal ein Achtel ($\frac{1}{8}$)? [1]
- Wie viel sind jedes Mal drei Achtel ($\frac{3}{8}$)? [2]

---

[1] 1000 ml : 8 = 125 ml Milch; 40 Euro : 8 = 5 Euro; 200 Schafe : 8 = 25 Schafe
[2] $\frac{3}{8}$ l = 125 ml · 3 = 375 ml; $\frac{3}{8}$ von 40 € = 5 € · 3 = 15 €; $\frac{3}{8}$ der Schafherde = 25 Schafe · 3 = 75 Schafe

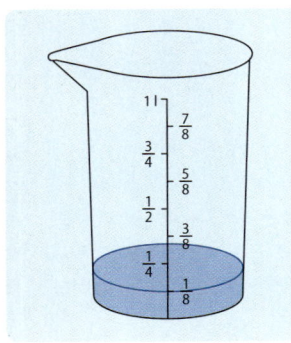

Ein Achtel als Dezimalbruch

Ein Achtel kann auch als Dezimalbruch dargestellt werden. Dezimalbrüche sind Kommazahlen.

Mehr dazu unter den Stichwörtern **Dezimalbruch** und **Kommazahl.**

$\frac{1}{8}$ Kilogramm

1 Kilogramm sind 1 000 Gramm. $\frac{1}{8}$ kg ist dann der achte Teil von 1 000 g, also 125 g.

125 g = 0 kg 125 g = 0,125 kg

$\frac{1}{8}$ kg ist dasselbe wie 0,125 kg.

$\frac{1}{8}$ kg = 0,125 kg

$\frac{1}{8}$ Liter

Beim Liter ist es genauso: 1 Liter hat 1 000 Milliliter.

$\frac{1}{8}$ Liter ist der achte Teil von 1 000 ml, also 125 ml.

125 ml = 0 l 125 ml = 0,125 l; also: $\frac{1}{8}$ l = 0,125 l

$\frac{1}{8}$ ist immer dasselbe wie der Dezimalbruch 0,125.

$\frac{1}{8}$ ist nämlich dasselbe wie 1 : 8. Der Bruchstrich ist nur ein anderes Zeichen für „geteilt durch", also für : .

Gebt im Taschenrechner die Aufgabe 1 : 8 ein. Er zeigt garantiert 0,125 an!

addieren

Fachausdrücke und Rechenzeichen

Addieren kommt aus dem Lateinischen und bedeutet „hinzufügen" und „zusammenzählen". Das Substantiv heißt *Addition*.
Beim Addieren werden zwei oder mehrere Zahlen zusammengezählt. Das Zusammenzählen wird mit dem Wort plus ausgedrückt. Als Pluszeichen hat man ein Kreuz genommen: $+$. In der Gleichung sieht das so aus: $3 + 5 = 8$. Man sagt: „Drei plus fünf ist gleich acht."
Die Zahlen, die man zusammenzählt, heißen „Summanden".
Das können zwei Summanden sein oder auch ganz viele. Das Ergebnis der Addition nennt man „Summe".

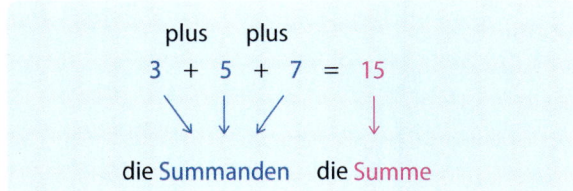

Die Summanden vertauschen

Ihr sollt Kastanien in die Schule mitbringen. Sie kommen alle zusammen in einen Korb. Dabei ist es egal, ob zuerst Sabrina, dann Paul, dann Milan und Luise ihre Kastanien hineinlegen oder zuerst Paul, dann Luise, dann Milan usw. Die Reihenfolge spielt keine Rolle. Die Gesamtmenge ist dieselbe. So ist es auch bei der Addition. Bei der Aufgabe $7 + 6 + 3$ kommt dieselbe Summe heraus wie bei $3 + 6 + 7$ oder bei $6 + 7 + 3$, nämlich immer 16.

Grundrechenarten
Kommazahlen addieren und subtrahieren
Vertauschungsgesetz

> Beim Addieren kann man die Reihenfolge der Summanden tauschen. Die Summe bleibt die gleiche.

Mehr dazu unter dem Stichwort **Vertauschungsgesetz**.

Schriftlich addieren

Bei der Addition von hohen Zahlen oder mehreren Summanden rechnet man am besten schriftlich. Dabei werden die Summanden so untereinander geschrieben, dass die Stellen genau untereinander stehen. Dann kann man wie mit Einern rechnen. Wenn in einer Spalte eine zweistellige Zahl herauskommt, notiert ihr den Übertrag als kleine Merkziffer in der nächst höheren Stellenspalte.

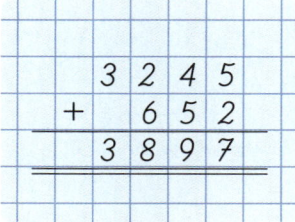

Ohne Übertrag

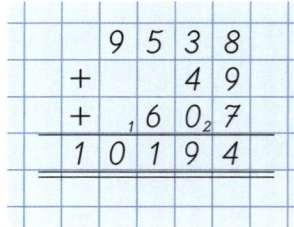

Mit Übertrag

 Zu faul zum Rechnen?

Von dem berühmten Mathematiker Carl Friedrich Gauß (1777–1855) ist eine Anekdote aus seiner Dorfschulzeit überliefert. Neun Jahre war Carl Friedrich alt, als der Lehrer seinen Schülern die Aufgabe stellte, alle Zahlen von 1 bis 100 zusammenzuzählen. Der Schulmeister hatte wohl gehofft, dass die Kinder damit eine gute Stunde zu tun hätten. Kaum hatte er es sich aber an seinem Lehrerpult gemütlich gemacht, um seine Zeitung zu lesen, da stand schon der kleine Gauß mit seiner Schiefertafel vor ihm und sagte: „Ich bin fertig, Herr Lehrer!" Zu seiner größten Verwunderung musste der Herr Lehrer feststellen, dass der Junge richtig gerechnet hatte, allerdings ganz anders als erwartet. Carl Friedrich musste es ihm erst erklären: Er habe 1 und 100 zusammengerechnet, das machte 101; dann 2 und 99, das machte wieder 101 und das ginge ja so weiter bis $50 + 51$. Also habe er 50 mal 101 gerechnet und da käme 5050 heraus.

- Macht euch die Methode des kleinen Mathe-Genies an den Zahlen 1 bis 10 klar:

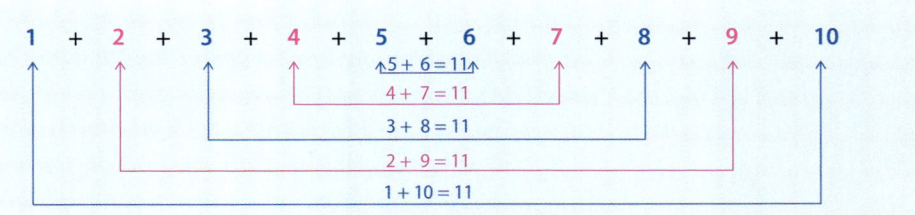

Statt $1 + 2 + 3 + 4 + 5 + 6$ usw. rechnet es sich mit diesem genialen Rechenvorteil wesentlich schneller: $5 \cdot 11 = 55$.

Ihr könnt euch die Methode auch mit *Durchstreichen* klar machen. Im folgenden Bild (Seite 16) mit der Zielzahl 12. Also: „Welche Zahlen habe ich nun schon addiert?"

Bei einer Zahlenfolge mit gerader Zielzahl (wie der 100, der 10 oder 12) dividiert ihr die Zielzahl also einfach durch 2 und multipliziert das Ergebnis mit der Summe aus der ersten und der letzten Zahl: $12 : 2 = 6 \rightarrow 6 \cdot (1 + 12) = 78$.

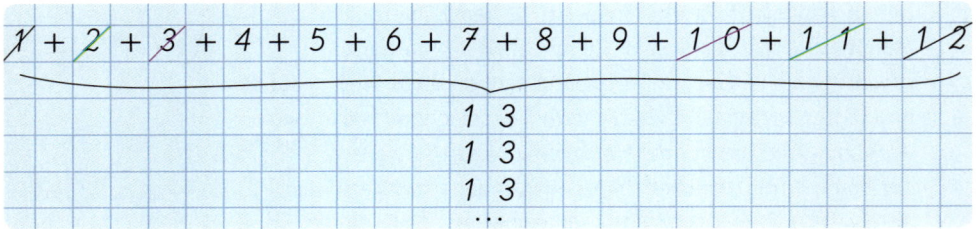

$$1 + 2 + 3 + 4 + 5 + 6 + 7 + 8 + 9 + 10 + 11 + 12$$

1	3
1	3
1	3

...

➡ Wie zählt ihr aber eine Zahlenfolge geschickt zusammen, deren Zielzahl ungerade ist, z. B. 15? Überlegt euch die geschickteste Methode.[1]

das **Ar (a)**

Flächenmaße
Flächeninhalt
Quadrat
Hektar

Das *Ar* ist die Abkürzung von dem lateinischen Wort „area", das soviel bedeutet wie „freier Platz" und „Fläche".
Ein Ar ist ein veraltetes Flächenmaß, das in der Landwirtschaft gebraucht wurde. Es bezeichnet eine quadratische Fläche von 10 Metern Seitenlänge. Das sind 100 Meterquadrate. Ein Ar ist also ein ganz kleines Feld.

1 Ar = 100 Meterquadrate
Kurz: $1a = 10\,m \cdot 10\,m = 100\,m^2$

---

1) Vorschlag: Lasst die 15 erst einmal weg und rechnet mit der geraden 14 als Zielzahl: $14 : 2 = 7 \to 7 \cdot (1 + 14) = 105$. Dann addiert ihr die weggelassene 15. Also: $105 + 15 = 120$

aufrunden

Es würde komisch wirken, wenn jemand sagte: „Wir sind 1 Stunde 57 Minuten und 10 Sekunden spazieren gegangen." Normalerweise würde man sagen: „2 Stunden" oder „fast 2 Stunden" oder „rund 2 Stunden". Weil man hier nach oben hin rundet, spricht man von *aufrunden*. Man *rundet auf*.
Ein Marathonläufer würde aber protestieren, wenn seine Siegerzeit *aufgerundet* an der Anzeigentafel stünde.

runden
abrunden
ungefähr

 Runden ist also sehr oft Gefühlssache.

In der Mathematik gibt es aber natürlich auch Rundungsregeln. Die findet ihr unter dem Stichwort **runden**.
Andere Beispiele fürs Runden nach Gefühl:

- Von München bis Hamburg sind es 895 Kilometer. Man rundet auf und sagt: „Das sind rund 900 km."
- In der Zeitung steht, dass jemand *fast* oder *knapp* $3\frac{1}{2}$ Millionen Euro im Lotto gewonnen hat. Das ist eine aufgerundete Zahl. Beim Zeitunglesen will man sich auf die Schnelle informieren und sich nicht mit der genauen Zahl von 3 478 346,75 Euro aufhalten.

 Rechnet einmal nach, wieviel Euro beim Lottogewinn einfach so draufgeschlagen wurden.[1]

---

1) Es sind immerhin 21 653,25 Euro.

bar

Geld

Das Wörtchen *bar* bedeutete ursprünglich „nackt und bloß". So kennen wir es noch in dem Wort „barfuß", das so viel bedeutet wie „nackter Fuß".

Im Geschäftsleben hat *bar* mit Geld zu tun. Beim Einkaufen im Supermarkt wird zum Beispiel meist *bar bezahlt*. Das bedeutet: Man zahlt die Ware mit „nackten" Geldscheinen und Münzen und nicht mit einem Scheck oder einer Kreditkarte. Man zahlt also mit dem „Bargeld", das man im Portmonee hat.

das **Barrel (bbl)**

Hohlmaße
Liter
Tonne

Ein Barrel ist ein Hohlmaß, das hauptsächlich als Maßeinheit für Erdöl gebraucht wird.

Barrel ist das englische Wort für „Fass" oder „Tonne". Als man in Amerika damit begann Erdöl zu fördern, wurde es in Barrels (= Fässer) gefüllt und verkauft. Daraus ist die genormte Maßeinheit *Barrel* entstanden. Da man für die Ölfässer bis heute „blue barrels" verwendet (also „blaue Fässer"), kürzt man Barrel so ab: bbl (= *b*arrel *bl*ue).

> 1 amerikanisches Barrel entspricht ungefähr 159 Litern.
> **Kurz:** 1 bbl ≈ 159 l

Das „krumme" Maß hat mit den angloamerikanischen Maßeinheiten zu tun, die nicht auf dem Zehnersystem beruhen.

Die nächst kleinere Einheit heißt „gallon". Wir sagen dazu Gallone. Die Abkürzung ist *gal*. Die US-Gallone entspricht ungefähr 3,785 Litern. (Hier ist das Flüssigmaß gemeint; es gibt auch noch das Trockenmaß, das wieder einen anderen Rauminhalt hat.)

> 1 US-Barrel hat 42 US-Gallonen. **Kurz:** 1 bbl = 42 gal.

Bei uns wird das Öl meist in der Maßeinheit *Tonne* gemessen. Das sind 1 000 Kilogramm.

die **Billiarde**

> 1 Billiarde hat 15 Nullen: 1 000 000 000 000 000
> 1 Billiarde = 10^{15}
> 1 Billiarde = 1 000 Billionen =
> 1 000 · 1 000 · 1 000 · 1 000 · 1 000

Stufenzahlen
potenzieren
Dezimalsystem
Million
Milliarde
Billion
Trillion
Trilliarde

1 000 Einer	= 1 Tausender =	1 000	= 10^3
1 000 Tausender =	1 Million =	1 000 000	= 10^6
1 000 Million	= 1 Milliarde =	1 000 000 000	= 10^9
1 000 Milliarden =	1 Billion =	1 000 000 000 000	= 10^{12}
1 000 Billionen	= 1 Billiarde	= 1 000 000 000 000 000	= 10^{15}

Informationen über andere Schreibweisen von hohen Zahlen findet ihr unter dem Stichwort **Million**.

die **Billion**

Stufenzahlen
potenzieren
Dezimalsystem
Million
Milliarde
Billiarde
Trillion
Trilliarde

1 Billion hat 12 Nullen: 1 000 000 000 000
1 Billion = 10^{12}
1 Billion = 1 000 Milliarden = 1 000 000 000 000

1 000 Einer	= 1 Tausender	=	1 000	= 10^3
1 000 Tausender	= 1 Million	=	1 000 000	= 10^6
1 000 Million	= 1 Milliarde	=	1 000 000 000	= 10^9
1 000 Milliarden	= 1 Billion	=	1 000 000 000 000	= 10^{12}

Informationen über andere Schreibweisen von hohen Zahlen
findet ihr unter dem Stichwort **Million**.

der **Breitengrad**

Längen- und Breitengrade

der **Bruch**

Achtel
Viertel
Drittel
Hälfte
Dezimalbruch
Teilbarkeitsregeln

Das Ganze und seine Teile

Ein Bruch ist eine angebrochene Zahl. In der Mathematik nennt
man Brüche „gebrochene Zahlen".

Ein Ganzes ist in der Mathematik 1.
Ein Bruch ist ein bestimmter Teil von 1.

Ihr habt – was man natürlich nicht sollte – zwei ganze Tafeln Schokolade gegessen, aber von der dritten Tafel schafft ihr nur noch die Hälfte. Dann habt ihr zwei ganze Tafeln und eine halbe Tafel verputzt. Die halbe Tafel ist der Bruch.

Selbst wenn ihr 1 000 Tafeln Schokolade essen könntet und dann nur noch eine halbe, dann ist der Bruch ein Teil von der tausend*ersten* Tafel. Das ist wieder nur ein Teil von *einem* Ganzen, also von 1.

Schaut euch mal die *eine* Tafel Schokolade an, die ihr nur zum Teil angebrochen habt. Statt der Hälfte könntet ihr ja auch nur ein Viertel schaffen. Dann ist der Bruch ein Viertel und der Rest, den ihr nicht mehr geschafft habt, ist der Bruch „drei Viertel".

Vielleicht schafft ihr von der Schokolade auch nur noch ein Einziges von den 24 Stückchen. Dann ist der Bruch ein Vierundzwanzigstel und der Rest vom Ganzen sind 23 Vierundzwanzigstel. Wenn noch fünf Stückchen hineingingen, wären das fünf Vierundzwanzigstel. Und es blieben noch 19 Vierundzwanzigstel von der ganzen Tafel übrig.

Nenner und Zähler

Damit man Brüche in Kurzform aufschreiben kann, haben sich die Mathematiker den Bruchstrich ausgedacht.
Die Zahlen über und unter dem *Bruchstrich* nennt man „Zähler" und „Nenner".

$$\frac{5}{24} \begin{array}{l} \rightarrow \text{Zähler} \\ \rightarrow \text{Nenner} \end{array}$$

Der Nenner spielt beim Bruch die Hauptrolle. Er *nennt* die Teile, in die das Ganze eingeteilt ist und gibt dem Bruch den Namen, also zum Beispiel „Vierundzwanzigstel". Der Nenner steht unter dem Bruchstrich.

Der Zähler zählt, *wie viele* Vierundzwanzigstel es gibt, hier also 5. Der Zähler steht über dem Bruchstrich.

> **!**
>
> Als Eselsbrücke könnt ihr euch merken:
> „So was wissen alle Kenner: *Unterm* Bruchstrich steht der Nenner!"

Wenn ihr es mit Brüchen zu tun habt, müsst ihr euch immer zuerst den Nenner anschauen: „Aha, es geht um Vierundzwanzigstel." Und dann schaut ihr auf den Zähler und erfahrt, um wie viele Vierundzwanzigstel es geht.

Schokoladen-Bruchrechnung

Mit Brüchen kann man rechnen. Hier werden ein paar „Scho-
koladenbeispiele" gegeben, an denen ihr sehen könnt, was mit
Brüchen so alles angestellt werden kann.

Addieren und subtrahieren

Von den 24 Stücken habt ihr zuerst 5 Vierundzwanzigstel
und dann 3 Vierundzwanzigstel aufgegessen: $\frac{5}{24} + \frac{3}{24} = \frac{8}{24}$.
Von den 24 Vierundzwanzigsteln bleiben wie viele übrig?
$\frac{24}{24} - \frac{8}{24} = \frac{16}{24}$.

Kürzen

Die 8 Vierundzwanzigstel, die ihr aufgegessen habt, sind – wie
man sieht – ein Drittel von der ganzen Tafel Schokolade: $\frac{8}{24} = \frac{1}{3}$.
Mathematisch gesehen habt ihr Zähler und Nenner durch den
gemeinsamen Faktor 8 geteilt: $\frac{8:8}{24:8} = \frac{1}{3}$. Das nennt man *kürzen*.
Der Wert des Bruches ändert sich dadurch nicht.
$\frac{8}{24}$ ist genauso groß wie $\frac{1}{3}$.

$\frac{8}{24} = \frac{1}{3}$

Wenn Zähler und Nenner den gleichen Teiler haben,
kann man den Bruch kürzen.

$\frac{16}{24} = \frac{2}{3}$

Erweitern

Von der ganzen Tafel Schokolade bleiben – wie man sieht –
zwei Drittel übrig. Wie viele Stücke sind das? Es sind 16, also
16 Vierundzwanzigstel. Mathematisch gesehen habt ihr Zähler
und Nenner mit dem gleichen Faktor 8 multipliziert: $\frac{2 \cdot 8}{3 \cdot 8} = \frac{16}{24}$.
Das nennt man *erweitern*. Der Wert des Bruches ändert sich da-
durch nicht. $\frac{2}{3}$ ist genauso groß wie $\frac{16}{24}$.

Man kann einen Bruch erweitern, indem man Zähler und Nenner mit derselben Zahl multipliziert.

Echte Brüche, gemischte Zahlen und unechte Brüche

Die übrig gebliebenen $\frac{2}{3}$ von der ganzen Schokolade sind ein „echter Bruch". $\frac{2}{3}$ ist *kleiner* als das Ganze ($\frac{3}{3}$), also kleiner als 1.

Wenn ein Bruch kleiner als 1 ist, ist er ein *echter Bruch*.

Auf diesem Tablett seht ihr 2 ganze Tafeln und $\frac{2}{3}$ von einer Tafel. Das nennt man eine „gemischte Zahl". Man schreibt sie so: $2\,\frac{2}{3}$. In Vierundzwanzigerstückchen ausgedrückt: $2\,\frac{16}{24}$.

Eine Zahl, die aus Ganzen und einem echten Bruch besteht, nennt man *gemischte Zahl*.

Insgesamt sind es auf dem Tablett 64 Stückchen Schokolade (24 + 24 + 16). Das sind 64 Vierundzwanzigstel oder $\frac{64}{24}$.

Wenn der Zähler höher ist als der Nenner, spricht man von einem *unechten Bruch*.

Denn dann ist der Bruch *größer* als ein Ganzes. Er ist größer als 1. Hier sogar größer als 2. In einem unechten Bruch sind *ein* oder *mehrere* Ganze enthalten.

Gleichnamige und ungleichnamige Brüche

Unsere Schokolade gibt es nicht nur in kleinen Vierundzwanzigsteln, sondern auch in größeren Stücken. Die erste Tafel ist in 8 Achtel eingeteilt ($\frac{8}{8}$). Die zweite Tafel ist in 12 Zwölftel ($\frac{12}{12}$) eingeteilt.

Ihr dürft euch nun entweder drei Achtel von der ersten Tafel nehmen oder fünf Zwölftel von der zweiten Tafel. Wofür entscheidet ihr euch (sofern ihr Schokolade mögt!)?

Wie kann man es mathematisch entscheiden? Achtel und Zwölftel kann man nicht so ohne weiteres vergleichen. Es sind Brüche mit unterschiedlichen Namen (Nennern). Man nennt sie *ungleichnamige Brüche*. Ihr müsst sie „gleichnamig" machen. Das bedeutet: Ihr müsst einen gemeinsamen Nenner finden. Weil das (erste) gemeinsame Vielfache von 8 und 12 die 24 ist, macht ihr aus den Achteln und aus den Zwölfteln Vierundzwanzigstel. Das ist der kleinste gemeinsame Nenner. Ihr erweitert also $\frac{3}{8}$ mit dem Erweiterungsfaktor 3 und $\frac{5}{12}$ mit dem Erweiterungsfaktor 2.

$$\frac{3}{8} = \frac{3 \cdot 3}{8 \cdot 3} = \frac{9}{24} \qquad\qquad \frac{5}{12} = \frac{5 \cdot 2}{12 \cdot 2} = \frac{10}{24}$$

Nun habt ihr zwei gleichnamige Brüche und könnt mathematisch entscheiden, von welcher Schokolade ihr mehr bekommt: Von der ersten gibt es 9 Vierundzwanzigstel; von der zweiten gibt es 10 Vierundzwanzigstel, also 1 Vierundzwanzigstel mehr: $\frac{10}{24} - \frac{9}{24} = \frac{1}{24}$.

Zum Addieren und Subtrahieren müssen ungleichnamige Brüche durch Erweitern gleichnamig gemacht werden.

➡ **Rätselhaft!**

Der Bademeister hat das Schwimmbecken gereinigt. Nun dreht er die drei Wasserhähne voll auf, um das Becken neu zu füllen. Er weiß: Wenn der erste Wasserhahn allein geöffnet ist, dauert es drei Stunden, bis das Becken voll ist; beim zweiten Wasserhahn allein dauert es vier Stunden und beim dritten sechs Stunden. Jetzt ist es 9 Uhr. Er muss noch die Heizung kontrollieren …

• Wann muss er spätestens zurück sein, um die drei Wasserhähne abzudrehen? [1]

Brüche multiplizieren und dividieren

Multiplizieren

1. Bruch mal ganze Zahl (oder umgekehrt ganze Zahl mal Bruch): Zähler mal ganze Zahl; Nenner bleibt wie er ist.

$$\frac{3}{4} \cdot 5 = \frac{3 \cdot 5}{4} = \frac{15}{4} = 3 + \frac{3}{4} = 3\frac{3}{4}$$

2. Bruch mal Bruch: Zähler mal Zähler und Nenner mal Nenner.

$$\frac{2}{5} \cdot \frac{7}{8} = \frac{2 \cdot 7}{5 \cdot 8} = \frac{14}{40} = \frac{7}{20}$$

---

1) Er muss spätestens um 10 Uhr 20 wieder zurück sein: Ihr rechnet die Wassermengen (am besten) erst einmal für 1 Stunde aus. Der erste Wasserhahn füllt das Becken in 1 Std. zu einem Drittel ($\frac{1}{3}$), der zweite zu einem Viertel ($\frac{1}{4}$) und der dritte zu einem Sechstel ($\frac{1}{6}$). $\frac{1}{3} + \frac{1}{4} + \frac{1}{6} = \frac{4}{12} + \frac{3}{12} + \frac{2}{12} = \frac{9}{12}$ pro Stunde. Alle drei Wasserhähne füllen das Becken in 60 Minuten also zu $\frac{9}{12}$. Gekürzt sind das $\frac{3}{4}$ pro Stunde. Bis das Becken zu $\frac{4}{4}$ voll ist, muss noch $\frac{1}{4}$ hinein. Wenn die $\frac{3}{4}$-Füllung 60 Minuten gedauert hat, dann dauert $\frac{1}{4}$ noch 20 Minuten. Insgesamt dauert der Vorgang also 1 Std. 20 min.

Dividieren

1. Bruch durch ganze Zahl: Nenner mal ganze Zahl; Zähler bleibt wie er ist. $\frac{3}{7} : 5 = \frac{3}{7 \cdot 5} = \frac{3}{35}$
2. Bruch durch Bruch: Den zweiten Bruch umdrehen und dann malnehmen. Zähler mal Zähler; Nenner mal Nenner. Man sagt: Mit dem Kehrwert malnehmen: $\frac{3}{7} : \frac{5}{6} = \frac{3}{7} \cdot \frac{6}{5} = \frac{3 \cdot 6}{7 \cdot 5} = \frac{18}{35}$

Brüche in gemischter Schreibweise multiplizieren und dividieren

Wenn Brüche mit gemischter Schreibweise miteinander multipliziert oder durcheinander dividiert werden sollen, muss man sie in unechte Brüche umwandeln.

multiplizieren:

$2\frac{3}{4} \cdot 1\frac{1}{2} = \left(\frac{8}{4} + \frac{3}{4}\right) \cdot \left(\frac{2}{2} + \frac{1}{2}\right) = \frac{11 \cdot 3}{4 \cdot 2} = \frac{33}{8} = 4\frac{1}{8}$

dividieren:

$2\frac{3}{8} : 4\frac{1}{3} = \left(\frac{16}{8} + \frac{3}{8}\right) : \left(\frac{12}{3} + \frac{1}{3}\right) = \frac{19}{8} : \frac{13}{3} = \frac{19}{8} \cdot \frac{3}{13} = \frac{19 \cdot 3}{8 \cdot 13} = \frac{57}{104}$

 Rätselhaft!

Ein alter Araber lag im Sterben. Um sein Lager standen seine drei Söhne und lauschten den letzten Worten ihres Vaters: „Die Gnade Allahs schenkte mir 17 Kamele. Ihr sollt sie nach meinem Tode unter euch verteilen. Achmed, der älteste meiner Söhne, soll die Hälfte der treuen Tiere erhalten, Ibrahim, mein zweiter Sohn, ein Drittel und Mustafa, mein Jüngster, ein Neuntel. Ihr dürft aber keines der Tiere töten, sondern ihr müsst …" Hier brach die Stimme des Vaters und er verschied. Die drei Söhne bemühten sich redlich, den letzten Willen des Vaters zu erfüllen, aber ohne Erfolg. Da kam ihnen ein Derwisch zu Hilfe. „Stellt mein eigenes Tier zu euren 17 Kamelen und

dann teilt in Frieden!" Die Söhne taten es und konnten nun das Erbe nach dem Willen des Vaters unter sich verteilen. Zu ihrer großen Überraschung konnten sie dem weisen Derwisch sogar das Kamel wieder zurückgeben.
• Wie kam diese wundersame Lösung zustande?[1]

Kommazahlen sind auch Brüche

Wenn von Brüchen die Rede ist, sind meist die Brüche mit Bruchstrich gemeint, also $\frac{2}{3}$ oder $\frac{5}{8}$ oder $\frac{4}{5}$. Man kann Brüche aber auch als Kommazahlen schreiben. Mehr Informationen dazu findet ihr unter dem Stichwort **Dezimalbrüche**.

Beispiele

Es gibt bestimmt eine ganze Reihe von Brüchen, die ihr in beiden Darstellungsweisen kennt: als Bruch mit Bruchstrich *und* als Dezimalbruch. $\frac{1}{2}$ oder $\frac{1}{4}$ oder $\frac{3}{4}$ oder $\frac{1}{8}$ gehören sicher dazu.

$\frac{1}{2}$ Zentimeter = 0,5 cm		$\frac{1}{2}$ Liter = 0,500 l	
$\frac{1}{4}$ Meter = 0,25 m		$\frac{1}{4}$ Kilogramm = 0,250 kg	
$\frac{3}{4}$ Kilogramm = 0,750 kg		$\frac{1}{8}$ Kilogramm = 0,125 kg	

Wie aber kommt man vom Bruch mit Bruchstrich auf den Dezimalbruch? Die Lösung ist der Bruchstrich. Er hat dieselbe Bedeutung wie ein Teilungszeichen.

$\frac{1}{2}$ ist dasselbe wie 1 : 2	$\frac{1}{2} = 1 : 2$	$= 0,5$
$\frac{1}{4}$ ist dasselbe wie 1 : 4	$\frac{1}{4} = 1 : 4$	$= 0,25$

---

[1] Achmed erhält die Hälfte von 18 Kamelen, also 9; Ibrahim bekommt ein Drittel (= 6 Kamele) und Mustafa ein Neuntel (= 2 Kamele) 9 + 6 + 2 = 17. Es handelt sich natürlich um einen Trick. Er funktioniert, weil $\frac{1}{2} + \frac{1}{3} + \frac{1}{9}$ $= \frac{9}{18} + \frac{6}{18} + \frac{2}{18} = \frac{17}{18}$. Mathematisch ist die Lösung aber falsch. 17 lässt sich mit den angegeben Brüchen nicht restlos aufteilen, weil $\frac{1}{2} + \frac{1}{3} + \frac{1}{9}$ kein Ganzes ergibt – und schon gar nicht $\frac{17}{17}$.

$\frac{3}{4}$ ist dasselbe wie 3 : 4 $\qquad$ $\frac{3}{4} = 3 : 4 = 0{,}75$

$\frac{1}{8}$ ist dasselbe wie 1 : 8 $\qquad$ $\frac{1}{8} = 1 : 8 = 0{,}125$

Umgekehrt wird aus einem Dezimalbruch wie 0,5 logischerweise auch wieder der Bruch mit Bruchstrich $\frac{1}{2}$.
Die 5 nach dem Komma ist die erste Nachkommastelle. Sie hat den Wert von Zehnteln. Die zweite Nachkommastelle sind Hundertstel, die dritte Tausendstel usw.
Informiert euch darüber unter dem Stichwort **Dezimalbruch**.
Also:

$0{,}5 \ = \frac{5}{10}$; gekürzt: $\frac{1}{2}$ $\qquad$ $0{,}25 \ = \frac{25}{100}$; gekürzt: $\frac{1}{4}$

$0{,}75 = \frac{75}{100}$; gekürzt: $\frac{3}{4}$ $\qquad$ $0{,}125 = \frac{125}{1000}$; gekürzt: $\frac{1}{8}$

brutto

Das Bruttogewicht

Das Wort *brutto* kommt aus der Kaufmannssprache. Damit war das Gewicht einer Ware gemeint, die noch nicht ausgepackt war. Sie wurde erst einmal brutto gewogen.
Ein Korb Erdbeeren wiegt mitsamt dem Korb $3\frac{1}{4}$ Kilogramm. Das Bruttogewicht beträgt also $3\frac{1}{4}$ kg. Ausgeschüttet wiegen die Erdbeeren 3 Kilogramm. Das nennt man das *Nettogewicht*. Mit *brutto* ist also das Gesamtgewicht von *Ware plus Verpackung* gemeint, mit *netto* das reine Gewicht der Ware. Die Erdbeeren wiegen netto 3 kg.
Auch für das Gewicht des Korbes (oder einer anderen Verpackung wie Konservendose, Marmeladenglas,…) gibt es eine Bezeichnung. Das Verpackungsgewicht heißt *Tara*. Dieser Begriff ist aber wenig gebräuchlich. Ihr könnt einmal das Bruttogewicht von unangebrochenen Packungen (z. B. Mehl oder

Nudeln) oder von einem Glas Honig ermitteln und mit der Gewichtsangabe auf dem Etikett vergleichen. Die aufgedruckte Gewichtsangabe müsste das Nettogewicht sein. Lässt sich zwischen Brutto und Netto ein Gewichtsunterschied feststellen?

 Nach dem Brutto-Netto-Prinzip könnt ihr auch das Gewicht eines Haustieres ermitteln. Einen Hund würdet ihr kaum auf einer Waage still halten können, um ihn zu wiegen. Wenn ihr den Hund aber auf den Arm nehmt, könnt ihr mit ihm zusammen auf eine Personenwaage steigen und euer gemeinsames Bruttogewicht ermitteln.

- Was müsst ihr dann tun, um das Gewicht des Hundes herauszufinden? [1]
- Was ist in diesem Fall das Brutto? Was ist das Netto? Was ist die Tara? [2]

Der Bruttolohn, der Bruttoverdienst

Die Begriffe „brutto" und „netto" wurden auch darauf übertragen, was ein Mensch verdient. Ihr habt sicher schon den Ausdruck gehört: „Ich verdiene 2 000 Euro *brutto*." Damit ist der Gesamtlohn oder der Gesamtverdienst gemeint. Man spricht auch vom Verdienst „vor Steuer", d. h. *bevor* die Steuer abgezogen ist. Das, was davon übrig bleibt, ist der Nettoverdienst.

Wer also 2 000 Euro brutto verdient, verdient vielleicht 1 400 Euro netto. Der Nettolohn oder das Nettogehalt ist das, was dem Menschen zum Ausgeben zur Verfügung steht.

---

1) Ihr müsst euch hinterher allein auf die Waage stellen. Die Differenz zwischen dem Gesamtgewicht und eurem Alleingewicht ergibt das Hundegewicht.
2) Das Brutto ist das Gesamtgewicht von Hund und Kind zusammen; das Netto ist das Hundegewicht. Und die Tara ist das Kind allein. Euer Körper ist also sozusagen die Verpackung für den Hund.

der **Cent (ct)**

Euro
Geld
Währung

Ein *Cent* ist die kleinste Einheit bei unserem Geld. Er hat den Wert von einem hundertstel Euro.

100 Cent sind so viel wie 1 Euro. **Kurz:** 100 ct = 1 €

Die Bezeichnung „Cent" haben wir von der Dollarwährung übernommen. In den USA und anderen Staaten, die den Dollar als Währung haben, heißt der kleinste Wert schon sehr viel länger „Cent" als in den europäischen Staaten mit Euro-Währung. Seinem Ursprung nach leitet sich das Wort „Cent" aus dem Lateinischen ab, wo *centum* „hundert" bedeutet.
In den meisten „Euroländern" gibt es sechs Münzen mit Centbeträgen. Man braucht sie als Wechselgeld.

Finnland und Griechenland verwenden allerdings keine Ein- und Zwei-Cent-Münzen. Auch in den Niederlanden ist man dazu übergegangen, die Preise immer auf 5 volle Cent auf- oder abzurunden. Es heißt, dass die Herstellung und das Material von 1- und 2-Centmünzen teurer seien, als sie selber wert sind.

die Daten

Das Wort *Daten* wird nur in der Mehrzahl gebraucht. Es ist ein Sammelbegriff für alle möglichen Informationen, Fakten und Zahlenwerte. Daten werden vor allem in der Statistik gebraucht.

Information
Statistik
Diagramm

- Für eine Verkehrszählung wird in einer Strichliste notiert, wie viele Autos in einer Minute eine bestimmte Straße befahren. Die so ermittelten Daten werden für die Verkehrsplanung gebraucht.
- Eine Firma will eine neue Zahnpasta auf den Markt bringen. Sie macht eine Umfrage mit Geschmackstests. Die so erhobenen Daten sollen Informationen darüber liefern, welchen Geschmack die Leute am liebsten mögen.
- Für die Wettervorhersage werden Satellitenfotos und Computersimulationen gemacht. Aus den gesammelten Daten beziehen die „Wetterfrösche" bei der Zeitung oder beim Fernsehen Informationen über das Wetter für morgen oder das Wochenende.

Die Daten werden:
- *erhoben* und *gesammelt*, z.B. in Strichlisten oder auf Tonband;
- *verarbeitet*, z.B. zusammengezählt und der Durchschnitt ausgerechnet, in den Computer eingegeben, sortiert und zusammengefasst;
- *vermittelt* und *übertragen*, z.B. in der Zeitung, im Fernsehen, im Internet veröffentlicht;
- *dargestellt*, z.B in Tabellen und Diagrammen anschaulich gemacht.

Dezi…

Gewichtseinheiten
Längeneinheiten
Liter

Der Wortteil *Dezi…* ist von dem lateinischen Wort „decem" („zehn") abgeleitet.

> Dezi… bedeutet in der Zusammensetzung mit Größen immer „der zehnte Teil" oder „ein Zehntel" ($\frac{1}{10}$).

Wir kennen „Dezi…" vor allem in Zusammensetzung mit anderen Maßeinheiten. Egal vor welcher Maßeinheit dieses „Dezi…" steht, es bedeutet immer „ein Zehntel von dieser Maßeinheit". Ein Dezi*meter* ist also ein zehntel *Meter*, ein Dezi*liter* ist ein zehntel *Liter* und wenn es so etwas gäbe, wäre ein Dezi*strohhalm* ein zehntel *Strohhalm* und eine Dezi*kerze* ein zehntel *Kerze*.

Das sind die üblichen „Dezi-Einheiten":

1 Dezigramm (dg)	$= \frac{1}{10}$ Gramm (g)	10 dg = 1 g
1 Deziliter (dl)	$= \frac{1}{10}$ Liter (l)	10 dl = 1 l
1 Dezimeter (dm)	$= \frac{1}{10}$ Meter (m) = 10 cm	10 dm = 1 m
1 Dezitonne (dt)	$= \frac{1}{10}$ Tonne (t) = 100 kg	10 dt = 1 t

 Wie viel wäre ein Dezi-Euro, wenn es diese Bezeichnung gäbe? [1]

1) $\frac{1}{10}$ € = 10 ct

der **Dezimalbruch**

Dezimalbruch bedeutet „Zehnerbruch". „Decem" ist das lateinische Wort für „zehn".
Das Dezimalsystem ist im Zehnertakt aufgebaut.

Dezimalsystem
Bruch
Kommazahlen

Beim *Multiplizieren* mit 10 verschiebt sich die Ausgangszahl in der Stellentafel um eine Stelle nach links.
Beim *Dividieren* durch 10 verschiebt sich die Ausgangszahl immer um eine Stelle nach rechts.

mal 10	T	H	Z	E
				3
$3 \cdot 10 =$			3	0
$30 \cdot 10 =$		3	0	0
$300 \cdot 10 =$	3	0	0	0

durch 10	T	H	Z	E
	3	0	0	0
$3\,000 : 10 =$		3	0	0
$300 : 10 =$			3	0
$30 : 10 =$				3

Mit Stellenschieberei zu den Dezimalbrüchen

Auch mehrstellige Zahlen verschieben sich beim Multiplizieren mit 10 um eine Stelle nach links. Zum Beispiel die 74.
Umgekehrt verschiebt sich die Zahl 74 000 beim wiederholten Dividieren durch 10 jedes Mal um eine Stelle nach rechts.

mal 10	ZT	T	H	Z	E
				7	4
$74 \cdot 10 =$			7	4	0
$740 \cdot 10 =$		7	4	0	0
$7\,400 \cdot 10 =$	7	4	0	0	0

durch 10	ZT	T	H	Z	E
	7	4	0	0	0
$74\,000 : 10 =$		7	4	0	0
$7\,400 : 10 =$			7	4	0
$740 : 10 =$				7	4

Was passiert, wenn man nun auch noch 74 durch 10 dividiert? Stürzt die 4 bei der Stellenschieberei dann ab? Natürlich nicht!

durch 10						
		ZT	T	H	Z	E
					7	4
74 : 10 =						7

Das Dezimalsystem hört nicht bei den ganzen Zahlen auf. Es baut hinter den (ganzen) Einern weitere Stellen an. Die müssen natürlich auch immer 10-mal weniger wert sein als die vorhergehende. Und so ist es auch: Dort stehen erst einmal die *Zehntel*. Das sind nun keine *ganzen* Zahlen mehr wie die Einer, sondern *Bruchteile*. *Zehntel* bedeutet der *zehnte Teil*.

Nach den Zehnteln kommen die wiederum 10-mal kleineren *Hundertstel*, dann die *Tausendstel, Zehntausendstel, Hunderttausendstel, Millionstel* und so weiter und so fort.

Die Abkürzungen für Zehnerbrüche werden kleingeschrieben.

←										→
	ZT	T	H	Z	E	z	h	t	zt	ht	m
				7	4					
74 : 10 =				7	4					

Nun hat die beinahe abgestürzte 4 also auch ihren Platz. Sie steht auf der Zehntelstelle. Und die Stellenschieberei kann nun munter fortgesetzt werden:

←										→
	ZT	T	H	Z	E	z	h	t	zt	ht	m
74 : 10 =				7	4					
: 10 =					7	4				
: 10 =						7	4			
und so weiter…									…und so fort

Die Schreibweise von Dezimalbrüchen

Wie schreibt man die Zahlen aber auf, wenn die Stellentafel weggelassen wird?

Der schottische Mathematiker John Napier hat sich vor etwa 400 Jahren das Komma als Trennstrich zwischen den ganzen Zahlen und den Bruchteilen ausgedacht. Seitdem gibt es überall auf der Welt *Kommazahlen*.

Die Stellen nach dem Komma nennt man auch „Nachkommastellen". Im Alltag braucht man höchstens drei Nachkommastellen.

7,4 bedeutet: Es gibt 7 (ganze) Einer und 4 Zehntel. Man spricht: „Sieben – Komma – vier."

Und nun kommt die Null als *Platzhalter* ins Spiel.

0,74 bedeutet: Es gibt null ganze Zahlen, 7 Zehntel und 4 Hundertstel. Man spricht die Ziffern hinter dem Komma einzeln aus: „Null – Komma – sieben – vier."

0,074 bedeutet: Es gibt null ganze Zahlen, null Zehntel, 7 Hundertstel und 4 Tausendstel. Man spricht: „Null – Komma – null – sieben – vier."

Mehr dazu erfahrt ihr unter dem Stichwort **Kommazahlen**.

 Wie spricht man wohl folgende Zahl aus: 0,0074 ? [1]
Und welchen Wert haben hier die Ziffern 7 und 4 ? [2]

Wie ihr mit Dezimalbrüchen rechnen könnt, erfahrt ihr unter den Stichwörtern **Kommazahlen addieren und subtrahieren**, **Kommazahlen dividieren** und **Kommazahlen multiplizieren**.

---

[1] „Null – Komma – null – null – sieben – vier"
[2] Die Sieben steht für 7 Tausendstel und die Vier für 4 Zehntausendstel.

das **Dezimalsystem**

Stufenzahlen
Ziffer
Null
Dezimalbruch
Kommazahl

Dezimalsystem ist der Fachausdruck für unser „Zehnersystem". „Decem" heißt im Lateinischen „zehn". Von rechts nach links ist jede Stelle in einer Zahl immer 10-mal mehr wert als die Stelle davor. Deshalb kann ein und dieselbe Ziffer in einer Zahl immer wieder verwendet werden, sodass wir nur die Ziffern 1, 2, 3, 4, 5, 6, 7, 8, 9 und die 0 brauchen, um alle Zahlen bis ins Unendliche aufschreiben zu können.

Bei der Zahl 7777 ist die letzte 7 sieben einzelne Einer wert, die nächste 7 ist zehnmal so viel wert, also 70, die nächste 7 wieder zehnmal so viel wie die davor, also 700; dann kommt die 7000.

> Jede Ziffer muss man sich als Zahl mit so vielen Nullen denken, wie sie Stellen hinter sich hat.

```
7777
   ↓ 7     (keine Stelle mehr dahinter, keine Null)      = sieben Einer
  ↓ 70     (eine Stelle dahinter, eine Null)             = sieben Zehner
 ↓ 700     (zwei Stellen dahinter, zwei Nullen)          = sieben Hunderter
  7000     (drei Stellen dahinter, drei Nullen)          = sieben Tausender
  7777     Siebentausendsiebenhundertsiebenundsiebzig
                    (im Deutschen verdreht gesprochen!)
```

Eine Zahl wie die 7777 ist also die abgekürzte Form von $7000 + 700 + 70 + 7$.
Je nachdem, an welcher Stelle die Ziffer steht, hat sie einen anderen *Wert*. Das ist ihr *Stellenwert*.

Mit zehn Fingern fing es an

Das Zehnersystem haben wahrscheinlich schon unsere Vorfahren in der Steinzeit entdeckt. Sie kannten zwar keine Zahlen, aber wenn es etwas zu zählen gab, zeigten sie die Anzahl mit ihren Fingern an. So machen es alle kleinen Kinder auch heute noch.

Wenn nun aber eine größere Herde Schafe gezählt werden sollte, reichten die zehn Finger nicht mehr aus. Also legte der Zähler zum Beispiel einen Stein vor sich hin, um sich zu merken, dass die Finger schon einmal durchgezählt waren, und fing wieder von vorne an. Jeder Stein bedeutete also einen Zehner. Die drei Steine auf der Abbildung sind demnach drei Zehner Der Schafezähler hat bis jetzt also 37 Schafe gezählt.

Wenn immer zehn Finger (👆👆👆👆👆👆👆👆👆👆) durch einen Stein (🪨) ersetzt wurden, dann kann man sich die nächste Stufe der Zählgeschichte so vorstellen, dass auch immer zehn Steine (🪨🪨🪨🪨🪨🪨🪨🪨🪨🪨) durch einen neuen Gegenstand ersetzt wurden, zum Beispiel durch ein schönes Schneckenhaus (🐚).

Und als man noch viel größere Mengen zu zählen hatte, wurden vielleicht zehn Schneckenhäuser (🐚🐚🐚🐚🐚🐚🐚🐚🐚🐚) durch eine schillernde Muschel (🐚) ersetzt und so weiter.

10 👆 = 1 🪨

10 🪨 = 1 🐚

10 🐚 = 1 🐚

Im Zeitraffer eines Comics kann man sich die Fortsetzung der Dezimalgeschichte so vorstellen:

Die Geschichte der Zählkunst ist natürlich nicht so verlaufen, wie sie im Comic erzählt wird. Aber unser Zahlensystem hat sich in Tausenden von Jahren auf Umwegen in diesem Zehnertakt immer weiter entwickelt. Bei den Einern angefangen ist eine Ziffer auf der nächsten Stelle immer zehnmal so viel wert wie auf der Stelle davor.

Hier seht ihr die Stellenwerttafel für die Zahl 65 893 524:

← usw. …	Zehnmilli-onen	Millionen	Hundert-tausender	Zehntau-sender	Tausen-der	Hunder-ter	Zehner	Einer
	ZM	M	HT	ZT	T	H	Z	E
	6	5	8	9	3	5	2	4
So viel ist jede Ziffer an ihrer Stelle wert:	60 000 000	5 000 000	800 000	90 000	3 000	500	20	4

Schaut unter dem Stichwort **Stufenzahlen** nach, wie es in Zehnerschritten weitergeht.

Die Null als Platzhalter

Während der Steinzeitmann seine Kastanien zählte, kam er irgendwann auch auf dieses Zählergebnis:

Seine Frau schrieb es wieder ordentlich auf:

Bei der Steinzeitfrau blieb die Schneckenhausstelle also noch leer. In unserer „modernen" Stellentafel steht dafür die Null an der Hunderterstelle. *Null* bedeutet ja „nichts". Trotzdem ist sie an ihrer Stelle als *Platzhalter* ganz wichtig, weil man sonst den Unterschied zwischen der Zahl 2087 und der Zahl 287 nicht erkennen könnte.

Mehr dazu findet ihr unter dem Stichwort **Null**.

- Tragt das folgende Zählergebnis des Steinzeitmannes in die Stellentafel seiner Frau ein: [1]

- Übertragt das Ergebnis in die moderne Stellentafel. [2]

*Das Telefon klingelt: „Hallo?" – „Ist dort eins eins – eins eins
– eins eins?" – „Nein hier ist einhundertelf – einhundertelf!"
– „Oh, Entschuldigung, da habe ich mich total verwählt!" –
„Macht nichts, das Telefon hatte sowieso gerade geklingelt."*

die **Diagonale**

Diagonale ist aus dem lateinischen Wort „dia" (= durch) und
dem griechischen Wort „gonia" (Ecke) zusammengesetzt.
Eine Diagonale durchquert also Ecken. Sie verbindet in einem
Rechteck oder einem Quadrat oder in einem anderen Vieleck
auf geradem Wege zwei Eckpunkte, die nicht nebeneinander
liegen:

Flächen
Körper
Pythagoras

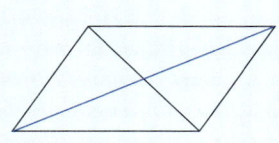

Auch in geometrischen *Körpern* gibt es Diagonalen. Man nennt
sie „Raumdiagonalen". Bei einem (hohlen) Würfel oder Quader
muss man sie sich wie einen straff gespannten Faden von einer
Ecke zur gegenüberliegenden Ecke vorstellen.

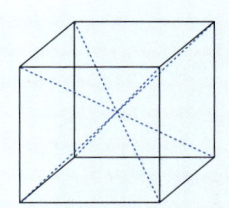

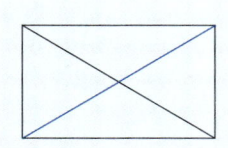

1)

‖			‖

2)

T	H	Z	E
2	0	0	2

das **Diagramm**

Schaubild
Statistik
Daten

Diagramm ist ein griechisches Wort. Wir verstehen darunter ein Schaubild. Meistens wird es für statistische Vergleiche verwendet, die man sich in einer gezeichneten Darstellung besser vorstellen kann.
Es gibt verschiedene Möglichkeiten, etwas durch Diagramme anschaulich zu machen.

Der Wasserverbrauch pro Kopf und Tag beträgt in Deutschland ca. 130 Liter:

Kreisdiagramm

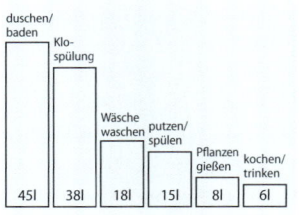

Blockdiagramm oder Säulendiagramm

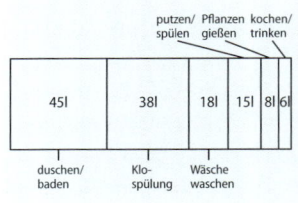

Streifendiagramm oder Balkendiagramm

So hat sich der Wasserverbrauch pro Kopf und Tag seit 1990 entwickelt:

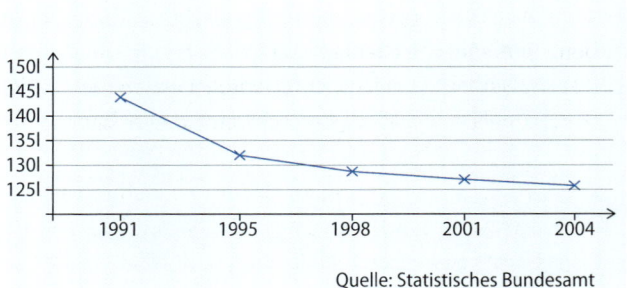

Quelle: Statistisches Bundesamt

Kurvendiagramm

die **Differenz**

Das Wort *Differenz* haben wir aus dem Lateinischen übernommen. „Differentia" bedeutet „Unterschied".

subtrahieren
**Kommazahlen addieren
und subtrahieren**

 Die Differenz ist das Ergebnis der Subtraktion.

$9 - 6 = 3$ → Man sagt: „Die Differenz beträgt 3."

Die Differenz ermitteln

Die Differenz könnt ihr durch *Abziehen* ermitteln, also 9 minus
6 sind 3. Ihr könnt sie aber auch durch *Ergänzen* ermitteln, also
von 6 bis 9 sind es 3.
Für beide Methoden könnt ihr dieselbe Gleichung notieren:

$9 - 6 = 3$

Es gibt im Wesentlichen zwei unterschiedliche Fälle, bei denen
die Differenz ermittelt wird:
1. wenn ein Ausgangswert verringert wird (z. B. durch Ausgeben, Aufessen, Verschenken, …)
2. wenn zwei Werte miteinander verglichen werden sollen
   (z. B. schneller, größer, kleiner, schwerer, teurer, billiger, …).

➡ Schreibt zu den folgenden Bildern Rechengeschichten
mit Minusaufgaben auf und rechnet die Differenz aus.
Mit welcher Methode rechnet ihr: Mit Abziehen oder mit
Ergänzen? Notiert die Gleichungen.

1. Ausgangswert verringern

➡ **Ausgeben:** Die Kasse zeigt 7,49 Euro, bezahlt wird mit 20 Euro. Wie viel Geld bekommt die Kundin zurück?[1]

➡ **Verlieren:** Das Kind hatte 32 Murmeln, einige hat es verloren, nun bleiben 19 übrig. Wie viele hat das Kind verloren?[2]

➡ **Abschneiden:** Von 3,00 m Geschenkband schneidet man 1,20 m ab. Wie lang ist der Rest? [3]

➡ **Verbrauchen:** Ein neues Auto wird mit 45 l voll getankt, beim nächsten Tanken passen 37 l in den Tank. Wie viel Benzin war noch im Tank? [4]

Denkt euch noch mehr Subtraktionsgeschichten aus und berechnet die Differenz. Zum Beispiel verkaufen, verschenken, Gewicht verlieren, wegnehmen, aussortieren, …

---

1) Die Differenz zwischen 20 € und 7,49 € beträgt 12,51 €. 20 € – 7,49 € = 12,51 €.
2) Das Kind hat 13 Murmeln verloren. 32 – 19 = 13.
3) Der Rest ist 1,80 m lang. 3,00 m – 1,20 m = 1,80 m.
4) Das Auto hatte noch 8 l Benzin im Tank. 45 l – 37 l = 8 l

Rätselhaft!
Ein Bauer hat Kühe, Schafe und Ziegen.
Ohne Kühe sind es 11 Tiere.
Ohne Schafe sind es 10 Tiere.
Ohne Ziegen sind es 9 Tiere.
Wie viele Tiere hat er von jeder Art? [1]

2. Vergleichen

Um wie viel höher – oder um wie viel niedriger?

Kölner Dom, 157 m   Eiffelturm, 300 m

 Wie groß ist die Differenz? [2]

---

1) Der Bauer hat 4 Kühe, 5 Schafe und 6 Ziegen. 1. Wenn es ohne Kühe 11 Tiere
   sind, dann ergeben Schafe und Ziegen zusammen 11 Tiere. 2. Kühe + Ziegen = 10
   Tiere. 3. Kühe + Schafe = 9 Tiere. Zusammengezähltsind das 11 + 10 + 9 = 30 Tiere.
   Weil sie aber doppelt gezählt wurden, sind es nur 15 Tiere. Also: 15 – 11 = 4 Kühe
   usw.
2) Der Eiffelturm ist 143 m höher als der Kölner Dom. Oder: Der Kölner Dom ist
   143 m niedriger als der Eiffelturm. 300 m – 157 m = 143 m.

Um wie viel weiter – oder um wie viel kürzer?

→ Beim Schispringen sprang der Sieger 132 m. Der Zweite kam auf eine Weite von 129 m. [1]

Um wie viel dicker – oder um wie viel dünner?

→ Das erste Buch hat 356 Seiten, das andere 198 Seiten. [2]

Denkt euch noch mehr Rechengeschichten aus, in denen es um Vergleiche geht, zum Beispiel: breiter – schmaler, länger – kürzer, öfter – seltener, später – früher, leichter – schwerer, kleiner – größer, schneller – langsamer, jünger – älter …

→ **Rätselhaft!**
Ein Topf kostet zusammen mit dem Deckel 11 Euro.
Der Topf kostet 10 Euro mehr als der Deckel. Wie viel kostet der Topf? [3]

---

1) Der Sieger im Schispringen ist 3 m weiter geflogen als der Zweite.
Oder: Der Zweite ist 3 m kürzer gesprungen: 132 m – 129 m = 3 m.
2) Das dicke Buch ist 158 Seiten dicker.
Oder: Das dünne Buch ist 158 Seiten dünner. 356 – 198 = 158.
3) Der Topf kostet 10,50 Euro. Wenn der Topf 10 Euro kosten würde
und der Deckel 1 Euro, dann wäre der Topf ja nur 9 Euro teurer als der Deckel.

der **Dividend**

dividieren
Divisor
Quotient

Am Wort *Dividend* erkennt man, dass es etwas mit „dividieren"
zu tun hat, also mit „teilen". *Dividend* heißt die Zahl, die in der
Teilaufgabe vorne steht. Sie ist die Zahl, die geteilt werden soll.
Die zweite Divisionszahl heißt *Divisor*. Das bedeutet „Teiler".

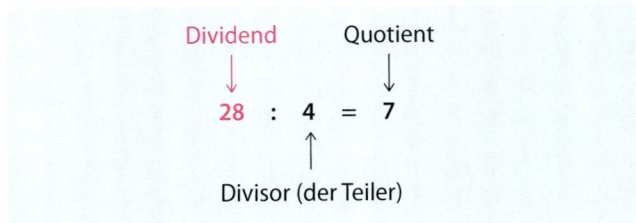

Das Ergebnis der Division heißt *Quotient*.

dividieren

Kommazahlen dividieren
Grundrechenarten

Fachausdrücke und Rechenzeichen

Dividieren kommt aus dem Lateinischen. Wir haben den Begriff
als Fachausdruck für „teilen, verteilen, aufteilen" übernommen.
Das Nomen bzw. Substantiv heißt „Division" und meint *das
Teilen*, *die Teilaufgabe*. Die Division ist eine der vier Grundrechenarten. Das Zeichen für die Division sind zwei übereinander
stehende Punkte : . Es sieht aus wie ein Doppelpunkt, bedeutet
in einer Gleichung aber geteilt durch.
Wir sagen umständlich: „Vierundzwanzig geteilt durch drei
gleich acht", aber wir schreiben kurz und knapp $24 : 3 = 8$.
Die Zahlen in einer Divisionsgleichung haben (natürlich) auch

Fachbezeichnungen. Die Zahl, die geteilt werden soll, heißt *Dividend*. Die Zahl, *durch* die geteilt werden soll, heißt *Divisor* und das Ergebnis nennt man *Quotient*.

Da man die Begriffe leicht verwechselt, könnt ihr euch auch mit folgenden Begriffen behelfen:

Ausgangs-
zahl

Ergebnis der
Division

24 : 3 = 8

Teiler

Dividieren ist umgekehrtes Multiplizieren

Die Division ist die Umkehrung der Multiplikation.
Wenn 12 durch 3 gleich 4 ist, dann ist 4 mal 3 gleich 12.

: 3

12   4

· 3

Das Dividieren lernt ihr daher am besten „im selben Atemzug"
wie das kleine Einmaleins.

Wenn ihr beim „Blitzrechnen" 6 · 3 = 18 wie im Schlaf hersagen könnt, dann sagt ihr umgekehrt gleich 18 : 6 = 3 oder 18 : 3 = 6. Zügig dividieren kann man nur, wenn man das Einmaleins sozusagen von hinten auswendig kann.

Ohne Rest enthalten sein
Beim Dividieren will man wissen, wie oft eine kleinere Zahl in einer größeren enthalten ist, z. B. bei der Aufgabe **24 : 4**

Man muss möglichst schnell erkennen, ob die 24 ein Vielfaches von 4 ist und wievielmal die 4 in 24 enthalten ist.

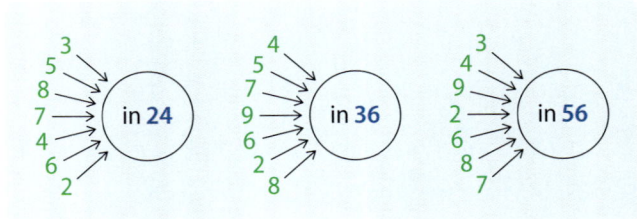

 Entscheidet blitzschnell, ob und wievielmal die kleinere Zahl ohne Rest in der größeren Zahl enthalten ist. [1]

---

1) In 24: die 3 → 8-mal; die 8 → 3-mal; die 4 → 6-mal; die 6 → 4-mal; die 2 → 12-mal.
In 36: die 4 → 9-mal; die 9 → 4-mal; die 6 → 6-mal; die 2 → 18-mal.
In 56: die 4 → 14-mal; die 2 → 28-mal; die 8 → 7-mal; die 7 → 8-mal.

Mit Rest enthalten sein

Vor allem für das schriftliche Dividieren müsst ihr bei Teilaufgaben *mit Rest* fit sein, z. B. bei der Aufgabe **26 : 4**

In 26 ist die 4 natürlich ein paar Mal enthalten, aber nicht restlos. Ihr müsst also im Kopf haben, welche Zahl unterhalb von 26 das Vielfache von 4 ist. Die Zahl, die in Frage kommt, ist die 24. Genauso schnell muss euch einfallen, wievielmal die 4 in 24 enthalten ist, nämlich 6-mal. Es bleibt ein Rest von 2.

Die Ergebniszahlen des kleinen Einmaleins muss man im Kopf haben.

   Löst folgende Aufgaben mit und ohne Rest:

- 5 in 17 = _____ Rest _____ 1)
- 6 in 39 = _____ Rest _____ 2)
- 9 in 27 = _____ Rest _____ 3)
- 7 in 34 = _____ Rest _____ 4)
- 8 in 48 = _____ Rest _____ 5)
- 4 in 39 = _____ Rest _____ 6)

1) 3, Rest 2   4) 4, Rest 6
2) 6, Rest 3   5) 6, Rest 0
3) 3, Rest 0   6) 9, Rest 3

Eine Schnecke fiel in einen Brunnen, der 21 Meter tief war. Sie machte sich sogleich auf den Weg, um wieder herauszukommen. Aber nach Schneckenart nahm sie sich dafür alle Zeit der Welt: Am Tage kroch sie sieben Meter an der Brunnenwand empor, in der Nacht aber rutschte sie wieder vier Meter nach unten.

Am wievielten Tag nach ihrem Absturz erreichte die Schnecke wieder den Brunnenrand? [1]

Große Zahlen zerlegen und dividieren

42 386 : 5

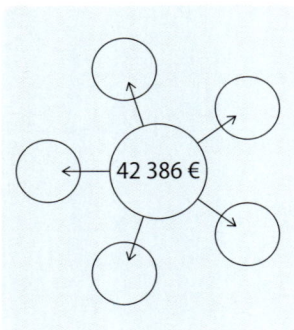

Eine Lottogemeinschaft von 5 Mitgliedern hat im Lotto 42 386 Euro gewonnen und will sie gerecht verteilen. Wie viel Euro bekommt jedes Mitglied? Die Gleichung sieht dann so aus: 42 386 € : 5 = ? €

Wenn ihr selbst die fünf Gewinner wärt, würdet ihr es bestimmt schaffen, den Betrag von 42 386 € gerecht untereinander aufzuteilen, auch wenn ihr noch nicht schriftlich teilen könntet. Wie würdet ihr vorgehen?

Es liegt nahe, die große Geldsumme in kleinere Beträge aufzuteilen. In der Mathematik nennt man das das „Verteilungsgesetz" oder noch fachmännischer: das „Distributivgesetz".

Durch Zerlegen der großen Zahl kann man sich an die Lösung „ranschleichen".

---

[1] Wer 7 Tage ausgerechnet hat, kann zwar gut dividieren, ist aber trotzdem reingefallen: Die Schnecke schafft es schon am 6. Tag, über den Brunnenrand zu kriechen. Nach 5 Tagen und Nächten (mal 3 m) kriecht sie am 6. Tag bei 15 m los und erreicht an diesem Tag schon nach 6 Kriechmetern den Brunnenrand.

```
42 386  :  5
40 000  :  5  =  8 000
 2 000  :  5  =    400
   300  :  5  =     60
    80  :  5  =     16
     6  :  5  =      1 / Rest 1 € (der Rest bringt jedem
                                  auch noch 20 Cent bzw. 0,20 €
42 386  :  5  =  8 477,20 €      für jedes Mitglied
```

In den meisten Fällen kann man die Zahlen aber nicht so passend zerlegen. Zum Beispiel bei der Aufgabe 14 672 : 4. Dann fängt man mit einer Zahl an, die bestimmt durch 4 teilbar ist, und probiert immer mit dem Rest weiter.

```
z.B. so:        14 672  :  4  =     ?
                12 000  :  4  =  3 000
        Rest:    2 672
                 2 000  :  4  =    500
        Rest:     672
                  400   :  4  =    100
        Rest:     272
                  200   :  4  =     50
        Rest:      72
                   40   :  4  =     10
        Rest:      32
                   32   :  4  =      8
        Rest:       0
                14 672  :  4  =  3 668
```

Sprecht euch immer vor, was ihr seht und machen wollt. Zum Beispiel: „14 Tausender kann ich nicht so leicht durch 4 teilen; also nehme ich erst einmal 12 Tausender. Dann habe ich schon einen großen Batzen durch 4 geteilt."

Löst folgende Aufgaben durch geschicktes Zerlegen der großen Zahlen:

- 2 385 : 5   1)
- 18 792 : 8   2)
- 145 848 : 6   3)

Schriftlich dividieren

Beim Ranschleichen nach dem Verteilungsgesetz wird schon halbschriftlich gerechnet. Man geht schrittweise vor und notiert sich Zwischenergebnisse.
Das schriftliche Verfahren, das ihr in der Schule lernt, funktioniert auch in dieser Weise. Man kommt damit aber schneller voran, weil man ganz mechanisch nur noch mit dem *kleinen* Einmaleins zu rechnen braucht. Es ist deshalb aber wichtig, dass man zur Kontrolle hinterher die Umkehr-Probe macht.
Schaut euch das schriftliche Dividieren an folgender Beispielaufgabe an:

14 376 : 4

Das könnt ihr euch vorsprechen:

$$14\,376 : 4 = 3\,594$$
$$\underline{12}$$
$$23$$
$$\underline{20}$$
$$37$$
$$\underline{36}$$
$$16$$
$$\underline{16}$$
$$0$$

- In die 1 passt die 4 noch gar nicht hinein. Also nehme ich ausnahmsweise gleich die 14. In die 14 passt die 4 dreimal hinein. 3 · 4 = 12. Die 3 schreibe ich als erstes Ergebnis hinter das Gleichheitszeichen.
- Der Rest ist 2. Ich hole mir die 3 herunter. In 23 passt die 4 fünfmal hinein. 5 · 4 = 20.

1) 477   2) 2 349   3) 24 308

- Der Rest ist 3; ich hole mir die 7 herunter. In 37 passt die 4 neunmal hinein. $9 \cdot 4 = 36$.
- Der Rest ist 1; ich hole die 6 herunter. In die 16 passt die 4 genau viermal hinein. Der Rest ist 0. Oben gibt es keine Ziffern mehr. Die Aufgabe geht auf.

Die *Umkehr-Probe*: Wenn $14\,376 : 4 = 3\,594$, dann muss $3\,594 \cdot 4 = 14\,376$ sein.

der **Divisor**

Divisor hat mit dem Wort „Division" zu tun. *Divisor* ist der Fachausdruck für den Teiler in einer Division. Er ist die Zahl, durch die geteilt wird. Die erste Divisionszahl heißt *Dividend*.

dividieren
Dividend
Quotient

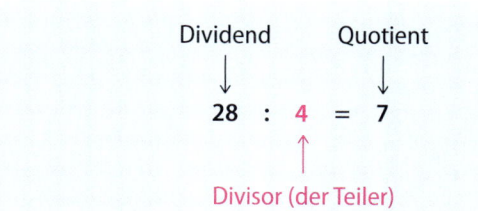

Das Ergebnis der Division heißt *Quotient*.

das **Dreieck**

Flächeninhalt
Flächenmaße
Umfang
Höhe
Winkel
rechter Winkel

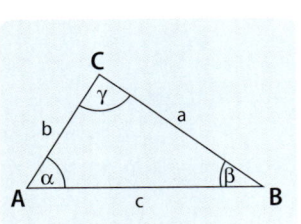

Merkmale und Bezeichnungen

Ein *Dreieck* ist eine geometrische Figur. Es ist eine Fläche.
Wie der Name schon sagt, hat es *drei Eckpunkte*.
Man kennzeichnet die Eckpunkte mit großen Buchstaben:
A, B, C.
Wo drei Ecken sind, sind auch *drei Seiten*. Sie werden gegenüber
von den Eckpunkten mit den entsprechenden kleinen Buchsta-
ben bezeichnet: a, b, c.
Wo drei Seiten aufeinander treffen, entstehen auch *drei Winkel*.
Sie werden mit griechischen Kleinbuchstaben bezeichnet: Bei
A steht α (alpha), bei B steht β (beta), bei C steht γ (gamma).

Umfang und Flächeninhalt des Dreiecks

Wer den *Umfang eines Dreiecks* wissen will, denkt sich einen
Zaun drum herum. Die Länge des Zaunes ist der Umfang des
Dreiecks.
Die Formel sieht so aus:

$$u = a + b + c$$

Wer den *Flächeninhalt eines Dreiecks* wissen will, stellt es sich
am besten mit einheitlichen quadratischen Kacheln ausgelegt
vor.
Hinweise dazu findet ihr unter dem Stichwort **Flächenmaße**.

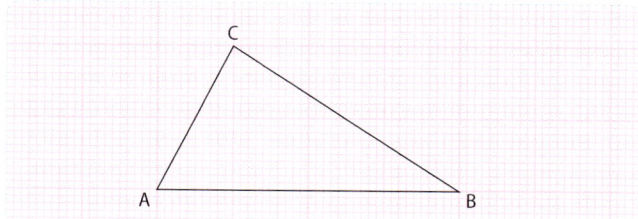

Wenn man die angeschnittenen Zentimeterquadrate zusammenpuzzelt, kommen wieder ganze Zentimeterquadrate zusammen oder Bruchteile davon.

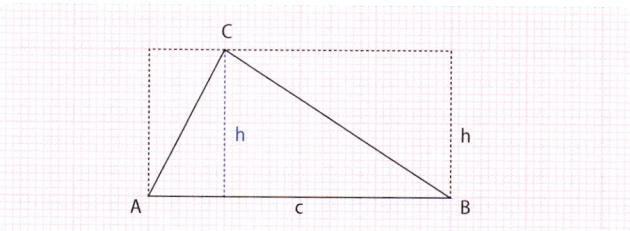

➜ Überprüft folgende Behauptung: „*Der Flächeninhalt des Dreiecks ist halb so groß wie das Rechteck auf derselben Grundlinie c.*"
- Zählt ab, wie viele Zentimeterquadrate das Dreieck ungefähr ausfüllen. Bei den angeschnittenen Zentimeterquadraten müsst ihr puzzeln. [1]
- Wie viele Zentimeterquadrate füllen das ganze Rechteck aus? Vergleicht die Fläche des Dreiecks mit der Fläche des Rechtecks. [2]

1) Man kommt auf ungefähr 4 cm².
2) In den rechteckigen Rahmen passen 8 cm². Das ist das Doppelte der Dreiecksfläche.

Kopiert die Abbildung (S. 59) und schneidet das Dreieck und den Rest vom Rechteck aus. Prüft die Behauptung durch Puzzeln.

❗ $F_\triangle = c \cdot h : 2$

➔ Erklärt euch die Formel zur Flächenberechnung eines Dreiecks
Prüft an verschiedenen Dreiecken, ob sie *immer* stimmt

Die Winkel im Dreieck

➔ Prüft die folgende Behauptung nach: *Die drei Winkel im Dreieck ergeben zusammengerechnet immer 180 Grad.* Zeichnet irgendein beliebiges Dreieck. Schneidet die drei Ecken ab und legt sie aneinander. Zusammengelegt ergeben die drei Winkel einen „gestreckten Winkel" von 180°.

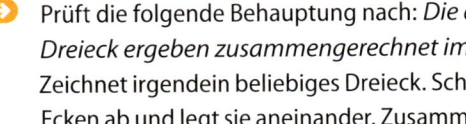

Ihr könnt auch mit dem Winkelmesser nachmessen und die Winkel addieren.

---

1) Die Höhe des Dreiecks entspricht der Breite des Rechtecks. c · h = die Fläche des Rechtecks. Die Hälfte davon (: 2) ist also der Flächeninhalt des Dreiecks.

> Die Summe der Winkel im Dreieck beträgt 180 Grad.
> **Kurz:** $\alpha + \beta + \gamma = 180°$

Regelmäßige Dreiecke

Bisher ging es um *unregelmäßige* Dreiecke, bei denen alle drei
Seiten verschieden lang und alle drei Winkel verschieden groß
sind.
Jetzt geht es um *regelmäßige* Dreiecke

1. Das gleichseitige Dreieck
Beim *gleichseitigen* Dreieck sind alle Seiten gleich lang. Dadurch
sind auch alle drei Winkel gleich groß.

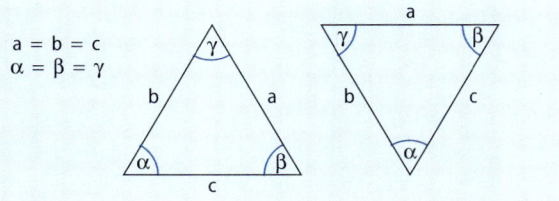

$a = b = c$
$\alpha = \beta = \gamma$

 Wie groß ist jeder Winkel? Messt sie mit dem Winkelmesser aus. Denkt an die Winkelsumme von 180 Grad, dann
könnt ihr die Winkel auch berechnen![1]

---

1) Im gleichseitigen Dreieck beträgt jeder Winkel 60 Grad. Da alle Winkel im Dreieck zusammen 180 Grad
ergeben, muss jeder Winkel im gleichseitigen Dreieck ein Drittel davon sein, also 180 : 3 = 60.

2. Das gleichschenklige Dreieck

Beim *gleichschenkligen* Dreieck sind zwei Seiten (Schenkel) gleich lang. Dadurch sind zwei der drei Winkel gleich groß.

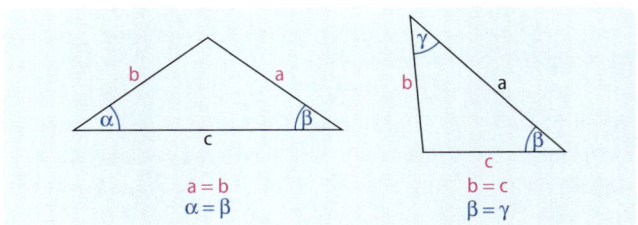

 Zeichnet verschiedene gleichschenklige Dreiecke und prüft das nach.

Das rechtwinklige Dreieck

Ein besonderes Dreieck ist auch das rechtwinklige Dreieck. Wenn zwei Seiten des Dreiecks senkrecht aufeinander stoßen, bilden sie einen rechten Winkel. Ein rechter Winkel hat 90 Grad. In den Winkelbogen des rechten Winkels setzt man gern einen Punkt.

Weil die Winkel im Dreieck zusammen immer 180 Grad ergeben, müssen in einem rechtwinkligen Dreieck die beiden anderen Winkel zusammen auch 90 Grad ausmachen.

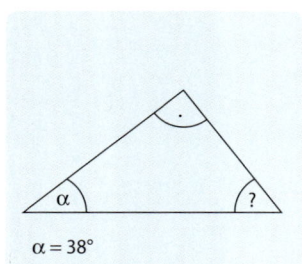

$\alpha = 38°$

 γ sei der rechte Winkel, α sei 38°. Wie groß muss dann β sein? [1]

1) $\beta = 52°$

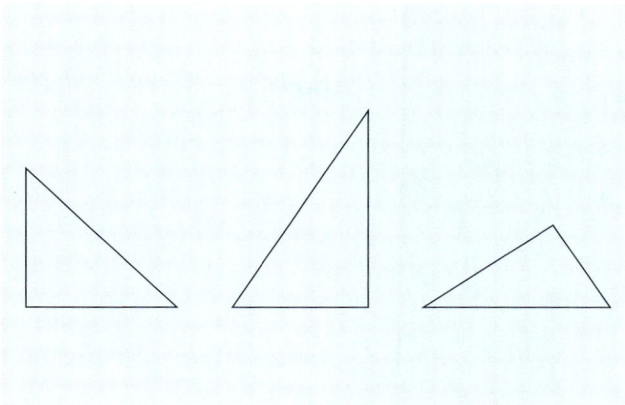

➡ • Kopiert euch die Dreiecke. Beschriftet die Eckpunkte und die Winkel.
  • Kennzeichnet die rechten Winkel.
  • Messt immer einen der beiden anderen Winkel aus und berechnet den dritten. (Zum Ausmessen der Winkel müsst ihr bestimmt einen der Schenkel verlängern. Das ändert nichts an der Größe des Winkels.

➡ Probiert die folgenden Fälle durch:
  • Kann es ein Dreieck mit zwei rechten Winkeln geben? [1]
  • Kann es ein *gleichseitiges* Dreieck mit einem rechten Winkel geben? [2]
  • Kann es ein *gleichschenkliges* Dreieck mit einem rechten Winkel geben? [3]

---

1) Nein! Probiert es aus!
2) Nein! Denn in jedem gleichseitigen Dreieck ist jeder Winkel automatisch 60°.
3) Ja. Dann haben die beiden anderen Winkel automatisch 45° → 180°– 90° (rechter Winkel) = 90°; 90°: 2 = 45°.

Welche Dreiecksformen entdeckt ihr in diesem Gemälde
von Wassily Kandinsky?

das **Drittel**

Bruch
Achtel
Viertel
Hälfte

Wenn ihr zu dritt seid und eine Pizza gerecht untereinander
aufteilt, dann bekommt jeder von euch ein *Drittel*.
Ein Drittel ist der dritte Teil von der ganzen Pizza. In der Mathematik nennt man das Bruchteil oder auch nur Bruch. Ein Drittel
schreibt man in Kurzform so: $\frac{1}{3}$.

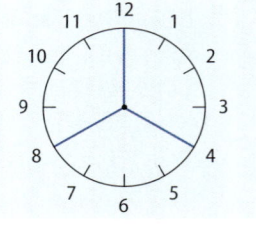

Damit es beim Dritteln einer Pizza ganz gerecht zugeht, stellt
euch die Kreisfläche als Zifferblatt einer Uhr vor. Die Schnitte
könnt ihr bei der 12, bei der 4 und bei der 8 anbringen.

Das Ganze dreigeteilt

In der Zeitung findet man Meldungen wie diese:

- EIN DRITTEL UNSERER LANDFLÄCHE IST WIEDER WALDFLÄCHE
- ZWEI DRITTEL DER ZÜGE HATTEN WEGEN DES EISREGENS VERSPÄTUNG
- EIN DRITTEL DER MENSCHHEIT LEIDET UNTER WASSERMANGEL

In allen drei Fällen werden keine genauen Zahlen angegeben. Man muss sich deshalb die *ganze* Landfläche, *alle* Züge und die *ganze* Menschheit in drei Teile geteilt vorstellen.
In der Mathematik nennt man das „das Ganze". Das Ganze ist hier also jedes mal dreigeteilt. Und jeder Teil davon ist ein Drittel. Hat man es mit zwei von den drei Teilen zu tun, sind es zwei Drittel.
Mathematisch aufgeschrieben sieht das dann so aus: $\frac{1}{3}$ der Landfläche, $\frac{2}{3}$ der Züge, $\frac{1}{3}$ der Menschheit.

In Schaubildern (Diagrammen) lässt sich das so darstellen:

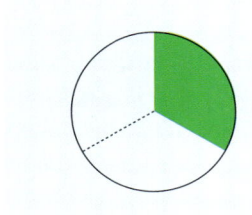 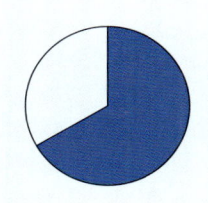 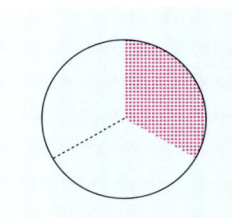

$\frac{1}{3}$ der Landfläche $\frac{2}{3}$ der Züge $\frac{1}{3}$ der Menschheit

Oder so:

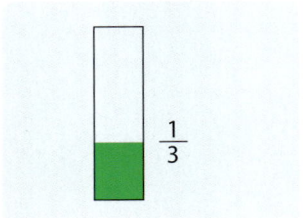

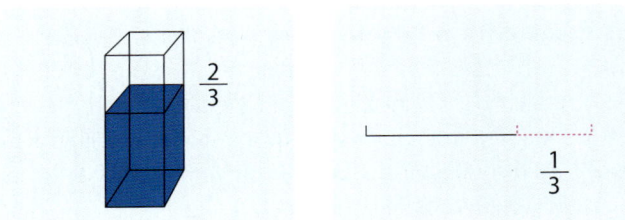

Wollt ihr nun aber doch genau wissen, wie groß z. B. die Wald-fläche in Quadratkilometern ist, dann müsst ihr euch nach den Zahlen erkundigen. Hier seien sie verraten: Die Landfläche Deutschlands beträgt rund 360 000 Quadratkilometer (km^2).

 Wie viele km^2 hat die Waldfläche in Deutschland?[1]

Gustav hat seinen Freund Egon zu einem Eishockeyspiel eingeladen. Als die erste Spielzeit losgeht, erklärt er ihm: „Also, das ist jetzt das erste Drittel." – „Und wie viele Drittel kommen noch?", fragt Egon zurück.

der Durchmesser (d)

Kreis
Radius
Für die Größe von Kreisen wird meist der *Durchmesser* angege-ben. Der Durchmesser „durchmisst" den Kreis. Er ist die gerade Strecke, die von einem Punkt der Kreislinie durch den Mittel-punkt hindurch zum gegenüberliegenden Punkt der Kreislinie geht.

1) Die Waldfläche beträgt 360 000 km^2 : 3 = 120 000 km^2.

Zeichnen könnte man unendlich viele Durchmesser. Es ist egal von welchem Punkt der Kreislinie man ausgeht. Hauptsache, die gerade Linie geht durch den Mittelpunkt. Deshalb braucht man den Punkt auf der gegenüberliegenden Seite auch nicht groß zu suchen. Das Lineal trifft ihn von selbst.

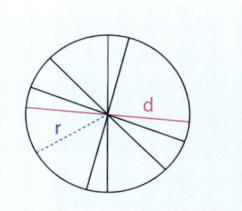

Exakte Kreise werden mit dem Zirkel geschlagen. Will man einen Kreis mit einem Durchmesser von 10 cm schlagen, muss man den Zirkel auf den halben Durchmesser einrichten. Das ist der *Halbmesser*. Er wird in der Mathematik *Radius* (r) genannt. Der Durchmesser ist zweimal so groß wie der Radius:

$$d = 2r \rightarrow r = \tfrac{1}{2}d$$

der **Durchschnitt**

Das Wort *Durchschnitt* kommt von „durchschneiden". Ihr kennt das Wort „durchschnittlich". Wenn etwas durchschnittlich ist, ist es nicht besonders gut, aber auch nicht besonders schlecht. Es liegt genau dazwischen.
Der Durchschnitt ist der Wert, der genau in der Mitte liegt. Man nennt ihn deshalb auch Mittelwert. Den Durchschnitt braucht man für alle möglichen statistischen Aussagen und Vergleiche.

Statistik
Daten
schätzen

- Die Deutschen schlecken im Durchschnitt 8 Liter Eis pro Jahr, die Amerikaner sogar 24 Liter.
- Säuglinge schlafen im Durchschnitt täglich 16 Stunden.
- Im Durchschnitt hat jeder Mensch $2\tfrac{1}{2}$ Kilogramm Übergewicht. Vor 10 Jahren waren es im Durchschnitt noch 2 kg.

Den Durchschnitt berechnen

„Feldmäuse wiegen im Durchschnitt 25 Gramm."
So steht es in einem Biologiebuch. Natürlich gibt es schwerere und leichtere Mäuse.

Bei der Berechnung des Durchschnittsgewichts werden erst einmal alle fünf Mäuse zusammen auf eine Waagschale gesetzt. Zusammen wiegen sie 125 Gramm (g).
Da es 5 Mäuse sind, wird das Gesamtgewicht einfach durch 5 geteilt, also 125 g : 5.
Im Durchschnitt wiegt eine Feldmaus nun also 25 g. Je mehr Mäuse gewogen werden können, desto genauer wird natürlich der Durchschnitt.

 Probiert die Durchschnittsberechnung an eurer Größe aus: Welche Durchschnittsgröße haben die Schüler eurer Klasse? Stellt auch witzige Durchschnittsberechnungen an, zum Beispiel:
„Ich habe gar kein Geld, du hast 10 Euro: Wie viel Euro haben wir beide dann im Durchschnitt?"

das **Dutzend (Dtzd.)**

Das Dutzend ist eine Mengenangabe, die heute kaum noch gebräuchlich ist.

> 1 Dtzd. sind 12 Stück.

1 Dtzd. Kerzen = 12 Kerzen,
3 Dtzd. Handtücher = 36 Handtücher …

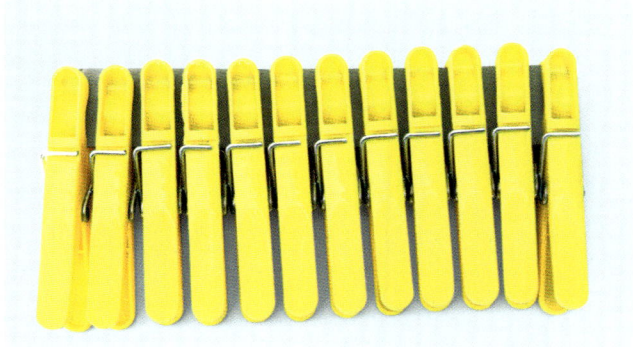

Die 12er-Menge ist heute noch üblich beim Kauf von Geschirr, Gläsern und Besteck. Das halbe Dutzend kennen wir noch bei der Sechserpackung Eier.

die **Elle**

Längeneinheiten
Fuß
Meter

Die *Elle* ist ein altes Körpermaß, das heute nicht mehr verwendet wird. Ihr Name stammt von dem Knochen im Unterarm, der vom Ellenbogen bis zum Handgelenk reicht. An diesem Knochen entlang und darüber hinaus bis zum Ende des ausgestreckten Mittelfingers wurden früher vor allem Stoffe und Bänder abgemessen. So wurde die Elle zum Längenmaß.

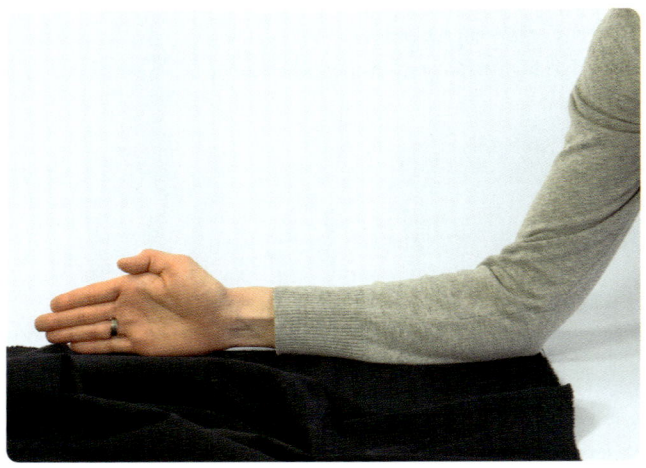

Da die Menschen unterschiedlich lange Arme haben, war eine Elle mal länger, mal kürzer, und darüber wird es oft zum Streit gekommen sein. Die Bürger einer Stadt oder eines Landes einigten sich deshalb auf eine einheitliche Ellen-Länge, die zu einem Messstab aus Holz oder Metall gefertigt wurde.
Das Einheitsmaß wurde meist von dem Unterarm eines Fürsten oder Königs abgenommen. Man sprach daher auch von der „Königselle". Weil das Land aber in sehr viele Kleinstaaten aufgeteilt war, gab es in verschiedenen Gegenden unterschiedliche

Ellen-Längen. Die kleinste Elle war „die kleine Elle von Erfurt", die in heutigen Maßen 40,38 Zentimeter lang war, die größte war die „Elle von Regensburg" mit einer Länge von heutigen 81,10 Zentimetern. Dafür muss wohl ein sehr langarmiger Mensch Modell gestanden haben (oder wollte der König damit seine Größe demonstrieren?). Im Mittelalter hat es in Deutschland jedenfalls über 100 unterschiedliche Ellen gegeben, deren Längen sich zwischen diesen beiden Extremen bewegten.
Ein einheitliches Maß für alle deutschen Gebiete hat es nie gegeben.
Rechnen kann man mit einer Durchschnittslänge von 60 Zentimetern.

> 1 Elle ≈ 60 cm

die **Erde**

Die *Erde* ist einer von acht Planeten, die sich um die Sonne drehen.
Der *Umfang* der Erde wird zum einen entlang der Längenkreise gemessen, die über die beiden Pole hinweg die Erdkugel umlaufen. Sie haben alle dieselbe Länge von exakt 40 008,005 Kilometern. Zum anderen wird der Umfang am längsten Breitengrad, dem Äquator, gemessen. Seine Länge beträgt 40 075,161 Kilometer. Am Unterschied der beiden Längen kann man erkennen, dass die Erde keine ganz exakte Kugel ist. Sie ist an den Polen ein wenig abgeplattet. Dieser Unterschied ist aber so geringfügig, dass man trotzdem von der „Erdkugel" oder dem „Erdball" spricht.

Längen- und Breitengrade

Gerechnet wird normalerweise mit der abgerundeten Zahl von 40 000 km.

Der Umfang der Erde beträgt rund 40 000 Kilometer.

Die *Oberfläche* unseres Planeten verteilt sich auf sieben Erdteile (Afrika, Antarktis, Asien, Australien, Europa, Nordamerika, Südamerika) und drei Ozeane (Atlantik, Indischer Ozean und Pazifik auch Stiller Ozean genannt).
Land- und Meeresfläche zusammen ergeben 510 069 300 Quadratkilometer. Abgerundet heißt es:

Die Oberfläche der Erde beträgt 510 000 000 (510 Mio.) Quadratkilometer.

Etwa ein Drittel davon ist Landfläche, zwei Drittel sind Wasser. Weil es doppelt soviel Wasser wie Land gibt, erscheint die Erde vom Weltraum aus gesehen blau. Deshalb nennen wir sie auch den „blauen Planeten".

Kommt eine Kundin ins Geschäft und möchte einen Globus kaufen. Er soll ein Geburtstagsgeschenk für ihren Neffen aus Kassel sein. Der Verkäufer zeigt ihr verschiedene Modelle: kleine und große, beleuchtete und unbeleuchtete, aus Glas und aus Kunststoff. Aber der Kundin ist keiner recht. „Haben sie nicht einen, auf dem nicht so viel drauf ist?", fragt sie schließlich. „Mein Neffe ist erst zehn und da würde ein Globus von Hessen völlig ausreichen!"

der **Euro (€)**

In Deutschland und den meisten anderen Ländern der Europäischen Union (EU) gibt es seit 2002 eine gemeinsame Währung. Das ist der *Euro*. Das Zeichen dafür hat man von dem Kleinbuchstaben Epsilon (ε) aus dem griechischen Alphabet abgeleitet. Es steht für den Anfangsbuchstaben von „Europa": €.
Der Euro ist die Grundeinheit unseres Geldes.

Cent
Währung
Geld
Kommazahl
Preis

Das kann man ungefähr für einen Euro bekommen:

 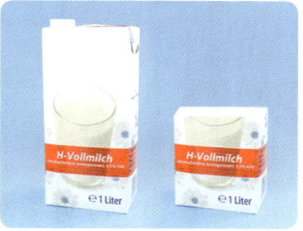 

Damit man auch Beträge zahlen kann, die geringer sind als ein Euro, gibt es die kleinere Einheit *Cent*. Man braucht die kleinere Einheit auch als Wechselgeld.
„Euro" und „Cent" spricht man in der Mehrzahl nicht mit einem „s" aus. „Ich habe 10 Euro (nicht: Euro*s*) und 25 Cent (nicht Cent*s*) bezahlt."

100 Cent = 1 Euro **Kurz:** 100 ct = 1 €

Sowohl die Münzen als auch die Geldscheine gibt es in unterschiedlicher „Stückelung". Die Geldscheine werden auch *Banknoten* genannt, weil sie von der (Bundeszentral-)Bank ausgegeben werden. Mit *Note* ist keine *Zensur* gemeint wie in der Schule. Das Wort stammt aus dem Englischen, wo *note* „Schein" bedeutet.

 Wenn in einer Aufgabe mit Euro und Cent gerechnet werden soll, muss *so* umgerechnet werden, dass man es nur noch mit *einer* Maßeinheit zu tun hat.

Ihr braucht 6 Stifte. Nehmt ihr sie lieber einzeln oder in der Packung? Was ist günstiger?

Ihr wollt wissen, was 1 Stift aus der Packung kostet.

Dazu müsst ihr Euro in Cent umrechnen: 2,58 € sind 258 ct; 258 ct : 6 = 43 ct.

Ein Stift aus der Packung ist also 2 Cent günstiger als ein einzelner Stift. Bei 6 Stiften sind das 12 Cent weniger.

Mit Komma schreiben

Um die Preise der Filzstifte zu vergleichen, müsst ihr anders herum rechnen: Ihr wollt wissen, wie viel 6 von den einzelnen Stiften kosten:

Umrechnen in Euro: 45 ct · 6 = 270 ct; also kosten 6 einzelne Stifte 2 € 70 ct. Das kann man auch in der Einheit Euro schreiben: 2 € 70 ct = 2,70 €.

6 einzelne Stifte sind 12 Cent teurer. Obwohl das weniger ist als ein Euro, kann man das trotzdem in der Einheit „Euro" aufschreiben: 12 ct = 0 € 12 ct = 0,12 €.

Hinweise und Tipps zum Rechnen mit Kommazahlen findet ihr unter den Stichwörtern **Kommazahlen addieren und subtrahieren**, **Kommazahlen dividieren**, **Kommazahlen multiplizieren**.

 Rätselhaft!

Herr Romano führt ein Hutgeschäft in der Seilergasse. Eines Tages kommt ein Herr in den Laden und kauft einen Filzhut für 50 Euro. Er bezahlt mit einem 100-Euro-Schein. Da Herr Romano nicht herausgeben kann, geht er rasch zum Uhrmacher nebenan, um den Schein zu wechseln. Der Käufer bekommt 50 Euro zurück und lüftet zum Abschied seinen neuen Hut.

Am Abend kommt der Uhrmacher in großer Aufregung zu Herrn Romano und wedelt mit dem 100-Euro-Schein. „Ist mir schrecklich peinlich, Herr Romano, aber der Schein ist eine Fälschung!" Herr Romano ist genauso entsetzt. Er entschuldigt sich vielmals und gibt dem Uhrmacher 100 Euro aus der Ladenkasse. Dann muss er sich erst einmal setzen, um über seinen Verlust zu grübeln.
Wie hoch war der Verlust alles in allem? [1]

der **Faktor**

multiplizieren
Vertauschungsgesetz
Primfaktoren
Primzahlen

Als *Faktoren* werden die Zahlen in einer Multiplikationsaufgabe bezeichnet. Ein Faktor wird mit dem zweiten (dritten, vierten, …) Faktor malgenommen. Das Ergebnis nennt man „Produkt". In einer Multiplikationsaufgabe können die Faktoren vertauscht werden. Das Ergebnis bleibt dasselbe:
$4 \cdot 7 \cdot 5 = 5 \cdot 4 \cdot 7 = 7 \cdot 5 \cdot 4 = 5 \cdot 7 \cdot 4$ (usw.) $= 140$.

[1] Der Verlust von Herrn Romano beträgt nicht mehr, aber auch nicht weniger als 100 Euro, also „nur" so viel, wie der falsche Geldschein ihn kostet. Die 100 Euro, die Herr Romano dem Uhrmacher ersetzen muss, hat er vorher ja von ihm bekommen. Daraus entsteht ihm also kein Verlust. Der einzige Verlust für Herrn Romano besteht in dem Wert von 100 €, mit dem der Betrüger abgezogen ist: ein Hut im Wert von 50 € und 50 € Wechselgeld; macht zusammen 100 € Verlust.

Diese Regel nennt man das *Vertauschungsgesetz*.
Faktoren, die keinen anderen Teiler als 1 und sich selbst haben, nennt man *Primfaktoren*. Eine Zahl wie zum Beispiel 15 ist das Produkt aus den beiden Primfaktoren 3 und 5. 15 lässt sich also in zwei Primfaktoren zerlegen: 15 = 3 · 5. Die Zahl 42 lässt sich in drei Primfaktoren zerlegen: 42 = 2 · 3 · 7.
Mehr dazu findet ihr unter den Stichwörtern Primfaktoren und Primzahlen.

der Flächeninhalt

Das Wort *Fläche* hat natürlich mit „flach" zu tun. Ihr kennt Tischflächen, Rasenflächen, die Tafelfläche, die Spielfläche oder die Oberfläche von einem See oder vom Desktop. Das sind alles flache, ebene Felder, die eine Grenze, einen Zaun, einen Rahmen oder einen Umriss haben.
Auch in der Geometrie ist eine Fläche immer begrenzt. Deshalb kann man sie ausmessen und berechnen.

Flächenmaße
Rechteck
Quadrat
Dreieck
Kreis
Parallelogramm
Sechseck

Den Flächeninhalt ermitteln

Will man den *Flächeninhalt* ermitteln, stellt man sich am besten vor, dass man die Fläche mit Einheitsquadraten auslegen will. Mehr zu den Einheitsquadraten findet ihr unter dem Stichwort Flächenmaße.

Quadrate auszählen
Bei rechteckigen Flächen lässt sich der Inhalt am leichtesten ermitteln.

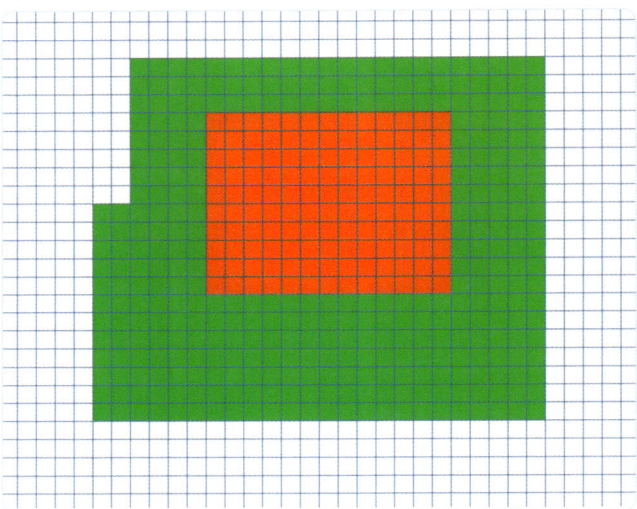

➡ Hier ist die Zeichnung eines Baugrundstücks zu sehen, auf dem der Grundriss des Hauses rot eingefärbt ist.

- Findet heraus, wie groß das ganze Baugrundstück ist. Achtet auf den Ausschnitt links oben! (1 Kästchen soll 1 Meterquadrat entsprechen.) [1]
- Welche Fläche nimmt das Haus ein? Wie viele Meterquadrate bleiben für den Garten übrig? [2]

Auch für Flächen mit runden oder schrägen Begrenzungen nimmt man Quadrate als Maßeinheiten. Angeschnittene Quadrate ergeben zusammen wieder ganze Quadrate. Das Maß ist in jedem Fall das Quadrat.

---

[1] Das ganze Baugrundstück ist 464 Meterquadrate groß (480 – 16).
Die Hausfläche beträgt 130 Meterquadrate.
[2] Für den Garten bleiben 334 Meterquadrate übrig (464 – 130 = 334).

Das Dreieck und der Kreis in den folgenden Abbildungen sollen gekachelt werden. Ein Kästchen ist so groß wie eine quadratische Kachel.

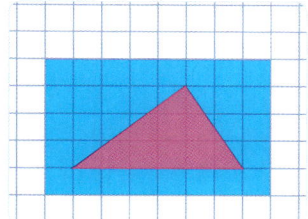 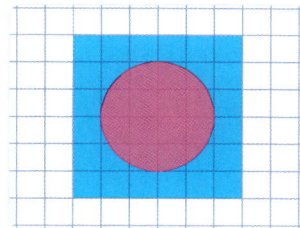

➡ Ihr sollt für die Dreiecks- und die Kreisfläche Kacheln besorgen. Welche der unten zusammengelegten Kachelmenge müsst ihr für welche Fläche mindestens nehmen (wenn es die Kacheln denn einzeln zu kaufen gäbe und wenn euch beim Zurechtschneiden der Kacheln kein einziges Missgeschick passieren würde)?[1]

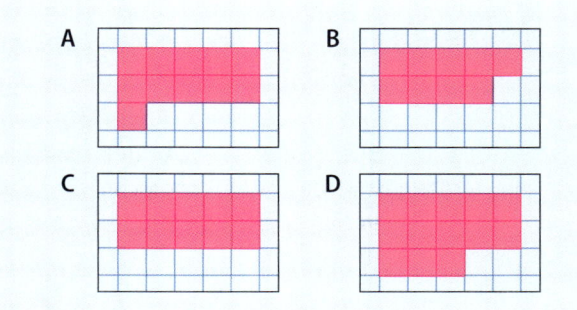

---

1) Für das Dreieck Menge B (9 Kacheln) und für den Kreis Menge D (13 Kacheln).

Habt ihr eine Idee, wie ihr jetzt noch die Anzahl der blauen Kacheln rund um das Dreieck und den Kreis herausfinden könnt, ohne dass ihr auch noch die blauen Kacheln zusammenpuzzeln müsst?[1]

Flächen berechnen

Mathematik ist nicht zuletzt dazu da, uns das Leben zu erleichtern. Statt mühsam zu zählen und dazu noch ungenau zu puzzeln, lassen sich Flächen natürlich elegant und genau *berechnen*.

In der folgenden Tabelle sind für die verschiedenen Flächen die Formeln zur Berechnung der Flächeninhalte zusammengestellt. Wie sie zustande kommen, findet ihr unter den Stichwörtern zu den jeweiligen Flächen.

Übersicht über die Formeln zur Berechnung des Flächeninhalts

Bezeichnung der Fläche	Die Form	Welche Angaben braucht man?	Die Formel
Rechteck		die Länge a und die Breite b	$F_\square = a \cdot b$
Quadrat		eine Seitenlänge a	$F_\square = a \cdot a$ oder auch: $F_\square = a^2$

---

[1] Ihr rechnet aus, wie viele blaue Kacheln das ganze Rechteck bzw. Quadrat ausfüllen würde und zieht die Flächen des Dreiecks und des Kreises davon ab. Im ersten Fall sind es 35 1|2 Kacheln; im zweiten Fall ≈ 23 Kacheln.

Bezeichnung der Fläche	Die Form	Welche Angaben braucht man?	Die Formel
Dreieck • unregelmäßiges • gleichseitiges • gleichschenkliges • rechtwinkliges		bei allen Dreiecken: die Grundlinie c und die Höhe h	$F_\triangle = c \cdot h : 2$ oder auch: $F_\triangle = \frac{1}{2} \cdot c \cdot h$
Kreis		den Radius r und Pi π (3,14)	$F_\bigcirc = r \cdot r \cdot \pi$ oder auch: $F_\bigcirc = \pi \cdot r^2$
regelmäßiges Sechseck		für eine der 6 kleinen Dreiecksflächen: den Radius r und die Höhe h	$F_\bigcirc = 6 \cdot r \cdot h : 2$ oder auch: $F_\bigcirc = 3 \cdot r \cdot h$
Parallelogramm		die Seite a und die Höhe h	$F_{\diagup\!\diagup} = a \cdot h$
Raute		die Länge der beiden Diagonalen e und f	$F_\diamondsuit = e \cdot f : 2$ oder auch: $F_\diamondsuit = \frac{1}{2} \cdot e \cdot f$
Zu den beiden letzten Flächen findet ihr in diesem Lexikon keine weiteren Erläuterungen.			
Trapez		die Länge der Seiten a und c und die Höhe h	$F_\triangle = \frac{(a+c)}{2} \cdot h$
Drachenviereck		die Länge der beiden Diagonalen e und f	$F_\diamondsuit = e \cdot f : 2$ oder auch: $F_\diamondsuit = \frac{1}{2} \cdot e \cdot f$

Herr Müller sucht eine neue Bleibe und schaut sich eine Wohnung an. „Was soll sie denn kosten?", fragt er den Makler. „Acht Euro pro Quadratmeter!" – „Geht in Ordnung", sagt Müller, „ich nehme zehn!"

die Flächenmaße

Ar
Flächeninhalt
Hektar
Längeneinheiten
Quadrat

Für die Berechnung der Flächeninhalte hat man sich auf einheitliche *Flächenmaße* geeinigt. Das sind immer Quadrate. Je nachdem, ob es um große oder kleine Flächen geht, nimmt man größere oder kleinere *Einheitsquadrate*. Ihr Maß ist von den üblichen Längenmaßen Meter, Zentimeter, Millimeter usw. abgeleitet.

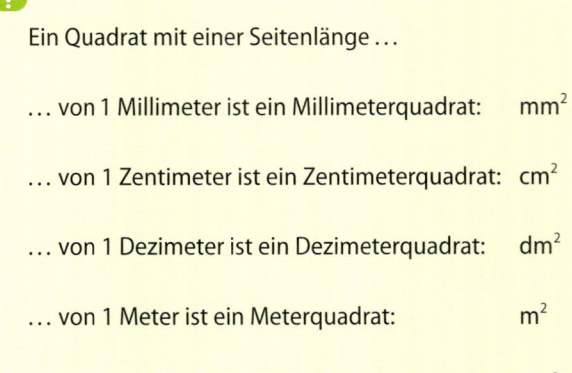

!

Ein Quadrat mit einer Seitenlänge …

… von 1 Millimeter ist ein Millimeterquadrat: mm^2

… von 1 Zentimeter ist ein Zentimeterquadrat: cm^2

… von 1 Dezimeter ist ein Dezimeterquadrat: dm^2

… von 1 Meter ist ein Meterquadrat: m^2

… von 1 Kilometer ist ein Kilometerquadrat: km^2

Der Umrechnungsfaktor

In ein Meterquadrat passen 100 Dezimeterquadrate. In ein Dezimeterquadrat passen 100 Zentimeterquadrate, in ein Zentimeterquadrat wiederum 100 Millimeterquadrate. Der Umrechnungsfaktor von einem Einheitsquadrat zum nächst kleineren Einheitsquadrat beträgt also immer 100.
Hier seht ihr die Flächeneinheiten mit ihrem Umrechnungsfaktor 100 im Überblick:

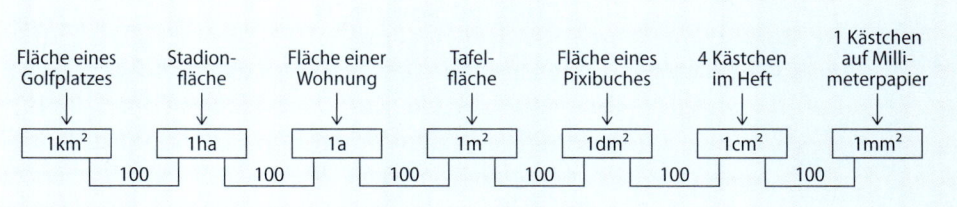

„Hoch 2"

Die Flächenmaße haben in ihrem Kürzel immer eine hochgestellte 2, also m^2 oder cm^2. Das hat damit zu tun, dass Flächen zweidimensional sind. Das heißt, sie dehnen sich in zwei Richtungen aus und haben eine Länge und eine Breite. Der Flächeninhalt eines Zentimeterquadrats beträgt $1\,cm \cdot 1\,cm$. Abgekürzt schreibt man das Ergebnis so: $1\,cm^2$. Das Meterquadrat hat einen Flächeninhalt von $1\,m \cdot 1\,m$ und das Ergebnis sieht so aus: $1\,m^2$.

 cm^2 ist die abgekürzte Schreibweise von $cm \cdot cm$.

Man sagt dazu „Zentimeterquadrat" oder „Quadratzentimeter" oder „Zentimeter hoch 2".

m² ist die abgekürzte Schreibweise von m · m.

Man sagt: „Meterquadrat" oder „Quadratmeter" oder „Meter hoch 2".

Umgekehrt gesprochen

Die Flächenmaße werden in diesem Lexikon (und meist auch in der Schule) so benannt, dass vorn die Seitenlänge und hinten das Quadrat ausgesprochen wird, z. B.: Meterquadrat. Ihr wisst dann immer gleich, welches Maß das Quadrat hat. Die meisten Leute sprechen die Flächenmaße allerdings umgekehrt aus, also Quadratmeter.

Auch in Sachtexten oder im Fernsehen werdet ihr meist die umgekehrte Sprechweise lesen und hören.

- Ein Quadratmillimeter ist dasselbe wie ein Millimeterquadrat.
- Ein Quadratzentimeter ist dasselbe wie ein Zentimeterquadrat.
- Ein Quadratdezimeter ist dasselbe wie ein Dezimeterquadrat.
- Ein Quadratmeter ist dasselbe wie ein Meterquadrat.
- Ein Quadratkilometer ist dasselbe wie ein Kilometerquadrat.

Wenn ihr also z. B. „Quadratkilometer" hört und nicht so recht wisst, wie groß die Fläche eigentlich ist, dreht das Wort einfach um und sagt: „Kilometerquadrat". Dabei hört ihr gleich die Seitenlänge (Kilometer) und habt eine bessere Vorstellung von der Fläche.

- Ein Tennisfeld ist 260 *Quadratmeter* (m²) groß. Es hat dieselbe Fläche wie 260 *Meterquadrate*.

- Bayern ist 70 550 *Quadratkilometer* (km²) groß. Bayern ist natürlich nicht eckig. Seine Fläche ist aber so groß *wie* 70 550 aneinander gelegte Kilometerquadrate.

- Die berühmteste Briefmarke der Welt, die blaue Mauritius, ist etwa 4,5 *Quadratzentimeter* (cm²) groß. Also so groß *wie* 4 ganze und ein halbes *Zentimeterquadrat*.

der **Fuß**

Längeneinheiten

Kleine Strecken haben die Menschen schon in alten Zeiten mit den Füßen abgetippelt und gemessen. Wer z. B. ein Gemüsebeet mit einem Bretterzaun umgeben wollte, damit die Kaninchen nicht drankamen, tippelte Länge und Breite ab, merkte sich 15 Fuß in der Länge und $6\frac{1}{2}$ Fuß in der Breite und fertigte die Bretter in entsprechender Länge an.

Der Fuß ist weltweit eines der ältesten Körpermaße. Nun sind die Füße der Menschen natürlich unterschiedlich groß. Um eine gewisse Einheitlichkeit zu erreichen, verstand man unter „Fuß" die Länge eines normal großen Männerfußes von der Ferse bis zur Zehenspitze. Das entspricht etwa der Schuhgröße 44, also etwa 28 Zentimeter.

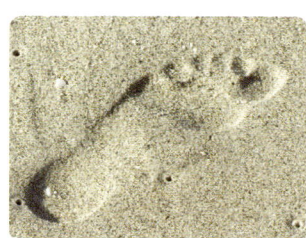

Ein einheitliches Maß hat sich in ganz Deutschland aber nie durchgesetzt. Es gab mehr als 100 verschiedene Fußmaße, deren Länge zwischen 23,51 cm und 40,83 cm schwankte. Dabei hatte sich Kaiser Karl der Große im Jahre 807 für eine Vereinheitlichung der Maße stark gemacht und sogar seinen „kaiserlichen Fuß" als Einheitsmaß zur Verfügung gestellt.

Bei den Engländern und Amerikanern (und überall dort, wo Englisch Amtssprache ist) ist der Fuß aber heute noch eine gültige Längenbezeichnung: „foot" (= Fuß) und „feet" (= Füße). Die Länge ist heute aber genau festgelegt und entspricht in unseren Maßen 30,48 cm.

Wenn in alten Texten von „Fuß" als Längenmaß die Rede ist, könnt ihr mit 30 cm rechnen.

Manchmal wird auch „Schuh" als Maß angegeben. Das ist dasselbe Maß wie der „Fuß".

1 Schuh ≙ 30 cm

 das **Geld**

Geld ist ein Zahlungsmittel. Bei uns und in den meisten anderen europäischen Ländern heißt die Grundeinheit des Geldes „Euro" (€). Das nennt man die *Währung*.

Währung
Euro
Cent
Schulden
bar

Die Geschichte des Geldes

Wie das Geld in die Welt kam, ist eine lange Geschichte. Heute wundert sich niemand darüber, dass man für ein paar glänzende Metallstücke oder sogar nur für ein Stück Papier aus dem Portmonee Brot, Milch oder Wurst bekommt.

Je nachdem ob eine kleinere oder größere Zahl aufgeprägt oder -gedruckt ist, kann man viel oder wenig, Einfaches oder Wertvolles bekommen. Warum gibt ein Autoverkäufer ein nagelneues Auto her, wenn er dafür nur bedruckte Zettel bekommt? Er kann darauf vertrauen, dass er anderswo für diese Zettel wieder Brot, Milch, Wurst oder eine Reise nach Australien bekommt. Jeder weiß, dass es sich nicht um irgendwelche Metallstücke oder Zettel handelt, sondern um ganz besondere Münzen und Scheine. Und die nennen wir „Geld". Hier soll nun erzählt werden, wie es dazu gekommen ist, dass man für eigentlich wertlose Metallplättchen und Zettel wertvolle Sachen eintauschen kann.

Naturaltausch

Angefangen hat alles mit Tauschen. Wer Schafe züchtete, hatte mehr Fleisch und Wolle, als er selber verbrauchen konnte. Wenn er einen Schemel brauchte, gab er dem Schreiner dafür Fleisch oder Wolle. Der Bauer hatte Getreide übrig und tauschte es gegen ein paar Fische des Fischers. Diesen Tauschhandel nennt man „Naturaltausch". Man tauschte Naturalien.

Wer etwas brauchte, musste gleichzeitig etwas anzubieten haben. Man kann sich denken, dass der Naturaltausch auf Dauer nicht funktionierte. Was tun, wenn der Schäfer genügend Möbel hatte, der Schreiner aber dringend warme Wolle brauchte?

Naturalgeld

Dieses Problem wurde durch „Naturalgeld" gelöst. Dabei handelte es sich um Dinge, die nicht verderblich waren und die jeder irgendwann einmal brauchte oder gern haben wollte. Das waren zum Beispiel Salz, getrockneter Fisch (Stockfisch), Getreide, Nüsse, gewebte Stoffe oder auch Schmuck. Nun konnte der Schreiner sein Fleisch mit einem Säckchen Salz bezahlen, das der Schäfer aufbewahren, vielleicht auch „sparen" und später anderswo für Dinge ausgeben konnte, die er brauchte.

Eine besondere Form des Naturalgeldes waren vor etwa 4 000 Jahren in China, Indien und Nordafrika die „Kaurimuscheln". Das sind schön geformte Schneckenhäuser, die heute noch als wertvoll gelten. Sie waren klein und leicht, man konnte sie also gut zählen und transportieren und jeder akzeptierte sie als Zahlungsmittel. Bei den Azteken in Mittelamerika waren es Kakaobohnen, die als Naturalgeld verwendet wurden.

Kaurimuscheln als Zahlungsmittel.

Hack- und Wägegeld

Wertvolle Metalle wie Gold, Silber oder Kupfer waren als Naturalgeld aber am besten geeignet. Anfangs waren es Schmuckstücke, mit denen anstelle von Naturalien „bezahlt" wurde, dann ging man dazu über, die Metalle in Barren, Ringe oder Stäbe zu gießen. Davon wurde dann immer so viel abgehackt und gewogen, wie man den Wert der Ware einschätzte. Dieses „Hack- oder Wägegeld" war das erste Zahlungsmittel, das extra zum Tausch gegen Waren angefertigt wurde.

Der Umgang mit dem Hack- oder Wägegeld war allerdings noch recht umständlich. Man brauchte bei seinen Tauschgeschäften immer geeignetes Hackwerkzeug und eine Waage. Und da es noch keine einheitlichen Gewichte gab, konnte man auch nie sicher sein, ob man nicht übers Ohr gehauen wurde.

Münzen

Die Erfindung von Münzen mit gleichem Gewicht war daher nur eine Frage der Zeit. Sie wird den Lydern zugeschrieben, einem Volk, das im heutigen Westanatolien in der Türkei lebte. Weithin bekannt wurde diese Erfindung um 650 v. Chr. unter dem lydischen König Krösus. Er soll die Münzen in seiner Schatzkammer gehortet und damit geprotzt haben. Noch heute gibt es die Redensart „reich wie Krösus".

Die Münzen wurden noch nicht gegossen, sondern aus Gold und Silber „geschlagen". Sie sahen daher noch recht unförmig aus. Aber es gab sie schon in unterschiedlichen Gewichts- und Materialwerten, sodass bereits Geld gewechselt werden konnte. In jede Münze war das Wappen des Königs geprägt. Das war die Garantie für ihr Gewicht und ihren Wert. Nun brauchte nicht mehr gewogen, sondern nur noch gezählt zu werden.

Erste geprägte Münzen aus Lydien.

Goldmünze des Gallus,
ca. 350 n. Chr.

Das Gebäude der Deutschen
Bundesbank in Frankfurt

Vollwertige und unterwertige Münzen

Das Münzsystem breitete sich über den ganzen Mittelmeer-
raum und bis nach Nordeuropa aus. Lange Zeit blieben die
Münzen auch in unserem Land „vollwertige" Münzen aus reinem Gold oder Silber. Geld hatte also noch einen Eigenwert. Es
war sozusagen „Gold wert".

Etwa ab dem 17. Jahrhundert ließen einige Landesfürsten aber
Münzen herstellen, denen minderwertige Metalle wie Eisen
oder Zinn beigemischt wurden. Das war natürlich Betrug, weil
sich die Fürsten daran auch bereicherten. Aber solange es niemand merkte, behielten diese „unterwertigen" Münzen ihren
ursprünglichen Kaufwert. Es gab Zeiten, da kursierten vollwertige und unterwertige Münzen nebeneinander, ohne dass es
jemandem auffiel. Man konnte mit der Münze aus purem Gold
genau dasselbe kaufen wie mit der nur vergoldeten, minder-
wertigen „Fälschung". Daran wurde deutlich, dass Geld an sich
gar keinen Wert haben muss. Ob Gold oder Blech, entschei-
dend ist, dass jeder darauf vertraut, dafür etwas Wertvolles zu
bekommen.

Heute ist überhaupt kein Edelmetall mehr in unseren Cent-
Münzen. Die letzte Münze, die noch einen Anteil von 7 Gramm
Silber enthielt, war bei uns das Fünfmarkstück, das aber 1975
aus dem Verkehr gezogen wurde. Das hat nun nichts mehr mit
Fälschung zu tun, sondern mit der Übereinkunft, dass jeder
auch für die minderwertige Münze garantiert das bekommt,
was die Münze verspricht. Diese Garantie gibt der Staat. Die
Behörde, die das sicherstellen soll, heißt bei uns Deutsche Bundesbank.

Die Golddeckung

Früher war es so, dass der Staat in seiner Staatsbank genauso
viel Gold gelagert haben musste, wie Geld im Umlauf war. Das

nannte man die „Golddeckung" des Geldes. Jede Münze und jeder Geldschein war sozusagen ein Gutschein für einen Teil des Goldes im Staatstresor. Der Staat war verpflichtet, für jeden Geldbetrag entsprechend viel Gold herauszurücken. Heute hängt die Gelddeckung von verschiedenen Faktoren ab, unter anderem vom Volksvermögen, d. h. von dem, was in unserem Volk an Wertsachen und wertvoller Arbeitskraft vorhanden ist. Aber die Bundeszentralbank „reguliert" die Geldmenge auch. Sie muss sie knapp halten. Sonst gibt es eine „Inflation". Das funktioniert im Prinzip wie bei der Golddeckung: Jeder kann darauf vertrauen, dass sein Geld einen stabilen Gegenwert hat.

Papiergeld

Nur weil das Geld an sich keinen Wert haben muss, um als Zahlungsmittel akzeptiert zu werden, konnte auch Papiergeld entstehen. Die ersten, die Papiergeld in Umlauf brachten, waren wohl die Chinesen. Das wissen wir aus den Reiseberichten des Entdeckers und Weltreisenden Marco Polo, der im 13. Jahrhundert n. Chr. bis nach China gekommen war. Man hat ihm dieses „Märchen" aus dem Orient damals aber nicht geglaubt.

In Europa wurden erste Geldscheine aus der Not geboren: Es war das Jahr 1438. Der Kommandant der spanischen Festung Alham de Granada konnte seinen Soldaten den Sold nicht mehr auszahlen, weil die Festung von den feindlichen Mauren belagert war und der Nachschub ausblieb. Um eine Meuterei zu vermeiden, verteilte der Kommandant Papierzettel mit dem aufgedruckten Soldatenlohn. Mit seinem Siegel gab er die Garantie dafür, dass diese „Gutscheine" nach dem Ende der Belagerung in echte Goldmünzen eingetauscht werden könnten. Die Soldaten akzeptierten das Verfahren. Sie vertrauten dem Kommandanten und seinen an sich wertlosen Zetteln.

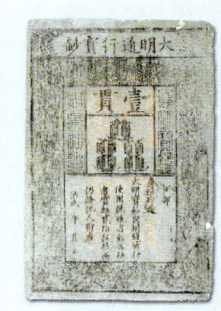

Chinesisches Papiergeld

Vielleicht hat der eine oder andere Soldat nach der Belagerung mit seinem Zettel auch ein Stück Land gekauft und der Verkäufer seinerseits wieder ein paar Kühe und der nächste eine elegante Kutsche, sodass der „Geldschein" erst einmal die Runde machte, bevor er wieder in Goldmünzen eingetauscht wurde. So jedenfalls mögen die ersten Geldscheine „in Umlauf" gekommen sein. Voraussetzung dafür war nur, dass alle der besiegelten Garantie des Kommandanten vertrauten.

Buchgeld

Münzen und Papiergeld nennt man „Bargeld". In der heutigen Zeit spielt Bargeld aber auch nur noch eine untergeordnete Rolle. Die meisten Geldgeschäfte werden ohne bares Geld, also „bargeldlos", getätigt: über Bankkonten, mit Scheck- und Kreditkarten und online am Computer. Auch wenn das schwer zu durchschauen ist, hat sich am Prinzip des Tauschhandels nicht viel geändert. Man drückt sich nur keine Naturalien oder Münzen und Scheine mehr in die Hand, sondern der Betrag wird nur noch „gebucht" oder „abgebucht". Das moderne Geld ist zum großen Teil „Buchgeld" geworden. Das ist ein Name, der von den Kassenbüchern alter Zeit übernommen wurde, in denen die Einnahmen und Ausgaben „verbucht" wurden. Ganz geheuer ist uns „Otto Normalverbrauchern" dieses Buchgeld manchmal nicht. Aber ob es um einen an sich wertlosen Zettel geht, der den Besitzer wechselt, oder um eine an sich wertlose Zahl, bleibt sich eigentlich gleich.

Aber man kann den Überblick verlieren, weil man zum Beispiel beim Telefonieren oder im Internet nicht sofort weiß, was es kostet und der Betrag automatisch vom Konto abgebucht wird. Eines bleibt beim Buchgeld nämlich dasselbe wie beim Bargeld: Man kann auch davon nur soviel ausgeben, wie man hat. Sonst macht man Schulden.

die **Generation**

Von einer alteingesessenen Bäckerei heißt es vielleicht: „Die Bäckerei besteht schon seit fünf Generationen." Damit ist gemeint: Seit der Gründung der Bäckerei sind die Kinder (oder eine Tochter oder ein Sohn) immer Bäcker geworden und haben den Betrieb von den Eltern übernommen.

„Seit fünf Generationen" ist eine Aussage, mit der man auch errechnen kann, wann die Bäckerei ungefähr gegründet wurde. Dabei geht man davon aus, dass wir Menschen im Durchschnitt mit dreißig Jahren Kinder in die Welt setzen. Statistisch gesehen wächst alle 30 Jahre eine neue Generation heran.

Statistik
Lebenserwartung
Durchschnitt

Für eine Generation werden 30 Jahre angenommen.

Wenn man also nicht genau weiß, in welchem Alter die *Kinder* jedesmal den Bäckerei-Betrieb übernommen haben, dann rechnet man mit 30 Jahren pro Generation. Die Bäckerei wäre dann vor etwa 150 Jahren gegründet worden (5 · 30 Jahre = 150 Jahre).

- Wann sind eure Urgroßeltern nach dieser Generationenrechnung ungefähr geboren? [1]
- Fragt eure Eltern, wann eure Urgroßeltern geboren sind. Stimmt die Statistik bei eurer Familie?

[1] Angenommen ihr seid 1997 geboren: Dann sind eure Eltern – statistisch gesehen – 1967 geboren, eure Großeltern 1937, eure Urgroßeltern 1907! Das kann dann noch gerundet werden, sodass ihr sagen könnt: „Meine Urgroßeltern sind um 1900 geboren."

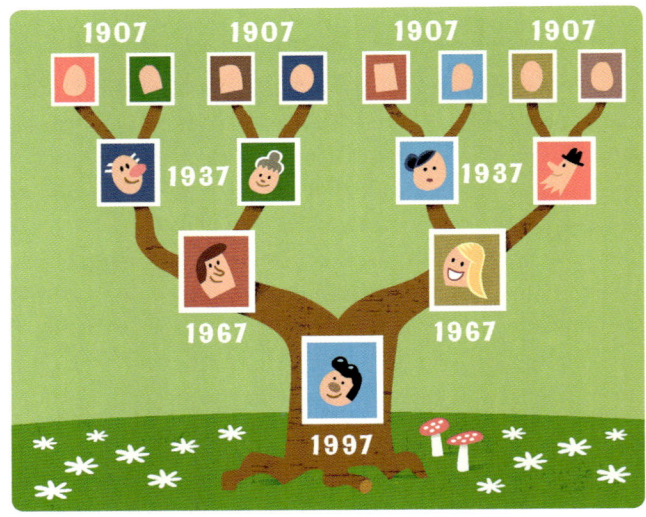

„… und der Junge auf diesem Foto hier – das ist mein Groß-
vater im Alter von acht Jahren!" – „Unglaublich! Der war
mit acht Jahren schon Großvater?"

Auch bei Tieren spricht man von Generationen.
Bei Katzen und Hunden z. B. kann die nächste Generation nach
einem Jahr heranwachsen, bei den Pferden nach etwa 4 Jahren
und beim Goldhamster schon nach 2 Monaten.

die **Geometrie**

Das Wort *Geometrie* ist eine griechisch-lateinische Zusammensetzung (geo = Erde, metria = Messung). Es bedeutet übersetzt
also „Erdmessung".
Die „Landmesskunst" war schon vor mehr als 5 000 Jahren im
alten Ägypten hoch entwickelt. Da der Nil jedes Jahr über die
Ufer trat, mussten die Felder immer neu vermessen werden.
Die Messkunst wurde auch bei der Planung und beim Bau der
Pyramiden angewandt und auf die Erforschung der Gestirne
übertragen. Auch Messwerkzeuge wie Lineal, Zirkel und Winkelmesser waren schon bekannt.

Maurer beim Tempelbau,
ägyptische Wandmalerei

Die Geometrie ist ein Teilgebiet der Mathematik. Sie befasst
sich mit dem Messen, Berechnen und Konstruieren von (ebenen, zweidimensionalen) Flächen und (räumlichen, dreidimensionalen) **Körpern**, sowie **Winkeln**, **Geraden** und **Strecken**.

die **Gerade**

Strecke
Winkel

Eine *Gerade* heißt so, weil sie „gerade" ist. Sie ist eine gerade Linie, die keine Endpunkte hat. Im Gegensatz zu einer Strecke muss man sich die Gerade ohne Anfang und Ende vorstellen. Zeichnen kann man eine Gerade also genau genommen gar nicht. Deshalb deutet man sie dadurch an, dass man ihr keine Endstrichelchen einzeichnet.

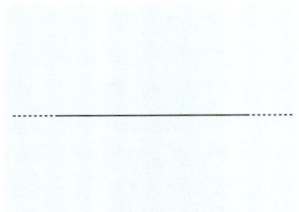

Geraden haben keinen Anfang und kein Ende.

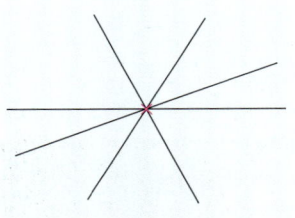

Man kann sich unendlich viele Geraden denken, die durch einen Punkt laufen.

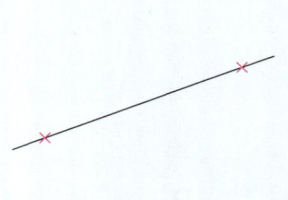

Wenn eine Gerade durch zwei Punkte läuft, ist ihre Richtung festgelegt.

Durch *einen* Punkt können unendlich viele Geraden laufen. Wenn die Gerade durch *zwei* Punkte hindurch geht, hat sie eine bestimmte Richtung. Es kann dann auch nur eine einzige geben. Wenn zwei Geraden sich schneiden, sind die gegenüberliegenden Winkel gleich groß: Man nennt diese Winkel *Scheitelwinkel*.

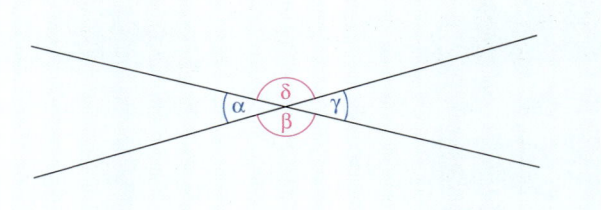

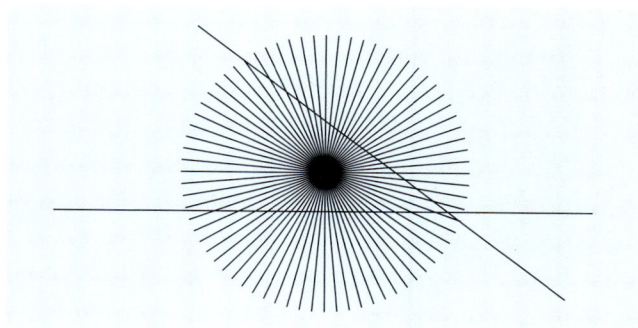

➜ Übrigens: Könnte es sein, dass es doch krumme Geraden gibt? [1]

Und: Kann man mit geraden Linien Kurven machen? Man kann!

➜ Auch wenn es nicht so aussieht: Die blauen Linien sind alle schnurgerade!
Zeichnet selbst ein solches Kunstwerk: Die beiden Achsen, die senkrecht aufeinander stehen, teilt ihr in gleich große Abschnitte auf und nummeriert sie wie in der Abbildung von oben nach unten und von links nach rechts durch. Dann legt ihr das Lineal an und verbindet immer die gleichen Ziffern miteinander.

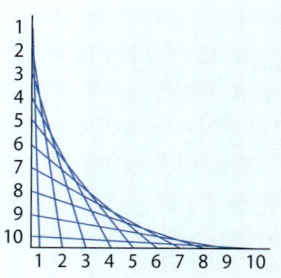

1) Nein. Diese hier sind optische Täuschungen.

gerade und ungerade Zahlen

Hälfte

Teilbarkeitsregeln

Gerade Zahlen sind diejenigen Zahlen, die ohne Rest halbiert werden können:

O|O   OO|OO   OOO|OOO

   2   **4**   **6**

OOOO|OOOO   OOOOO|OOOOO

   8   **10**

Das macht sie uns irgendwie sympathisch. Wenn wir zum Beispiel eine größere Menge von Gegenständen schneller zählen wollen, springen wir lieber von einer geraden Zahl zur nächsten geraden Zahl: zwei – vier – sechs – acht – zehn – zwölf – vierzehn usw. Niemand zählt: eins – drei – fünf – sieben usw.

 Nur mit der ungeraden Fünf machen wir gerne größere Sprünge: 5 – 10 – 15 – 20 …
Warum wohl? [1]

---

[1] Fünfersprünge machen wir deshalb gern, weil man bei jedem zweiten Sprung auf einer Zehnerzahl landet.

Gerade Zahlen lassen sich ohne Rest durch 2 teilen. Ungerade Zahlen sind dementsprechend alle Zahlen, bei denen beim Teilen durch 2 ein Rest von 1 bleibt.

Auf die letzte Ziffer kommt es an

Ungerade und gerade Zahlen wechseln sich ab. Jede zweite Zahl ist also immer eine ungerade oder eine gerade Zahl. Auch die Null gehört zu den geraden Zahlen.

Steht am Ende einer mehrstelligen Zahl eine gerade Ziffer, also 2, 4, 6, 8 oder 0, dann handelt es sich um eine gerade Zahl. Sie lässt sich auf jeden Fall ohne Rest durch 2 teilen (auch wenn sie sonst ziemlich „ungerade" aussieht): 375 956 oder 1 935 790

Andererseits mag die Zahl noch so „gerade" aussehen: Wenn die letzte Ziffer ungerade ist, lässt sie sich nicht ohne Rest durch 2 teilen: 2 486 827.

 An der letzten Ziffer einer mehrstelligen Zahl erkennt man, ob sie gerade oder ungerade ist.

Die Hälfte einer ungeraden Zahl

Auch ungerade Zahlen muss man manchmal halbieren (durch 2 teilen). Das fällt manchen sogar bei kleineren Zahlen schwer, z. B. bei der 17.

Im Kopf geht das Halbieren von ungeraden Zahlen leichter, wenn man sie sich zwischen ihren beiden geraden Nachbarn vorstellt, also 16 17 18.

Die Hälfte von 16 ist 8, die Hälfte von 18 ist 9. Die Hälfte von 1 ist $\frac{1}{2}$ oder 0,5. Die Hälfte von 17 ist dann $8\frac{1}{2}$ oder 8,5.

Beim Halbieren einer ungeraden Zahl entsteht immer der Bruch $\frac{1}{2}$ oder 0,5.

Eigentlich müsst ihr euch nur den *Vorgänger* der ungeraden Zahl vorstellen und $\frac{1}{2}$ oder 0,5 hinzufügen. Die Hälfte von 17 ist $16 : 2 + \frac{1}{2} = 8\frac{1}{2}$.

 Was ist die Hälfte von 63 oder 85?[1]

Beim *Verdoppeln* einer Zahl (egal, ob sie gerade oder ungerade ist) kommt immer eine gerade Zahl heraus. Eigentlich klar, oder?

die
Geschwindigkeit

Stunde
Minute
Sekunde
pro

„Geschwind" bedeutet in unserem Sprachgebrauch „schnell". Wenn gefragt wird, wie hoch die *Geschwindigkeit* einer Schnecke ist, dann ist allerdings auch langsames Vorankommen gemeint. Ihr kennt das Wort „Geschwindigkeit" wohl hauptsächlich vom Autofahren her.

1) 62 **63** 64, also $31 + \frac{1}{2} = 31\frac{1}{2}$; 84 **85** 86, also $42 + \frac{1}{2} = 42\frac{1}{2}$

Wovon reden die Personen? Sie sprechen von der Höchstgeschwindigkeit ihrer Autos. Mit „180, 100 und 40" meinen sie „Kilometer in der Stunde": Der erste Wagen schafft in einer Stunde 180 Kilometer, der zweite 100 Kilometer und der dritte 40 Kilometer.

➡ Markiert an dieser Teststrecke, wie weit jedes Auto in einer Stunde kommt.

ⓘ Je mehr Kilometer ein Auto in einer Stunde schafft, desto höher ist seine Geschwindigkeit.
Die Geschwindigkeit wird in der Regel in *km/h* angegeben. Das bedeutet: Wie viel *Kilometer* werden *in einer Stunde* zurückgelegt? Wie viel *Kilometer pro Stunde*? Wie viel *km/h*?

Das „h" in dem Kürzel km/h ist der Anfangsbuchstabe von dem lateinischen Wort für „Stunde": hora.

Rechnen mit Geschwindigkeiten

Wir bleiben mal bei den drei Autos, die ihr auf die Teststrecke schicken solltet. Wir bleiben auch bei deren „Höchstgeschwindigkeit", die sie natürlich auch nur auf Teststrecken erreichen können:

Wie viel Kilometer in welcher Zeit?

Wie viel Kilometer schafft jedes Auto ...
- ... in 3 Stunden?[1]
- ... in $\frac{1}{2}$ Stunde?[2]
- Und wie viel Kilometer schaffen die Autos in 10 Minuten (wenigstens ungefähr)? Hier müsst ihr die Stunde in 60 Minuten umrechnen. 10 Minuten sind der sechste Teil von 60 Minuten. Also legen die Autos in 10 Minuten auch nur den sechsten Teil der Strecke zurück.[3]

---

1) 540 km, 300 km, 120 km
2) 90 km, 50 km, 20 km
3) (Auto 1) 180 km : 6 = 30 km, (Auto 2) 100 km : 6 ≈ 16$\frac{1}{2}$ km, (Auto 3) 40 km : 6 ≈ 6$\frac{1}{2}$ km

Der flotte Eduard wird von der Polizei gestoppt. „Sie sind mit
70 Kilometer pro Stunde durch die geschlossene Ortschaft
gerast!" – „Also, nee, Herr Kommissar!", verteidigt sich Edu-
ard. „Das kann ja schon mal gar nicht stimmen! Ich bin ja
gerade erst 10 Minuten unterwegs!" [2]

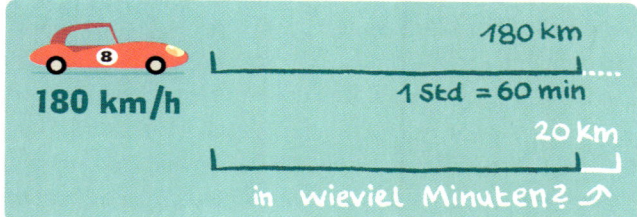

Wie viel Zeit auf wie viel Kilometer?

Wie lange brauchen die Fahrzeuge für eine Teststrecke von 200
km? Für solche Aufgaben macht ihr euch am besten Skizzen
und tragt darauf ein, was ihr wisst und was ihr wissen möchtet.
Hier ein Vorschlag:

Die Frage ist also: Wie viel Minuten braucht der Wagen noch
für 20 Kilometer? 20 km ist der neunte Teil von 180 km. Also
braucht der Wagen für die 20 km auch den neunte Teil von als
60 Minuten. 60 min : 9 = 6 bis 7 Minuten. Die Gesamtfahrzeit
beträgt dann ungefähr 1 Std. 7 min.

 Die Fahrzeit der beiden anderen Autos auf der 200 km-
Strecke könnt ihr sicher im Kopf ausrechnen. [1]

---

1) (Auto 2) 2 h; (Auto 3) 5 h
2) Wenn der „flotte" Eduard die ganzen 10 Minuten (fast mit fliegendem Start!) so gerast
ist, dann war es eine Strecke von 11 bis 12 km (10 min = $\frac{1}{6}$ h; 70 km : 6 = 11,666 km).

Durchschnittsgeschwindigkeit

Bei den vorangegangenen Beispielen ging es um die *Höchstgeschwindigkeit* der Autos. Die kann natürlich nur auf gerader, ebener Strecke und freier Bahn erreicht werden. In Wirklichkeit gibt es aber Kurven, Berge, Geschwindigkeitsbegrenzungen, Staus usw. Man fährt also mal schneller, mal langsamer, mal im Schleichtempo.

Wer also auf der Autobahn oder über Land und durch Ortschaften fährt, braucht in jedem Fall mehr Zeit als sein Auto „drauf" hat. Er kann nicht mit Höchstgeschwindigkeit fahren, sondern muss sich mit seiner *Durchschnittsgeschwindigkeit* zufrieden geben.

- Ein Autofahrer hat für die 300-km-Strecke von Karlsruhe nach Köln 3 Stunden gebraucht. Wie hoch war seine Durchschnittsgeschwindigkeit?

Bei der Berechnung der Durchschnittsgeschwindigkeit tut man so, als ob dieser Autofahrer die ganze Strecke gleichmäßig in immer gleichem Tempo gefahren wäre. Es läuft auf dasselbe hinaus, ob er mal langsamer und mal schneller gefahren ist oder ob er die ganze Strecke in gleichmäßiger Geschwindigkeit gefahren *wäre*. So oder so ist er drei Stunden unterwegs. Die Durchschnittsgeschwindigkeit beträgt 300 km : 3 h = 100 km/h.

 Auf der Rückfahrt brauchte unser Autofahrer auf derselben Strecke (300 km) 4 Stunden.
Wie hoch war seine Durchschnittsgeschwindigkeit diesmal? Macht eventuell eine Skizze. [1]

---

1) 75 km/h

Rätselhaft!

Zwei Radfahrerinnen machen eine Radtour an der Lahn entlang. Sie starten beide um 8 Uhr morgens, aber aus entgegengesetzten Richtungen. Die eine kommt aus Marburg, die andere aus Bad Ems. Sie wollen sich zum gemeinsamen Picknick am Lahnufer treffen. Die gesamte Strecke beträgt 112 km. Die eine Radfahrerin schafft in zwei Stunden 26 Kilometer, die andere in drei Stunden 45 Kilometer.

Um wie viel Uhr kann das Picknick stattfinden? (In Rechenrätseln muss natürlich keine der beiden Radfahrerinnen mal pausieren!) [1]

Geschwindigkeit auf kurzen Strecken

Normalerweise drücken wir die Geschwindigkeit in Kilometer pro Stunde (km/h) aus. Es gibt aber auch Fälle, in denen andere Maße und Zeiteinheiten zueinander in Beziehung gesetzt werden.

Der Gepard kann 100 Meter in 3 Sekunden zurücklegen. Wir wissen zwar, dass das unheimlich schnell ist, aber so richtig vorstellen können wir uns diese Geschwindigkeit erst, wenn wir sie mit unserer vertrauten Maßeinheit km/h vergleichen können.

[1] Das Picknick kann nach 4 Stunden Fahrt um 12 Uhr stattfinden. Man kann es auf verschiedene Weisen herausbekommen! Unser Vorschlag: Ihr rechnet für beide Radfahrerinnen aus, wie viel Kilometer sie pro Stunde schaffen: (1) 13 km/h; (2) 15 km/h. Dann empfehlen wir euch eine Skizze. Vielleicht wollt ihr euch „ranschleichen".

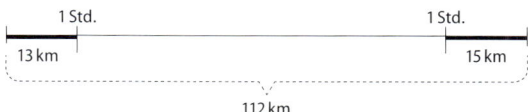

Nun hält ein Gepard diese enorme Geschwindigkeit zwar nie und nimmer eine ganze Stunde lang durch, aber für den Vergleich stellt man sich das einfach mal vor. Man *rechnet es hoch*. An die Lösung einer solchen Aufgabe, schleicht ihr euch am besten ran.

Dabei hilft es, sich Stichworte aufzuschreiben, zum Beispiel:
- in 3 Sek.: 100 m
- in 6 Sek.: 200 m
- in 60 Sek. (= 1 Minute) 10-mal so viel: 2 000 m (= 2 km)
- in 60 Minuten (= 1 Stunde) 60-mal so viel: 120 km/h

Der Gepard erreicht also eine Geschwindigkeit von 120 km/h.

geteilt durch (:)

dividieren

Bei Divisionsaufgaben sagen wir „geteilt durch". Eine Zahl wird durch eine andere Zahl geteilt.

Als Rechenzeichen hat man zwei übereinander stehende Punkte genommen. Das sieht aus wie ein Doppelpunkt **:** und bedeutet „geteilt durch".

Beispiel

Vier Kinder haben eine Tüte Bonbons. In der Tüte sind (zum Glück) genau 28 Bonbons drin. Die Kinder teilen die Bonbons gerecht untereinander auf.

Die Gleichung sieht so aus: $28 : 4 = 7$. Man sagt: „28 *geteilt durch* 4 ist gleich 7". Jedes Kind bekommt sieben Bonbons. Manchmal sagen wir das auch noch kürzer: „28 *durch* 4 gleich 7".

Gewichtseinheiten

Es gibt verschiedene Gewichtseinheiten, weil man sich das Gewicht eines Walrosses schlecht in Gramm vorstellen kann und das Gewicht eines Goldhamsters schlecht in Tonnen.
Die Grundeinheit der Gewichte ist das Gramm. Die anderen Maßeinheiten leiten sich davon ab:

Gramm
Kilogramm
Tonne
Pfund
Zentner

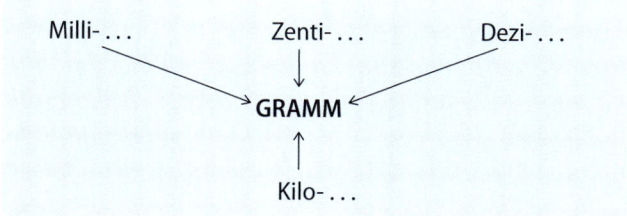

Am gebräuchlichsten sind folgende Maßeinheiten:
Gramm (g)
Kilogramm (kg)
Tonne (t)

Das Wort „Tonne" leitet sich nicht von dem Wort „Gramm" ab. Die Tonne müsste eigentlich „Kilo-Kilogramm" oder „Megagrasmm" heißen.

> **❗**
>
>   1 000 Gramm = 1 Kilogramm
> **Kurz:** 1 000 g   = 1 kg
>
>   1 Tonne   = 1 000 Kilogramm
> **Kurz:** 1 t   = 1 000 kg

107

Früher waren noch der **Zentner** (Ztr.) und das **Pfund** (℔) sehr gebräuchliche Gewichtseinheiten.

Umrechnen

Für die üblichen Gewichtseinheiten könnt ihr euch den Umrechnungsfaktor 1 000 merken.

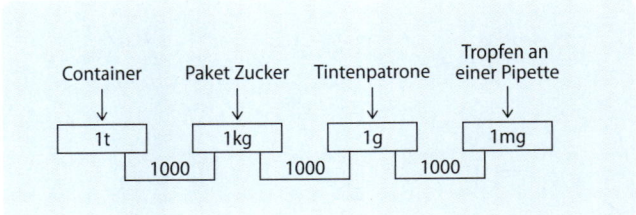

 Wenn in einer Aufgabe verschiedene Gewichtseinheiten vorkommen, müsst ihr *so* umrechnen, dass ihr es nur noch mit *einer* Gewichtseinheit zu tun habt.

Tonnen in Kilogramm umrechnen

Der Elefant auf dem Bild wiegt $4\frac{1}{2}$ Tonnen. Um wie viel Kilogramm ist er für den Aufzug zu schwer?

4 t sind so viel wie 4 000 kg; $\frac{1}{2}$ t sind 500 kg. In Kilogramm ausgedrückt wiegt der Elefant also 4 500 kg. Jetzt habt ihr es bei der Aufgabe nur noch mit Kilogramm zu tun und könnt sie lösen: 4 500 kg – 650 kg = 3 850 kg. Der Elefant ist für den Aufzug 3 850 kg zu schwer.

Das Ergebnis könnt ihr nun auch wieder in der Maßeinheit Tonne ausdrücken. 3 850 kg sind 3 t 850 kg. Das sind 3,850 t.

Kilogramm in Gramm umrechnen

Wie viele Mäuse à 25 Gramm dürfen mitfahren?

650 kg sind soviel wie 650 000 g. Jetzt habt ihr es in der Aufgabe nur noch mit Gramm zu tun und könnt sie lösen:

650 000 g : 25 g = 26 000. Es können 26 000 Mäuse mitfahren.

Tonnen in Gramm umrechnen

Wievielmal so schwer wie die Maus ist der Elefant?

Diese Aufgabe lässt sich am besten in zwei Schritten lösen, weil sich kaum jemand merkt, wie viel Gramm eine Tonne ausmachen:

Zuerst die $4\frac{1}{2}$ Tonnen in Kilogramm umrechnen.

$4\frac{1}{2}$ t = 4 500 kg.

Dann die 4 500 kg in Gramm umrechnen.

4 500 kg = 4 500 000 g.

Erst wenn der Dickhäuter in Gramm umgerechnet ist, könnt ihr die Aufgabe lösen: 4 500 000 g : 25 g = 180 000. Der Elefant ist 180 000-mal so schwer wie die Maus. Anders gesagt: Auf einen Elefanten gehen 180 000 Mäuse.

Mit Komma schreiben

Der Elefant wiegt $4\frac{1}{2}$ Tonnen. Das sind 4 t 500 kg.

Das kann man auch in der Maßeinheit *Tonne* schreiben.

4 t 500 kg = 4,500 t.

100 Mäuse wiegen zusammen 2 500 g.

2 000 g sind 2 ganze Kilogramm und dann noch 500 Gramm dazu. Man kann 2 kg 500 g auch in der Maßeinheit *Kilogramm* schreiben. 2 kg 500 g = 2,500 kg.

10 Mäuse wiegen zusammen 250 g. Das ist noch längst kein ganzes Kilogramm. Trotzdem kann man 250 g in der Maßeinheit *Kilogramm* ausdrücken. 250 g = 0 kg 250 g = 0,250 kg.

Hinweise und Tipps zum Rechnen mit Kommazahlen findet ihr unter den Stichwörtern **Kommazahlen addieren und subtrahieren**, **Kommazahlen dividieren**, **Kommazahlen multiplizieren**.

 Rätselhaft!

Von neun gleich aussehenden Kugeln haben acht dasselbe Gewicht; die neunte ist ein wenig schwerer, ohne dass man es sehen oder in der Hand spüren kann. Es gibt eine sehr genaue Waage mit zwei Schalen, aber keine Gewichtssteine.

- Wer schafft es, mit zweimaligem Wiegen die schwerere Kugel eindeutig herauszufinden?[1]

Giga… (G)

Barrel
Mega…
Stufenzahlen
Tonnen

Giga… ist ein Wortteil, der mit *gigantisch* zu tun hat. Wenn etwas *Giga…* ist, ist es also riesig.

In der Zusammensetzung mit Größen bedeutet Giga… immer das Milliardenfache, also 1 000 000 000-mal so viel oder so groß oder so stark oder so schnell.

---

1) Ihr müsst die 9 Kugeln in Dreiergruppen aufteilen. 1. Wägung: 3 links, 3 rechts. Bei Gleichstand der Waage ist die schwerere Kugel unter den 3 noch nicht gewogenen Kugeln. Sonst natürlich auf der herabgesunkenen Waagschale. 2. Wägung: 1 links, 1 rechts, eine außerhalb. Wieder das gleiche Spiel. Alles klar?

Ihr kennt die Bezeichnung beim Computer.
Die Rechner-Geschwindigkeit wird z. B. mit 3 Giga-Hertz angegeben (GHz).
Auch in anderen Zusammenhängen, in denen es um „giganti-
sche" Zahlen geht, wird mit Giga… gerechnet:

	1 Gigatonne	=	1 Milliarde Tonnen
Kurz:	1 Gt	=	1 000 000 000 t
	1 Gigabarrel	=	1 Milliarde Barrel
Kurz:	1 Gbbl	=	1 000 000 000 bbl
	1 Gigawatt	=	1 Milliarde Watt
Kurz:	1 GW	=	1 000 000 000 W

Das sind alles so unvorstellbar große Zahlen, Massen, Mengen
und Kräfte, dass es dafür keine Vergleiche gibt. Aber rechnen
und fantasieren kann man damit:

➔
- Wie reich wäre einer, der 5 Giga-Euro hätte? [1]
- Wie viel Wasser wären 12 Giga-Liter? [2]
- Wie viel Kilometer sind es von uns aus bis zu einem
  Stern, der 300 Giga-Kilometer entfernt ist? [3]

---

1) 5 Milliarden Euro (5 000 000 000 €)
2) 12 Milliarden Liter (12 000 000 000 l)
3) 300 Milliarden Kilometer (300 000 000 000 km)

die Gleichung

Das Wort *Gleichung* kommt von *gleich*. Das Gleichheitszeichen sieht so aus: $=$. Es bedeutet: „ist gleich" oder „sind gleich".

Mit einer Gleichung könnt ihr kurz und knapp notieren, was ihr rechnen wollt und gerechnet habt. Sie ist die abgekürzte Form eines Berichts. Fachmännisch sagt man: Sie ist eine Aussage. Für *3 km + 2 km = 5 km* müsstet ihr sonst schreiben: „Ich bin zuerst drei Kilometer gefahren und dann noch einmal zwei Kilometer. Das sind zusammen fünf Kilometer."

Eine Gleichung kann man sich wie eine Waage vorstellen. Auf den Waagschalen links und rechts vom Gleichheitszeichen muss der gleiche Wert liegen, wenn die Gleichung stimmen soll.

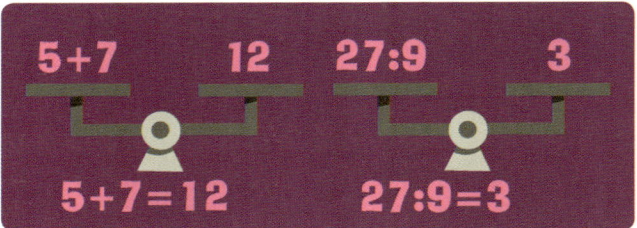

Dabei ist es egal, auf welcher Waagschale was liegt. Die Waage muss sich nur im Gleichgewicht befinden.

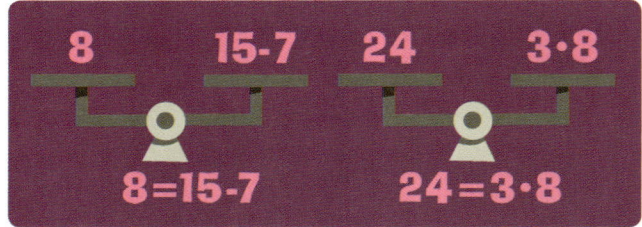

Es können auch ganz viele Zahlen auf der einen Waagschale liegen und nur eine auf der anderen. Wichtig ist nur, dass der Wert links und rechts gleich viel „wiegt".

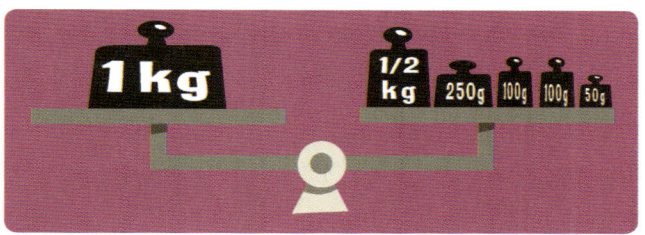

$$7 + 4 + 9 - 5 = 15$$

$$32 = 100 - 70 + 2$$

$$2 = 3 \cdot 2 \cdot 5 : 15$$

$$100 : 25 - 4 = 0$$

➡ **Rätselhaft!**

Wie viel wiegt die große Kugel? [1]

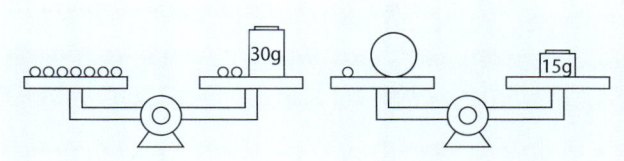

---

[1] Die große Kugel wiegt 9 g. Nimmt man von den Waagschalen der ersten Waage je zwei kleine Kugeln weg, wiegen 5 kleine Kugeln 30 g; eine wiegt dann 6 g. 6 g + ? = 15 g; Gewicht der großen Kugel = 9 g.

Ungleichungen

Den Begriff „Ungleichung" verwendet man in der Mathematik, wenn die Waagschalen sich *nicht* im Gleichgewicht befinden. Dafür gibt es statt des Gleichheitszeichens besondere Zeichen:

$\neq$	„ist nicht gleich"	z. B. $3 + 5 \neq 7$; denn 8 *ist nicht gleich* 7.
$<$	„ist kleiner als"	z. B. $4 + 5 < 10$; denn 9 *ist kleiner als* 10.
$>$	„ist größer als"	z. B. $8 - 3 > 4$; denn 5 *ist größer als* 4.

Was kann man tun, um eine Ungleichung ins Gleichgewicht zu bringen und eine Gleichung daraus zu machen? Es gibt viele verschiedene Möglichkeiten.
Zum Beispiel:

$5 \neq 7$
- $5 + 2 = 7$
- $5 - 4 = 7 - 6$
- $5 \cdot 7 = 7 \cdot 3 + 14$

 Findet noch mehr Beispiele.

Gleichungen mit einer Unbekannten

Dieses Armband besteht aus 13 Perlen. Als einmal der Faden gerissen war, konnte die Besitzerin gerade noch 6 Perlen festhalten. Die anderen kullerten unter die Möbel. Wie viele Perlen musste sie wieder aufsammeln?
Solche Aufgaben kennt ihr bestimmt aus dem ersten Schuljahr.

Für euch fortgeschrittene Mathematiker und Mathematikerinnen lässt sich die Aufgabe als *Gleichung mit einer Unbekannten*
aufschreiben.

Die *Unbekannte* ist hier die Anzahl der weggekullerten Perlen.
Die Gleichung kann dann mit einem Platzhalter für die Unbekannte aufgeschrieben werden, zum Beispiel so: $6 + ? = 13$. Ihr
sprecht: „Sechs plus *wie viel* ist gleich 13?"
In der Mathematik wird der Platzhalter durch einen Buchstaben
dargestellt. Dafür nimmt man meistens das kleine x. Die Gleichung sieht dann so aus: $6 + x = 13$. Nun will man wissen, wie
groß x ist. $x = ?$
Ihr habt das zwar längst im Kopf ausgerechnet, aber hier geht
es um „höhere Mathematik"!

Erinnert euch an die Waagschalen als Symbol für Gleichungen:
$6 + x$ „wiegt" genauso viel wie 13.
Jetzt soll nur noch das x auf der linken Waagschale liegen bleiben, damit man sagen kann, wie viel x alleine wert ist. Die Waage darf dabei nicht aus dem Gleichgewicht geraten. Ihr nehmt
also von der linken Waagschale 6 weg und müsst gleichzeitig 6
von der rechten Waagschale wegnehmen.

Nun sieht die Sache so aus:

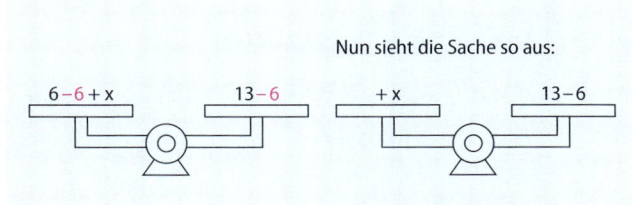

Weil man bei positiven Zahlen das Plus als Vorzeichen auch weglassen kann, bleibt links nur noch das x stehen:

Als Gleichung geschrieben: $x = 13 - 6$. Also ist $x = 7$.

Jetzt kann man die Probe machen und für x die Zahl 7 einsetzen: $6 + x = 13$; $6 + 7 = 13$. Die 7 für x ist also korrekt, denn $6 + 7 = 13$.

Mit dem Waage-Prinzip könnt ihr durch gleichzeitiges Wegnehmen oder Hinzufügen ganz mechanisch an die Lösung von Gleichungen mit einer Unbekannten herangehen.

Probiert es an folgender Gleichung aus:

$18 + x - 6 = 30 - 4$. $x = ?$

Ihr müsst wieder dafür sorgen, dass das x auf der einen Seite der Waage allein stehen bleibt:

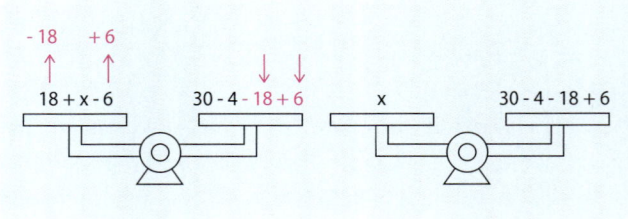

x = 14

Probe:

$18 + x - 6 = 30 - 4$

$18 + 14 - 6 = 30 - 4$

$26 = 26$

 Bestimmt in den folgenden Gleichungen die Unbekannte x und macht die Probe.

- $6 + x - 3 = 20 - 8$ [1]
- $x - 5 - 6 = 25 + 3$ [2]
- $19 - 3 = x + 6$ [3]

- $x + x + 15 = 27$ [4)]
- Versucht es auch hiermit: $16 + 3x - 7 = 25 - 4$ [5)]

 Rätselhaft!

Ein Ziegelstein wiegt 1 Kilogramm plus die Hälfte seines Gesamtgewichts. Wie schwer ist der ganze Ziegelstein? Ihr könnt das Rätsel mit gesundem Menschenverstand lösen oder eine Gleichung mit einer Unbekannten aufstellen. Die Unbekannte ist das Gewicht des Ziegelsteins. Ihr bezeichnet es mit x.

$x = 1\,\text{kg} + \frac{1}{2}x$ [6)]

das **Grad (°)**

Die Bezeichnung Grad wird in verschiedenen Zusammenhängen gebraucht:

- als Maßeinheit für die **Temperatur**, z. B. 18 °C
  (18 Grad Celsius)
- als Maßeinheit für **Winkel**, z. B. 90° (ein rechter Winkel)
- als Unterteilung der Erdkugel in **Längen- und Breitengrade**, z. B. 48° nördlicher Breite

Nähere Informationen dazu findet ihr unter den betreffenden Stichwörtern.

---

1) $x = 9$ 2) $x = 39$ 3) $x = 10$ 4) $x = 6$ 5) $x = 4$

6) Der Ziegelstein wiegt 2 kg. – Mit gesundem Menschenverstand ermittelt:
Wenn die Hälfte vom Ziegelstein zu 1 kg hinzukommt, dann ist 1 kg die andere Hälfte.
Mit x berechnet: $x = 1\,\text{kg} + \frac{1}{2}x$; $x - \frac{1}{2}x = 1\,\text{kg} + \frac{1}{2}x - \frac{1}{2}x$; $\frac{1}{2}x = 1\,\text{kg}$.
Dann ist ein ganzes $x = 2\,\text{kg}$.

das **Gramm (g)**

Gewichtseinheiten
Kilogramm
Tonne
Dezi…
Kilo…
Zenti…

Ein *Gramm* ist eine sehr kleine Gewichtseinheit. Auf einer normalen Brief- oder Küchenwaage kann man ein einzelnes Gramm gar nicht auswiegen. Ein Stückchen Würfelzucker wiegt schon 5 Gramm. Und selbst dafür wiegt man am besten 10 Stück auf einmal und teilt dann das Gewicht durch 10.

 Legt mehrere leichte Gegenstände auf eine Waage und ermittelt jeweils das Grammgewicht eines einzelnen Stücks, z. B. Papierbögen, Bleistifte, Teebeutel, …

Gewichtesatz

In der Maßeinheit Gramm werden also kleinere Gewichte angegeben: 100 g Schokolade, 125 g Wurstaufschnitt, 250 g Butter, 500 g Spaghetti, 1 000 g Mehl (das ist bereits 1 Kilogramm).
Das Gramm ist die Grundeinheit der Gewichtsmaße. Davon leiten sich andere Gewichtseinheiten ab. Üblich ist vor allem das Tausendfache eines Gramms, das *Kilogramm*.

> 1 Kilogramm = 1 000 Gramm
> **Kurz:** 1 kg   = 1 000 g

Gehört habt ihr bestimmt auch schon vom Tausendstel eines Gramms, dem Milli*gramm*.

> 1 Milligramm = $\frac{1}{1000}$ Gramm
> **Kurz:** 1 mg   = $\frac{1}{1000}$ g

Eine winzige Ameise wiegt bereits 4 Milligramm. Die Gewichtseinheit Milligramm wird hauptsächlich bei Arzneimitteln verwendet, wo es auf die kleinsten Spuren eines Wirkstoffes ankommt.

Andere Gewichtseinheiten, die sich vom Gramm ableiten, sind das Dezi*gramm* (= Zehntelgramm) und das Zenti*gramm* (= Hundertstelgramm). Sie sind aber weniger gebräuchlich.

Nur die große Gewichtseinheit „Tonne" hat den Wortteil „-*gramm*" nicht in ihrem Namen. Eigentlich müsste die Tonne „Kilo-Kilo*gramm*" heißen, denn *kilo* bedeutet „tausend". Ebenso könnte man sie *Megagramm* nennen, denn *mega* bedeutet „millionenfach". (1 000 · 1 000 g = 1 000 000 g).

250 Ameisen à 4 Milligramm wiegen zusammen ein Gramm.

1 Tonne = 1 000 000 Gramm (1 Mio.)
Kurz: 1 t   = 1 000 000 g

Informationen und Beispiele zum Umrechnen von einer Gewichtseinheit in die andere findet ihr unter den Stichwörtern **Gewichtseinheiten** und **Kommazahl**.

die **Grundfläche**

Mit „Grund" ist der Boden gemeint. Auf einer *Grundfläche* steht immer etwas drauf. Zum Beispiel ein Haus, die Pyramiden in Ägypten oder der Eiffelturm in Paris. Manche Grundflächen kann man nicht sehen. Sie sind verdeckt. Man muss sie außen herum abmessen.

Flächeninhalt
Körper
Volumen

Bis auf die Kugel haben alle geometrischen Körper eine Grundfläche. Wenn ihr in der Schule geometrische Klötze habt, könnt ihr um die Grundflächen herum deren Umrisse zeichnen. Das ergibt unterschiedliche Flächen: z. B. Quadrate, Rechtecke, Dreiecke, Kreise, Sechsecke.

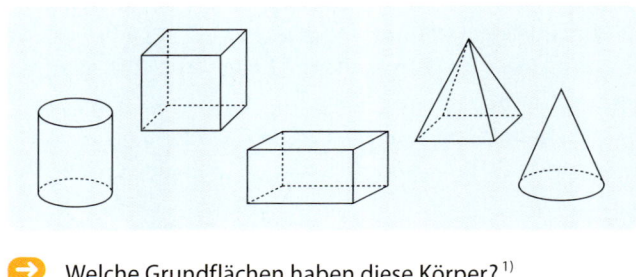

➡ Welche Grundflächen haben diese Körper? [1]

Für die Berechnung des Volumens braucht man in jedem Fall die Grundfläche des Körpers und seine Höhe.
Mehr dazu findet ihr unter dem Stichwort **Volumen**.

Grundrechenarten

addieren
subtrahieren
multiplizieren
dividieren

Bedeutung und Zeichen

Es gibt vier *Grundrechenarten*: die Addition, die Subtraktion, die Multiplikation, die Division. Neben den vier Grundrechenarten gibt es noch andere Rechenarten (Operationen), zum Beispiel das Potenzieren und Wurzelziehen.

[1] Beim Zylinder: Kreis; beim Würfel: Quadrat; beim Quader: Quadrat oder Rechteck; bei der quadratischen Pyramide: Quadrat; beim Kegel: Kreis

Addieren bedeutet *zusammenzählen.*
Das Operationszeichen ist $+$. Ein Beispiel: $24 + 12 = 36$
Subtrahieren bedeutet *abziehen.*
Das Operationszeichen ist $-$. Ein Beispiel: $14 - 8 = 6$
Multiplizieren bedeutet *malnehmen.*
Das Operationszeichen ist $\cdot$. Ein Beispiel: $6 \cdot 3 = 18$
Dividieren bedeutet *teilen.* Das Operationszeichen ist $:$.
Ein Beispiel: $32 : 8 = 4$

Umkehrung

Je zwei der Grundrechenarten gehören eng zusammen,
weil sie umkehrbar sind:
Die Subtraktion ist die Umkehrung der Addition.
Wenn $3 + 4 = 7$, dann ist $7 - 4 = 3$ (und auch $7 - 3 = 4$).
Die Division ist die Umkehrung der Multiplikation.
Wenn $6 \cdot 8 = 48$, dann ist $48 : 8 = 6$ (und auch $48 : 6 = 8$).

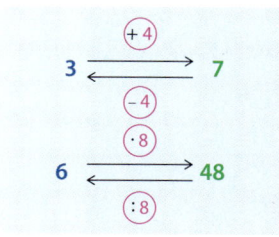

 Rätselhaft!
Eine Zahl habe ich gewählt, 107 dazugezählt,
dann durch 100 dividiert und mit 11 multipliziert,
endlich 15 subtrahiert
und dann ist geblieben als Resultat die Zahl 7. [1]

---

1) Die gewählte Zahl ist 93. Solche Rechenrätsel könnt ihr lösen, wenn ihr
„umgekehrt" vorgeht, also von hinten nach vorn rechnet. Dabei müsst ihr
nacheinander immer die umgekehrten Operationen ausführen, hier also: Zur
7 die 15 addieren, dann durch 11 dividieren, mit 100 multiplizieren und 107
subtrahieren.

Vorrangregel

Addition und Subtraktion nennt man auch Strichrechnung, weil ihre Operationszeichen aus Strichen bestehen (+ und –). Multiplikation und Division nennt man dagegen *Punktrechnung*, weil ihre Operationszeichen aus Punkten bestehen (· und :). Bei *aufgeschriebenen* „Kettenaufgaben" geht die Punktrechnung vor. Sie hat Vorrang vor der Strichrechnung.

3 + 2 · 4
$3 + 2 \cdot 4 = 3 + 8 = 11$ (und *nicht*: $3 + 2 = 5$; $5 \cdot 4 = 20$)

14 – 6 : 2 + 5
$14 - 6 : 2 + 5 = 14 - 3 + 5 = 16$ (und *nicht*: $14 - 6 = 8$; $8 : 2 = 4$; $4 + 5 = 9$)

Punktrechnung geht vor Strichrechnung.

Will man die Vorrangregel ausschalten, muss man Klammern setzen. Hier zwei Beispiele:
$(3 + 2) \cdot 4 = 5 \cdot 4 = 20$
$(14 - 6) : 2 + 3 = 8 : 2 + 3 = 7$

Klammern muss man in einer Aufgabe immer zuerst ausrechnen.

Dann folgt Punktrechnung vor Strichrechnung.

der **Grundriss**

Wenn ein Haus oder Wohnungen, eine Kirche oder ein Schwimmbad gebaut werden sollen, zeichnet der Architekt oder die Architektin immer einen *Grundriss*. Auf der Grundfläche des Gebäudes oder der Anlage werden alle Wände, die Tür- und Fensteröffnungen, Kaminvorsprünge oder Podeste in der „Draufsicht" eingezeichnet, so als wenn man direkt von oben in eine Puppenstube schaut. Auch die Grundrisse von Möbeln werden oft schon in der Draufsicht eingezeichnet.
Die Grundriss-Zeichnung wird maßstabsgerecht angefertigt, d.h. alles ist z. B. genau 25-mal so klein wie in Wirklichkeit.

Grundfläche
Maßstab

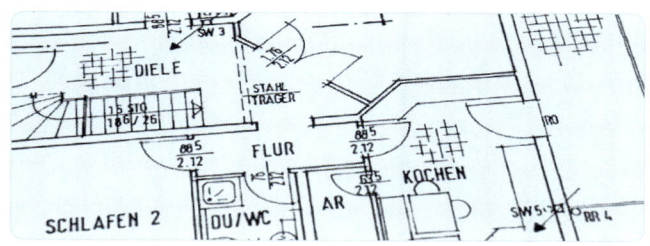

➜ Stellt euch vor, ihr bekommt ein neues Zimmer. Zeichnet euch euren Wunsch-Grundriss z. B. im Maßstab 1 : 25. Ein Meter (100 cm) entspricht dann 4 Zentimetern. Zeichnet im selben Maßstab den Grundriss eurer Möbel und schneidet die Teile aus. Nun könnt ihr vor dem Umzug Möbel schieben und eure Einrichtung planen.

halbieren

Hälfte

die **Hälfte**

Bruch
gerade und ungerade Zahlen

Die *Hälfte* erhält man, wenn man aus einem ganzen Stück oder einer ganzen Menge zwei gleiche Teile macht. Das nennt man halbieren. Jeder Teil ist dann halb so groß wie das Ganze.

Rechnerisch erhält man die Hälfte, wenn man durch 2 dividiert.

14 : 2 = 7 ○○○○○○○|○○○○○○○

!

Gerade Zahlen lassen sich ohne Rest halbieren.

!

Beim Halbieren von ungeraden Zahlen entsteht immer der Bruch $\frac{1}{2}$.

15 : 2 = 7$\frac{1}{2}$ ○○○○○○○○○○○○○○

Wer beim Halbieren von ungeraden Zahlen Schwierigkeiten hat, denkt sich einfach den Vorgänger, also statt 15 die 14. Die Hälfte von 14 ist 7. Und dann kommt nur noch $\frac{1}{2}$ hinzu. $15 : 2 = 14 : 2 + \frac{1}{2} = 7\frac{1}{2}$.

Lehrerin: „Max, deine Schwester und du, ihr dürft euch 28 Bonbons teilen. Jeder soll die Hälfte bekommen. Wie viel bekommt jeder?" – Max: „Meine Schwester zehn und ich die andere Hälfte." – „Aber Max, du wirst doch noch die Hälfte von 28 ausrechnen können!" – „Ich ja, aber meine kleine Schwester nicht!"

In der Mathematik wird *die Hälfte* oder *einhalb* auf zweierlei Weise notiert:

1. mit Bruchstrich: $\frac{1}{2}$

2. als Kommazahl: 0,5

 Rätselhaft!

Ihr kennt nicht den Kunda-Kuta-See? Der Kunda-Kuta-See ist 50 km^2 groß und berühmt für seine Seerosen. Diese haben die besondere Eigenart, sich täglich um das Doppelte zu vermehren. Nach 12 Tagen ist die ganze Oberfläche des Sees zugewachsen.

Wann war er zur Hälfte bedeckt?[1]

---

[1] Natürlich einen Tag vorher, nach 11 Tagen. Die Angabe der Quadratkilometer soll verwirren.

der **Hektar (ha)**

Flächenmaße
Flächeninhalt
Hekto...
Ar
Quadrat

Hektar müsste eigentlich *Hekto-Ar* heißen. Es bedeutet nämlich *hundert Ar* (*hekto* kommt aus dem Griechischen und bedeutet „hundert"). Von Hektar wird gesprochen, wenn es um die Größe von Feldern, Wäldern oder großen Parks geht. So ist ein stattlicher Bauernhof z. B. 40 ha groß und der Sachsenwald im Süden von Schleswig Holstein erstreckt sich über 7 000 ha. Der größte Stadtpark der Welt ist der Englische Garten in München mit mehr als 370 ha.
Ein Hektar ist eine quadratische Fläche mit einer Seitenlänge von 100 Metern.

Landschaftsflächen werden meist in *Hektar* ausgedrückt.

> 1 Hektar = 100 m · 100 m = 10 000 m²
> **Kurz:** 1 ha = 10 000 m²

Felder und Wälder sind natürlich nicht quadratisch. Die 7 000 Hektar des Sachsenwaldes bedeuten also, dass die Fläche zusammen genommen so groß ist *wie* 7 000 quadratische Hektar. Kleinere Grundstücke misst man in Meterquadraten (m²), während die Größe von Ländern und Städten in Kilometerquadraten (km²) angegeben werden.
Ein Kilometerquadrat hat eine Seitenlänge von 1 000 m. Ein Kilometerquadrat ist also 1 000 m · 1 000 m = 1 000 000 m² groß. Das sind 100-mal mehr als ein Hektar.

> 100 Hektar = 1 Quadratkilometer
> **Kurz:** 100 ha = 1 km²

Hekto…

Hekto… kommt von dem griechischen Wort *hekaton* und bedeutet „hundert".

Hektar
Liter

Hekto… bedeutet das *Hundertfache* oder *hundertmal so viel*.

Wir verwenden den Wortteil Hekto… hauptsächlich in der Zusammensetzung mit Liter.

1 Hektoliter = 100 Liter
Kurz: 1 hl   = 100 l

Das Maß Hektoliter wird vor allem in der Milch- und Getränkewirtschaft verwendet. Milch, Wein, Bier oder Säfte werden hektoliterweise produziert und in große Behälter abgefüllt. Auch bei der Lieferung von Heizöl ist von Hektolitern die Rede.

- Wie viel wäre ein Hekto-Euro, wenn es diese Bezeichnung gäbe? [1]
- Und wie viel ist ein Hektometer oder ein Hektogramm? [2]

---

[1] 100 €
[2] 100 m; 100 g (die Bezeichnungen gibt es übrigens wirklich; sie sind nur wenig gebräuchlich.)

die **Höhe**

Die Höhe im Alltag

Wir verwenden das Wort Höhe in verschiedenen Zusammenhängen. Manchmal hört man z. B.:

- Wegen Geschwindigkeitsüberschreitung musste der Autofahrer ein Bußgeld in *Höhe* von 25 Euro bezahlen.
- Der Messeturm in Frankfurt am Main ist das höchste gemauerte Gebäude in Europa. Seine *Höhe* beträgt 257 Meter.

Hier soll es um die gemessene Höhe gehen.

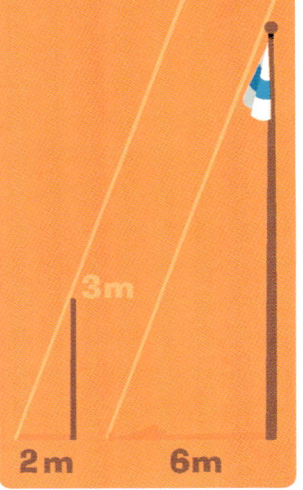

Die Sonnenschein-Methode zum Messen der Höhe

Aus der Skizze könnt ihr ablesen, wie man bei Sonnenschein die Höhe eines Fahnenmastes ermitteln kann. Der Mast wirft einen Schatten von 6 Metern Länge. Nun nehme man einen z. B. 3 Meter langen Stab und messe auch dessen Schattenlänge. Sie beträgt 2 Meter.
Weil der Stab 1,5-mal länger ist als sein Schatten (3 m : 2 m = 1,5 m), muss auch der Fahnenmast 1,5-mal länger sein als sein Schatten, also: 6 m · 1,5 m = 9,00 m.

Die Höhe in der Geometrie

Bei geometrischen Flächen und Körpern ist die *Höhe* die Strecke, die senkrecht auf der Grundlinie oder Grundfläche steht. Das Kürzel ist h.
Für die Flächen- und Volumenberechnung von geometrischen Figuren braucht man fast immer die Höhe. Weil sie oft gar nicht angegeben wird, muss man sie *berechnen*. Dafür ist der „Satz

des Pythagoras" am besten zu gebrauchen. Informiert euch unter dem Stichwort **Pythagoras**.

Wer die Höhe in einem Dreieck exakt konstruieren möchte, muss „das Lot fällen". Wie das geht, erfahrt ihr unter dem Stichwort **senkrecht**.

„He!" ruft der Bahnhofswärter. „Was machen Sie denn da oben auf der Schranke?" – „Ich habe den Auftrag, sie auszumessen!" – „Ja, dann warten Sie doch mal! Ich lasse sie Ihnen herunter!" – „Danke, aber das bringt nichts! Ich brauche die Höhe und nicht die Breite!"

Hohlmaße

Hohlmaße geben an, wie groß der Hohlraum von Gefäßen, Packungen oder Containern ist. Sie messen den Rauminhalt (das Volumen), z. B.: Wie viel Wasser, Benzin, Luft oder Gas passen in den Hohlraum hinein?

Kubikmaße
Volumen
Liter
Barrel

1-Liter-Flasche

10-Liter-Kanister

300 Hektoliter

4 000 Kubikmeter

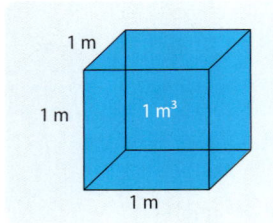

Ein Kubikmeter (m³)

Die bekanntesten Hohlmaße im täglichen Leben sind der Liter und die anderen Liter-Einheiten: Milliliter, Zentiliter, Deziliter und Hektoliter.

Manchmal werden Hohlmaße auch in Kubikmaßen ausgedrückt, zum Beispiel in Kubikmetern, Kubikdezimetern oder Kubikzentimetern.

Erkundigt euch unter dem Stichwort **Kubikmaße**

1 Kubikdezimeter ist so viel wie 1 Liter.
Kurz: $1\,dm^3 = 1\,l$

1 Kubikmeter ist so viel wie 1 000 Liter.
Kurz: $1\,m^3 = 1\,000\,l$

In den englischsprachigen Ländern gibt es andere Hohlmaße, so zum Beispiel das US-(amerikanische) Barrel (159 l) als Maßeinheit für Erdöl oder die US-Gallone (3,785 l) auch als Maßeinheit für Bier und Wein.

Das Volumen von geometrischen Körpern wird weltweit in Kubikmaßen gemessen.

die **Information**

Eine *Information* ist eine Nachricht, eine Auskunft, eine Mit-
teilung. Das Wort kommt aus dem Lateinischen, wo *informare*
„mitteilen, unterrichten, belehren" bedeutet.

Daten
Statistik

Wir können Informationen von Experten erfragen, aus dem
Radio bekommen oder dem Fernsehen, der Zeitung, Büchern,
Lexika, dem Internet usw. entnehmen.
Alles, was man wissen will und erfährt, ist eine *Information*.
Zum Beispiel, wann ein berühmter Mensch gelebt hat, wie
hoch der Mount Everest ist, was ein Fahrrad kostet oder wie
viel es gestern geregnet hat.

das **Jahr**

Schon in der Steinzeit haben die Menschen gemerkt, dass die
Jahreszeiten in regelmäßigen Abständen kommen und gehen.
Dass das mit der Sonne zu tun haben muss, die in der warmen
Jahreszeit höher steht als in der kalten Jahreszeit, war ihnen
auch bald bewusst.

Zeit
Jahreszeiten
Monat
Woche
Tag
Schaltjahr

Überall auf der Welt hat man Beobachtungsstationen früher
Kulturvölker entdeckt und ausgegraben. Sie deuten darauf hin,
dass die Menschen dem Wechsel der Jahreszeiten genauer auf
die Spur kommen wollten.
Sie zählten zum Beispiel, wie oft die Sonne vom Tag der Sonnenwende an bis zu dessen Wiederkehr im nächsten Sommer auf-
ging. Das geschah 365-mal.

Die Einteilung in Tage

Überall auf der Welt setzte sich das „Sonnenjahr" mit seinen 365 Tagen als die größte Maßeinheit der Zeit durch. Das ist bis heute so geblieben.

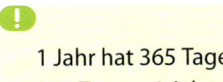

1 Jahr hat 365 Tage.
365 Tage = 1 Jahr

Ausnahmen sind das Schaltjahr und das Geschäftsjahr.

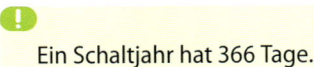

Ein Schaltjahr hat 366 Tage.

Mehr dazu erfahrt ihr unter dem Stichwort Schaltjahr.

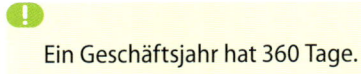

Ein Geschäftsjahr hat 360 Tage.

Banken und Sparkassen rechnen einheitlich mit 30 Tagen pro Monat.
Wenn keine bestimmten Monate gemeint sind, rechnen wir auch mit 30 Tagen, z. B.: „Vier Monate im Jahr herrscht Hochsaison." Das sind dann 120 Tage.

Die Einteilung in Monate und Wochen

Das Jahr ist auch noch in größere Einheiten eingeteilt:
in Monate und Wochen.

Ein Jahr hat 12 Monate. 12 Monate = 1 Jahr

Ein Jahr hat 52 Wochen. 52 Wochen = 1 Jahr

Beim Rechnen mit Monaten und Wochen kommen oft unterschiedliche Ergebnisse heraus.
Testet die Unterschiede: Wie viele Stunden vergehen pro Jahr, wenn ihr mit 12 Monaten à 30 Tage rechnet? Wie viele Stunden sind es bei 52 Wochen à 7 Tage? Und wie viele Stunden kommen heraus, wenn ihr mit den 365 Tagen des Sonnenjahres rechnet?[1]

Mehr dazu erfahrt ihr unter den Stichwörtern **Monat** und **Woche**.

Viele Jahre
Um noch größere Zeiträume benennen zu können, fasst man auch noch zehn, hundert oder tausend Jahre zu einer Zeitspanne zusammen.

---

[1] In 12 Monaten à 30 Tage vergehen 8 640 Stunden.
In 52 Wochen: 8 736 Std. In 365 Tagen: 8 760 Std.

> Ein Jahrzehnt sind 10 Jahre.

Man spricht z. B. von den „goldenen zwanziger Jahren" (auch wenn sie für die meisten Menschen alles andere als „golden" waren!). Das war die Zeit von 1920 bis 1929.

> Ein Jahrhundert sind 100 Jahre.

Das vergangene Jahrhundert dauerte von 1900 bis 1999. Es war aber das 20. Jahrhundert. Denn in der Silvesternacht zum 1. Januar 1900 waren seit Christi Geburt 19 Jahrhunderte vergangen. Es begann das 20. Jahrhundert. Heute leben wir im 21. Jahrhundert.

> Der Komponist Mozart hat von 1756 bis 1791 gelebt. In welchem Jahrhundert war das?[1]

> Ein Jahrtausend sind 1 000 Jahre.

Seit Christi Geburt sind zwei Jahrtausende vergangen.

Wenn es heißt: „Seit *Jahrmillionen* kehren die Schildkröten immer an ihren Geburtsort zurück" oder: „In *Tausend und Aber-*

---

1) Im 18. Jahrhundert.

tausenden von Jahren immer dasselbe Schauspiel", dann sind damit unendlich lange Zeiträume gemeint, die wir gar nicht genau benennen können.

die **Jahreszeiten**

Wir unterscheiden vier Jahreszeiten, in denen sich das Klima und die Natur deutlich verändern: Frühling, Sommer, Herbst und Winter.

Jahr
Monat

Diese Veränderung liegt nicht daran, dass die Erde sich auf einer Ellipse um die Sonne bewegt und deshalb zeitweilig weiter von der Sonne entfernt ist und ihr dann wieder näher ist. Der Grund ist vielmehr, dass die Erdachse nicht senkrecht zur Sonne steht, sondern in einem Winkel von etwa 23,5 Grad. Die Erde umkreist die Sonne sozusagen „schräg".

Dadurch befindet sich die Sonne ein halbes Jahr lang oberhalb des Äquators und ein halbes Jahr lang unterhalb des Äquators und steht mal höher und mal niedriger. Dann ist es eine Zeitlang wärmer und dann wieder kälter. An einem beweglichen Modell (z. B. im Observatorium oder im Museum) kann man die unterschiedlichen Sonnenstände beobachten. Daran kann man auch sehen, warum die Jahreszeiten auf der Nordhalbkugel der Erde, auf der wir leben, genau umgekehrt zu den Jahreszeiten auf der Südhalbkugel sind.

Mittsommernacht in Helsinki (Finnland) am 21. Juni

Die meteorologischen Jahreszeiten

Wenn bei uns Sommer ist, ist es auf der Südhalbkugel Winter. Eine Jahreszeit umfasst (in „Normalbreiten") drei Monate mit unterschiedlichem Klima. In der Fachsprache sind das die „meteorologischen Jahreszeiten". Man könnte das mit „Wetterzeiten" übersetzen.

Monate	Nordhalbkugel	Südhalbkugel
März, April, Mai	Frühling	Herbst
Juni, Juli, August	Sommer	Winter
September, Oktober, November	Herbst	Frühling
Dezember, Januar, Februar	Winter	Sommer

Weihnachten in Australien

Die kalendarischen Jahreszeiten

Im *Kalender* ist der Beginn der Jahreszeiten auf den Tag genau angegeben. Die Anfangszeiten der Jahreszeiten richten sich danach, wie die Erde zur Sonne steht. Sie fallen nicht in jedem Jahr auf denselben Tag, verschieben sich aber nur um höchstens einen Tag.

Frühlingsanfang und Herbstanfang fallen auf den Termin, an dem die Sonne den Äquator überquert. (Jedenfalls erscheint es uns so; in Wahrheit ist es natürlich die Erde, die sich in diese Position bringt). Überall auf der Welt sind dann Tag und Nacht gleich lang, und zwar jeweils genau 12 Stunden. Das nennt man die *Tag- und Nachtgleiche.*

- Der Sommeranfang fällt auf den Tag, an dem die Sonne ihren höchsten Stand erreicht. Das ist auch der längste Tag des Jahres (und die kürzeste Nacht). Im Norden Europas (z. B. in Finnland) geht die Sonne an diesem Tag gar nicht unter. Das ist die *Mittsommernacht*.
- Der Winteranfang fällt auf den Tag, an dem die Sonne ihren niedrigsten Stand erreicht. Das ist der kürzeste Tag des Jahres (und die längste Nacht).
  Sommer- und Winteranfang sind die Tage der Sonnenwende.

Anfangszeiten der Jahreszeiten	Nordhalbkugel	Südhalbkugel
20. oder 21. März	Frühling	Herbst
21. Juni	Sommer	Winter
22. oder 23. September	Herbst	Frühling
21. oder 22. Dezember	Winter	Sommer

das **Jahrhundert**

Jahr

je

à

pro

Das kleine Wörtchen *je* bedeutet so viel wie „für jede oder jedes einzelne" oder für „jeden einzelnen". Am besten erklärt es sich an Beispielen:

Auf einem Schild an einer Metzgerei steht: „Hundefutter 1,50 €
je Kilo!". Auf dem Schild könnte genauso gut stehen: „1,50 € *pro*
Kilo". Jedes einzelne Kilo kostet also 1,50 €.

- Was muss ein Tierheim bezahlen, wenn es 40 Kilogramm Hundefutter einkauft? [1]
- In der Klasse wurden Clementinen verteilt. Je Kind gab
  es zwei Stück. Also jedes Kind bekam 2 Clementinen.
  Wie viele Clementinen waren dann mindestens für die
  ganze Schar von 25 Kindern vorrätig? [2]

das **Joule (J)**

Das *Joule* ist eine Maßeinheit für den Brennwert (Energiewert)
von Nahrungsmitteln. Offiziell ersetzt das Joule schon seit 1978
die Maßeinheit *Kalorie*. Aber im Sprachgebrauch hat sich dieser
Begriff nicht durchgesetzt. Wo es z. B. um Schlankheitskuren
geht, ist immer noch von Kalorien die Rede.
Benannt wurde die neue Maßeinheit nach dem Physiker James
Prescott Joule (1818 – 1889).

Kalorie
Kilo…

4 Joule entsprechen ungefähr 1 Kalorie.
Kurz: 4 J ≈ 1 cal

---

1) 60 €
2) 50 Clementinen

Ganz genau sind 4,186 Joule so viel wie eine Kalorie.
Der Nährwert der Nahrung wird in Kilo-Joule (kJ) angegeben. Das sind 1 000 Joule. Der tägliche Bedarf eines erwachsenen Menschen beträgt im Durchschnitt 10 000 kJ. Kinder brauchen ungefähr 8 000 kJ.

das **Jubiläum**

Das Wort *Jubiläum* hat tatsächlich etwas mit „jubilieren" zu tun. Es stammt von dem lateinischen Wort „jubilare" ab, das „jauchzen" und „jodeln" bedeutet.

Von einem Jubiläum spricht man, wenn ein besonderes Ereignis in Erinnerung gerufen und gefeiert wird. Das kann eine große Entdeckung oder Erfindung sein, der Geburtstag einer bekannten Persönlichkeit oder die Gründung eines Vereins, einer Firma oder einer Stadt.

Es gibt keine festgelegten Zeiträume für Jubiläen. Manche werden vielleicht schon nach 10 Jahren gefeiert, andere erst nach 1 000 Jahren. Aber eine besondere Zahl ist es immer. Niemand wird wohl 23 Jahre nach einem bestimmten Ereignis ein Jubiläum feiern. Aber verboten ist es nicht!
Es gibt so etwas wie „klassische" Jubiläumszeiträume. Sie haben mit der Zahl 25 und deren Vielfachen zu tun:

! Die klassischen Jubiläumszeiträume sind:
25 Jahre, 50 Jahre, 75 Jahre, 100 Jahre, 150 Jahre,
250 Jahre, 500 Jahre, 750 Jahre, 1 000 Jahre, ...

die **Kalorie (cal)**

Joule

Wir müssen essen, damit der Körper aus der Nahrung Energie (Wärme und Kraft) gewinnen kann. Das geschieht durch „Verbrennung".

Der „Brennwert" der Nahrung wird mit der Maßeinheit *Kalorie* bzw. *Kilokalorie* gemessen. Schon seit 1978 gilt eigentlich eine neue Maßeinheit, die *Joule* genannt wird (nach dem Forscher James P. Joule). Sie hat sich aber nicht durchgesetzt. Alle sprechen weiterhin von Kalorien.

In 100 g sind enthalten:	kJ	kcal
Jogurt, 3,5 % Fett	293	70
Fettarme Milch, 1,5 % Fett	200	48
Cornflakes	1498	353
Toastbrot	1090	258
Pommes frites	1215	290
Schokolade	2242	537
Banane	374	88
Apfel	228	54

1 Kalorie entspricht ungefähr 4 Joule.
Kurz: 1 cal ≈ 4 J

1 Kilokalorie entspricht ungefähr 4 Kilojoule.
Kurz: 1 kcal ≈ 4 kJ

Wer mehr Kalorien zu sich nimmt, als sein Körper für die Körperwärme und für körperliche und geistige Anstrengung braucht, der setzt Fett an. Früher mussten sich die Menschen für die kalte Jahreszeit ein Fettpolster als Vorrat zulegen – wie es auch viele Tiere tun. Heute ist das bei uns kaum noch nötig, weil wir meist auch im Winter genug zu essen bekommen und es normalerweise warm haben.

Wie viele Kalorien Erwachsene, Kinder oder Jugendliche täglich brauchen, lässt sich nicht festlegen. Es hängt von viel zu vielen Faktoren ab. Damit ihr trotzdem eine ungefähre Vorstellung habt, mit der ihr auch rechnen könnt, stehen hier Durchschnittswerte:

Bei Erwachsenen und Jugendlichen beträgt der tägliche Energiebedarf im Durchschnitt 2 500 kcal, bei 10- bis 12-jährigen Kindern etwa 2 000 kcal.

100 unverbrauchte Kilokalorien werden in etwa 5 g Fett umgewandelt und gespeichert.

„Haben Sie eigentlich abgenommen, seit Sie die Kalorien zählen?" – „Das nicht gerade, aber ich kann jetzt besser rechnen!"

die **Kante**

An Kanten kann man sich stoßen, z. B. an Schrankkanten, Tischkanten, Bordsteinkanten. Überall dort, wo zwei Flächen aneinanderstoßen, entsteht eine *Kante*.

Auch an (fast) allen geometrischen Körpern befinden sich Kanten.

Körper

Schaut euch die Schrägbilder unter dem Stichwort **Körper** an. Daran lassen sich die Kanten abzählen. Dort findet ihr auch die „Eulersche Formel" über die Beziehung von Ecken, Flächen und Kanten.

der **Kegel**

Körper
Oberfläche
Volumen

Das Wort „Kegel" kennt ihr sicher von der Kegelbahn her. Solche Kegel sehen so ähnlich aus wie Flaschen. Um diese Kegel soll es hier aber nicht gehen.

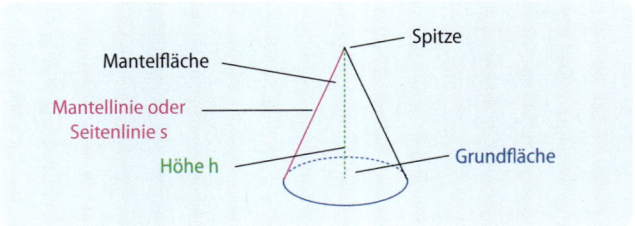

In der Geometrie versteht man unter einem Kegel einen Körper mit gebogenen Flächen, dessen Mantel sich nach oben hin zuspitzt. Ein Kegel ist sozusagen eine „runde Pyramide".

Dieser hier hat eine kreisförmige Grundfläche. Seine genaue Bezeichnung ist *gerader Kreiskegel*, weil die Spitze genau senkrecht über dem Mittelpunkt des Kreises liegt. Es gibt auch schiefe Kegel, aber darauf soll hier nicht eingegangen werden.

Kegel in der Umgebung

Kegel findet man in unserer Umgebung nicht allzu oft. Aber wenn man sucht, entdeckt man doch den einen oder anderen.

→ **Kegel basteln**

Probiert erst einmal aus, wie ihr z. B. aus Zeitungs- oder Packpapier einen kegelförmigen Zauberhut machen könnt.

Mit welchem der drei unten abgebildeten Schnittmuster lässt sich ein kegelförmiger Hut herstellen?[1]

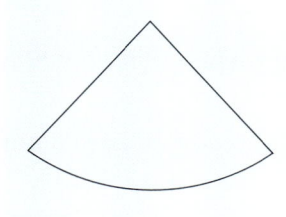 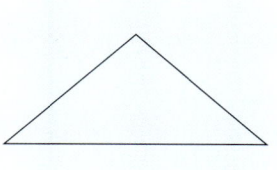 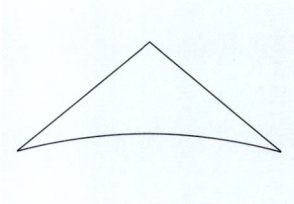

A   B   C

1) Mit Schnittmuster A lässt sich ein Kegel basteln.

Tatsächlich ist es so, dass sich nur aus einem *Kreisausschnitt* wie bei (A) ein Kegel ergibt. Da kommt man gar nicht so leicht drauf, weil die nach außen gebogene Grundlinie nach dem Einrollen ja platt auf dem Boden liegen soll. Aber das tut sie:

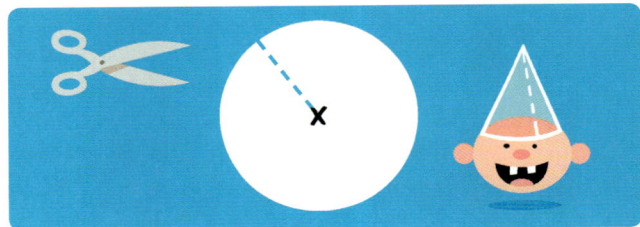

Um einen Kegel zu basteln, geht man für den Mantel also von einem Kreis aus. Für euren Zauberhut könnt ihr mit einem Schnurzirkel einen großen Kreis schlagen. Schneidet den ganzen Kreis aus und schneidet ihn bis zum Mittelpunkt ein. Nun könnt ihr den Kreis so weit ineinanderschieben, wie ihr es für den Hut braucht. Der Mittelpunkt des Kreises wird zur Spitze des Kegels.

Wenn ihr den überlappenden Teil wegschneiden würdet, hättet ihr so ein ähnliches Schnittmuster wie bei (A).

Kegelnetze

Je nachdem, wie hoch ein Kegel werden soll, wählt man unterschiedliche Kreisausschnitte. Die Kegelnetze können dann ganz unterschiedlich aussehen:

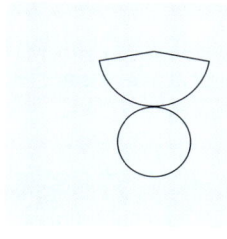

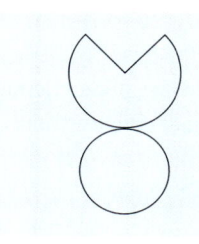

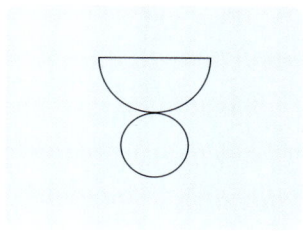

A

B

C

 Was meint ihr: Welcher der drei Kegel wird nach dem Zusammenbiegen am höchsten? Welcher am niedrigsten? [1]

Es ist ziemlich schwierig auch die kreisförmige Grundfläche eines Kegels herzustellen. Wenn ihr den Mantel zusammengebogen und -geklebt habt, könnt ihr versuchen, ihn am Boden zu umranden. Es müsste ein Kreis entstehen. Wie groß der Grundflächenkreis ganz exakt sein muss, lässt sich mit einer Formel *errechnen*. Dafür braucht ihr die Länge der Mantellinie s und den Winkel des Kreisausschnittes.

 $r = s \cdot \zeta : 360$.
Angenommen, s ist bei eurem Kreisausschnitt 6 cm lang und der Winkel $\zeta = 150°$, dann ist der Radius des Grundflächenkreises: $r = 6\,cm \cdot 150 : 360 = 2{,}5\,cm$ [2]

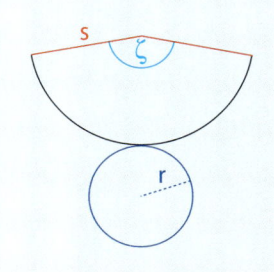

Für die Berechnung der **Oberfläche** und des **Volumens** des Kegels schlagt unter diesen Stichwörtern nach.

[1] Am höchsten wird der Kegel mit dem kleinsten Kreisausschnitt. Das ist hier A. Am niedrigsten wird B.
[2] Die Winkelbezeichnung ζ ist der griechische Buchstabe „Z" für „Zentriwinkel" (also für den Winkel im Zentrum des Kreises).

Kilo…

Gewichtseinheiten
Längeneinheiten
Kilogramm
Kilometer

Der Wortteil „Kilo…" kommt von dem griechischen Wort „chilioi". Es bedeutet „tausend".

Kilo… bedeutet „das Tausendfache" oder „tausendmal".

Kilo… wird in Zusammensetzung mit verschiedenen Maßeinheiten verwendet. Das sind die üblichen Kilo-Einheiten:

1 Kilogramm = 1 000 Gramm
Kurz: 1 kg   = 1 000 g

1 Kilometer = 1 000 Meter
Kurz: 1 km   = 1 000 m

Manchmal sagt man nur „Kilo": „Das Päckchen wiegt ein Kilo." Dann ist immer das *Gewicht* gemeint, also Kilo*gramm*. Man sagt nie: „Bis zum Bahnhof ist es ein Kilo", wenn man Kilo*meter* meint.
Nicht so üblich ist der *Kiloliter*. Das sind 1 000 Liter. Es gibt auch noch das *Kilowatt*, das *Kilojoule* oder die *Kilokalorie*. Auch dort bedeutet Kilo… immer das Tausendfache der Grundeinheit.

 Wie viel wäre ein Kilo-Euro, wenn es die Bezeichnung gäbe? [1]

1) 1 000 €

das **Kilogramm (kg)**

Das Wort „Kilogramm" setzt sich aus *Kilo* (= Tausend) und *Gramm* zusammen.

Kilo…
Gewichtseinheiten
Gramm
Tonne

> 1 Kilogramm = 1 000 Gramm
> **Kurz:** 1 kg = 1 000 g

Das Kilogramm ist die Gewichtseinheit, die im täglichen Leben am meisten gebraucht wird.

Folgende Sachen z. B. werden in Kilogramm gewogen:

1 kg

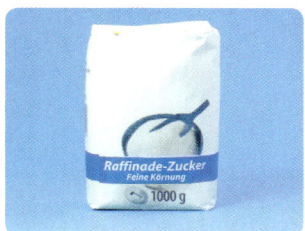

1 kg

5 kg

20 kg

Auch halbe, viertel oder achtel Kilogramm sind gebräuchlich:

$\frac{1}{2}$ kg = 500 g

$\frac{1}{4}$ kg = 250 g

$\frac{1}{8}$ kg = 125 g

Die nächst höhere Gewichtseinheit ist tausendmal so groß wie ein Kilogramm: die Tonne.

>
>
> 1 000 Kilogramm = 1 Tonne
> **Kurz:** 1 000 kg = 1 t

Informationen und Beispiele zum Umrechnen von einer Gewichtseinheit in die andere findet ihr unter den Stichwörtern **Gewichtseinheiten** und **Kommazahlen**.

der **Kilometer (km)**

Kilo…
Längeneinheiten
Meter

Das Wort „Kilometer" setzt sich aus *Kilo* (= Tausend) und *Meter* zusammen.

>
>
> 1 Kilometer = 1 000 Meter
> **Kurz:** 1 km = 1 000 m

Findet ihr heraus, wo dieser Wegweiser ungefähr steht?

Strecken, Wege, Entfernungen werden meist in Kilometern ausgedrückt.

- 1 km ist so lang wie $2\frac{1}{2}$ Runden auf der Aschenbahn im Sportstadion.
- Für die Strecke von 1 km braucht ein Fußgänger ungefähr eine Viertelstunde (= 15 Minuten).

Auch sehr lange Strecken werden in Kilometern ausgedrückt:

- Im Durchschnitt legt man mit dem Auto 15 000 km pro Jahr zurück.
- Der Umfang der Erde beträgt 40 000 km.

Eine größere Längeneinheit als den Kilometer gibt es auf Erden nicht. Nur für die riesigen Entfernungen im Weltraum gibt es eine sehr viel größere Maßeinheit, das *Lichtjahr*.
Mehr dazu findet ihr unter dem Stichwort **Lichtjahr**.
Informationen und Beispiele zum Umrechnen von einer Längeneinheit in die andere findet ihr unter den Stichwörtern **Längeneinheiten** und **Kommazahlen**.

km/h

Die Abkürzung *km/h* bedeutet „Kilometer pro Stunde". Das „h" ist die Abkürzung des lateinischen Wortes für „Stunde": *hora*.

Geschwindigkeit

Mit km/h drücken wir normalerweise die Geschwindigkeit aus. Je mehr Kilometer z. B. ein Fahrzeug in einer Stunde zurücklegt, desto höher ist seine Geschwindigkeit.
Wenn es um sehr hohe Geschwindigkeiten geht, nimmt man auch andere Geschwindigkeitseinheiten:

- Der Schall pflanzt sich mit einer Geschwindigkeit von 333 *Metern* pro *Sekunde* fort. Das schreibt man dann so: 333 m/s.
- Das Licht hat eine Geschwindigkeit von 300 000 *Kilometern* pro *Sekunde*. Das sieht in Kurzform dann so aus: 300 000 km/s.

Wie man die **Geschwindigkeit** berechnet, findet ihr unter dem betreffenden Stichwort.

der **Knoten (kn)**

Geschwindigkeit

In der Seefahrt wird die Geschwindigkeit nicht in Kilometern pro Stunde gemessen, sondern in *Knoten* oder in Seemeilen pro Stunde: Die Geschwindigkeit eines Passagierschiffs beträgt z.B. 30 Knoten.

1 Knoten = 1 Seemeile pro Stunde
Kurz: 1 kn   = 1 sm/h

In Kilometern pro Stunde ausgedrückt bedeutet das:

1 kn = 1,852 km/h

Logleine

Die Bezeichnung Knoten stammt aus einer Zeit, als auf den Schiffen die Geschwindigkeit mit Hilfe einer Leine (der soge-nannten Logleine) gemessen wurde, die hinter dem Schiff ins Wasser abrollte.

In diese Leine waren in regelmäßigen Abständen Knoten ge-knüpft. Je mehr Knoten in einer bestimmten Zeit abrollten, des-to schneller fuhr das Schiff.

Die Knoten wurden gezählt und die Zeit mit einer Sanduhr (der sog. Loguhr) gemessen. So ließ sich feststellen, wie viel Knoten das Schiff fuhr und wie hoch somit seine Geschwindig-keit war.

Kommazahlen

Das Komma in einer Zahl ist ein Trennstrich zwischen den ganzen Zahlen und den Bruchteilen. Die Ganzen stehen vor dem Komma, die Bruchteile dahinter.
Das Komma als Trennstrich hat der schottische Mathematiker John Napier im Jahre 1616 eingeführt.

Dezimalbruch
Dezimalsystem

Das Komma als Trennstrich zwischen zwei Maßeinheiten

Im Alltag gehen wir mit dem Komma wie mit einem Trennstrich zwischen der größeren Maßeinheit (z. B. Euro) und der kleineren Maßeinheit (Cent) um. Damit kommen wir normalerweise gut zurecht und können auch damit rechnen.

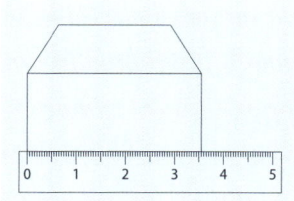

Bei dem Preis von 5,99€ weiß jeder, dass es 5€ und 99 Cent sind.

Beim 3,6 cm breiten Häuschen wissen wir, dass es 3 cm und 6 mm sind.

Bei dem 6,240 kg schweren Baby ist klar, dass es 6 kg und 240 g sind.

Damit fällt es auch leichter, die größere Einheit in die kleinere umzuwandeln. Aus 5 € 99 ct z. B. macht ihr 500 Cent plus 99 Cent und erhaltet 599 Cent. Dann könnt ihr ohne Komma weiterrechnen. Ihr müsst nur daran denken, dass ihr jetzt nicht mehr in der Maßeinheit *Euro* rechnet, sondern in *Cent*.

Unterschiedlich viele Stellen nach dem Komma

Habt ihr euch schon einmal gefragt, warum hinter dem Komma mal zwei Stellen stehen, dann wieder nur eine oder sogar drei? Für Mathematiker gibt es eigentlich keine Stellenbegrenzung, aber im täglichen Umgang mit Geld, Längen, Gewichten oder Hohlmaßen, haben wir es immer mit einer unterschiedlichen Anzahl von Nachkommastellen zu tun. Das hängt damit zusammen, dass zum Beispiel beim Euro höchstens 99 Cent (also zwei Stellen) nach dem Komma folgen und beim Kilogramm höchstens 999 Gramm (also drei Stellen). Ein einziger Cent oder ein einziges Gramm mehr würden ja schon wieder einen ganzen Euro oder ein ganzes Kilogramm voll machen. Und dann bräuchte man gar kein Komma mehr.
Trotzdem habt ihr z. B. auf Preisschildern sicher schon eine Angabe wie 3,00 € und bei Gewichten 8,000 kg gesehen. Die Nullen stehen als Platzhalter da. Dort können dann die Cent oder Gramm am richtigen Platz eingetragen werden.

Beispiel:

$$3,00\,€ + 50\,ct = 3,50\,€$$
aber: $\quad 3,00\,€ + \;\; 5\,ct = 3,05\,€$

oder

$$8,000\,kg + 600\,g = 8,600\,kg$$
aber: $\quad 8,000\,kg + \;\; 60\,g = 8,060\,kg$
und: $\quad 8,000\,kg + \;\;\;\, 6\,g = 8,006\,kg$

So ist es auch bei anderen Maßeinheiten wie Kilometer und Meter oder Tonnen und Kilogramm oder Meter und Zentimeter. Ihr müsst euch merken, wie viele von den kleineren Einheiten in der größeren Einheit enthalten sind und könnt an den Nullen erkennen, wie viele Nachkommastellen üblich sind:

1 km = 1 000 m; also 1,000 km
1 t   = 1 000 kg; also 1,000 kg
1 m = 100 cm; also   1,00 m

Das Komma als Trennstrich zwischen den ganzen und den gebrochenen Zahlen

An Tankstellen kann man allerdings Preise für Benzin und Diesel sehen, die *drei* Stellen nach dem Komma haben, obwohl es beim Euro eigentlich bloß zwei Nachkommastellen gibt.
Der Liter Benzin kostet auf dieser Tafel 1,419 Euro. Das kann ja wohl kaum bedeuten: „1 Euro und 419 Cent!" Denn 419 Cent wären ja schon wieder mehr als 4 ganze Euro.
Das Komma ist hier also kein Trennstrich zwischen Euro und Cent, sondern ein Trennstrich zwischen dem *ganzen* Euro und den *Bruchteilen* eines Euro.
Das ist auch die mathematisch korrekte Bedeutung des Kommas.

Das Komma ist ein Trennstrich zwischen den ganzen Zahlen und den Bruchteilen.

Deshalb spricht man die Ziffern nach dem Komma auch einzeln aus: „Eins – Komma – vier, eins, neun."

1,419 Euro bedeutet:
- die 1 *vor* dem Komma ist einen ganzen Euro wert;
- die Ziffern *nach* dem Komma sind nacheinander 4 Zehntel, 1 Hundertstel und 9 Tausendstel von einem ganzen Euro wert.

In der Stellentafel sieht das so aus:

Komma-zahl	ganze Euro	zehntel Euro = 10 Cent	hundertstel Euro = 1 Cent	tausendstel Euro = $\frac{1}{10}$ Cent, aber den gibt es nicht mehr als Geldstück
1,419	1	4	1	9

Eigentlich können wir 9 Tausendstel Euro gar nicht bar bezahlen, weil wir keine kleineren Münzen haben als den Cent (= 1 hundertstel Euro). Aber man tankt ja nicht nur 1 Liter Benzin, sondern z. B. 50 Liter. Und da sammelt sich ja doch eine ganze Menge Tausendstel zu ganzen Cents zusammen.

Egal, ob es um Euro, Zentimeter oder Tonnen oder um ganz „nackte" Zahlen geht: Die Anzahl der Nachkommastellen ist nicht festgelegt. Sie ist unbegrenzt.

Im täglichen Leben haben wir es allerdings höchstens mit 3 Nachkommastellen zu tun. Da kann man sich auch die Reihenfolge leicht merken:

Erste Nachkommastelle = Zehntel
Zweite Nachkommastelle = Hundertstel
Dritte Nachkommastelle = Tausendstel

Kommazahlen addieren und subtrahieren

addieren
subtrahieren
Kommazahlen
Dezimalbruch

Beim schriftlichen Addieren und Subtrahieren von Kommazahlen rechnet ihr genauso wie ihr es auch von Zahlen ohne Komma gewöhnt seid. Ihr müsst die Kommazahlen aber so untereinander schreiben, dass die Kommas wie auf einer Schnur aufgereiht genau untereinander stehen.

Dann sind automatisch auch die Stellen korrekt an ihrem Platz.
Ihr sollt *addieren*: 165,014 + 29,8 + 0,05 + 3 762,097.

Untereinander geschrieben muss es so aussehen:

		165, 014				165, 014
+		29, 8		+		29, 800
+		0, 05		+		0, 050
+	3 763, 097			+	3 763, 097	
	3 957, 961				3 957, 961	

Man kommt nicht so leicht durcheinander, wenn man die leeren
Stellen nach der letzten Dezimalziffer mit Nullen auffüllt.

> Nach der letzten Ziffer einer Kommazahl haben die
> Nullen keinen Wert mehr.

Ihr sollt subtrahieren: 4 208,3 – 51,497.

Korrekt untereinander geschrieben:

	4 208, 3			4 208, 300
–	51, 497		–	51, 497
	4 156, 803			4 156, 803

Beim Subtrahieren ist es besonders hilfreich, die leeren Stellen nach
der letzten Ziffer mit Nullen aufzufüllen! Man subtrahiert nicht so
gern im „luftleeren" Raum!

Kommazahlen dividieren

dividieren
Kommazahlen
Dezimalbruch

Das Dividieren von Kommazahlen ist ein bisschen kompliziert. Man muss Kommas „loswerden". Beginnen wir mit einer einfachen Aufgabe: $6 : 1,5 = ?$
Um das Komma bei 1,5 loszuwerden, muss man die Zahl mit 10 multiplizieren: $1,5 \cdot 10 = 15$

Aus der Kommazahl 1,5 ist die 10-mal so große Zahl 15 geworden und das Komma ist weg. Aber die beiden Divisionszahlen sind nun nicht mehr auf derselben Ebene.

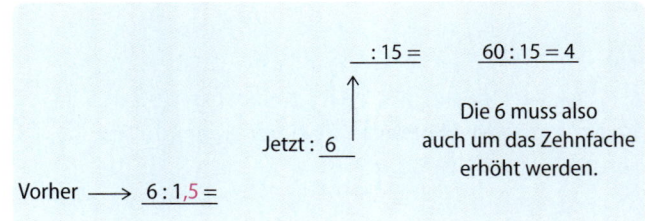

$: 15 =$ $\quad\quad 60 : 15 = 4$

Die 6 muss also auch um das Zehnfache erhöht werden.

Jetzt : 6

Vorher $\longrightarrow$ $6 : 1,5 =$

Wenn man die eine Zahl mit 10 multipliziert, muss man gleichzeitig auch die andere mit 10 multiplizieren.

Dann spielt sich die Division wieder auf gleicher Ebene ab. Mit dem Taschenrechner könnt ihr testen, ob $6 : 1,5$ wirklich dasselbe Ergebnis bringt wie $60 : 15$, nämlich 4.
Mathematisch gesehen handelt es sich hier um das *Erweitern mit 10*.
$6 : 1,5 = (6 \cdot 10) : (1,5 \cdot 10) = 60 : 15 = 4$

Wenn beide Divisionszahlen Kommazahlen sind

Genauso macht man es, wenn beide Divisionszahlen Komma-
zahlen sind.
Ihr wollt folgende Aufgabe rechnen: $49{,}5 : 2{,}75 = ?$
Ihr erweitert erst einmal mit 10:
$49{,}5 : 2{,}75 = (49{,}5 \cdot 10) : (2{,}75 \cdot 10) = 495 : 27{,}5$

Um auch beim Teiler das Komma ganz loszuwerden, müsst ihr
noch einmal mit 10 erweitern:
$495 : 27{,}5 = (495 \cdot 10) : (27{,}5 \cdot 10) = 4950 : 275$

In diesem Fall hätte man natürlich gleich mit 100 $(= 10 \cdot 10)$
erweitern können:
$49{,}5 : 2{,}75 = (49{,}5 \cdot 100) : (2{,}75 \cdot 100) = 4950 : 275 = 18$

Damit seid ihr die Kommas in beiden Kommazahlen los und
könnt wie gewohnt dividieren.

Auf die zweite Divisionszahl (den Teiler) kommt es an

Beim Dividieren von Kommazahlen muss man zuerst auf die
zweite Divisionszahl (den Teiler) schauen.
Wenn der Teiler keine Kommazahl ist, könnt ihr euch das Erweitern sparen. Ihr fangt an wie immer. Bevor ihr die erste Ziffer
nach dem Komma herunterholen müsst, setzt ihr im Ergebnis
sofort ein Komma.

Man muss beide Divisionszahlen immer (nur) so lange
erweitern, bis der *Teiler* sein Komma losgeworden ist.

$$79{,}14 : 3 = 26{,}38$$
$$\underline{6}$$
$$19$$
$$\underline{18}$$
$$11$$
$$\underline{9}$$
$$24$$
$$\underline{24}$$
$$0$$

148,58 : 4,6

Der Teiler 4,6 hat *eine* Nachkommastelle, also müssen beide Divisionszahlen mit 10 erweitert werden.

$(148{,}58 \cdot 10) - (4{,}6 \cdot 10) = 1485{,}8 : 46$

7,4 : 1,48

Der Teiler 1,48 hat zwei Nachkommastellen, also müssen beide Divisionszahlen mit 10 · 10 oder gleich mit 100 erweitert werden.

$(7{,}4 \cdot 100) : (1{,}48 \cdot 100) = 740 : 148$

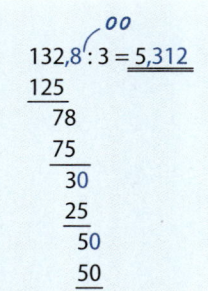

Nullen „aus der Luft greifen"

Sehr oft geht eine Aufgabe beim Dividieren nicht auf. Das merkt man meist aber erst beim Rechnen.

Dann kann man sich nach der letzten Dezimalstelle Nullen sozusagen „aus der Luft greifen" und sie zum Weiterrechnen runterholen.

Manchmal geht die Aufgabe dadurch auf; wenn immer noch nicht, müsst ihr abbrechen oder runden.

Nach der letzten Dezimalstelle einer Kommazahl kann man sich so viele Nullen „aus der Luft greifen", wie man will und braucht. Am Wert der Zahl ändert sich dadurch nichts.

Kommazahlen multiplizieren

Kommazahlen kann man genauso miteinander malnehmen wie Zahlen ohne Komma. Beim Ausrechnen tut man erst einmal so, als wenn die Kommas gar nicht da wären. Dann darf man aber nicht vergessen, das Komma im Ergebnis an der richtigen Stelle einzutragen.

Dabei handelt es sich um einen *Rechentrick*, den man sich recht leicht merken kann. Trotzdem solltet ihr euch den Trick selber klar machen. Ihr behaltet ihn dann besser und wendet ihn nicht an falscher Stelle an. [1]

multiplizieren
Kommazahl
Dezimalbruch

Ihr wollt folgende Multiplikationsaufgabe rechnen:

2,78 · 15,032 = ?

So geht ihr vor:
1. Ihr rechnet die Aufgabe zuerst einmal aus, ohne auf das Komma zu achten.
2. Als nächstes zählt ihr zusammen, wie viele Nachkommastellen es bei den beiden Multiplikationszahlen *zusammen* sind. Hier sind es 2 Stellen und 3 Stellen, also zusammen 5 Stellen.
   Diese 5 Stellen zählt ihr im Ergebnis von rechts ab und setzt nach der 5. Stelle von rechts das Komma.

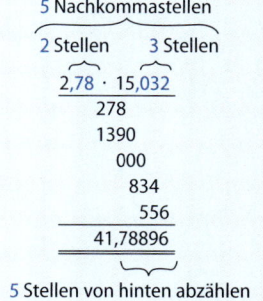

5 Nachkommastellen
2 Stellen   3 Stellen
2,78 · 15,032
   278
  1390
   000
   834
    556
  41,78896
5 Stellen von hinten abzählen

---

1) Der Rechentrick hat mit dem Wert der Nachkommastellen zu tun. In diesem Fall sollen Hundertstel mit Tausendstln multipliziert werden. Das sind im Ergebnis Hunderttausendstel. In der Stellentafel stehen die Hunderttausendstel an der 5. Stelle nach dem Komma.

Bei den folgenden Aufgaben fehlt noch das Komma im Ergebnis. Wo gehört es hin?
- $35{,}2 \cdot 9{,}284 = 3267968$ [1]
- $274{,}13 \cdot 41{,}5 = 11376395$ [2]
- $0{,}927 \cdot 6{,}402 = 5934654$ [3]

der **Körper**

Quader
Würfel
Pyramide
Zylinder
Kegel
Kugel

Jeder Mensch, jedes Tier hat einen *Körper*. In der Geometrie versteht man darunter die dreidimensionalen Gebilde, die man räumlich sehen kann.

Einige Körper sind nach Gegenständen und Formen benannt, die wir aus unserem Alltag kennen.

Würfel

Quader

1) 326,7968   2) 11376,395   3) 5,934654

Pyramide

Zylinder

Kugel

Von geometrischen Körpern kann man Netze zeichnen (nur von der Kugel nicht); man kann sie konstruieren, bauen und als Schrägbilder zeichnen. Beispiele dafür findet ihr unter den Stichwörtern zu den jeweiligen Körpern.

Einer der größten Irrtümer in der Tierforschung ist die Behauptung, dass eine Kuh vier Beine hätte.
Vielmehr ist es ja so, dass man einen Körper von allen Seiten betrachten muss. Dabei stellt sich Folgendes heraus: 2 Beine vorn, 2 Beine hinten, 2 Beine links und 2 Beine rechts. Macht zusammen: 8 Beine!

Platonische Körper

Körper, die von ebenen Flächen begrenzt sind, nennt man in der Fachsprache *Polyeder*. Das bedeutet Vielflächner (poly = viel; eder = Fläche).

Die auf Seite 164 abgebildeten fünf Polyeder sind die einzigen *regelmäßigen* Vielflächner, die sich herstellen lassen. Aus mehr als 20 Dreiecken – wie beim Ikosaeder – kann man keinen geschlossenen Körper bauen. Auch mit Sechsecken geht es nicht. Ihr könnt es ja einmal probieren.

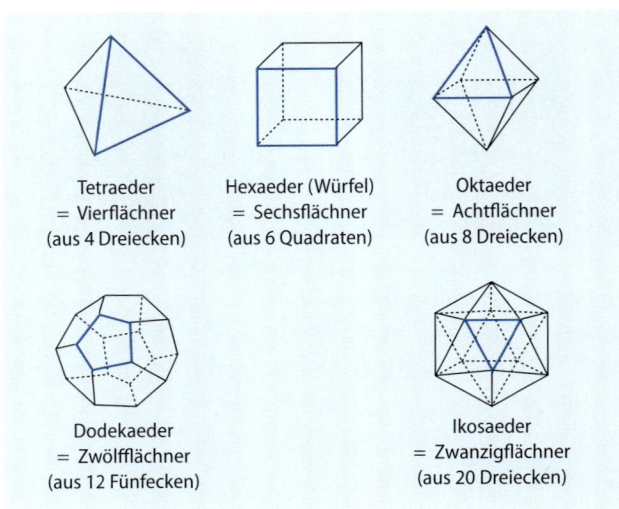

Tetraeder
= Vierflächner
(aus 4 Dreiecken)

Hexaeder (Würfel)
= Sechsflächner
(aus 6 Quadraten)

Oktaeder
= Achtflächner
(aus 8 Dreiecken)

Dodekaeder
= Zwölfflächner
(aus 12 Fünfecken)

Ikosaeder
= Zwanzigflächner
(aus 20 Dreiecken)

Platon

Diese fünf regelmäßigen Polyeder werden auch *Platonische Körper* genannt.

Platon war ein griechischer Philosoph, der um 400 v. Chr. gelebt hat und sich für die Geometrie begeisterte.

Die regelmäßigen Polyeder waren seine Lieblingsformen, vielleicht, weil man sich *in* jede Form eine Kugel hineindenken kann, die alle Flächen berührt, und sich *um* jede Form herum eine Kugel denken kann, die alle Ecken berührt .

Oben rechts sind die Netze von drei dieser Polyeder abgebildet. Ihr könnt sie sicher leicht den Körpern zuordnen. Sehr viel schwieriger ist es schon, sie zu den betreffenden Körpern zusammenzufalten. Aber vielleicht gibt es unter euch ja Faltkünstler?

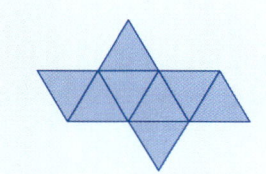 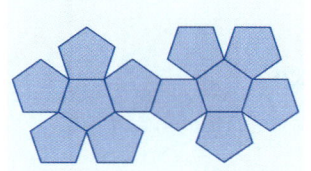 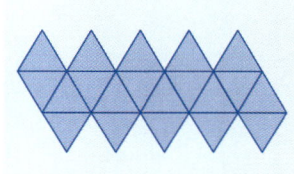

An geometrischen Körpern könnt ihr Vieles entdecken: **Ecken**, **Kanten**, **Höhen**, **Diagonale**, **Winkel** und ihr könnt die **Oberfläche** oder das **Volumen** berechnen. Unter den betreffenden Stichwörtern findet ihr Informationen dazu.

Für Forscher

Jeder, der sich für Geometrie interessiert, hat bestimmt schon einmal versucht, eine Beziehung zwischen der Anzahl der Ecken, Flächen und Kanten von eckigen Körpern zu finden. Irgendwie scheint nichts so recht zusammenzupassen. So etwas lässt die Mathematiker natürlich nicht ruhen. Und so fand einer der bedeutendsten Mathematiker, Leonhard Euler (1701 – 1783), dann doch eine Formel, die tatsächlich auf alle (konvexen)[1] Polyeder zutrifft; sogar auf solche, die nicht so schön regelmäßig sind wie die platonischen Körper.

Die „Eulersche Formel" lautet:
Ecken plus Flächen minus Kanten = 2
Kurz: $e + f - k = 2$

---

1) *konvex* bedeutet „nach außen gewölbt". Körper, die sozusagen eine Delle nach innen haben, nennt man konkav. Auf sie trifft die Eulersche Formel nicht zu. Weil man *konvex* und *konkav* immer verwechselt, kann man sich *konvex* am Scherzwort „Podex" merken. Der ist auch nach außen gewölbt.

Nehmt den Würfel als Beispiel:
8 Ecken, 6 Flächen, 12 Kanten.
e + f − k = 2 → 8 + 6 − 12 = 2 → Es stimmt!
Prüft die Eulersche Formel an allen eckigen Körpern nach,
die ihr finden könnt.

der **Kreis**

Radius
Durchmesser
Pi
Winkel

Es heißt, dass der große Maler Albrecht Dürer (um 1500) einen exakten Kreis aus freier Hand zeichnen konnte. Als „Normalsterblicher" kann man das nur mit einem Zirkel. Mit der Zirkelspitze bestimmt man dabei den Mittelpunkt des Kreises und schwingt den Zirkel auf dem Papier einmal um sich selbst. Dabei hinterlässt er eine geschlossene gebogene Linie. Das nennt man: „einen Kreis schlagen".
Wenn ihr draußen auf dem Hof oder im Garten (für ein Beet) einen Kreis schlagen wollt, macht ihr euch am besten einen „Schnurzirkel".

Die Spannweite des Zirkels (oder die gespannte Schnur) bestimmt die Größe des Kreises.

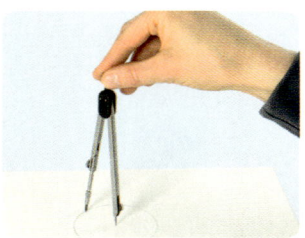

> **!** Die Spannweite des Zirkels ist der Radius (r) des Kreises.
> Der Durchmesser (d) des Kreises ist doppelt so groß:
> $d = 2r$. Der *Radius* wird auch *Halbmesser* genannt:
> $r = \frac{1}{2}d$

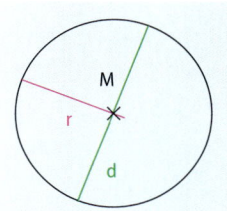

Kreismuster

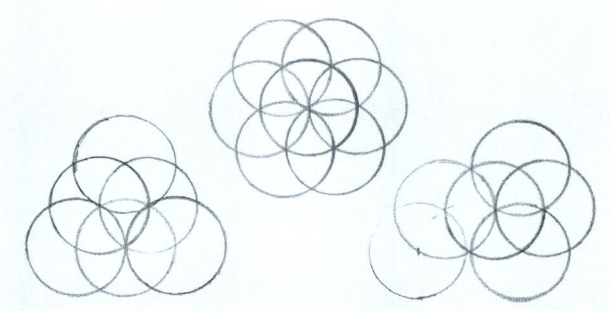

→ Experimentiert mit dem Zirkel. Schaut euch die abgebildeten Muster an und versucht sie nachzuzirkeln.

Vorschläge:
- Wandert mit dem Zirkel auf der Kreislinie entlang.
- Nehmt Schnittstellen als Mittelpunkte für neue Kreise.
- Teilt den Kreis in 4 gleich große Teile und arbeitet an den Schnittpunkten weiter.
- Zeichnet ein Quadrat in den Kreis, dessen Ecken den Kreis berühren.
- Macht aus dem Quadrat ein Achteck.

Winkelsummen

Messt mit dem Geodreieck die Winkel in den folgenden Mustern.

Wie viel Grad kommen zusammen, wenn ihr bei den unterschiedlichen Figuren alle Winkel rund um den Mittelpunkt des Kreises (das sind die Mittelpunktswinkel) zusammenzählt? [1]

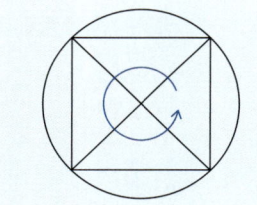

1 Quadrat

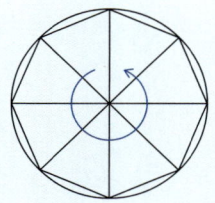

2 Achteck

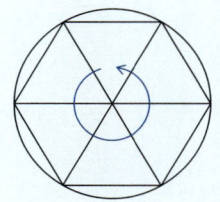

3 Sechseck

 Die Summe der Mittelpunktswinkel im Kreis beträgt 360 Grad.

Damit könnt ihr nun ganz exakt alle möglichen Vielecke konstruieren, z. B. ein Fünfeck: $360° : 5 = 72°$

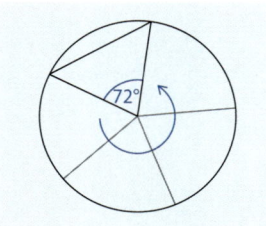

1) Es kommen immer 360 Grad heraus.   1) $4 \cdot 90°$ 2) $8 \cdot 45°$ 3) $6 \cdot 60°$

Den Kreisumfang ermitteln

Mit einer Schnur ausmessen

Der Umfang eines Kreises ist die Kreislinie. Stellt euch vor, die Kreislinie sei eine Schnur oder eine Kordel. Die Länge der Schnur ist der Umfang des Kreises.

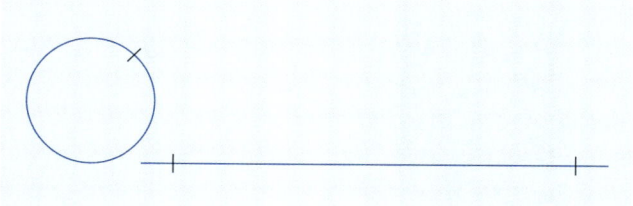

Die Schnur könnt ihr dann an einem Lineal oder Zollstock abmessen.

Abrollen

Den Umfang eines Reifens oder eines Rades könnt ihr auch durch Abrollen ermitteln. Dazu markiert ihr eine Stelle des Reifens oder Rades und rollt den kreisförmigen Gegenstand auf einer geraden Strecke ab, bis ihr wieder bei der Markierung angekommen seid. Die abgerollte Strecke ist dann so lang wie der Umfang des Reifens oder Rades.

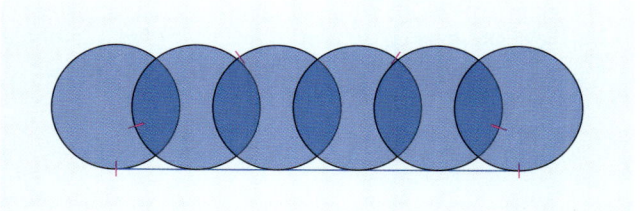

Auch für runde Körper wie den Zylinder eignet sich die Abrollmethode gut, um deren Umfang zu ermitteln.

Berechnen

Mit der Schnur- oder Abrollmethode erhält man natürlich nur
ungenaue Ergebnisse. Um exakte Werte zu bekommen, haben
die Mathematiker schon in frühen Zeiten daran getüftelt, den
Umfang durch *Berechnung* zu ermitteln. Dafür haben sie sich
viele verschiedene Methoden ausgedacht, die alle mit dem
Radius oder dem doppelt so großen Durchmesser experimen-
tierten.

Ein solches Experiment könnt ihr selber machen und dabei auf
eine der berühmtesten Zahlen stoßen, die in der Mathematik
entdeckt wurden:

- Tut euch zu einer Forschergruppe zusammen. Jeder von
  euch zeichnet mit dem Zirkel einen anderen Kreis. Je größer der Kreis, desto genauer wird euer Versuch. Notiert den
  Durchmesser des Kreises (also den doppelten Radius).
- Messt mit einer Schnur so genau wie möglich den Umfang
  des Kreises.
- Dividiert mit einem Taschenrechner den Umfang durch den
  Durchmesser und rundet das Ergebnis auf zwei Stellen hinter dem Komma.
- Vergleicht untereinander, was bei jedem von euch herausgekommen ist. Ihr werdet sehen, dass bei jedem eine Zahl
  um die 3 herum herauskommt, obwohl jeder einen anderen
  Kreis gezeichnet hat.

Angenommen, du hast einen Kreis mit dem Radius $r = 6\,cm$
gezeichnet. Dann ist der Durchmesser 12 cm (2 r). Mit der Schnur
gemessen hast du (was wohl keiner schafft, aber mal ange-

nommen!) exakt 37,7 cm für den Umfang herausbekommen.
Bei der Division von 37,7 : 12 (Umfang durch Durchmesser)
steht im Taschenrechner das Ergebnis 3,14166666.
Auf zwei Nachkommastellen gerundet kommt 3,14 heraus.
Wenn 37,7 : 12 = 3,14, dann ist umgekehrt 3,14 · 12 = 37,7.
Du kommst also – wie bei einer Umkehrprobe – wieder auf die
37,7 cm des Kreisumfangs.

Du kannst mit der Zahl 3,14 nun den Umfang aller Kreise berechnen, von denen du den Durchmesser kennst:

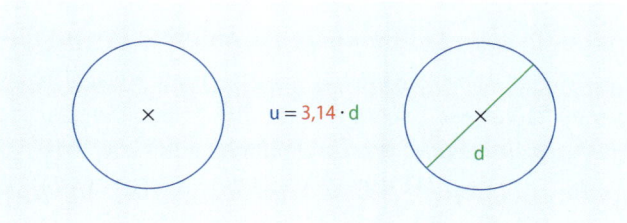

Auf die Zahl 3,14 als Kreiszahl sind auch die Mathematiker ge-
stoßen.

Die Zahl 3,14 ist (abgerundet) die Kreiszahl Pi.
Das Zeichen dafür ist π.
π ≈ 3,14

π (pi) ist der griechische Buchstabe für das „p" am Anfang des
Wortes „perifereia", was so viel bedeutet wie „Außenrand" oder
„Kreislinie".
Mehr über die Kreiszahl erfahrt ihr unter dem Stichwort Pi.

Der Umfang jedes Kreises lässt sich nun mit folgender Formel berechnen:

$$u = \pi \cdot d \text{ oder auch: } u = \pi \cdot 2 \cdot r$$

Für Mathematiker sieht die Formel so am besten aus:
$$u = 2\pi r$$
Übrigens: Auf vielen Taschenrechnern ist π gespeichert.

Die Kreisfläche ermitteln

Das Quadrat ist das Maß für die Berechnung aller Flächen. Das gilt auch für runde Flächen. Je nach Größe der Fläche nimmt man dafür kleine oder größere Einheitsquadrate.

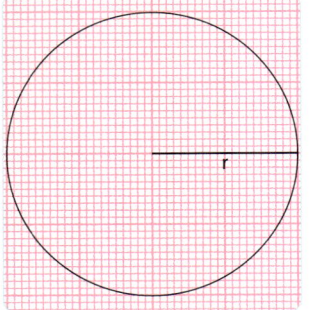

Wie alle anderen Flächen, so muss man sich auch den Kreis mit quadratischen Kacheln ausgelegt vorstellen. An den Rundungen sind sie dann zwar abgeschnitten, aber mehrere solcher Teilstücke machen dann ja wieder so viel wie eine ganze Kachel aus. Das Einheitsmaß ist jedenfalls das Quadrat.

➡ **Auszählen**
Zählt bei dem abgebildeten Kreis die Zentimeterquadrate aus, die die ganze Kreisfläche ausfüllen. Bei angeschnittenen Quadraten zählt ihr am besten die Millimeterquadrate aus. Zusammengezählt ergeben 100 davon wieder ein ganzes Zentimeterquadrat. (Ihr kommt bestimmt selbst auf Ideen, wie ihr euch das Auszählen der ganzen Kreisfläche erleichtern könnt.)[1]

Berechnen

Das Auszählen der Zentimeter- und Millimeterquadrate ist recht mühsam. Auch für die Ermittlung der Kreisfläche haben sich die Mathematiker viele verschiedene Methoden zur *Berechnung* ausgedacht. Wenn man mit Hilfe des Radius oder des Durchmessers die Kreisfläche rechnerisch in eine eckige Form bringen könnte, wäre das Problem gelöst.[2]

Schon vor etwa 3 000 Jahren haben die Babylonier herausgefunden, dass ein Quadrat über dem Radius ungefähr ein Drittel der Kreisfläche ausmacht. Drei „Radius-Quadrate" sind dann ungefähr so groß wie die Fläche des Kreises.

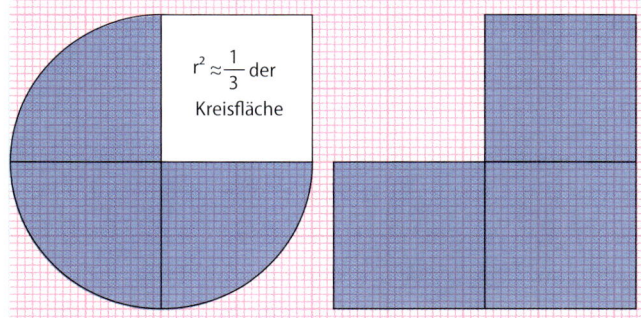

$$r^2 \approx \frac{1}{3} \text{ der Kreisfläche}$$

---

1) Der Kreis enthält ungefähr $12\frac{1}{2}$ Zentimeterquadrate. Seine Fläche ist also etwa $12\frac{1}{2}$ cm² groß.

2) Immer schon hat man von der „Quadratur des Kreises" geträumt. Das ist die Idee, die Fläche des Kreises mathematisch in die Fläche eines Quadrats umzurechnen, um den Flächeninhalt problemlos berechnen zu können.

Bei dem Kreis mit dem Radius $r = 2\,cm$ ist das Quadrat über dem Radius $4\,cm^2$ groß ($2\,cm \cdot 2\,cm$). Drei von diesen Quadraten ergeben dann eine Fläche von $12\,cm^2$. Auf diese Fläche seid ihr wahrscheinlich auch ungefähr gekommen, wenn ihr oben die Zentimeterquadrate ausgezählt habt.

Wenn es nicht so genau darauf ankommt, kann man für die Flächenberechnung des Kreises also folgende Formel anwenden:

> **!**
>
> $F \approx r \cdot r \cdot 3$ **oder auch:** $F \approx 3 \cdot r^2$

Dieser ungefähre Wert konnte den Mathematikern auf Dauer natürlich nicht gefallen. Sie haben im Lauf der Zeit immer genauere Werte ermittelt. Und auch für die Flächenberechnung kamen sie auf jene Zahl, die schon für die Umfangsberechnung gebraucht wird: 3,14.

Mehr dazu unter dem Stichwort **Pi**.

Die Kreisfläche ist also nicht 3-mal so groß wie ein Radius-Quadrat, sondern etwa 3,14 mal so groß.

Das ist wieder die Kreiszahl Pi. Das Zeichen dafür ist π.

> **!**
>
> $\pi \approx 3,14$

Für die Berechnung der Kreisfläche gilt nun folgende Formel:

> **!**
>
> $F \approx \pi \cdot (r \cdot r)$ **oder auch:** $F \approx \pi \cdot r^2$

die **Kubikmaße**

Kubik kommt von dem lateinischen Wort „cubus". Es bedeutet „Würfel". Der Rauminhalt (das Volumen) von geometrischen Körpern wird mit *Kubikmaßen* gemessen.

Körper
Würfel
Volumen
Längeneinheiten

Dabei handelt es sich um Würfel, deren Kantenlänge den üblichen Längenmaßen entsprechen:

- Der Würfel mit 1 Meter Kantenlänge ist ein Meterwürfel. Sein Volumen beträgt 1 Kubikmeter: $1\,m^3$.
- Der Würfel mit 1 Dezimeter Kantenlänge ist ein Dezimeterwürfel. Sein Volumen beträgt 1 Kubikdezimeter: $1\,dm^3$.
- Der Würfel mit 1 Zentimeter Kantenlänge ist ein Zentimeterwürfel. Sein Volumen beträgt 1 Kubikzentimeter: $1\,cm^3$.
- Der Würfel mit 1 Millimeter Kantenlänge ist ein Millimeterwürfel. Sein Volumen beträgt 1 Kubikmillimeter: $1\,mm^3$.

Von einem Einheitswürfel zum nächst kleineren Einheitswürfel beträgt der Umrechnungsfaktor immer 1 000:

$$1\,m^3 = 1\,000\,dm^3$$
$$1\,dm^3 = 1\,000\,cm^3$$
$$1\,cm^3 = 1\,000\,mm^3$$

Hier seht ihr die Kubikmaße und ihren Umrechnungsfaktor 1 000 im Überblick:

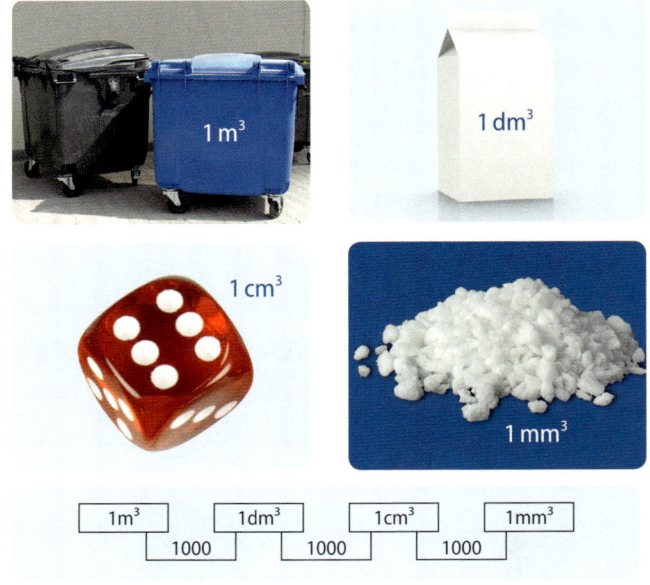

„Hoch 3"

Die Kubikmaße haben in ihrem Kürzel immer eine hochgestellte 3, also m^3 oder cm^3. Das hat damit zu tun, dass ein Würfel dreidimensional ist. Der Rauminhalt eines Zentimeterwürfels beträgt 1 cm · 1 cm · 1 cm. Abgekürzt schreibt man das Ergebnis so: 1 cm³. Der Meterwürfel hat einen Rauminhalt von 1 m · 1 m · 1 m und das Ergebnis sieht so aus: 1 m³.

> ❗
> cm³ ist die abgekürzte Schreibweise von cm · cm · cm.
> Man sagt dazu „Kubikzentimeter" oder „Zentimeter hoch 3".
> m³ ist die abgekürzte Schreibweise von m · m · m.
> Man sagt: „Kubikmeter" oder „Meter hoch 3".

Mit den Kubikmaßen wird der Rauminhalt (das Volumen) von Körpern gemessen.
Hinweise zur Volumenberechnung findet ihr unter dem Stichwort **Volumen**.

die **Kugel**

Einen eleganteren, idealeren, gleichmäßigeren Körper als die *Kugel* kann man sich nicht vorstellen. Gäbe es die Kugel nicht, könnten wir nicht Ball oder Murmeln spielen, hätten keine schönen Perlen und nicht Sonne, Mond und Sterne.

Körper
Radius
Durchmesser
Oberfläche
Volumen

Ein Ausnahmekörper

Die Kugel ist unter den Körpern eine Ausnahme. Sie hat keine Grundfläche, sondern liegt auf einem Punkt auf. Von ihr kann man kein Körpernetz zeichnen, weil ihre Außenhülle nicht in eine Ebene zu bringen ist. Man kann von ihr nicht einmal ein Schrägbild herstellen. Von welcher Seite auch immer man eine Kugel betrachtet, ihr Umriss ist immer ein Kreis. Deshalb hat man in alten Zeiten auch geglaubt, dass die Sonne oder unsere Erde kreisrunde Scheiben seien.

Für die Darstellung auf einer ebenen Fläche kann man höchstens Schattierungen zu Hilfe nehmen oder krumme Linien einzeichnen, wie man es macht, wenn man einen Ball darstellen möchte.

Den Kugelradius herausfinden

Bei den meisten Körpern muss man immer Länge, Breite, Höhe angeben, um ihre Form und Größe zu bestimmen. Bei der Kugel genügt eine einzige Größe, nämlich der Radius. Das ist die Entfernung vom Mittelpunkt der Kugel bis zu irgendeinem Punkt der Kugeloberfläche.

Ihr kennt bestimmt Pusteblumen. Wenn euch nur ein einziges Schirmchen zufliegen würde, könntet ihr euch vorstellen, wie groß die ganze Kugel der Pusteblume war.

So ähnlich wie bei der Pusteblume könnt ihr euch die Radien einer Kugel vorstellen. In der Geometrie treffen sie sich nur exakt im Mittelpunkt und haben natürlich keine Schirmchen.

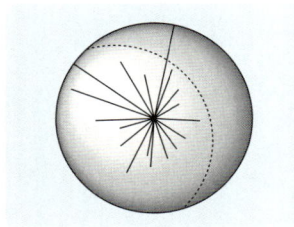

Ihr könnt den Radius ungefähr herausfinden, wenn ihr z.B. einen Zahnstocher mitten durch eine Knetkugel bohrt und am Zahnstocher die Stellen markiert, an denen er die Kugeloberfläche durchsticht. Die Hälfte der Strecke ist dann der Radius.

Ihr könnt auch versuchen, die Kugel zwischen zwei parallel gestellte Bauklötze zu klemmen und den Abstand zu messen. Auch dabei erhaltet ihr den ungefähren Durchmesser d.

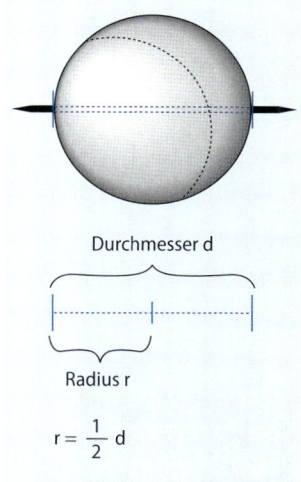

Durchmesser d

Radius r

$$r = \frac{1}{2} d$$

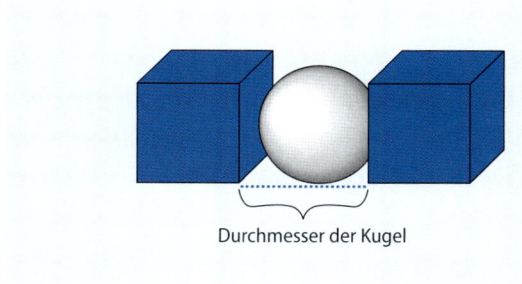

Durchmesser der Kugel

Der Radius ist die einzige Größe, die man z.B. auch für die Berechnung der **Oberfläche** und des **Volumens** braucht. Dazu erfahrt ihr mehr unter den betreffenden Stichwörtern.

Längen- und Breitengrade

Erde
Meter
Umfang

Auf den Nachbildungen unserer Erde in Atlanten oder auf einem Globus haben die Kartographen ein Gitternetz von Längen- und Breitenkreisen eingezeichnet. Es gibt sie nicht in Wirklichkeit. Sie dienen der Orientierung auf dem Globus oder auf den Land- und Seekarten. Sie werden als „Grade" bezeichnet, weil ihre Positionen durch Winkelmessung festgelegt worden sind.

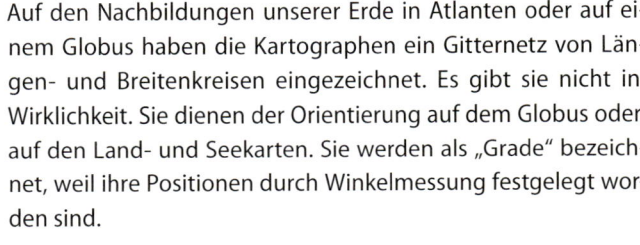

Die Längengrade

Die *Längengrade* werden auch *Meridiane* genannt. Sie sind alle gleich lang und laufen alle am Nord- und Südpol zusammen. Sie sind als Halbkreise von Pol zu Pol durchnummeriert. Ausgangspunkt ist der sogenannte *Nullmeridian*, auf den man sich 1885 nach langen Auseinandersetzungen weltweit geeinigt hat. Er verläuft durch das „Königliche Greenwich-Observatorium" in London / England. Die Fortsetzung des Nullmeridians auf der gegenüberliegenden Erdhalbhugel hat die Gradzahl 180.[1)]

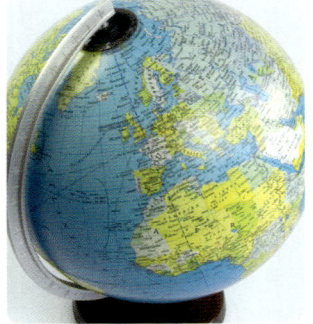

Man befindet sich auf unserer Erde also entweder bis zu 179 Grad *westlich* oder bis zu 179 Grad *östlich* vom Nullmeridian (oder auf dem Nullmeridian oder dem 180sten Grad).

---

1) Der 180ste Längengrad ist auch die Datumsgrenze. Stünde man breitbeinig mit einem Bein östlich und mit dem anderen Bein westlich der Datumsgrenze, dann wäre für das westliche Bein z. B. Freitag, der 31. Mai und für das östliche Bein Samstag, der 1. Juni. Beim Überschreiten der Datumsgrenze springt das Datum also einen Tag vor oder einen Tag zurück.

Schaut es euch an einem Globus an: Hamburg z. B. liegt 10 Grad (10°) *östlich* des Nullmeridians. Auf demselben Längengrad liegt aber auch Tunis in Nordafrika. Auf (etwa) 15° *westlicher* Länge liegen sowohl Island als auch die Kanarischen Inseln.

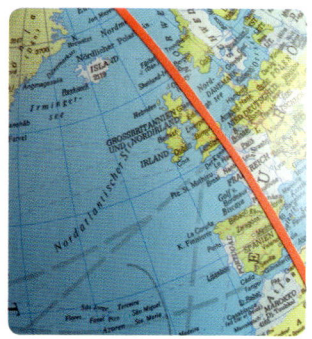

Der Nullmeridian

Die Breitengrade

Die genaue Position eines Ortes auf der Erde lässt sich erst bestimmen, wenn man quer zum Längengrad auch den *Breitengrad* benennt.

Die *Breitengrade* gehen vom *Äquator* aus. Der Äquator ist der längste Breitengrad. Für ihn ist die Gradzahl Null festgelegt worden. Parallel zum Äquator gibt es in gleichmäßigen Abständen 90 Breitenkreise in nördlicher Richtung und 90 Breitenkreise in südlicher Richtung. Ihr Umfang wird zu den Polen hin immer kleiner, bis sie am Nord- und am Südpol nur noch einen Punkt darstellen.

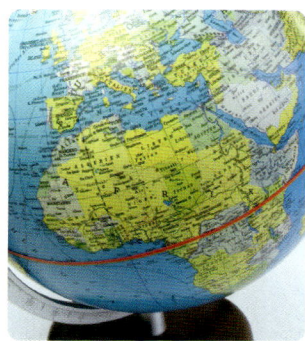

Der Äquator hat die Gradzahl 0.

Der Nordpol liegt also auf 90° nördlicher Breite und auf allen 360 Längengraden, der Südpol auf 90° südlicher Breite und auch auf allen 360 Längengraden. Eins ist hundertprozentig sicher: Wo immer man sich auf unserer Erde befindet, man ist immer auf derselben Länge wie der Nordpol oder der Südpol.

 Es gibt einen Ort, der heißt Akita. Er liegt ziemlich genau 40° nördlicher Breite und 140° östlich vom Nullmeridian (kurz: 40° Nord 140° Ost). In welchem Land das ist, findet ihr bestimmt heraus. [1]

1) Eine dieser Lösungen ist richtig: Akita liegt in China – Japan – Indien

Wenn ein Globetrotter euch eine Urlaubskarte von 35° Süd 58° West schickt, könnt ihr ihn nun auch aufstöbern. [1]

Auf den Weltkarten im Atlas oder auf dem Globus sind die Längen- und Breitengrade aus Gründen der Übersichtlichkeit meist in ziemlich großen Abständen eingezeichnet, z. B. alle 10 Grad oder nur alle 20 Grad. Um z. B. Schiffbrüchige mitten im Atlantik zu orten, würde das natürlich nicht ausreichen. Rettungsflieger oder Schiffskapitäne haben Karten mit noch engeren Unterteilungen als nur 1 Grad. Die kleineren Einheiten werden – wie bei der Stunde – in Minuten (min) und Sekunden (s) angegeben. Ein Grad ist in 60 Minuten unterteilt und jede Minute noch einmal in 60 Sekunden.

 Und so kann ein Rettungshubschrauber z. B. an eine Rettungsstation durchgeben: „Schiffbrüchige gesichtet! Position: 12° 48 min 35 s Nord; 59° 20 min 45 s West".
Das Rettungsschiff kann zum Glück von einer nahegelegenen Insel aus starten. Welche Insel ist das?

Längeneinheiten

Meter
Zentimeter
Millimeter
Kilometer

Man braucht verschiedene *Längeneinheiten*, weil man sich z. B. die Größe eines Flohs schlecht in Metern vorstellen kann und die Entfernung zum Mond schlecht in Zentimetern.

Jeweils eine dieser Lösungen ist richtig:
1) Rio Grande – Santiago – Buenos Aires   2) Antigua – Barbados – Grenada

Die Grundeinheit bei den Längen ist hierzulande der Meter. Von ihm leiten sich die anderen Maßeinheiten ab:

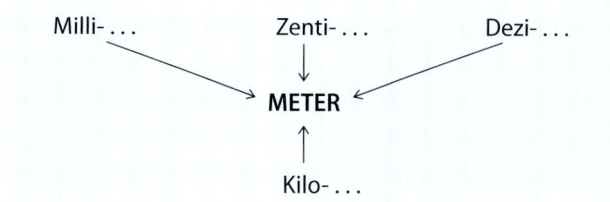

1 Zentimeter	=	10 Millimeter	**kurz:**	1 cm	=	10 mm
1 Dezimeter	=	10 Zentimeter	**kurz:**	1 dm	=	10 cm
1 Meter	=	10 Dezimeter	**kurz:**	1 m	=	10 dm
	=	100 Zentimeter	**kurz:**	1 m	=	100 cm
1 Kilometer	=	1 000 Meter	**kurz:**	1 km	=	1 000 m

Die Lehrerin erklärt: „Es gibt Millimeter, Zentimeter, Dezimeter und …" – „Elfmeter!", ruft Hans dazwischen.

Für die unermesslichen Entfernungen im Weltraum gibt es eine Längeneinheit, die *Lichtjahr* (ly) genannt wird. Mehr dazu unter dem Stichwort **Lichtjahr**.

Umrechnen

Bei den Längenmaßen ist der Umrechnungsfaktor 10. Nur zwischen dem Kilometer und dem Meter scheint es eine Umrechnungslücke zu geben. Denn 1 Kilometer ist nicht 10 Meter, sondern 1 000 Meter. Solche Lücken gibt es in der Mathematik aber (natürlich) nicht. Die Maßeinheiten, die dazwischen liegen, kennen wir nur kaum. Sie heißen *Dekameter* (1 dam = 10 Meter) und *Hektometer* (1 hm = 10 Dekameter = 100 Meter). Sie werden hier nur erwähnt, damit ihr nicht denkt, dass es Lücken im System gibt!

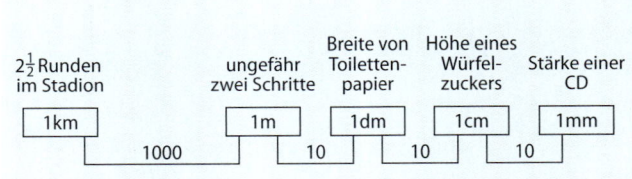

Wenn eine Aufgabe verschiedene Maßeinheiten enthält, muss so *umgerechnet* werden, dass man es nur mit einer Maßeinheit zu tun hat.

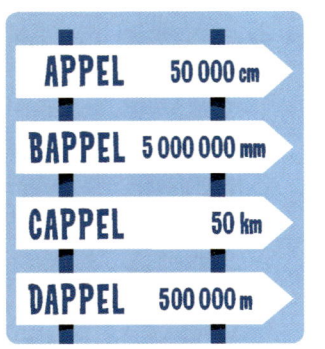

➡ Einen Wegweiser wie den in der Abbildung links gibt es natürlich nicht. Nur bei einem Ort kann man sich vorstellen, wie weit er von diesem Standort entfernt ist. Welcher ist das? [1]

Bei den anderen Orten muss man erst in andere Einheiten umrechnen. Zum Beispiel: BAPPEL 5 000 000 mm.
Ihr geht am besten Schritt für Schritt vor. Dabei schleicht ihr euch auf dem Umweg über die nächst größere Einheit ran:

1. Millimeter in Zentimeter umrechnen:
   5 000 000 mm = 500 000 cm.

---

1) Es ist Cappel: 50 km.

2. Zentimeter in Meter umrechnen: 500 000 cm = 5 000 m.

3. Meter in Kilometer umrechnen: 5 000 m = 5 km.

➡ Zeichnet den Wegweiser in euer Heft und beschriftet ihn so, dass man sich vorstellen kann, wie weit die Orte von diesem Standort aus entfernt sind. [1]

Mit Komma schreiben

Zur Bedeutung des Kommas findet ihr Erklärungen unter dem Stichwort **Kommazahlen**.

- Zentimeter und Millimeter
  Die Wespe im Bild ist 15 mm lang. 15 Millimeter sind schon mehr als ein ganzer Zentimeter: 15 mm = 1 cm 5 mm. Das kann man – mit Komma – auch in der Maßeinheit *Zentimeter* schreiben: 1 cm 5 mm = 1,5 cm.
  Der Hinterleib der Wespe ist 9 mm lang. Das ist noch kein ganzer Zentimeter. Trotzdem kann man 9 mm auch in der Maßeinheit Zentimeter schreiben: 9 mm = 0 cm 9 mm = 0,9 cm.

- Meter und Zentimeter
  325 Zentimeter sind schon mehr als drei ganze Meter:
  325 cm = 3 m 25 cm. In der Einheit *Meter* schreibt ihr das so: 3 m 25 cm = 3,25 m.
  Für ein Geburtstagspäckchen braucht ihr 80 cm Geschenkband. Das noch kein ganzer Meter. Ihr könnt 80 cm aber auch in der Maßeinheit Meter schreiben:
  80 cm = 0 m 80 cm = 0,80 m.

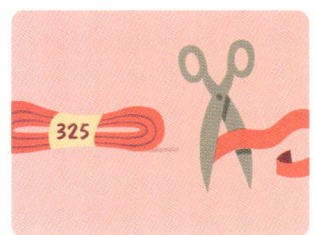

---

1) Appel: 500 m oder 0,500 km; Bappel: 5 km; Cappel: 50 km; Dappel: 500 km.

- Kilometer und Meter
  Die Zugspitze ist der höchste Berg in Deutschland. Sie ist
  2 963 m hoch. 2 963 Meter sind schon mehr als 2 ganze Kilometer: 2 963 m = 2 km 963 m. Das kann man – mit Komma
  – auch in der Maßeinheit *Kilometer* schreiben:
  2 km 963 m = 2,963 km. (Aber die Höhe von Bergen wird
  normalerweise in Metern angegeben!)

Der Parkplatz ist 800 Meter entfernt. Das ist noch kein ganzer
Kilometer. Trotzdem kann man 800 m auch in der Maßeinheit
Kilometer schreiben. 800 m = 0 km 800 m = 0,800 km.
Hinweise und Tipps zum Rechnen mit Kommazahlen findet ihr
unter den Stichwörtern **Kommazahlen addieren und subtrahieren**, **Kommazahlen dividieren**, **Kommazahlen multiplizieren**.

Alte Längenmaße

Bevor der Meter als einheitliches Längenmaß international eingeführt wurde, haben die Menschen Maße verwendet, die sie
mit dem eigenen Körper darstellen konnten. Sie sind z. B. eine
Strecke abgeschritten oder haben mit ausgebreiteten Armen
angezeigt, wie breit eine Tordurchfahrt ist. Das tun wir oft auch
heute noch, wenn wir keinen Zollstock oder kein Lineal zur Verfügung haben. Wir nehmen Maß mit Hilfe unseres Körpers und
benutzen auch noch Begriffe wie „daumenbreit", „handbreit"
oder „Spannweite".
Weil die Menschen unterschiedliche Körpermaße haben, muss
es oft Streit gegeben haben, wenn man zum Beispiel bei einem zu klein geratenen Schneider genauso viel Geld für ein
paar „Ellen" Stoff bezahlen sollte wie bei dem groß gewach-
senen im Nachbarort. Man hat sich daher in den Städten und

Dorfgemeinschaften oder im weiteren Umkreis schon früh auf einheitliche Maße geeinigt. Das waren meist die Körpermaße eines bedeutenden Mannes, z. B. des Königs oder Fürsten oder eines anderen Oberhaupts.

Im Folgenden sind die gebräuchlichsten alten Längenmaße aufgeführt. Ihre Längen sind Durchschnittslängen, mit denen man rechnen kann:

- **der Fuß oder Schuh: 30 cm**
- **die Handbreite: 9 cm**
- **die kleine Spanne: 15 cm** (Die *kleine* Spanne misst den Abstand zwischen gespreiztem Daumen und ausgestrecktem Zeigefinger.)

- **die große Spanne: 25 cm** (Die *große* Spanne ist der Abstand zwischen gespreiztem Daumen und kleinem Finger.)

- **der Schritt: 80 cm** (Beim Schritt wird der Abstand zwischen der Fußspitze des einen und der Ferse des anderen Fußes gemessen.)

- **die Fingerbreite: 1,5 cm**
- **die Daumenbreite: 2 cm**
- **die Elle: 60 cm**
- **der Klafter (Armspanne): 1,70 m**
- **der Zoll: 25 mm** (Auch der Zoll war ursprünglich ein Körpermaß. Es wurde von der Länge des vorderen Daumengliedes abgenommen und schwankte zwischen 2 und 4 Zentimetern.)

Schaut auch unter den Stichwörtern **Elle**, **Fuß**, **Zoll** nach.

die **Lebenserwartung**

Statistik
Durchschnitt

Die Lebenserwartung beim Menschen

Die Lebenserwartung ist ein Begriff für die Statistik. Es heißt: „Früher hatten Frauen eine Lebenserwartung von 70 Jahren. Die Lebenserwartung ist gestiegen. Heute geht man von einer Lebenserwartung von 82 Jahren aus."

Die Lebenszeit von Menschen ist natürlich unterschiedlich lang. Manche Menschen sterben schon früh, manche werden über 100 Jahre alt. Die Lebenserwartung sagt nur aus, dass z. B. ein Mädchen, das heute geboren wird, damit rechnen kann, 82 Jahre alt zu werden. Es ist zu *erwarten*, dass es 82 Jahre alt wird.

Die Lebenserwartung von Männern ist immer schon geringer gewesen. Sie liegt heute bei 77 Jahren.

Die Lebenserwartung hängt von vielen Faktoren ab. In Ländern, in denen große Armut, hohe Kindersterblichkeit, Seuchen, Hunger, Wassermangel herrschen und die gesundheitliche Versorgung nicht ausreicht, ist die Lebenserwartung der Menschen wesentlich geringer. Die Lebenserwartung ist also ein Durchschnittswert.

Bei uns hat sich die Lebenserwartung im Lauf der Zeit mit wachsendem Wohlstand stetig erhöht.

„Warum hast du dir ausgerechnet einen Papagei angeschafft?" – „Ich will endlich mal wissen, ob die tatsächlich 200 Jahre alt werden!"

Die Lebenserwartung bei Tieren

Auch bei Tieren spricht man von der Lebenserwartung. Von Hunden sagt der Volksmund: „Ein Hundejahr sind sieben Menschenjahre." Danach ist die Lebenserwartung von Hunden siebenmal geringer als die von Menschen. Oder anders ausgedrückt: Der Mensch lebt siebenmal länger als der Hund.

In Wahrheit haben Hunde je nach Rasse eine sehr unterschiedliche Lebenserwartung. Bei kleinen Hunden liegt sie zum Beispiel höher als bei großen Hunden.

Katzen gibt man eine Lebenserwartung von 12 Jahren und Pferde werden je nach Rasse 20 bis 30 Jahre alt.

Wenn man die Lebenserwartung eines Tieres kennt, kann man abschätzen, ob z. B. eine 10-jährige Katze noch jung oder schon ziemlich alt ist.

„Donnerwetter!", sagt der Besucher, als er den Karpfen im Zierteich seiner Gastgeber entdeckt, „ein kapitaler Bursche! Wissen Sie eigentlich, dass er hundert Jahre alt wird?" Sagt die Hausfrau: „Da liegen Sie ganz falsch. Dem gebe ich höchstens noch bis Weihnachten!"

das **Lichtjahr**
(ly; engl.: lightyear)

Zeit
Kilometer
Stufenzahlen

Wenn wir am Himmel einen Stern sehen, kann es sein, dass es ihn schon seit Jahrtausenden gar nicht mehr gibt. Vor vielleicht zehntausend Jahren ging sozusagen die „Lichtpost" von diesem Stern aus ab und erst heute, wo wir den Stern zum ersten Mal sehen, ist sein Licht bei uns angekommen. In der Zwischenzeit kann viel passiert sein.

Das Licht pflanzt sich zwar mit ungeheurer Geschwindigkeit fort, die Entfernungen im Weltraum sind aber so unvorstellbar groß, dass es Tausende, Millionen oder Milliarden Jahre dauert, bis es von einem Stern aus endlich auf unser Auge trifft.

In Kilometern kann man diese Entfernungen gar nicht mehr ausdrücken. Deshalb haben die Astronomen das *Lichtjahr* als Längenmaß für die Entfernungen im Weltraum erfunden. Die Bezeichnung „Lichtjahr" ist aber nicht besonders gut gewählt, weil viele glauben, es handele sich dabei um eine *Zeit*einheit. Es ist aber eine *Längen*einheit.

Ein Lichtjahr ist die Strecke, die das Licht in einem Jahr zurücklegt.

„Weißt du, was ein Lichtjahr ist?" – „Nein, ich bezahle den Strom immer monatlich!"

Man weiß, dass das Licht in einer einzigen Sekunde rund 300 000 Kilometer zurücklegt. Nun braucht man „nur" noch auszurechnen, wie viele Sekunden ein Jahr hat und diese Zahl mit 300 000 zu multiplizieren, und schon weiß man, welche Strecke ein Lichtjahr ist. Ihr könnt es ja mal versuchen.[1]

Zum Rechnen mit vielen Nullen findet ihr Tipps unter dem Stichwort **Stufenzahlen**.

Ein Lichtjahr ist eine Strecke von rund
9 Billionen 460 Milliarden Kilometern.

Nur in Science-Fiction-Filmen oder -Romanen können die Raumschiffe mal eben von einer Galaxie zur nächsten fliegen (oder sich beamen lassen).
In Wirklichkeit haben die Menschen es gerade mal zum Mond geschafft. Und der ist noch längst kein einziges Lichtjahr entfernt. Im Vergleich zum Lichtjahr ist die Entfernung zum Mond ein Flohhüpfer. Sie ist rund 25 Millionen Mal geringer als ein einziges Lichtjahr.[2]

---

[1] 1 Jahr hat 365 Tage à 24 Stunden à 60 Minuten à 60 Sekunden.
Das ergibt: 365 · 24 · 60 · 60 = 31 536 000 Sek.; 31 536 000 · 300 000 km =
9 460 800 000 000 km. Das sind: 9 Billionen 460 Milliarden 800 Millionen
Kilometer.
[2] Die Entfernung des Mondes zur Erde schwankt zwischen 363 300 km und
405 500 km. Falls ihr gerechnet habt: Als Ergebnis kommt 378 432 km heraus.

der **Liter (l)**

Hohlmaße
Kubikmaße

Der *Liter* ist ein Hohlmaß für Flüssigkeiten oder Gase. Wasser, Milch oder Benzin werden in Litern gemessen. Aber auch bei Kühlschränken heißt es: „Er fasst 127 Liter". Und große Müllcontainer fassen z. B. 150 Liter. Gemeint ist mit Liter also nicht die Flüssigkeit, die man damit messen kann, sondern der Hohlraum oder Rauminhalt.

1 Liter ist soviel, wie in eine normale Milchflasche oder Milchpackung hineinpasst. Vom Gewicht her ist ein Liter mit einem Kilogramm vergleichbar. Ein Liter Wasser (ohne Flasche) wiegt (bei einer Temperatur von 4 Grad) genau ein Kilogramm, Milch oder Säfte wiegen ein bisschen mehr.

Der Liter ist die Grundeinheit der Flüssigkeitsmaße. Von ihm leiten sich die anderen Maßeinheiten ab.

1-Liter-Flasche

1 Liter	=	1000 Milliliter	**kurz:**	1 l	=	1000 ml
	=	100 Zentiliter	**kurz:**		=	100 cl
	=	10 Deziliter	**kurz:**		=	10 dl
100 Liter	=	1 Hektoliter	**kurz:**	100 l	=	1 hl
1 000 Liter	=	1 Kiloliter	**kurz:**	1 000 l	=	1 kl

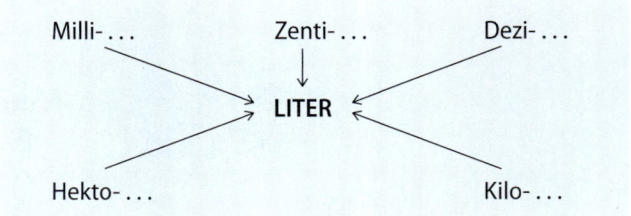

Milli- ...   Zenti- ...   Dezi- ...

LITER

Hekto- ...   Kilo- ...

Das sind die gebräuchlichsten Maße

	1 l = 1000 ml oder 100 cl oder 10 dl		1 cl = 10 ml
	$\frac{1}{2}$ l = 500 ml		1 dl = 100 ml
	$\frac{1}{4}$ l = 250 ml		1 hl = 100 l
	$\frac{3}{4}$ l = 750 ml		

➜ **Rätselhaft!**

Bei ihrem Marsch durch die Wüste wird zwei Abenteurern langsam das Wasser knapp. Sie haben nur noch einen Wassersack, der mit genau 8 Litern Wasser voll gefüllt ist. Damit es keinen Streit gibt, wollen sie diesen Vorrat genau teilen. Sie haben aber natürlich keinen Messbecher dabei, sondern nur zwei weitere Wassersäcke, von denen einer genau 5 Liter fasst und der andere genau 3 Liter. Durch Hin- und Herschütten des Wassers von einem Wassersack in den anderen gelingt es ihnen nach etlichen Durchgängen, genau 4 Liter in den einen und 4 Liter in den anderen Wassersack zu füllen. (Zum Glück haben sie einen Trichter, so dass kein Wasser verloren geht!) Wie haben sie das geschafft?

Es gibt verschiedene Möglichkeiten, das Wasser hin- und herzuschütten. Probiert erst einmal selber.

Einen Vorschlag seht ihr hier in den ersten vier Durchgängen. Wie es weitergehen könnte, damit genau vier Liter in den einen und vier Liter in den anderen Wassersack kommen, könnt ihr selbst austüfteln. Drei Durchgänge braucht ihr mindestens noch![1]

Der mathematische Liter

Die Bezeichnung „Liter" verwenden wir im Alltag als Hohlmaß für eine bestimmte Flüssigkeitsmenge. In der Mathematik wird der Begriff „Liter" nicht als Raummaß verwendet. Dort werden Rauminhalte in Kubikmaßen angegeben.

---

[1] Man muss darauf hinarbeiten, möglichst bald *1 Liter* in einem der Wassersäcke zu haben, damit der ganze Dreiliterinhalt dazugeschüttet werden kann. Unser Vorschlag geht so weiter: (5) 1 l / 5 l / 2 l; (6) 1 l / 4 l / 3 l; (7) 4 l / 4 l / 0 l.

Der Rauminhalt, der einem Liter entspricht, ist ein Kubikdezi-meter. Das ist ein Würfel mit einer Kantenlänge von 1 Dezime-ter (= 10 Zentimeter). Das schreibt man so: 1 dm³.

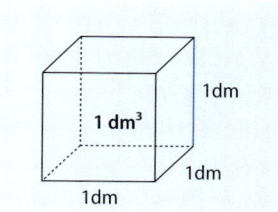

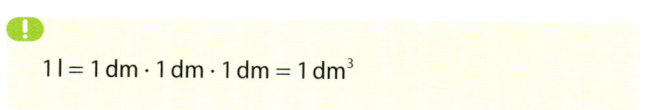

$$1\,l = 1\,dm \cdot 1\,dm \cdot 1\,dm = 1\,dm^3$$

Über **Kubikmaße** erfahrt ihr mehr unter dem betreffenden Stichwort.

der **Lohn**

Wenn Menschen arbeiten und dafür bezahlt werden, bekom-men sie Arbeitslohn. Als *Lohn* wird hauptsächlich die Bezah-lung von Arbeitern und Arbeiterinnen in einer Werkstatt, auf dem Bau oder in der Fabrik bezeichnet.

brutto

Geld

Für andere Berufsgruppen gibt es andere Begriffe:

- das *Gehalt* z. B. für Büroangestellte oder Beamte,
- die *Gage* z. B. für Musiker oder Schauspieler,
- das *Honorar* z. B. für Schriftsteller,
- die *Heuer* für Seeleute oder
- der *Sold* für Soldaten.

Es gibt *Zeitlohn* und *Stücklohn*. Beim *Zeitlohn* werden die Ar-beit*nehmer* von ihren Arbeit*gebern* danach bezahlt, wie lange sie gearbeitet haben. Wenn sie fest angestellt sind, erhalten sie meist einen regelmäßigen Monats- oder Wochenlohn. Wer zeitweilig eingesetzt wird, bekommt einen Tages- oder Stun-denlohn.

Der *Stücklohn* richtet sich danach, wie viel der Arbeiter oder die Arbeiterin zum Beispiel von einem Produkt hergestellt hat oder wie viel Zentner Obst er oder sie gepflückt hat.

Der Lohn, den ein Arbeitnehmer ausgezahlt bekommt, heißt Bruttolohn. Davon muss er Steuern an den Staat und Sozialabgaben für seine Rente und für die Kranken- und Pflegeversicherung bezahlen. Nach Abzug der Steuern und Sozialabgaben bleibt ihm der Nettolohn. Das ist das Geld, das dem Arbeitnehmer zum Leben zur Verfügung steht.

das **Lot**

senkrecht

die **Luftlinie**

Maßstab   Will man die Entfernung von Hamburg nach München wissen, misst man auf der Landkarte normalerweise die direkte Verbindung zwischen den beiden Städten. Das ist die *Luftlinie*. Die Luftlinie ist die kürzeste Strecke zwischen zwei Orten. Theoretisch könnte man sie nur mit einem Flugzeug oder einem Hubschrauber durch die *Luft* zurücklegen. Aber selbst in der Luftfahrt müssen Umwege geflogen werden. Die Luftlinie ist also eine theoretische Strecke. In Wirklichkeit sind die Flug-, Straßen- oder Bahnstrecken länger.

„Wie weit ist es bis Puttenhausen?", fragt der Pensionsgast den Wirt. „Fünfzig Kilometer." – „Landstraße oder Luftlinie?" Der Wirt stutzt, schüttelt den Kopf und sagt: „Also, nach Puttenhausen gibt's keine Luftlinie!"

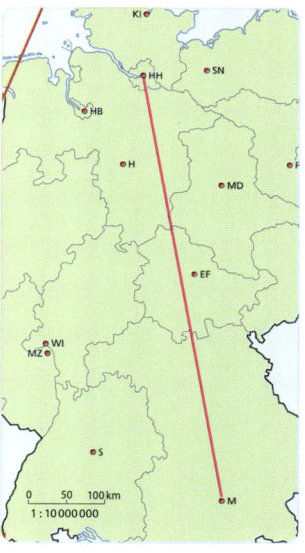

➡ Die Strecke Hamburg – München ist auf der Autobahn 895 Kilometer lang. Messt auf einer Karte die Luftlinie. [1]

mal

Das Wörtchen *mal* verwenden wir bei der Multiplikation. Wir sprechen auch von „malnehmen" und „Malaufgaben":
6 mal 3 = 18.
Das Rechenzeichen dafür ist ein Punkt · , der in der Mitte schwebt: 6 · 3 = 18. Wir nennen es auch *Malzeichen*.

multiplizieren

malnehmen

multiplizieren

1) Auf dieser Karte mit dem Maßstab 1 : 10 000 000 misst man 5,9 cm Luftlinie. Das sind 590 km Luftlinie in Wirklichkeit. Die Autobahnstrecke ist 305 km länger.

der **Maßstab**

Längeneinheiten
Luftlinie

Den Maßstab ermitteln

Abbildungen sind meist verkleinerte Darstellungen. Sonst würden der Eiffelturm oder eine Giraffe ja gar nicht in ein Buch passen. Damit man weiß, wie groß das abgebildete Objekt in Wirklichkeit ist, wird oft der *Maßstab* angegeben.

Der Maßstab sagt uns, wievielmal größer das Objekt in Wirklichkeit ist. Manchmal kann man den Maßstab aber auch selbst herausfinden, jedenfalls ungefähr.Ob der Kaktus auf der ersten Abbildung ein großes Gewächs ist oder nur ein kleiner Zierkaktus auf dem Fensterbrett, kann man nicht wissen. Erst im Vergleich zu dem Mann daneben kann man seine Höhe ungefähr abschätzen.

Was meint ihr? Wie hoch ist der Kaktus ungefähr?

Wenn man eine Vergleichsgröße hat, kann man den Maßstab ungefähr ermitteln. Hier ist der Mann die „Messlatte". Auf der Abbildung ist er 2 Zentimeter groß.

In Wirklichkeit ist ein „Durchschnittsmann" 180 cm groß. Er ist also 180 : 2 = 90-mal so groß wie in der Abbildung.

90 ist der Vergrößerungsfaktor. Das ist der *Maßstab*.

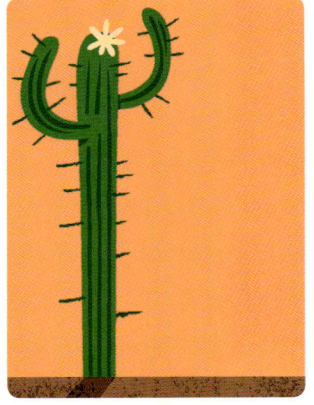

➡ Dann ist der Kaktus 90-mal höher als in der Abbildung. Wie hoch ist er also? [1]

Mit dem Maßstab die wirklichen Längen berechnen

Auf dem Globus, auf Landkarten, Stadtplänen oder Wanderkarten ist der Maßstab besonders wichtig. Man will wissen, wie lang eine bestimmte Strecke auf der Karte in Wirklichkeit ist.

Die Insel Sylt ist in drei verschiedenen Maßstäben abgebildet:

Maßstab 1 : 500 000   Maßstab 1 : 1 000 000   Maßstab 1 : 3 000 000

❗

1 : 500 000 bedeutet: Was man in der Abbildung aus-
misst, ist in Wirklichkeit 500 000-mal so lang. Man
schreibt 1 : 500 000 und sagt: „eins zu fünfhunderttau-
send".

1) In der Abbildung ist der Kaktus 5 cm hoch. In Wirklichkeit ist er dann 5 cm · 90 = 450 cm hoch. Das sind 4,50 m

Die Insel im Maßstab 1 : 500 000 ist auf der Abbildung 7,2 cm lang (Luftlinie gemessen). Also ist die Insel in Wirklichkeit 500 000-mal so lang. 7,2 cm · 500 000 = 3 600 000 cm.

In Zentimetern kann man sich die Länge der Insel nicht vorstellen. Die Zentimeter müssen daher in Kilometer umgerechnet werden. Das machen die meisten auf dem „Umweg" über den Meter: 3 600 000 cm = 36 000 m → 36 000 m = 36 km. Die Insel Sylt ist also in Wirklichkeit 36 km lang.

Tipps zum Rechnen mit vielen Nullen findet ihr unter dem Stichwort **Stufenzahlen**.

Für die zweite Abbildung ist der Maßstab 1 : 1 000 000 angegeben. Hier ist die Insel 3,6 cm lang. Also ist sie in Wirklichkeit 1 Million Mal so lang. Nur der Maßstab hat sich verändert. Die Insel bleibt natürlich immer gleich lang (wenn sie nicht von der Nordsee gerupft wird!). Also muss auch bei diesem Maßstab dieselbe Länge herauskommen, nämlich 36 km.

- Prüft nach, ob die wirkliche Länge von 36 km auch bei der Abbildung im Maßstab 1 : 3 000 000 herauskommt.
- Tut euch zu dritt zusammen. Jeder übernimmt einen der drei Maßstäbe. Messt aus und berechnet, wie *breit* Sylt an der breitesten Stelle in Wirklichkeit ist. [1]

Vergrößerungen

Auch bei vergrößerten Abbildungen möchte man die wirkliche Größe erfahren. Bei dem Foto handelt es sich nicht um ein

1) Die Insel ist ungefähr 12,5 km breit.

Ungeheuer aus der Urzeit, sondern um den Kopf einer gemeinen Stubenfliege. Sie ist 12-mal so groß abgebildet, wie sie in Wirklichkeit ist. Im Unterschied zu verkleinerten Abbildungen schreibt man den Maßstab bei Vergrößerungen umgekehrt auf: 12 : 1.

 Wie klein ist der Kopf der Fliege also in Wirklichkeit?[1]

Maßstab 12 : 1

Mega… (M)

Die Bezeichnung *Mega*… wird in der Umgangssprache gern verwendet, wenn etwas ganz super ist: „megatoll, megageil, megacool" usw. „Mega…" kommt aus dem Griechischen und bedeutet dort „millionenfach".

Giga…
Stufenzahlen

 In der Zusammensetzung mit Größen bedeutet *Mega*… immer das Millionenfache, also 1 000 000-mal so viel oder so groß oder so stark oder so schnell.

Ein Computer hat z. B. eine Rechengeschwindigkeit von 800 Megahertz (MHz). Das sind dann aber bereits ältere Modelle, denn inzwischen geht es fast nur noch um *Giga*-Mengen.

1) knapp 2 mm

Auch in anderen Zusammenhängen, in denen es ums Millionenfache geht, wird mit „Mega…" gerechnet:

1 Megatonne = 1 Million Tonnen **kurz:** 1 Mt = 1 000 000 t
1 Megabarrel = 1 Million Barrel **kurz:** 1 Mbbl = 1 000 000 bbl
1 Megawatt = 1 Million Watt **kurz:** 1 MW = 1 000 000 W
1 Megavolt = 1 Million Volt **kurz:** 1 MV = 1 000 000 V

- Wie viel Liter Wasser wäre ein Megaliter? [1]
- Wie schwer wäre ein Megagramm? [2]
- Wie viele Minuten wären eine Megastunde? [3]

die **Meile**

Längeneinheiten
Kilometer
Meter

Römischer Meilenstein

Das Wort *Meile* ist von dem lateinischen Ausdruck „milia passuum" abgeleitet. Das bedeutet *„tausend* Doppelschritte". An römischen Landstraßen stand alle tausend Doppelschritte ein Meilenstein (ein milliarium). In heutigem Maß betrug eine römische Meile etwa 1 500 m.
Der Begriff Meile wurde von vielen europäischen Ländern als Maß für Wegstrecken übernommen. Aber überall hatte sie eine unterschiedliche Länge. Sogar innerhalb Deutschlands hatten die Bayern ein anderes Maß als die Sachsen oder die Preußen. Nach der Einführung des Meters und Kilometers gegen Ende des 19. Jahrhunderts verlor die Meile als Wegemaß bei uns an Bedeutung.

[1] 1 Megaliter = 1 000 000 l
[2] 1 Megagramm = 1 000 000 g = 1 000 Kilogramm
[3] 1 Megastunde = 60 000 000 Minuten

In den englischsprachigen Ländern (z. B. England, Irland, Amerika oder Australien) ist die Meile (mile) immer noch ein gebräuchlicheres Maß als der Kilometer. Sie ist inzwischen aber vereinheitlicht.

> 1 Meile (mile) entspricht 1,609 km.

In der Seefahrt werden Entfernungen heute noch überall in Meilen gemessen. Das ist aber wieder ein anderes Maß.

> 1 Seemeile (sm) entspricht 1,852 km.

Geschwindigkeitsbegrenzung an einer amerikanischen Landstraße: 45 miles per hour

der **Meter (m)**

Der Meter ist die Grundeinheit der Längenmaße. Von ihm leiten sich die anderen Maßeinheiten ab.

Längeneinheiten
Kilometer
Zentimeter
Millimeter

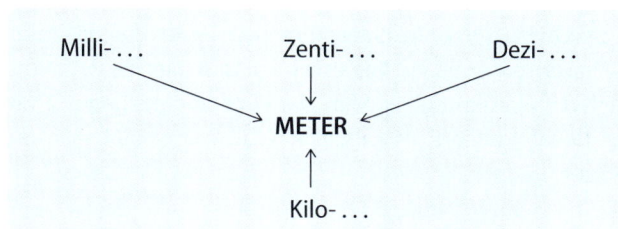

Der Meter ist das Längenmaß, das im Alltag am meisten gebraucht wird.

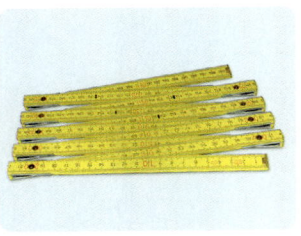

Ein Zollstock

➡ Nehmt an eurem Körper Maß:
- Messt aus, wie hoch ungefähr ein Meter ist.
- Breitet die Arme aus und messt ungefähr einen Meter Spannweite.
- Merkt euch, wie viele Schritte ihr ungefähr auf einen Meter macht.

1 Meter	=	10 Dezimeter	**kurz:**	1 m	=	10 dm
1 Meter	=	100 Zentimeter	**kurz:**	1 m	=	100 cm
1 Meter	=	1 000 Millimeter	**kurz:**	1 m	=	1 000 mm
1 000 Meter	=	1 Kilometer	**kurz:**	1 000 m	=	1 km

Informationen und Beispiele zum Umrechnen von einer Längeneinheit in die andere findet ihr unter den Stichwörtern **Längeneinheiten** und **Kommazahlen**.

Die Geschichte vom Meter

Früher haben die Menschen Längen und Entfernungen mit Körpermaßen gemessen, so mit der Schrittlänge, der Handspanne, dem Fuß, der Elle oder dem Klafter. Die Körpermaße waren von Land zu Land und Stadt zu Stadt aber sehr unterschiedlich, weil Menschen nun einmal unterschiedlich groß sind.

Im 18. und 19. Jahrhundert nahmen der wissenschaftliche und technische Austausch über die Ländergrenzen hinweg zu, der Handel weitete sich aus. Einheitliche Gewichte und Maße wurden immer dringlicher. Den entscheidenden Vorstoß unternahm 1791 die wissenschaftliche Akademie in Paris. Sie schlug ein einheitliches Längenmaß vor, das nach dem griechischen Wort „metron" (= Maß) „mètre" heißen sollte. Seine Länge sollte von einer Größe abgeleitet werden, die bis in alle Ewigkeit unveränderlich bleiben würde. Das war der Umfang der Erde. *Ein* Meter sollte der zehnmillionste Teil vom Viertel des Erdumfangs sein.

Pierre Méchain (1744–1804)

Mit dieser Idee begann eine der kompliziertesten Vermessungen unserer Welt, die es je gegeben hat. Zwei französische Wissenschaftler, Pierre Méchain und Jean Baptiste Delambre, wurden beauftragt, das Teilstück eines Längengrades zu vermessen, das von der niederländischen Stadt Dünkirchen über Paris bis zu der spanischen Stadt Barcelona reichte.

Aus der Krümmung der Erdkugel auf diesem Teilstück berechneten sie die Länge der Strecke zwischen Nordpol und Äquator (des Viertels des Erdumfangs). Nach sieben Jahren unermüdlicher Arbeit und auch noch in den Wirren der französischen Revolution kehrten sie nach Paris zurück. Dort stellten sie ihr Ergebnis einer internationalen Kommission vor: das Maß von einem kleinen Stückchen Längengrad, das den zehnmillionsten Teil vom Viertel des Erdumfangs ausmacht.

Jean-Baptiste Delambre
(1749–1822)

Es war die Geburtsstunde des Metermaßes.

Es sollten 77 Jahre vergehen, bis 1875 siebzehn Staaten aus aller Welt den Beschluss fassten, den Meter international als einheitliches Längenmaß einzuführen. 1889 schließlich wurde der sogenannte „Urmeter" in das wertvollste und zugleich beständigste Metall gegossen, das es auf der Erde gibt: in Platin. Von ihm wurden Kopien gemacht und in alle Welt verteilt. Der Urmeter befindet sich heute im „Internationalen Büro für Maße und Gewichte" in Sèvre bei Paris. Im Deutschen Museum in München ist eine Kopie davon zu besichtigen.

$\frac{1}{10\,000\,000}$ vom Viertel des Erdumfangs sollte 1 Meter sein.

Der in Platin gegossene Urmeter

Seit 1983 hat auch dieses Maß nur noch historischen Wert. Die Messtechnik ist so präzise geworden, dass es auf Millionstel Millimeter ankommt. Heute wird der Meter mit Hilfe der Lichtgeschwindigkeit im Vakuum [1] ermittelt. Danach ist ein Meter so lang, wie das Licht im Vakuum in der unvorstellbar kurzen Zeit von etwa einer dreihundertmillionstel Sekunde zurücklegt (ganz präzise: in $\frac{1}{299\,792\,458}$ Sekunden).

1) Vakuum bedeutet „luftleerer Raum"

Wir Normalsterbliche können uns zum Glück darauf verlassen, dass unsere Lineale und Zollstöcke für unsere Zwecke ausreichen und dass der Meter in China oder Südamerika genau dieselbe Länge hat wie bei uns. Aber ein bisschen Ehrfurcht darf uns schon überkommen, wenn wir das nächste Mal einfach so das Metermaß anlegen, als wäre es das Normalste von der Welt.

Milli...

Der Wortteil *Milli...* ist von dem lateinischen Wort für tausend abgeleitet: mille. Wir kennen Milli... in Zusammensetzungen mit anderen Grundmaßen.

Längeneinheiten
Gewichtseinheiten
Millimeter

Milli... bedeutet der tausendste Teil oder ein Tausendstel ($\frac{1}{1000}$).

Die üblichen MILLI-EINHEITEN:

1 Millimeter	$= \frac{1}{1000}$ Meter	**kurz:**	1 mm	$= \frac{1}{1000}$ m	
1 Milligramm	$= \frac{1}{1000}$ Gramm	**kurz:**	1 mg	$= \frac{1}{1000}$ g	
1 Milliliter	$= \frac{1}{1000}$ Liter	**kurz:**	1 ml	$= \frac{1}{1000}$ l	

1 000 mm = 1 m
1 000 mg = 1 g
1 000 ml = 1 l

- Was wäre ein Milli-Euro, wenn es so kleine Münzen überhaupt gäbe! [1]
- Wie viele Milli-Euro würden 1 ct ergeben [2]

die **Milliarde**
(Mrd. oder Mia.)

Stufenzahlen
Dezimalsystem
potenzieren
Million
Billion
Billiarde
Trillion
Trilliarde

1 Milliarde hat 9 Nullen: 1 000 000 000
1 Milliarde = 10^9
1 Milliarde = 1 000 Millionen = 1 000 · 1 000 · 1 000

1 000 Einer	= 1 Tausender	=	$1\,000 = 10^3$
1 000 Tausender	= 1 Million	=	$1\,000\,000 = 10^6$
1 000 Millionen	= 1 Milliarde	=	$1\,000\,000\,000 = 10^9$

Wie viel eine Milliarde ist, können wir uns kaum noch vorstellen. Was meint ihr: Wie lange würde es wohl dauern, die Zahlenreihe bis 1 Milliarde aufzusagen, also jede Zahl vollständig ausgesprochen? Fünf Stunden? Drei Tage? Sechs Wochen? Oder??? Wir sind auf 95 Jahre rund um die Uhr gekommen, wobei wir pro Zahl im Durchschnitt drei Sekunden Zeit für das Aussprechen berechnet haben. Ihr könnt es ja mal selbst austüfteln! Durch Zählen werdet ihr es jedenfalls euer Lebtag nicht herausfinden können!

---

1) ein Tausendstel Euro = $\frac{1}{1000}$ €; da 1 Cent $\frac{1}{100}$ Euro ist, wäre das 10-mal weniger als 1 Cent = $\frac{1}{10}$ Cent.
2) 10 Milli-Euro = 1 Cent.

Andere Schreibweisen

In der Zeitung und in den meisten Sachgeschichten werden die hohen Zahlen selten mit allen ihren Nullen oder den anderen Ziffern ausgeschrieben. Die Weltbevölkerung wird zum Beispiel mit 6,2 Milliarden angegeben. In Ziffern ausgeschrieben ist das folgende Zahl: 6 200 000 000.
So lange Zahlen lesen sich nicht so gut (ganz abgesehen davon, dass es bestimmt keine so glatte Zahl ist!). 6,2 Milliarden sind also 6 Milliarden 200 Millionen.

Andere Länder, andere Zahlennamen

Bei uns und in den meisten Ländern der Welt folgt die Zahlengruppe Milliarden auf die Zahlengruppe Millionen. Und dann geht es immer im Wechsel mit den „…-onen" und „…-arden" weiter : Billi*onen*, Billi*arden*, Trilli*onen*, Trilli*arden* usw.
In einigen Ländern wie den USA, Russland und auch der Türkei und Brasilien gibt es aber keine Zahlennamen mit „…-arden". Dort folgen nach den Millionen gleich die Billionen und danach auch keine Billiarden, sondern gleich die Trillionen usw.
1 Million mal 1 000 ist dort also nicht – wie bei uns – 1 Milliarde, sondern 1 Billion.
Solltet ihr also mal eine Erbschaft über 1 Billion Dollar von einem netten Onkel aus Amerika machen, dann freut euch nicht zu früh! Denn das ist nicht – wie in unserer Zahlensprache – ein Dollarsegen mit 12 Nullen, sondern „nur" einer mit 9 Nullen. Statt 1 000 000 000 000 $ also nur 1 000 000 000 $. – Aber vielleicht könnt ihr mit so einer Erbschaft ja auch ganz gut leben.

Eine amerikanische oder russische oder türkische
Billion ist so viel wie eine Milliarde bei uns.

Ihr könnt euch sicher vorstellen, dass es wegen dieser Unterschiede zwischen europäischen und z. B. amerikanischen Geldgeschäften manchmal heillose Verwirrung gibt.
Unsere Zahlenreihe mit den „…-arden" in den Zahlennamen nennt man übrigens das „System der langen Leiter". Das andere System heißt dementsprechend „System der kurzen Leiter".

der **Millimeter**
(mm)

Milli…
Längeneinheiten
Meter
Zentimeter

Millimeter setzt sich aus „Milli…"(= Tausendstel) und „Meter" zusammen. Im Wort Millimeter ist sein Maß also schon ausgedrückt: ein „Tausendstel Meter".

1 Millimeter $= \frac{1}{1000}$ Meter
Kurz: 1 mm $= \frac{1}{1000}$ m → 1 000 mm = 1 m

Der Millimeter ist die kleinste Längeneinheit auf eurem Lineal.
In Millimetern werden also nur ganz kleine Längen gemessen.

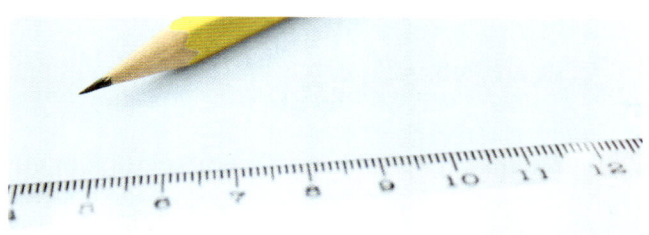

10 Millimeter = 1 Zentimeter
Kurz: 10 mm = 1 cm

Informationen und Beispiele zum Umrechnen von einer Längeneinheit in die andere findet ihr unter den Stichwörtern **Längeneinheiten** und **Kommazahlen**.

die **Million**
(Mill. oder Mio.)

Stufenzahlen
Dezimalsystem
potenzieren
Milliarde
Billion
Billiarde
Trillion
Trilliarde

1 Million hat 6 Nullen: 1 000 000
1 Million = 10^6
1 Million = 1 000 Tausender = 1 000 · 1 000

| 1 000 Einer | = 1 Tausender | = | 1 000 | = 10^3 |
| 1 000 Tausender | = 1 Million | = | 1 000 000 | = 10^6 |

Andere Schreibweisen

In der Zeitung und in den meisten Sachgeschichten werden Millionenzahlen selten mit allen ihren Nullen oder den anderen Ziffern ausgeschrieben. Dort steht zum Beispiel: „25 Millionen Zuschauer sahen das Fußballendspiel im Fernsehen".
Das bedeutet 25 mit 6 Nullen: 25 000 000. Für die Schlagzeile ist die Zahl allerdings gerundet. Denn wer will schon wissen, ob es genau 24 978 231 Zuschauer waren oder vielleicht 25 000 011?
Wenn ihr also z. B. „743 Millionen" lest, ersetzt ihr in Gedanken das Wort „Millionen" durch 6 Nullen.
Sehr oft findet man auch Kommazahlen: „Die irische Bevölkerung ist auf 3,9 Millionen angewachsen."
Damit sind 3 ganze Millionen (vor dem Komma) und dann noch (rund) 900 000 Einwohner gemeint.
Mit allen Ziffern geschrieben würde 3,9 Millionen also so aussehen: 3 900 000.

 In Deutschland ist die Einwohnerzahl übrigens auf 82,6 Millionen gesunken. Sie betrug einmal 84 Millionen.
- Wie sehen die Zahlen in Ziffern geschrieben aus? [1]
- Und um wie viele Einwohner ist die Bevölkerung geschrumpft? [2]

Tipps zum Rechnen mit vielen Nullen findet ihr unter den Stichwörtern **Dezimalsystem** und **Stufenzahlen**.

---

[1] 82,6 Millionen = 82 600 000; 84 Millionen = 84 000 000
[2] Die Bevölkerung ist um 1 400 000 geschrumpft.
  Oder um 1,4 Millionen.

der **Minuend**

Minuend ist der Fachausdruck für die *erste* Zahl bei einer Minus-
aufgabe (Subtraktion). Das Wort kommt aus dem Lateinischen
und bedeutet „das zu Vermindernde". Der Minuend ist also die
Zahl, von der abgezogen wird.

subtrahieren
Subtrahend
Differenz

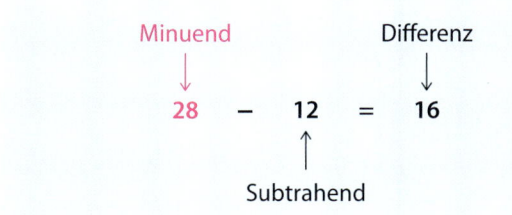

Das Ergebnis der Subtraktion wird mit „Differenz" bezeichnet.

minus

Das Wörtchen *minus* haben wir aus dem Lateinischen übernommen. Es bedeutet „weniger". Wir verwenden es beim Subtrahieren. „16 *minus* 5" bedeutet also „16 *weniger* 5".

subtrahieren
Differenz

Das Minuszeichen ist ein kleiner waagerechter Strich: − .
In einer Gleichung sieht das so aus: 16 − 5 = 11.
Das spricht man so: „sechzehn minus fünf ist gleich elf".

die **Minute (min)**

Zeit
Stunde
Sekunde

Eine *Minute* ist eine kleine Zeiteinheit. Das Wort „Minute" stammt von dem lateinischen Wort „minutus" ab, das „sehr klein" bedeutet. Noch kleiner ist aber die Sekunde. Die nächst höhere Zeiteinheit ist die Stunde.

> ❗
>
> 1 Minute = 60 Sekunden
> **Kurz:** 1 min   = 60 Sek.
>
> 60 Minuten = 1 Stunde
> **Kurz:** 60 min   = 1 Std.

Die Länge einer Stunde und einer Minute wurde schon im Altertum festgelegt. Es waren die Babylonier[1], die um 300 v. Chr. den Tag zunächst in zweimal 12 Stunden aufteilten (= 24 Std.) und dann jede Stunde noch einmal in 60 Minuten. Die Zahlen 12 und 60 galten als heilige Zahlen. Die Einteilung der Minute in 60 Sekunden wurde bei uns erst im späten Mittelalter (um 1 500) vorgenommen.

Für uns ist das Rechnen mit Zeiteinheiten deshalb nicht so einfach, weil wir es gewohnt sind, im Zehnersystem zu rechnen. Dass eine Einheit in 60 Untereinheiten eingeteilt ist und nicht in 10 oder 100 oder 1 000, ist ungewohnt. Ihr könnt beobachten, dass auch erwachsene Menschen die Stunden an den Fingern abzählen, wenn sie nachrechnen wollen, wie lange sie z. B. geschlafen haben oder wie lange es an Silvester noch bis Mitternacht ist.

1) Babylonien ist das Gebiet des heutigen Irak.

Umrechnen

Wenn eine Aufgabe verschiedene Zeiteinheiten enthält, muss wie bei allen anderen Maßeinheiten *so* umgerechnet werden, dass man es nur mit einer Maßeinheit zu tun hat.

➡ Minuten und Stunden

Im Fernsehprogramm ist manchmal angegeben, wie lange ein Film dauert. Für „Jurassic Park" muss man (einschließlich der Werbepausen) 145 Minuten vor dem Bildschirm sitzen.

- Wie viele volle Stunden und Minuten sind das? Hier müsst ihr Stunden in Minuten umrechnen.[1]
- Wann ist der Film zu Ende, wenn er um 20.15 Uhr beginnt?[2]

An so eine Aufgabe muss sich beinahe jeder irgendwie „ranschleichen". Notiert euch immer, worauf ihr hinauswollt, also:
Beginn: 20.15 Uhr; Dauer: 145 min; Ende: ?
Mit den folgenden Tipps fällt euch das Rechnen mit Zeitangaben bestimmt leichter.

TIPP 1, Skizze einer Uhr:

- Bis 21 Uhr vergehen 45 min.
  (Restzeit: 145 min − 45 min = 100 min)
- Bis 22 Uhr vergehen weitere 60 min
  (Restzeit: 100 min − 60 min = 40 min)

---

1) 2 Std. 25 min.
2) Um 22.40 Uhr.

TIPP 2, Zeitstrahl:

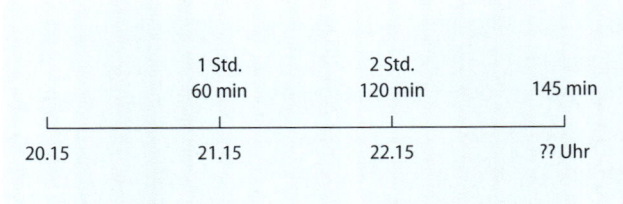

| | 1 Std. | 2 Std. | |
| | 60 min | 120 min | 145 min |

20.15   21.15   22.15   ?? Uhr

➔ **Rätselhaft!**

Ein Zug braucht von Hamburg nach Berlin 1 Stunde und 49 Minuten. Den Rückweg von Berlin nach Hamburg legt er in 109 Minuten zurück.
Wie ist das zu erklären?[1]

Minuten und Sekunden

Filme bestehen aus einzelnen stehenden Bildern, die an unserem Auge so schnell vorbeiruckeln, dass sie zu einer Bewegung verschmelzen. In einer Sekunde ziehen 25 Bilder an unserem Auge vorbei.

---

1) Das ist gar nicht seltsam: 1 Std. 49 Min. sind auch 109 Min. (60 + 49 = 109).

Wie viele einzelne Bilder werden für einen Zeichentrick-
film von 5 Minuten Länge produziert? Hier müsst ihr Minuten in Sekunden umrechnen. [1]

*„Herr Ober, ich hatte ein Fünf-Minuten-Steak bestellt und
warte schon über eine Stunde darauf!" – „Da sind Sie sicher
froh, dass Sie keine Tagessuppe bestellt haben?!"*

der **Monat**

Zwölf „Monde" sind kein ganzes Jahr

Die Bezeichnung *Monat* kommt von dem Wort „Mond". Als die
Menschen anfingen sich Kalender zu machen, richteten sie sich
nach dem Mond. Sie hatten beobachtet, dass der Mond innerhalb eines Jahres, z. B. von Frühjahr zu Frühjahr, etwa 12-mal als
Vollmond am Himmel erscheint. Das geschieht ziemlich genau
alle $29\frac{1}{2}$ Tage. Für sie hatte das Jahr 12 Monde.

Zeit
Jahr
Tag
Woche
Jahreszeiten
Schaltjahr

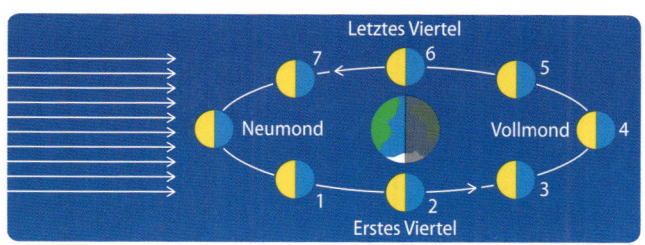

---

1) Es sind 7 500 Bilder; 5 min = 300 Sek.; 300 · 25 Bilder = 7 500 Bilder.

Frühling, Sommer, Herbst und Winter hängen aber nicht vom Mond, sondern von der Sonne ab. 12 Monde à 29 $\frac{1}{2}$ Tage ergeben 354 Tage. Von Frühling zu Frühling vergehen aber nach dem Sonnenkalender 365 Tage. Das ist die Zeit, in der die Erde einmal um die Sonne kreist.

Weil 12 Monde kein ganzes Sonnenjahr ergeben, war der Mond für einen Jahreszeitenkalender nicht geeignet.

Den Namen Monat hat man trotzdem beibehalten. Er wurde aber dem Sonnenjahr angeglichen. Das Sonnenjahr mit seinen 365 Tagen blieb in 12 Monate eingeteilt.

> Ein Jahr hat 12 Monate.
> 12 Monate sind 1 Jahr

Die Monate und ihre Tage

Das Jahr hat 365 Tage. Teilt man 365 Tage durch 12 Monate, so geht das nicht glatt auf. Deshalb hat man den Monaten unterschiedlich viele Tage gegeben:

Monat:	Januar	Februar	März	April	Mai	Juni	Juli	August	September	Oktober	November	Dezember
Tage:	31	28	31	30	31	30	31	31	30	31	30	31

Es gibt einen Trick, mit dem man bei jeder Gelegenheit ganz schnell herausfinden kann, wie viele Tage ein Monat hat: Man kann es an den Knöcheln seiner Fäuste abzählen.
Die vorstehenden Knöchel bedeuten 31 Tage, die Vertiefungen zwischen den Knöcheln 30 Tage (Februar: 28 Tage).

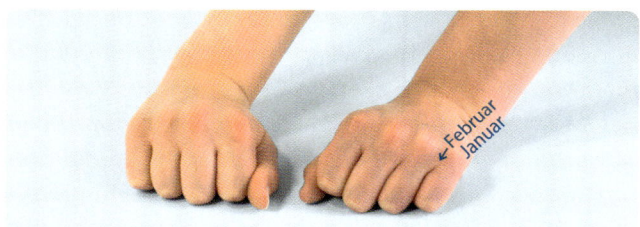

Im Geschäftsleben, wo es eigentlich auf Genauigkeit ankommt, zählt jeder Monat aber trotzdem glatte 30 Tage. Dadurch kommt man im Geschäftsleben auch nicht auf 365 Tage im Jahr, sondern rechnet mit 360 Tagen pro Jahr.
Wenn es nicht um bestimmte Monate geht, sondern um den Monat als Zeiteinheit, rechnen wir auch mit 30 Tagen. Drei Monate sind dann umgerechnet 90 Tage.

1 Monat hat 30 Tage.
30 Tage sind 1 Monat

Wenn es genau darauf ankommt, muss man aber doch wissen, wie viele Tage der betreffende Monat hat.

Am 27. Mai feiert Rosanna ihren Geburtstag. Sie fragt ihre Freundin: „Sag mal, hast du nicht auch bald Geburtstag?" „Ja", antwortet die Freundin, „in 10 Tagen!"
Wann hat die Freundin Geburtstag? Nehmt einen Kalender zu Hilfe.[1]

Monate und Wochen

Der Monat ist auch noch in Wochen unterteilt. Auch diese Einteilung ist rechnerisch ungenau. Eine Woche hat 7 Tage. Aber 30 oder 31 Monatstage lassen sich nicht ohne Rest durch 7 Tage teilen. Es kommt nur ein ungefährer Wert von 4 heraus. Trotzdem sagen wir:

1 Monat hat 4 Wochen. → 4 Wochen sind 1 Monat.

Warum der Februar weniger Tage hat

Eigentlich hatte man den Monaten abwechselnd mal 31 Tage, mal 30 Tage geben wollen. 6 Monate à 31 Tage sind 186 Tage. 6 Monate à 30 Tage sind 180 Tage. 186 + 180 = 366. Das war ein Tag zuviel. Der Februar musste dran glauben. Das war bei den Römern der letzte Monat des Jahres. Ihm wurde ein Tag weggenommen. Statt 30 Tagen hatte er nun bloß noch 29 Tage.

---

[1] Die Freundin hat am 6. Juni Geburtstag.

Das war aber noch nicht alles: Unser 7. Monat des Jahres, der *Juli*, war nach dem römischen Kaiser *Julius* Caesar benannt worden. Der *Juli* hatte stolze 31 Tage. Als nun der Kaiser *Augustus* den Thron bestieg, wollte er, dass der nachfolgende Monat nach ihm benannt wurde. Seitdem heißt der Monat nach Juli *August*. Aber der August hatte nur 30 Tage. Und die Monate mit 30 Tagen galten damals als Unglücksmonate. Weil Kaiser Augustus nicht wollte, dass „sein" Monat ein Unglücksmonat war, bestand er darauf, dass der *August* auch 31 Tage bekam, genauso wie der Glücksmonat des *Julius* Caesar. So jedenfalls vermuten die Kalenderforscher.

Das war aufs Jahr gerechnet nun wieder ein Tag zuviel. Und so musste der Februar noch einmal dran glauben: Ihm wurde noch ein Tag abgezogen. Seitdem hat der Februar nur 28 Tage. (Im Schaltjahr hat er 29 Tage.)

Caesar, 100 bis 44 v. Chr.

Augustus, 63 v. Chr. bis 14 n. Chr.

Das war immer noch nicht alles: Vor Caesars Kalenderreform fing das römische Jahr mit dem Frühlingsmonat März an und hörte mit dem Februar auf. Daran erinnern auch noch die Monatsnamen September, Oktober, November, Dezember, die von den lateinischen Zahlwörtern *septem* (= sieben), *okto* (= acht), *novem* (= neun) und *decem* (= zehn) abgeleitet sind. September heißt also eigentlich „siebter Monat", aber bei uns ist es der neunte Monat im Jahr. Unter Julius Caesar wurde der Jahresanfang dann auf den 1. Januar verlegt.

Nachdem Augustus für seinen Monat August einen zusätzlichen Tag bekommen hatte, hätte es nun drei Monate hintereinander 31 Tage gegeben (Juli, August, September).

Das fand man nun auch wieder nicht so gut. Deshalb wurde die Reihenfolge ab September wieder verändert und ist bis heute so geblieben.

Der Kommissar triumphiert: „Ha, Ede! Jetzt bist du überführt! Du hast behauptet, du wärst die letzten beiden Februartage in München gewesen. Ha! Die letzten beiden Tage im Februar gibt es gar nicht!"

multiplizieren

Fachausdrücke und Rechenzeichen

Grundrechenarten
Kommazahlen multiplizieren
Vertauschungsgesetz

Das Wort *multiplizieren* kommt aus dem Lateinischen. Es bedeutet „vervielfachen". Wir sagen dazu auch „malnehmen". Das Nomen (Substantiv) heißt Multiplikation.
Die Multiplikation ist eine der vier Grundrechenarten.

Die Multiplikation ist eine verkürzte Addition von immer derselben Zahl. Statt $7 + 7 + 7 + 7 + 7 + 7$ lernt man „6 mal 7" auswendig.

Übrigens: Was ergibt dreimal sieben? – Gaaanz feinen Sand!

Das Zeichen für die Multiplikation ist ein mittelhoch gestellter Punkt: $6 \cdot 7$.
Manchmal wird das Multiplikationszeichen auch als x-förmiges Kreuz dargestellt: 6 x 7. In der Mathematik ist aber der Punkt das korrekte Zeichen, weil das x zum Beispiel auch bei der Buchstabenrechnung und als Platzhalter gebraucht wird: $3 + x = 8$.

Die einzelnen Zahlen in einer Multiplikationsaufgabe nennt man „Faktoren". Das Ergebnis ist das „Produkt".

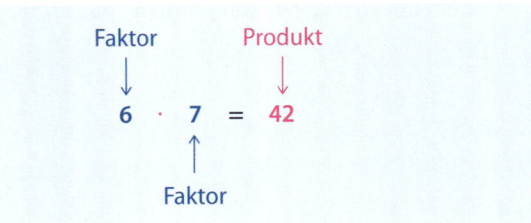

 Das kleine Einmaleins muss jeder (wie im Schlaf) auswendig können!

Das kleine Einmaleins schneller auswendig lernen

Zum schnelleren Rechnen und Auswendiglernen des Einmaleins gibt es ein paar Tricks. Sie haben fast alle mit Malaufgaben zu tun, deren Ergebnis ihr meistens sowieso im Kopf habt.

1. **Mit 10 malnehmen**
   Eine Zahl mit 10 zu multiplizieren ist einfach. $10 \cdot 7 = 70$. Dann ist $9 \cdot 7$ einmal 7 weniger, also $70 - 7 = 63$.
2. **Mit 10 malnehmen und halbieren**
   5 ist die Hälfte von 10. Wenn ihr $5 \cdot 7$ rechnen sollt, rechnet ihr $10 \cdot 7 = 70$ und halbiert das Ergebnis: $70 : 2 = 35$.
3. **Verdoppeln**
   Eine Zahl zu verdoppeln ist nicht besonders schwer.
   $2 \cdot 7 = 14$. Bei $3 \cdot 7$ kann man dann auch verdoppeln und 7 hinzuaddieren. $14 + 7 = 21$.

4. **Zweimal verdoppeln**

Wenn ihr 4 · 7 rechnen wollt, könnt ihr zweimal verdoppeln:
14 + 14 = 28.

5. **Die Zahl mit sich selbst malnehmen (Quadratzahlen)**

Quadratzahlen haben die meisten von euch bestimmt im
Kopf: 7 · 7 = 49. Dann kann man auch ziemlich schnell 8 · 7
und 6 · 7 ermitteln: 49 + 7 = 56 und 49 − 7 = 42.

Das Einmalsieben habt ihr an dieser Stelle schon mal erledigt.
(Ein paar Wiederholungen können aber natürlich nicht schaden!)

6. **Lieblings-Malaufgaben merken**

Es gibt Malaufgaben, deren Ergebnisse sich fast alle
Menschen etwas schwerer merken können, zum Beispiel
8 · 7 = 56 oder 6 · 8 = 48. Macht sie zu euren Lieblingsaufgaben und singt sie euch immer mal in den höchsten Tönen
vor.

7. **Faktoren tauschen**

Bei Malaufgaben kann man die Faktoren vertauschen (siehe
unten). Der eine rechnet lieber 4 · 7, der andere lieber 7 · 4.
Das ist gehupft wie gesprungen. Das Ergebnis ist dasselbe.

8. **Die Einmaleinsreihen**

Viele üben das Einmaleins, indem sie die Einmaleinsreihen
aufsagen, also zum Beispiel die Viererreihe:

4 − 8 − 12 − 16 − 20 − 24 − 28 − 32 − 36 − 40.

Das ist nicht gerade die beste Methode. Man muss das
Einmaleins ja durcheinander beherrschen. Wenn man mit
seinem Singsang z. B. bei 28 angekommen ist, hat man vielleicht schon wieder vergessen, wievielmal 4 das waren, und
muss von vorne anfangen.

Lehrer: „Wie viel ist 4 mal 4?" – „Sechzehn." – „Gut!" – „Was heißt ‚gut'? – Das ist perfekt! "

Das Vertauschungsgesetz (Kommutativgesetz)

Es ist egal, ob man bei einer Kiste mit Wasserflaschen 4 Reihen à 3 Flaschen rechnet oder 3 Reihen à 4 Flaschen. Das Ergebnis ist beide Male 12 Flaschen.

Beim Multiplizieren darf man die Faktoren austauschen. Das Ergebnis (Produkt) bleibt dasselbe.

Wie bei der Addition nennt man diese Tauschmöglichkeit das „Vertauschungsgesetz". In der Fachsprache heißt es „Kommutativgesetz". Schaut auch unter dem Stichwort **Vertauschungsgesetz** nach.

Das Verteilungsgesetz (Distributivgesetz)

Wenn es mehrstellige Zahlen zu multiplizieren gibt, zerlegt ihr die Zahlen am besten in ihre Stellen. Damit könnt ihr viele Aufgaben auch noch im Kopf rechnen.

7 · 16

Die zweistellige Zahl 16 setzt sich aus 10 und 6 zusammen. Ihr rechnet zuerst 7 · 10 und merkt euch das Ergebnis 70; dann rechnet ihr 7 · 6 = 42 und addiert die Ergebnisse: 70 + 42 = 112. Dieses Zerlegen mehrstelliger Zahlen nennt man „Verteilungsgesetz" oder in der Fachsprache auch „Distributivgesetz".

Mit Hilfe des Verteilungsgesetzes könnt ihr euch auch an noch schwerere Multiplikationsaufgaben ranschleichen.

132 · 54

Ihr zerlegt jeden Faktor in seine Bestandteile:
132 · 54 = (100 + 30 + 2) · (50 + 4)

Jede Zahl in der Klammer muss mit jeder Zahl in der anderen Klammer multipliziert werden. Die Zwischenergebnisse müssen dann addiert werden.
Ihr könnt die Zahlen natürlich auch in anderer Reihenfolge miteinander multiplizieren. Hauptsache, jede Zahl mit jeder Zahl.

$$132 \cdot 54 = (100 + 30 + 2) \cdot (50 + 4)$$
$$100 \cdot 50 = 5\,000$$
$$100 \cdot 4 = 400$$
$$30 \cdot 50 = 1\,500$$
$$30 \cdot 4 = 120$$
$$2 \cdot 50 = 100$$
$$2 \cdot 4 = \underline{\quad 8}$$
$$\text{Ergebnis:} \quad \underline{7\,128}$$

 Probiert andere Reihenfolgen aus. Fangt z. B. mit $50 \cdot 2$ an. Das Endergebnis muss natürlich dasselbe sein.

Schriftlich multiplizieren

Damit man Aufgaben mit größeren Zahlen schneller rechnen kann, hat man sich ein Verfahren ausgedacht, bei dem man bloß noch das kleine Einmaleins braucht. Es funktioniert auch nach dem Verteilungsgesetz, aber man sieht es ihm gar nicht mehr an.
Beim schriftlichen Verfahren braucht ihr gar nicht mehr darauf zu achten, ob ihr es mit Zehnern, Hundertern oder Tausendern zu tun habt, sondern rechnet wie mit Einern im kleinen Einmaleins.

1. **Erste Reihe**

   5 · 2 = 10; die 0 schreibt ihr hin und die ① merkt ihr euch
   als Übertrag.

   5 · 3 = 15; den Übertrag dazu, ergibt 16. Die 6 schreibt ihr
   hin und die ① merkt ihr euch als Übertrag.

   5 · 1 = 5; plus Übertrag sind es 6. Erste Reihe erledigt!

2. **Zweite Reihe**

   4 · 2 = 8; die 8 schreibt ihr um eine Stelle verschoben hin.

   4 · 3 = 12; die 2 hingeschrieben und die ① als Übertrag
   gemerkt.

   4 · 1 = 4; plus Übertrag sind es 5. Zweite Reihe erledigt!

3. Strich drunter und addieren: Das Ergebnis ist 7 128.

$$
\begin{array}{r}
132 \quad \cdot \quad 54 \\
\hline
660 \\
528 \\
\hline
7\,128
\end{array}
$$

die
Nachkommastelle

Nachkommastelle nennt man eine *Stelle*, die bei einer Kommazahl (Dezimalbruch) *nach* dem Komma steht. Bei dem Dezimalbruch 2,358 zum Beispiel ist die 3 die erste Nachkommastelle, die 5 die zweite Nachkommastelle und die 8 die dritte Nachkommastelle.

Auf der ersten Nachkommastelle befinden sich immer die Zehntel, auf der zweiten die Hundertstel, auf der dritten die Tausendstel usw. Mehr darüber erfahrt ihr unter den Stichwörtern **Dezimalbruch** und **Kommazahl**.

natürliche Zahlen

Bruch
negative Zahlen
positive Zahlen

Die Zahlen, mit denen ihr etwas zählen könnt, nennt man *natürliche Zahlen*, also *fünf* Buntstifte oder *sieben Millionen* Einwohner. Unnatürliche Zahlen gibt es nicht, aber mit dem Begriff *natürlich* unterscheidet man sie z. B. von Brüchen oder negativen Zahlen.

Natürliche Zahlen sind alle ganzen Zahlen, die größer als Null sind.

Wie viele Schafe sind hier zu sehen?

Jede natürliche Zahl hat einen *Nachfolger*, der immer um 1 größer ist als sein *Vorgänger*. Weil man sich immer *noch* einen Nachfolger *mehr* vorstellen kann, gibt es *unendlich* viele natürliche Zahlen.

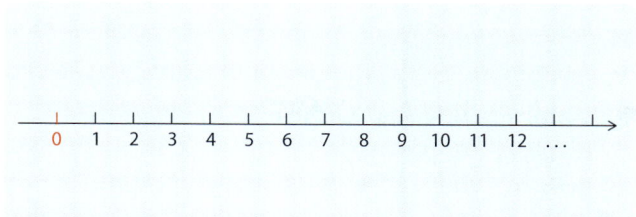

Natürliche Zahlen sind alle Zahlen, die größer als Null sind.

Natürliche Zahlen können eine Anzahl angeben. Dann nennt man sie in der Fachsprache „Kardinalzahlen".
Natürliche Zahlen können aber auch eine Position (eine Stelle) in einer Reihe oder in einer anderen Anordnung bezeichnen. Dann nennt man sie in der Fachsprache „Ordinalzahlen". Ordinalzahlen schreibt man meist mit einem Punkt hinter der Zahl, also 4. von links oder 14. August.

Die vierte von links ist Greta.

Am 14. August hat Hannes Geburtstag.

 Rätselhaft!

In einem Wettrennen überholt ein Läufer kurz vor dem Ziel den Zweiten. Als Wievielter läuft er durchs Ziel? [1]

---

1) Er läuft als Zweiter durchs Ziel. Wenn er den Zweiten überholt, ist ja der Erste noch vor ihm.

Rätselhaft!

Auf einem Parkplatz stehen Autos und Motorräder. Zusammen sind es 36 Fahrzeuge mit 116 Rädern (ohne Reserveräder) Wie viele Autos und Motorräder sind es?[1]

negative Zahlen

positive Zahlen
Temperatur
Schulden
Zeit

Negative Zahlen heißen nicht deshalb *negativ*, weil sie „schlecht" sind, sondern damit man sie von den positiven Zahlen unterscheiden kann.

Negative Zahlen sind Zahlen, die kleiner als Null sind.

negative Zahlen ⟵———— ————⟶ positive Zahlen

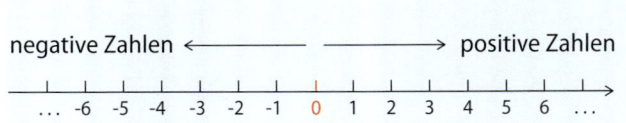

... -6 -5 -4 -3 -2 -1 0 1 2 3 4 5 6 ...

---

[1] Es sind 22 Autos und 14 Motorräder. Durch „Ranschleichen" kann jeder auf die Lösung kommen. Eine ganz elegante und schnelle Lösung ist folgende: Ihr tut so, als hätten alle Fahrzeuge nur zwei Räder. (Dann fehlen allen Autos erst einmal 2 Räder.) Bei 36 Fahrzeugen wären das 36 · 2 Räder = 72 Räder. Nun zieht ihr die 72 Räder von den tatsächlich vorhandenen 116 Rädern ab: 116 − 72 = 44 Räder. Das ist die Anzahl der Räder, die an den Autos fehlen. Und 44 : 2 = 22. (Probiert es auch anders herum: Tut erst einmal so, als hätten alle Fahrzeuge 4 Räder!)

Alle Zahlen, die auf dem Zahlenstrahl links von der Null stehen, sind negative Zahlen.

➡ Das können auch Brüche sein wie z. B. $-\frac{1}{4}$ oder $-2,75$. Sucht diese Brüche auf dem Zahlenstrahl. [1]

Negative Zahlen werden durch ein vorangestelltes Minuszeichen gekennzeichnet. Man nennt es *negatives Vorzeichen:* $-1, -2, -3, -4$ usw.
Bei den positiven Zahlen wird manchmal ein Pluszeichen vorangestellt. Es heißt *positives Vorzeichen:* $+1, +2, +3, +4$ usw.
Ihr kennt negative Zahlen z. B. vom Thermometer her. Im Winter sinkt die Temperatur unter null Grad. 10 Grad unter Null schreibt man deshalb so: $-10°C$. Es liest sich so: „minus zehn Grad Celsius". Im Sommer kann es 30 Grad warm werden. Das schreibt man so: $+30°C$, und man liest: „plus dreißig Grad Celsius".

Bei den Temperaturen *über* Null kann man aus dem Sinnzusammenhang meist darauf schließen, dass es Plusgrade sind. Das „Plus" wird dann oft nicht erwähnt oder notiert.

Eine Zahl ohne Vorzeichen ist immer eine positive Zahl.

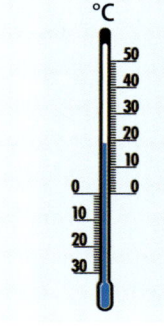

+ 19°C warm

1)

Rechnen mit negativen Zahlen

Am Zahlenstrahl könnt ihr Additions- und Subtraktionsaufgaben mit negativen Zahlen lösen. Entscheidet selbst, ob ihr mit dem senkrechten oder dem waagerechten Zahlenstrahl besser zurechtkommt.

Temperaturen

 Im Wetterbericht wird gesagt: „Gestern betrug die Temperatur noch plus 8 Grad. Über Nacht ist das Thermometer auf minus 4 Grad gefallen."
- Um wie viel Grad ist es kälter geworden? [1]
- Die Temperatur sinkt noch weiter, und zwar von $-4\,°C$ auf $-10\,°C$. Um wie viel Grad ist sie weiter gefallen? [2]

Übrigens: In der Tiefkühltruhe herrscht eine Temperatur von $-18\,°C$. Um wie viel Grad „erschrecken" sich die tiefgefrorenen Würstchen, wenn sie auf einen $210\,°C$ heißen Grill gelegt werden?
Das könnt ihr euch auch an einem einfachen (also ruhig ungenauen) Rechenstrich klar machen:

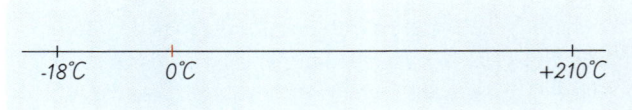

Die Würstchen erschrecken sich also um $228\,°C$.

---

1) Lösung: Von $+8\,°C$ bis $0\,°C$ sind es $8\,°C$. Dann ist das Thermometer noch um weitere $4\,°C$ gefallen. Es ist also um $12\,°C$ kälter geworden.
2) Von $-4\,°C$ bis $-10\,°C$ sind es $6\,°C$. Die Temperatur ist also um weitere 6 Grad gefallen.

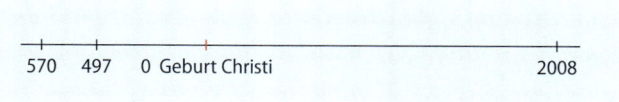

Zeitrechnung

Auch bei der Zeitrechnung und beim Geld haben wir es mit negativen Zahlen zu tun.

570   497   0 Geburt Christi   2008

 Der berühmte griechische Mathematiker Pythagoras soll von 570 v. Chr. bis 497 v. Chr. gelebt haben.
- Wie alt wäre er demnach geworden?[1]
- Und wie lange ist das her?[2]

Schulden

 Jemand hat 125 Euro Schulden. Mit Zeitungaustragen hat er 300 Euro verdient. Macht euch selbst eine Skizze dazu. Wie viel Geld bleibt übrig, nachdem er seine Schulden bezahlt hat?[3]

Robert steigt in einen Fahrstuhl ein. Mit ihm zusammen fahren 6 Personen mit.
Robert sinniert: Wenn auf der nächsten Etage 7 Personen aussteigen und ich steige wieder ein, dann ist der Fahrstuhl leer.

---

1) Er dürfte 73 Jahre alt geworden sein.
2) Sein Geburtsjahr ist 2578 Jahre her; sein Todesjahr ist 2 505 Jahre her (von 2008 aus gerechnet).
3) 175 € bleiben übrig.

235

netto

brutto

Wir kennen das Wort *netto* im Zusammenhang mit Gewicht und Verdienst. Das Nettogewicht ist das Gewicht einer Ware ohne Verpackung. Der Nettoverdienst ist der Verdienst nach Abzug der Steuern. Mehr dazu findet ihr unter dem Stichwort **brutto**.

die **Null**

Dezimalsystem
negative Zahlen
positive Zahlen
Schulden
Stufenzahlen

Die Erfindung der *Null* ist wohl die größte Leistung in der Geschichte der Mathematik. Es waren die Inder, die die Null als erste verwendet haben. Darüber gibt es Aufzeichnungen aus dem 8. Jahrhundert n. Chr.

Die Null als Ziffer

Mit der Null sollte ausgedrückt werden, dass zum Beispiel in der Zahl „zweihundertvier" (204) zwar eine Zehner*stelle* vorhanden ist, dass es aber keinen Zehner gibt. Die Null sollte also ein Zeichen für „nichts" oder „leer" sein. Diese leere Stelle musste irgendwie gekennzeichnet werden, weil man die Zahl 204 sonst nicht von der Zahl 24 unterscheiden konnte.
Ursprünglich wurde die Leerstelle nur durch eine Lücke gekennzeichnet. In unseren Ziffern kann man sich die „Zweihundertvier" dann so vorstellen: 2 4. Weil so eine Lücke leicht übersehen oder vergessen werden kann, setzte man stattdessen einen Punkt. Dann sah die Zahl so aus 2•4. Und schließlich wurde daraus ein runder Kringel: 2○4.
Nun war es auch möglich, mehrere Zeichen für „nichts" hintereinander zu setzen, also für „zweitausendvier": 2○○4. Damit

war klar, dass die 2 zwei Tausender bedeuten sollte, dass es null Hunderter und null Zehner, aber noch 4 Einer gab. Zu guter Letzt konnte man die Null auch an eine Ziffer anhängen, um z. B. statt einer 2 auch eine Zwanzig oder Zweihundert oder Zweitausend darstellen zu können: statt 2 also 2o oder 2oo oder 2ooo usw.

Im Dezimalsystem ist die Ziffer Null als Platzhalter unverzichtbar. Für jede Stelle, an der sie innerhalb einer Zahl steht, hält sie den Platz für die Ziffern 1 bis 9 frei: 2000 → 2001 → 2002 → 2003 → 2004 → 2005 → 2006 → 2007 → 2008 → 2009 → 2010 → 2011 …

 Ihr kennt das Überspringen von der 9 auf die 10 sicher vom Kilometerzähler im Auto, am Fahrrad oder am Fuß eines Joggers.
Was zeigt der Kilometerzähler bei diesem Tacho an, wenn das Auto noch 6 Kilometer fährt? Und was passiert, wenn es dann noch einen Kilometer weiter fährt? [1]

Die Null als Zahl

Über lange Zeit wurde die Null nur als Platzhalter im Stellensystem verwendet. Als Zahl, mit der man auch rechnen kann, gewann sie in Europa erst im 17. Jahrhundert an Bedeutung.

Addieren und subtrahieren

Die Null bedeutet zwar „nichts", aber mathematisch gesehen hat sie dennoch einen Zahlenwert und kann in einer Gleichung verwendet werden: 5 € + 0 € = 5 €. Und: 3 € – 0 € = 3 €.

[1] Nach 6 Kilometern zeigt der Kilometerzähler 002999 an. Ein km mehr und der Kilometerzähler „springt um" auf 003000.

Beim Addieren oder Subtrahieren der Null ändert sich die Ausgangszahl nicht.

Auch wenn man 6 Euro in der Tasche hat und 6 Euro ausgibt, drückt das Ergebnis einen Wert aus: $6€ - 6€ = 0€$.

Multiplizieren
Die Multiplikation mit der Null ist schon etwas schwerer zu verstehen. Beim ersten Beispiel kann man noch mit gesundem Menschenverstand folgen: Wer $0€$ besitzt, kann sie mit noch so hohen Zahlen vervielfachen wollen, also multiplizieren, es wird nicht mehr! Es bleibt bei $0€$.
$0€ \cdot 1\,000\,000 = 0€$

Wer umgekehrt aber $1\,000\,000€$ besitzt, und sie mit 0 multipliziert, steht auch mit Null da!
$1\,000\,000€ \cdot 0 = 0€$

Das lässt sich nur mit der Logik der Mathematik erklären:
- *mit dem Vertauschungsgesetz*
  Beim Multiplizieren dürfen die Faktoren vertauscht werden.
  $3 \cdot 4$ ist dasselbe wie $4 \cdot 3$, nämlich 12. Mit derselben Logik ist auch $1\,000\,000 \cdot 0$ dasselbe wie $0 \cdot 1\,000\,000$, nämlich 0.
- *mit der Multiplikation mit 1*
  Eine Million Euro mit 1 malgenommen bleibt 1 Million Euro (so wie $4 \cdot 1 = 4$ bleibt). $1\,000\,000€ \cdot 1 = 1\,000\,000€$.
  Welches Ergebnis sollte dann wohl bei der Multiplikation mit Null herauskommen?

Beim Multiplizieren mit dem Faktor Null ist das Ergebnis immer null.

Wenn Ihr z. B. 500 Euro auf dem Sparbuch habt, passt bloß auf, dass sie euch niemand mit null multipliziert. Dann sind sie futsch!

 Rätselhaft!

Übrigens könnt ihr mit dem Faktor Null (vielleicht)andere Leute mit eurer enormen Kopfrechen-Kunst beeindrucken (und sie dabei auf die Schippe nehmen): Ihr selbst braucht kaum mitzurechnen, weil ihr in eure Kettenaufgabe die Multiplikation mit null einbaut. Es dürfen aber nur Mal- und Geteiltaufgaben sein, z. B.: 5 · 4 : 2 · 17 · 0 (ab hier ist das Ergebnis auf jeden Fall Null, aber ihr macht natürlich weiter) · 7 · 12 : 8 = ? (das Ergebnis ist null!). Damit am Schluss nicht „null" als Ergebnis heraus kommt, könnt ihr zu guter Letzt zur Täuschung noch eine gepfefferte Addition und Subtraktion anhängen, also z. B. + 319 − 300 und könnt locker das Ergebnis 19 verkünden (denn 0 + 319 − 300 = 19).

Dividieren

 Die Division einer Zahl durch null ist die einzige Operation in der Mathematik, die (sozusagen) verboten ist.

Wenn Ihr mit dem Taschenrechner eine Zahl durch null dividieren wollt, erscheint auf dem Display daher auch eine Fehlermeldung: E(rror)!

Die Null als Trenn-Position zwischen positiven und negativen Zahlen

Ihr habt bestimmt schon mal bei einer Temperatur von *null* Grad gefroren. Auch wenn *null* eigentlich „nichts" bedeutet, würde wohl niemand behaupten wollen, dass *null* Grad „gar keine" Temperatur wäre.

Die Null drückt also noch einen anderen Wert aus, nämlich einen Positionswert oder das Nullniveau.

- Beim Thermometer trennt die Null die Plusgrade von den Minusgraden.

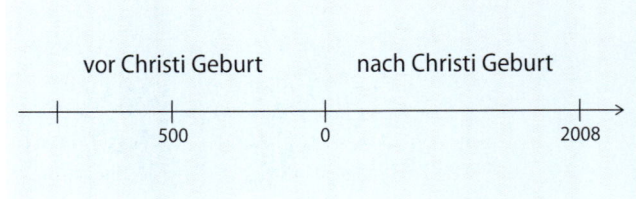

- Bei der christlichen Zeitrechnung trennt die Null die Zeit vor Christi Geburt und nach Christi Geburt.

Die Abkürzung NN bedeutet „Normalnull". Damit wird das Nullniveau des Meeresspiegels bezeichnet.

- Beim Messen von Berghöhen oder Meerestiefen trennt die Null das, was *über* dem Meeresspiegel liegt, von dem, was *unter* dem Meeresspiegel liegt.

- Auf dem Bankkonto trennt die Null das Guthaben von den Schulden.

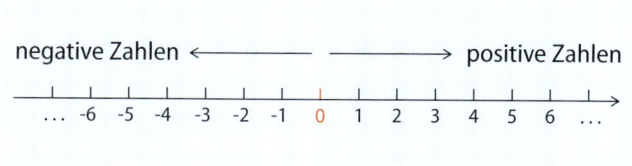

Die Null ist weder positiv noch negativ.

- Die Zahlen unter Null werden *negative Zahlen* genannt. Ihnen wird ein Minuszeichen („negatives Vorzeichen") vorangesetzt. Die Zahlen über Null sind „positive Zahlen." Sie können ein „positives Vorzeichen" (also +) bekommen.

die **Oberfläche**

Körper
Flächeninhalt
Flächenmaße
Rechteck
Quadrat
Dreieck
Kreis

Ihr kennt das Wort *Oberfläche* zum Beispiel beim PC. Auch beim Wasser ist von der Oberfläche die Rede: „Die Bäume am Ufer spiegeln sich auf der Oberfläche des Sees." Oder bei Möbeln: „Die Tischoberfläche ist blank poliert."

In der Geometrie ist mit Oberfläche aber die gesamte Hülle (sozusagen die „Außenhaut" oder „Rundumverpackung") eines Körpers gemeint.

> Die Oberfläche eines Körpers ist genauso groß wie alle Flächen zusammen, von denen er begrenzt ist.

Mit der Flächenberechnung von **Rechteck**, **Quadrat**, **Dreieck**, **Kreis** solltet ihr euch also auskennen. Sonst müsst ihr euch unter den betreffenden Stichwörtern schlau machen. (Die Kugel ist ein Sonderfall!)

Die Berechnung des Oberflächeninhalts am Beispiel des Quaders

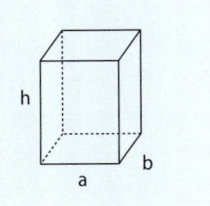

Die Berechnung des Oberflächeninhalts von Körpern ist nichts anderes als die Berechnung von Einzelflächen. Man muss sie hinterher nur noch addieren. Die Flächenberechnung ist aber eigentlich das geringste Problem. Ein Quader zum Beispiel hat nur rechteckige Flächen und für den Inhalt von Rechtecken rechnet man Länge mal Breite. Bei einer räumlichen Figur wie dem Quader muss man sich aber erst einmal klar machen,

welche Länge und welche Breite jede Fläche eigentlich hat. Bei
der Grundfläche sind es die Seiten a und b; der Flächeninhalt ist
also a · b. Aber bei der rechten Seitenfläche sind es die Kantenlängen b und h und der Flächeninhalt ist b · h.

Ihr bekommt eine bessere Übersicht, wenn ihr die Flächen des
dreidimensionalen Körpers in die Ebene bringt:
Stellt euch den Körper (hier also den Quader) als Pappkarton
vor, der auseinander gefaltet und sozusagen „platt gemacht"
wird. Es entsteht das „Netz" dieses Körpers. Dadurch kann man
die einzelnen Flächen besser erkennen und die Längenbezeichnungen an den Rand schreiben.

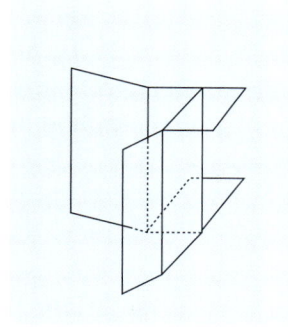 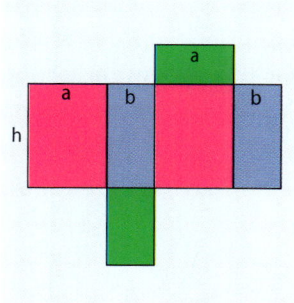

Ein entfalteter Quader   Das Netz eines Quaders

Beim Quader sind immer zwei gegenüberliegende Flächen
gleich groß. Wenn man sie übereinander legt, decken sie sich
ab. In der Fachsprache nennt man das *deckungsgleich* oder *kon-
gruent*. Ihr könnt die deckungsgleichen Flächen in derselben
Farbe ausmalen.

Für die Flächenberechnung des Quaders habt ihr es also nur
noch mit *drei* Flächen zu tun und könnt dann verdoppeln. Es
lohnt sich, jede Fläche zu beschriften und dann die Formel für
den Flächeninhalt hineinzuschreiben. Dann kann man nicht so
leicht durcheinander kommen.

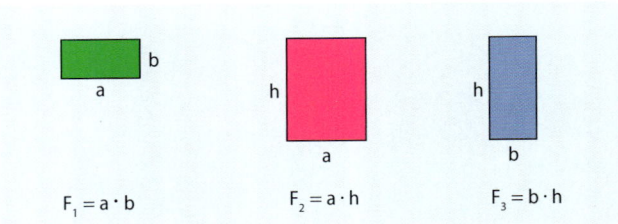

$F_1 = a \cdot b$ $F_2 = a \cdot h$ $F_3 = b \cdot h$

➡ Buchstaben als Längenbezeichnungen trägt man deshalb ein, weil die Formel für *alle* Quader gelten soll, egal
wie lang oder breit oder hoch sie sind.
Wenn es nun um einen ganz bestimmten Quader geht,
setzt ihr für die Buchstaben die betreffenden Maße ein,
also z. B. $a = 5\,cm$, $b = 3\,cm$, $h = 7\,cm$.
Jetzt könnt ihr Fläche für Fläche berechnen, verdoppeln
und alles zusammenzählen: $F_1 = 5\,cm \cdot 3\,cm = 15\,cm^2$;
verdoppeln: $2 \cdot F_1 = 2 \cdot 15\,cm^2 = 30\,cm^2$
$F_2 = \ldots$ [1]

---

1) $O_{\square} = 142\,cm^2$

Die Standardformel

Mathematiker wollen allerdings eine zusammenfassende Formel für den Oberflächeninhalt aufstellen, z. B. so:

$$O = 2 \cdot a \cdot b + 2 \cdot a \cdot h + 2 \cdot b \cdot h$$
oder so:
$$O = 2 \cdot (a \cdot b + a \cdot h + b \cdot h)$$

So eine Standardformel steht dann auch in jedem Lexikon.
Es ist ein gutes Gefühl, wenn man sie sich selbst herleiten kann.

Die Oberflächeninhalte von anderen Körpern

Im Folgenden könnt ihr aus den Abbildungen selbst Formeln für die Oberflächeninhalte der Körper entwickeln. Am Schluss findet ihr eine Übersicht über die Standardformeln und könnt diese mit euren Formeln vergleichen.

Der Würfel

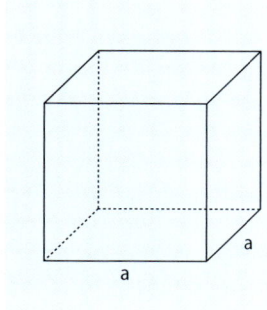

Das Schrägbild eines Würfels

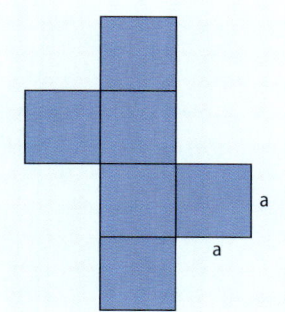

Ein Netz eines Würfels

Wie groß ist der Oberflächeninhalt des Würfels, wenn $a = 7\,cm$? [1]

Die Pyramide mit quadratischer Grundfläche

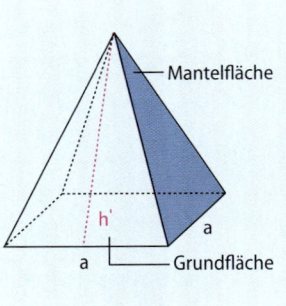

Das Schrägbild einer Pyramide

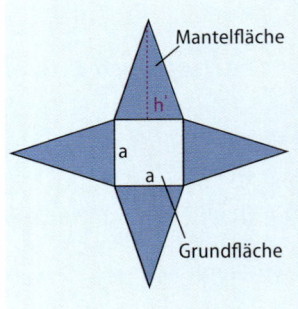

Das Netz einer Pyramide

Die Höhe der Dreiecksfläche bezeichnen wir mit h′ (sprich: „h-Strich"), damit man sie nicht mit der Raumhöhe der Pyramide verwechselt

 Angenommen, $a = 2\,cm$, $h′ = 6\,cm$: Wie groß ist dann die gesamte Oberfläche der Pyramide? [2]

---

1) $O_{\square} = 294\,cm^2$
2) $O_{\triangle} = 28\,cm^2$

Der Zylinder

Um einen Zylinder zu bestimmen, braucht man seinen Radius r und seine Höhe h. Mit diesen Angaben kann man auch seine Oberfläche berechnen.

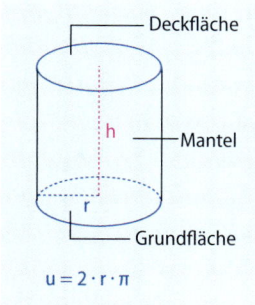

Das Schrägbild eines Zylinders

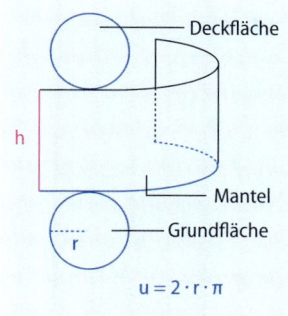

Ein abgewickelter Zylinder

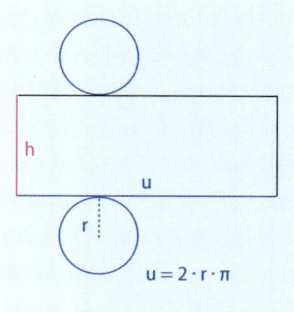

Ein Netz eines Zylinders

Nach dem Abwickeln eines Zylinders sieht man, dass der Mantel ein Rechteck ist. Die eine Seitenlänge war vorher der Umfang des Kreises. Sie ist also genauso lang wie der Kreisumfang.

→ Angenommen, r = 4 cm, h = 6 cm (für π setzt ihr 3,14 ein). Wie groß ist dann die gesamte Oberfläche des Zylinders? Rechnet mit dem Taschenrechner. [1]

1) O = 251,20 cm^2

Der Kreiskegel

Um einen Kreiskegel zu bestimmen, braucht man den Radius r der Grundfläche und die Seitenlinie s des Mantels (auch Mantellinie genannt). Mit diesen Angaben kann man auch die Oberfläche des Kegels berechnen.

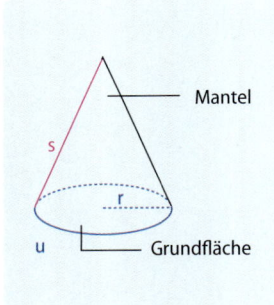

Das Schrägbild eines Kreiskegels

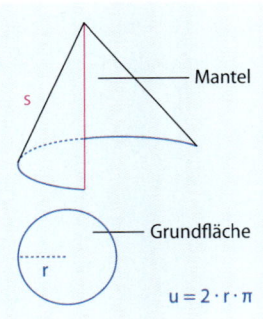

Ein abgewickelter Kreiskegel

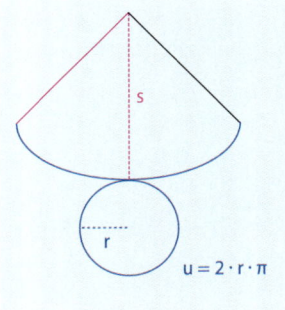

Ein Netz eines Kreiskegels

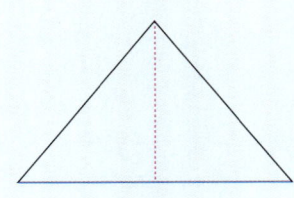

Fläche des Dreiecks = g · h : 2   Fläche des Kegelmantels = g · h : 2

Nach dem Abwickeln eines Kreiskegels kann sein Mantel so ähnlich aussehen wie ein Dreieck. Tatsächlich lässt sich der Inhalt der Mantelfläche genauso berechnen wie der Flächeninhalt eines Dreiecks: Grundlinie mal Höhe durch 2. Beim Kegel ist die Grundlinie nur gebogen. Vor dem Abwickeln war sie der Umfang der kreisförmigen Grundfläche. Also ist die Grundlinie genauso lang wie der Umfang des Kreises.

Angenommen, r = 2,5 cm und s = 6 cm.
Wie groß ist dann die Oberfläche des Kreiskegels?
(Für π setzt ihr 3,14 ein.) [1]

Die Kugel

Weil eine Kugel kugelrund ist, braucht man nichts anderes als ihren Radius, um ihr Ausmaß zu bestimmen: keine Länge, keine Breite, keine Höhe, nur r. Je kleiner der Radius, desto kleiner die Kugel, je größer der Radius, desto größer die Kugel.

Rundkörper (mit gebogenen Flächen) sind immer schwieriger zu berechnen als eckige Körper. Die Berechnung der Kugeloberfläche ist besonders kompliziert. In diesem Fall begnügen wir uns mit der Oberflächenformel, die die Mathematiker natürlich längst herausgefunden haben. Sie lautet:

$$O \bullet = 4 \cdot \pi \cdot r^2$$

 Formeln sind ja vor allem dazu da, dass man sie einfach anwendet, auch wenn man sie nicht selber herleiten kann. Ihr könnt nun also – wozu auch immer – die Oberfläche eines Fußballs berechnen. Der Durchmesser eines Fußballs beträgt normalerweise 22 cm. Sein Radius ist also halb so groß: 11 cm. Für π setzt ihr 3,14 ein.
Wie groß ist nun die Oberfläche des Fußballs? [2]

---

1) $O \triangle = 66,7 \text{ cm}^2$
2) $O \bullet = 1519,76 \text{ cm}^2$

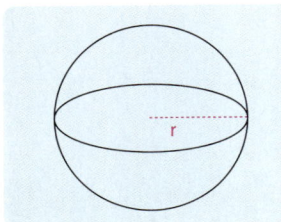

Überraschung in der Oberflächenformel der Kugel

Formeln vergisst man allerdings nur allzu leicht. Wenn man sich die Formel genauer anschaut, hat sie aber etwas Überraschendes. Und Überraschendes kann man sich leichter merken.

Aus der Formel für den Oberflächeninhalt $4 \cdot \pi \cdot r^2$ lasst ihr einfach mal den Faktor 4 weg. Dann steht da nur noch $\pi \cdot r^2$. Und mit $\pi \cdot r^2$ berechnet man – wie ihr wohl wisst – die Fläche eines Kreises: $F_\bigcirc = \pi \cdot r^2$.

Bei der Kugel ist $\pi \cdot r^2$ der kreisförmige Querschnitt, den man erhält, wenn man die Kugel genau in der Mitte durchschneidet.

Wenn ihr den Faktor 4 nun wieder mitdenkt, könnt ihr euch merken:

> **!** Die Oberfläche einer Kugel ist genau 4-mal so groß wie die Kreisfläche des Kugelquerschnitts.

Das kann man sich auf ewig merken!

Übersicht über die Formeln zur Oberflächenberechnung

Auf der rechten Seite findet ihr alle Formeln, die ihr zur Berechnung der Oberflächeninhalte von Körpern braucht.

Bezeichnung	Die Form	Welche Angaben braucht man?	Die Formel
Quader		Grund- und Deckfläche: $2 \cdot a \cdot b$ Mantel: $2 \cdot a \cdot h$ und $2 \cdot b \cdot h$	$O_{\square} = 2 \cdot (a \cdot b + a \cdot h + b \cdot h)$ $= 2 \cdot a \cdot b + 2 \cdot a \cdot h + 2 \cdot b \cdot h$
Würfel		Sechs Quadrate: $6 \cdot a \cdot a$	$O_{\square} = 6 \cdot a^2$
Pyramide mit quadratischer Grundfläche		Grundfläche: $a \cdot a$ Mantel (vier Dreiecke): $4 \cdot a \cdot h' : 2$	$O_{\triangle} = a^2 + 2 \cdot a \cdot h' = a \cdot (a + 2 \cdot h')$ $= a^2 + 4 \cdot a \cdot h' : 2$
Zylinder		Grund- und Deckfläche: $2 \cdot \pi \cdot r^2$ Mantel: $u \cdot h$ ($u = 2 \cdot \pi \cdot r$) ($\pi \approx 3{,}14$)	$O_{\square} = 2 \cdot \pi \cdot r^2 + 2 \cdot \pi \cdot r \cdot h$ $= 2 \cdot \pi \cdot r \cdot (r + h)$
Kegel		Grundfläche: $\pi \cdot r^2$ Mantel: $u \cdot s : 2$; ($u = 2 \cdot \pi \cdot r$) ($\pi \approx 3{,}14$)	$O_{\triangle} = \pi \cdot r^2 + 2 \cdot \pi \cdot r \cdot s : 2$ $= \pi \cdot r \cdot (r + s)$
Kugel		viermal den Querschnitt: $4 \cdot r^2$ ($\pi \approx 3{,}14$)	$O_{\bullet} = 4 \cdot \pi \cdot r^2$

parallel

Gerade
rechter Winkel
senkrecht

Gerade Linien werden parallel genannt, wenn der Abstand zwischen ihnen immer derselbe ist.

Parallelen treffen nie zusammen, auch wenn man sie bis ins Unendliche fortsetzen würde (oder könnte).

Parallelen in der Umgebung

Die Linien in den Schreib- und Rechenheften, die Zebrastreifen auf der Straße oder die Fugen im gekachelten Bad sind parallel.

 Sucht in eurer Umgebung nach Gegenständen, bei denen es Parallelen gibt. Messt nach, ob sie auch wirklich parallel sind. Worauf müsst ihr beim Messen achten? [1]

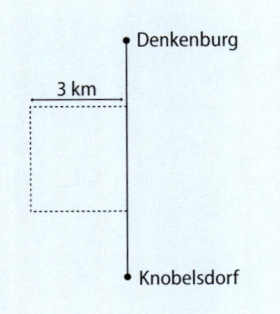

 Die 15 km lange Straße von Denkenburg nach Knobelsdorf verläuft geradlinig von Nord nach Süd. Unterwegs muss wegen Straßenbauarbeiten zur Zeit ein Umweg gefahren werden, zuerst 3 km Richtung West, dann ein Stück parallel zur alten Straße und schließlich wieder auf diese zurück (siehe Zeichnung).
Wie viele Kilometer mehr müssen von Knobelsdorf nach Denkenburg wegen des Umwegs zurückgelegt werden? [2]

[1] Die Linie, an der ihr den Abstand messt, muss senkrecht zu den Parallelen stehen (siehe Seite 257).
[2] Es sind 6 km mehr; das parallele Stück hätte man auf der alten Straße ja auch zurücklegen müssen. (Die 15 km spielen bei der Rechnung keine Rolle.)

Parallelen in der Geometrie

Parallelen an Flächen und Körpern

An vielen geometrischen Flächen und Körpern findet man Parallelen.

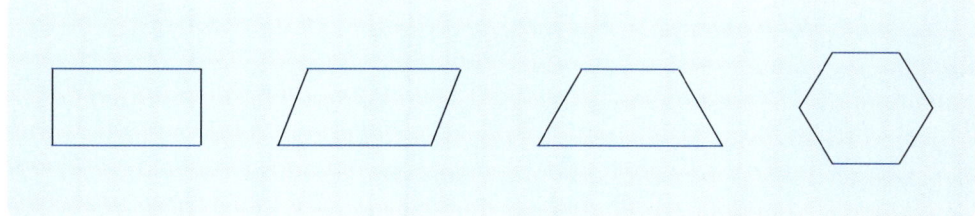

Flächen

Man sagt z. B. „a ist parallel zu c". Das kann man auch mit einem Zeichen darstellen: a || c.

Körper

Auch an konstruierten Schrägbildern von geometrischen Körpern sind die parallelen Kanten wirklich parallel.

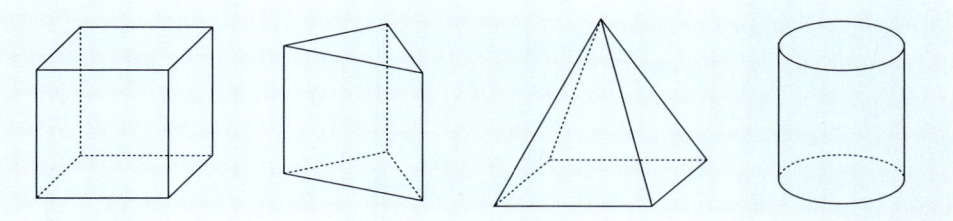

➔ Kopiert die Abbildungen und zeichnet parallele Seiten und Kanten mit gleicher Farbe nach. Wenn ihr nicht sicher seid, verlängert die Linien und schaut, ob sie sich auch wirklich nicht schneiden.

In perspektivischen Abbildungen sind die wirklichen Parallelen verzerrt. Das ist auch auf Fotos so. Man muss *wissen*, dass es sich um Parallelen handelt, wenn man z. B. Berechnungen anstellen möchte.

Parallelen zeichnen
Ihr sollt zu der Geraden g eine Parallele zeichnen, die genau durch den Punkt P hindurchgeht.

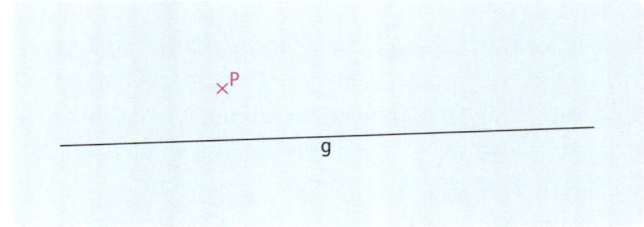

Hier seht ihr einen Vorschlag, wie man das z, B. mit einer Karteikarte anstellen könnte.

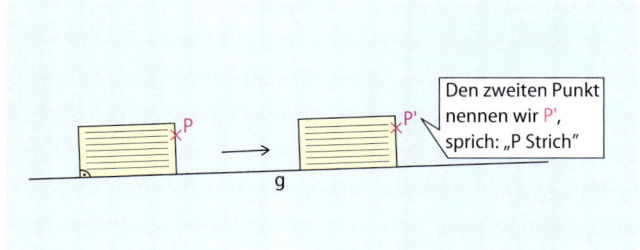

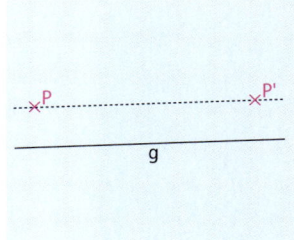

➜ Beschreibt den Vorgang.

Mit geometrischen Werkzeugen geht es natürlich perfekter.
Schaut unter dem Stichwort **senkrecht** nach.
Eine ganz elegante Methode Parallelen zu zeichnen, funktio-
niert so ähnlich wie eine Schlittenfahrt (hier: „bergauf"!). Man
nennt sie *Parallelverschiebung*.
Dabei ist das Geodreieck der „Schlitten" und das Lineal die
Gleitschiene. Ihr legt das Geodreieck im rechten Winkel an die
Ausgangs-Gerade g an (Bild 1), bringt das Lineal als Gleitschie-
ne in Position und schiebt den Schlitten so weit, bis das Kreuz-
chen erreicht ist (Bild 2). Dort zeichnet ihr dann die Parallele.

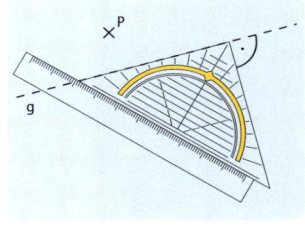

1

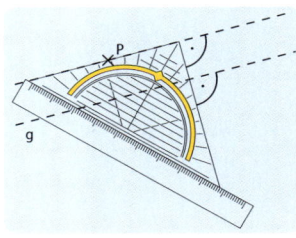

2

➜ Probiert es aus. Je eleganter und leichter man den Schlitten auf der Schiene bewegt, desto besser gelingt es. Überlegt gemeinsam, wieso diese Methode funktioniert. [1]

1) Die Methode funktioniert, weil der rechte Winkel des Geodreiecks zur Ausgangsgeraden auf jeder Höhe erhalten bleibt.

➡ Zeichnet ähnliche geometrische Muster, die durch parallele Linien zustande kommen.

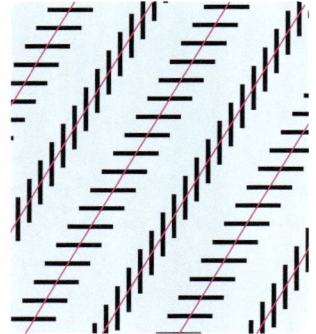

➡ Diese Abbildung soll ein Stück von einer Tapete sein. Zugegeben, wer möchte schon so eine Tapete haben, aber wer weiß?

Bestimmt wäre sie weniger unruhig, wenn wenigstens die roten Linien parallel verliefen?

Macht es besser:

Entwerft dieselbe Tapete mit denselben (waagerechten und senkrechten) Querbalken, aber zeichnet die roten Linien parallel. [1]

---

[1] Hier solltet ihr reingelegt werden: Die roten Linien verlaufen *doch* parallel. Es handelt sich um eine „optische Täuschung"!

Den Abstand zwischen Parallelen messen

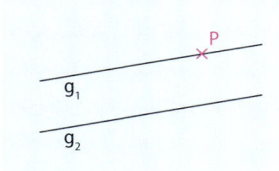

1

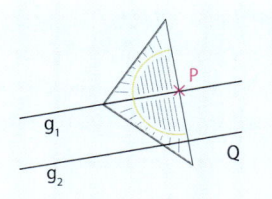

2

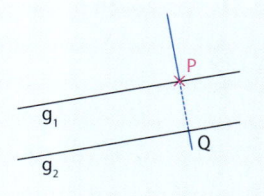

3

- Um den Abstand zwischen zwei Parallelen zu messen, sucht ihr euch irgendeinen Punkt auf der einen Geraden g_1 und bezeichnet ihn als P (Bild 1).
- In P legt ihr einen rechten Winkel an und zeichnet die Senkrechte, die die andere Parallele g_2 schneidet. Den Schnittpunkt bezeichnet ihr mit Q (Bild 2)
- Zwischen P und Q wird der Abstand gemessen. Das ist hier die Länge der blau gestrichelten Linie (Bild 3).
- Der Abstand der beiden Parallelen voneinander ist also so groß wie der Abstand zwischen P und Q.

das **Parallelogramm**

Ein Parallelogramm ist ein Viereck, bei dem die gegenüberliegenden Seiten parallel zueinander sind.

Unter einem Parallelogramm verstehen wir üblicherweise so ein schiefes Gebilde:

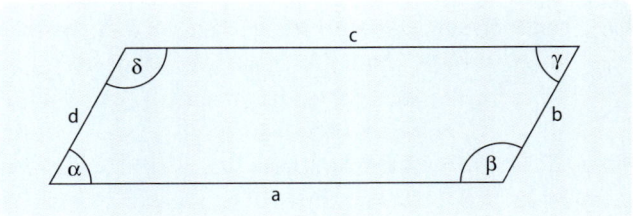

Aber genauso gut sind ein Rechteck oder ein Quadrat ein Parallelogramm, denn auch bei ihnen sind die gegenüberliegenden Seiten parallel. Weil sie aber rechte Winkel und deshalb ihre eigenen Bezeichnungen (Rechteck, Quadrat) haben, denken viele, dass sie nicht zu den Parallelogrammen gehören.

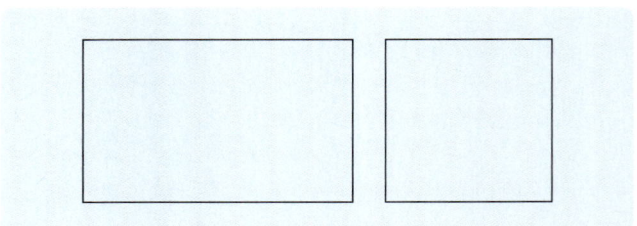

Auch Rechtecke und Quadrate sind Parallelogramme.

Hier soll es auch nur um das schiefe Parallelogramm gehen.
Bei einem Viereck, bei dem immer zwei gegenüberliegende Seiten parallel sind, sind die parallelen Seiten (automatisch) gleich lang: $a = c$ und $b = d$.
Ebenso sind die gegenüber liegenden Winkel (automatisch) gleich groß. $\alpha = \gamma$ und $\beta = \delta$.

Parallelogramme zeichnen

Um ein Parallelogramm exakt zeichnen zu können, muss man die Seitenlängen und seine „Schieflage" kennen. Dafür braucht man nur *einen* Winkel. Wie ihr Parallelen exakt zeichnen könnt, findet ihr unter dem Stichwort **parallel**.

Tut euch zu zweit zusammen. Der eine zeichnet ein Parallelogramm mit den Seitenlängen a = 7 cm und b = 4 cm. Er bekommt aber nur *einen* Winkel angesagt: α = 40 Grad.
Der andere von euch zeichnet ein Parallelogramm mit denselben Seitenlängen, aber mit dem Winkel β = 140 Grad. Wenn ihr korrekt gezeichnet und gemessen habt, habt ihr beide das gleiche Parallelogramm hergestellt. Jedenfalls sind sie „deckungsgleich". Findet erst einmal selbst eine Erklärung.

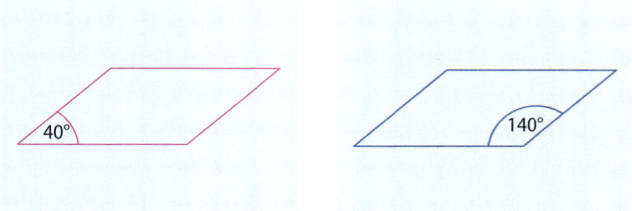

Wenn man die Zeichnungen aneinander legt, sieht man, dass die beiden nebeneinander liegenden Winkel zusammen einen gestreckten Winkel von 180 Grad bilden.

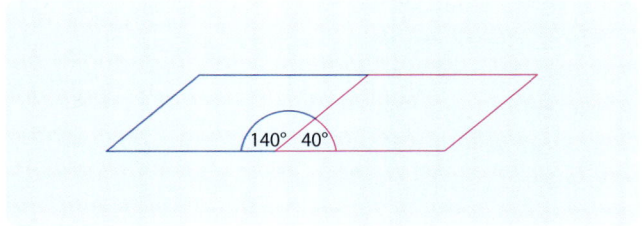

Wenn man *einen* Winkel im Parallelogramm kennt, ergibt sich die andere Winkelgröße von selbst oder man kann sie ausrechnen. Denn die Summe der benachbarten Winkel ist immer 180 Grad.

 Zeichnet beliebige Vierecke. Je unregelmäßiger, desto größer ist die Überraschung …

1. Ermittelt durch Messen die Mittelpunkte der Seiten.
2. Verbindet die Mittelpunkte der Seiten.
3. Es entsteht ein perfektes Parallelogramm!

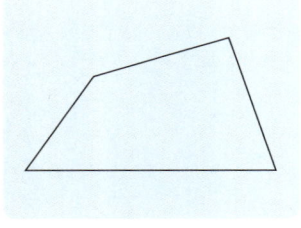

1

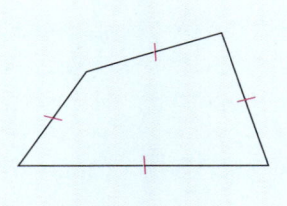

2

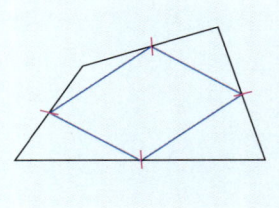

3

Umfang und Flächeninhalt

Der Umfang

Wer den Umfang einer Fläche ermitteln will, stellt sich einen Zaun drumherum vor. Die Länge des Zaunes ist der Umfang der Fläche.

Beim Parallelogramm sind immer zwei Seiten gleich lang. Die Länge des Zaunes beträgt also zweimal die *eine* Länge

(also 2 · a) plus zweimal die *andere* Länge (also 2 · b).
Die Formel für die Umfangsberechnung lautet daher:

> ❗ $u_{\square} = 2 \cdot a + 2 \cdot b$ **oder:** $u_{\square} = 2 \cdot (a + b)$

Der Flächeninhalt

Für die Berechnung des Flächeninhalts stellt ihr euch die Fläche mit Zentimeterquadraten ausgekachelt vor. Für größere Flächen nimmt man Dezimeterquadrate oder Meterquadrate.
Immer wenn eine Fläche schief (oder rund) ist, möchte man sie für die Flächenberechnung so umformen, dass sie rechtwinklig wird. Dann lässt sie sich elegant berechnen. Dabei darf sich der Flächeninhalt natürlich nicht verändern.
Beim Parallelogramm gelingt das durch Puzzeln.
Ihr schneidet z. B. links das rechtwinklige Dreieck ab und legt es rechts wieder an. Dann habt ihr ein (gerades) *Rechteck* mit demselben Flächeninhalt wie beim ursprünglich schiefen Parallelogramm.
Der Flächeninhalt eines Rechtecks ist *Länge mal Breite*. Die Länge a des Parallelogramms ist auch nach dem Puzzeln immer noch a, die Breite ist aber nicht b, sondern die Höhe h. Die Höhe muss man also kennen, um den Flächeninhalt des Parallelogramms berechnen zu können.

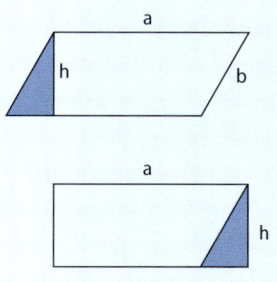

Die Formel für den Flächeninhalt eines Parallelogramms lautet also:

> ❗ $F_{\square} = a \cdot h$

Ein besonderes Parallelogramm: die Raute

Merkmale

Ein Parallelogramm, bei dem alle vier Seiten gleich lang sind, nennt man *Raute* oder auch *Rhombus*.

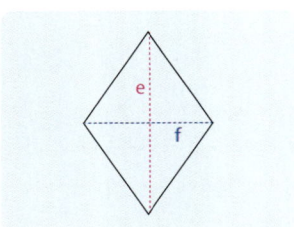

Die Raute sieht aus wie eine Salmiakpastille ◊.
Sie kann natürlich auch so liegen ◇, oder so ▱.
Bei einer Raute sind die Diagonalen senkrecht zueinander. Die Diagonalen werden meist mit den Buchstaben e und f bezeichnet.

Umfang und Fläche
Der Umfang einer Raute beträgt viermal die Seitenlänge.

$$u_\lozenge = 4 \cdot a$$

Die Fläche einer Raute kann man (natürlich) genauso berechnen wie die eines Parallelogramms, also:

$$F_\lozenge = a \cdot h$$

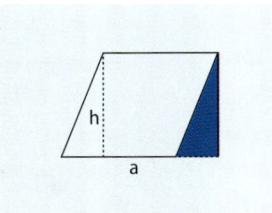

In den meisten mathematischen Formelsammlungen wird die Rautenfläche aber mit Hilfe der Diagonalen e und f ausgedrückt. Die Formel lautet:

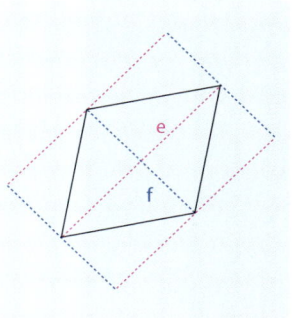

> **!**
>
> $F\Diamond = e \cdot f : 2$ **oder:** $F\Diamond = \frac{1}{2} \cdot e \cdot f$

➡ Erklärt euch diese Formel anhand der Zeichnung. [1]

die **Perspektive**

Das Fremdwort *Perspektive* bedeutet soviel wie „Blickwinkel". Je nachdem, aus welcher Perspektive man etwas anschaut, bekommt man ein anderes Bild.

Schrägbild
Körper

Architekten zeichnen ein Haus aus verschiedenen Perspektiven oder *Ansichten*. Hier seht ihr das Haus „aus der Luft". Das nennt man die *Vogelperspektive*:

---

1) Man kann um die Raute einen rechteckigen Rahmen zeichnen, dessen Längen e und f sind. Das Rechteck hat die Fläche e · f. Es ist doppelt so groß wie die eingeschlossene Raute. Also ist die Raute halb so groß: e · f : 2.

So sieht das Haus in der Zeichnung des Architekten aus:

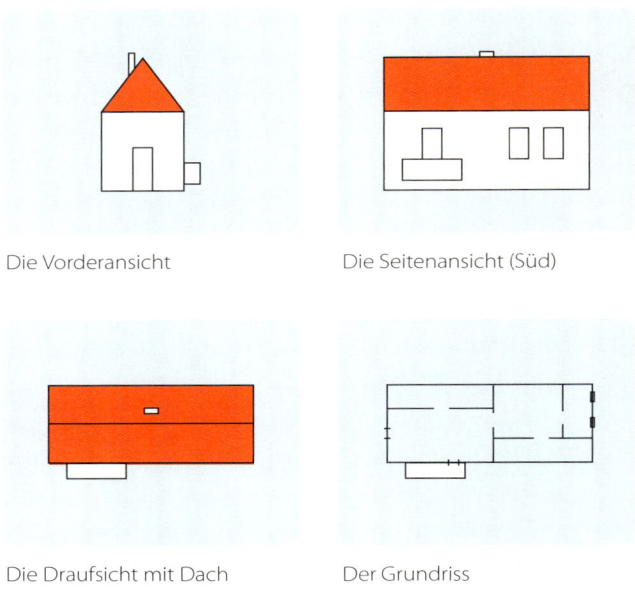

Die Vorderansicht

Die Seitenansicht (Süd)

Die Draufsicht mit Dach

Der Grundriss

 Wie könnten die Rückansicht und die Seitenansicht Nord aussehen? Zeichnet sie, wie ihr sie euch vorstellt, aber in denselben Maßen.

Die verschiedenen Ansichten von dem Haus werden als Plan gebraucht. Danach müssen sich die Bauleute richten. Die Zeichnungen müssen daher maßstabgerecht sein, z. B. im Maßstab 1 : 25. D. h. alles muss 25-mal größer gebaut werden. (Hier beträgt der Maßstab 1 : 500.)

Schrägbilder sind perspektivische Zeichnungen

Ungeeignete Ansichten

Um geometrische Körper abbilden zu können, sind die Frontalperspektive und die Draufsicht nicht besonders gut geeignet.

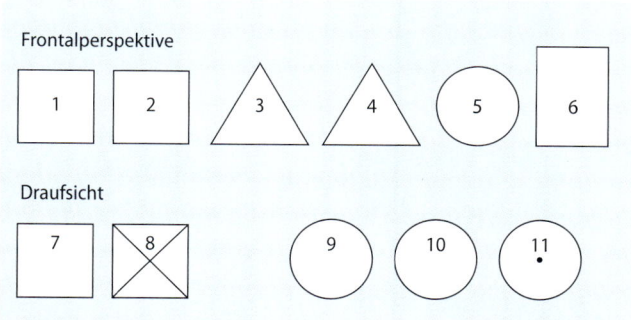

➡ Um welche Körper könnte es sich handeln: Pyramide,
Würfel, Quader, Kegel oder Zylinder?[1]
Die Abbildungen sind nicht eindeutig. Sie zeigen nur eine
Fläche. Legt solche Körper mit einer ihrer Flächen auf den
Overheadprojektor. Lasst andere raten, um welchen Kör-
per es sich dabei wohl handelt.

---

1) FRONTALPERSPEKTIVE: 1 und 2 = entweder Würfel oder liegender Quader
mit quadratischer Grundfläche; 3 und 4 = entweder Dreiecks- oder Vierecks-
pyramide; 5 = entweder Kugel oder liegender Zylinder; 6 = Quader;
DRAUFSICHT: 7 = entweder Würfel oder Quader mit quadratischer Grundfläche; 8 = quadratische Pyramide; 9 und 10 = entweder Kugel oder Zylinder;
11 = Kegel

„Schräge" Perspektiven

Damit man geometrische Körper besser erkennen kann, werden sie meist als Schrägbilder gezeichnet (konstruiert). Beispiele dafür findet ihr unter den Stichwörtern **Körper** und **Schrägbild**.

➡ Welche von den drei Figuren ist die größte? Um wie viel Millimeter ist die kleinste in der Abbildung kleiner als die beiden anderen?[1]

Die Perspektive bei Fotos

Fotos geben die Umwelt in wirklicher Perspektive wieder. Viele Linien, von denen wir wissen, dass sie eigentlich im rechten

---

[1] Das ist eine „optische Täuschung". Alle Figuren sind gleich groß. Durch die perspektivische Zeichnung scheint die Figur im Hintergrund größer als die beiden anderen.

Winkel oder parallel zueinander stehen, sind „verzerrt", „verjüngen" sich und erscheinen verkürzt. An dem Foto ist das gut zu erkennen.

das **Pfund**

Die Bezeichnung *Pfund* steht für zwei verschiedene Größen: Zum einen versteht man darunter eine *alte Gewichtseinheit*, zum anderen geht es um eine *Währungseinheit* in England (und anderen englischsprachigen Ländern). Dort heißt es *pound*.

Gewichtseinheiten
Währung
Geld
Zentner

Ursprünglich hatten das *Pfund als Gewichtseinheit* und das *Pfund als Geldwert* noch miteinander zu tun. Es gab eine Zeit, in der wertvolle Metalle als Geld dienten. Je nachdem, was man sich dafür kaufen wollte, wurde entsprechend viel Metall ausgewogen. Ein Pfund Silber zum Beispiel hatte einen ganz bestimmten Kaufwert. Für ein viertel Pfund bekam man z. B. eine Kuh, für ein hundertstel Pfund ein Kochgeschirr.

Veraltete Gewichtseinheit

Das Pfund als Gewichtseinheit ist bei uns zum Teil immer noch gebräuchlich, obwohl es seit langem kein offizielles Maß mehr ist. Vor allem ältere Leute sprechen noch von einem Pfund Zucker oder einem halben Pfund Butter oder einem viertel Pfund Aufschnitt.

> 1 Pfund (℔) = 500 Gramm = $\frac{1}{2}$ Kilogramm
> **Kurz:** 1 (℔) = 500 g = $\frac{1}{2}$ kg

Eine andere veraltete Gewichtseinheit ist der Zentner. Der Zentner war das Hundertfache von einem Pfund, also 50 000 Gramm = 50 Kilogramm.

> 100 Pfund = 1 Zentner (Ztr.) = 50 Kilogramm
> **Kurz:** 100 (℔) = 1 Ztr. = 50 kg

Gültige englische Währung (pound)

Im Jahre 2002 wurde in 11 Ländern Europas der Euro als gemeinsame Währung eingeführt. Seitdem sind zum Beispiel in Frankreich nicht mehr der französische Franc, in Italien nicht mehr die Lira, in Spanien nicht mehr die Peseta, in Deutschland nicht mehr die Deutsche Mark (DM) die gültige Währung, sondern der Euro. Die Engländer haben sich bis heute (2008) dieser Währungsunion nicht angeschlossen. Ihre Währung ist das *Pfund* geblieben. Im Englischen heißt es *pound*.

> 1 pound (£) entspricht etwa 1,30 Euro
> **Kurz:** 1£ ≈ 1,30 €

In den englischsprachigen Ländern ist das „pound" auch als Gewichtseinheit noch gebräuchlich.

Pi (π)

Pi ist eine der interessantesten Zahlen in der Mathematik. Pi ist in der griechischen Schrift der Buchstabe P und der Anfangsbuchstabe des Wortes „perifereia", das so viel wie „Kreislinie" bedeutet. Der griechische Buchstabe wird so geschrieben: π.
Pi ist ein bestimmter Faktor, den man die „Kreiszahl" nennt. Mit der Zahl Pi und dem Radius des Kreises kann man den Umfang und die Fläche jedes Kreises sehr genau berechnen.
Unter dem Stichwort **Kreis** findet ihr dazu genauere Informationen.
Hier nur die beiden Formeln für Umfang und Flächeninhalt des Kreises:

Durchmesser
Fläche
Kreis
Radius
Volumen

> ❗
>
> $$u_\bigcirc = 2 \cdot r \cdot \pi \qquad F_\bigcirc = \pi \cdot r^2$$
>
> $\text{Pi} \approx 3{,}14$

Egal, ob man den (kreisförmigen) Umfang unserer Erdkugel mit einem Radius von rund 6 378 km berechnen möchte oder die Größe eines Gucklochs mit einem Radius von 2 Millimetern: Man nehme immer denselben Faktor $\pi \approx 3{,}14$ und das Ergebnis ist (fast) perfekt.

An Pi ranschleichen

Seit Jahrtausenden versuchen die Mathematiker, die Kreiszahl Pi so genau wie möglich zu ermitteln. Eine Grundidee ist die, dass man *in* und *um* den Kreis eckige Figuren konstruiert, deren Umfang man exakt berechnen kann. Der Umfang des Kreises liegt dann irgendwo dazwischen.

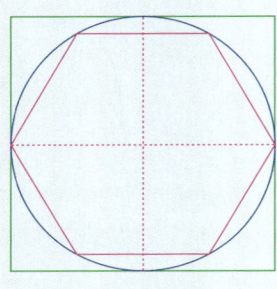

Zum Beispiel zeichnet man in den Kreis ein Sechseck, dessen Ecken die Kreislinie berühren. Man nennt das „einbeschriebenes Sechseck". Und um den Kreis herum zeichnet man z. B. ein Quadrat, das den Kreis mit all seinen vier Seiten berührt; das nennt man „umbeschriebenes Quadrat".

Man kann nun schon sagen, dass der Kreisumfang größer ist als der Umfang des einbeschriebenen Sechsecks und kleiner als der des umbeschriebenen Quadrats. Das könnt ihr auch selbst berechnen:
Die Seiten des Sechsecks sind ja so lang wie der Radius des Kreises. Und das Quadrat hat dieselbe Seitenlänge wie der Durchmesser des Kreises.

- Der Umfang des Sechsecks ist $6 \cdot r$ oder auch $3 \cdot d$.
- Der Umfang des Quadrats ist $4 \cdot d$.
- Weil der Kreis dazwischen steht, ist sein Umfang größer als $3 \cdot d$ und kleiner als $4 \cdot d$.

Es gibt also eine Art „Zauberzahl", die man mit dem Durchmesser d von irgendeinem Kreis malnehmen kann, und schon weiß man ungefähr, wie groß dessen Umfang ist. Diese Zauberzahl liegt zwischen 3 und 4. Ihr ahnt es natürlich schon: Das ist die Kreiszahl, die man Pi genannt hat und der man das Zeichen π gegeben hat.
Nun kann man sich der Kreiszahl noch viel weiter annähern. Aus dem einbeschriebenen Sechseck kann man z. B. ein Zwölfeck konstruieren, das sich von innen noch näher an den Kreis anschmiegt. Und aus dem umbeschriebenen Quadrat kann man ein Achteck konstruieren, das von außen enger am Kreis anliegt. Man kommt dem Kreis dadurch immer näher.
Und die Spanne zwischen 3 und 4 für den Berechnungsfaktor

schrumpft immer mehr zusammen. Irgendwann war man bei 3,14 angekommen. Und das ist auch die Kreiszahl Pi, die wir normalerweise anwenden, wenn wir Kreise berechnen wollen.

Die Mathematiker aber haben nie aufgehört, die Kreiszahl Pi immer noch ein bisschen genauer zu bestimmen. Dabei hat sich herausgestellt, dass die Zahl Pi ein unendlicher Dezimalbruch ist, bei dem sich die Nachkommastellen auch nicht periodisch wiederholen. Eine solche Zahl nennt man „irrationale Zahl". Pi ist also gewissermaßen eine „irre Zahl".

1615 hatte ein niederländischer Mathematiker namens Ludolph van Ceulen einen Wert mit 36 Stellen nach dem Komma errechnet: 3,141592653589793238462643383279502884. Die Kreiszahl Pi wird daher auch die „Ludolphsche Zahl" genannt. Heute liegt der „Rekord" bei ca. 1,2 Billionen Stellen nach dem Komma und ein Ende ist nicht abzusehen.

Die Zahl Pi wird wohl auf ewig bis auf allerwinzigste Bruchteile „ungenau" bleiben, weil die Berechnung nie aufgeht und immer neue Nachkommastellen hervorruft. Aber für den Normalgebrauch reichen uns die zwei Nachkommastellen bei 3,14 aus, um bereits sehr genau den Umfang eines Kreises berechnen zu können. (Und die Fläche natürlich auch.)

Im Mathematikum in Gießen, einem Mathematikmuseum, ist die Kreiszahl Pi mit den ersten 10 324 Nachkommastellen aufgeschrieben.

plus (+)

addieren
Das Wörtchen *plus* ist lateinisch und bedeutet „zuzüglich". Wir verwenden es beim Addieren.

Kleinere Kinder sagen statt „plus" einfach „und": „drei *und* fünf".

Das Pluszeichen ist ein Kreuz: +

In einer Gleichung sieht das so aus: 3 + 5 = 8. Das sprechen wir so aus: „drei plus fünf ist gleich acht".

positive Zahlen

negative Zahlen
Null
Positive Zahlen heißen nicht so, weil sie vielleicht besonders schön, nett oder gut sind, sondern weil sie *größer als null* sind. Man braucht den Begriff zur Unterscheidung von „negativen Zahlen", die *kleiner als null* sind:

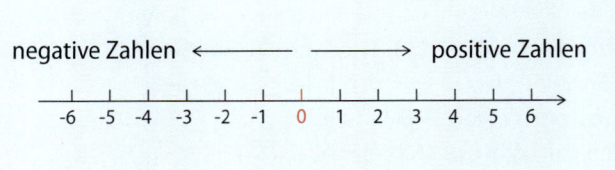

 Alle Zahlen, die auf dem Zahlenstrahl rechts von der Null stehen, sind positive Zahlen.

Das können natürlich auch Brüche sein, also z. B. $\frac{1}{2}$ oder 3,25.

Negative Zahlen haben immer ein Minuszeichen als Vorzeichen, also z. B. −4. Das nennt man ein *negatives Vorzeichen*. Positive Zahlen können mit einem *positiven Vorzeichen* gekennzeichnet sein, also so: +5.
Vor die positiven Zahlen braucht man aber nicht unbedingt ein Pluszeichen zu setzen.

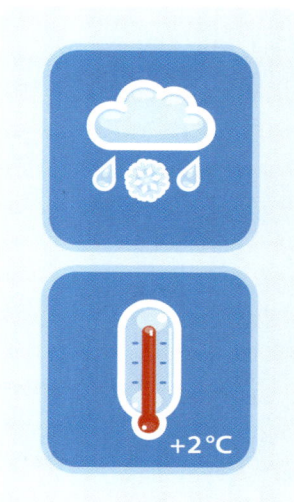

> Eine Zahl ohne Vorzeichen ist immer positiv.
> Die Null ist weder positiv noch negativ.

In manchen Situationen sollte man aber auch vor die positiven Zahlen ein Pluszeichen setzen, wenn man Missverständnisse ausschließen will.
Im Wetterbericht steht zu lesen: „Zum Wochenende hin wird es kälter. Die Temperaturen sinken von +3 Grad auf −2 Grad."
Der Unterschied zwischen +3 °C und −2 °C beträgt 5 °C.

potenzieren

Damit man sich in der Mathematik ohne Missverständnisse ausdrücken kann, hat man sich Begriffe und Schreibweisen überlegt, die keinen Zweifel aufkommen lassen. Für die Multiplikation ist das Fachwort *Potenz* ein wichtiger Begriff. Er bedeutet übersetzt „Kraft" und „Macht" und wenn man „potenziert" (das ist das Verb dazu), wird einem auch klar, was daran kraftvoll und mächtig ist.
Der Begriff und die Schreibweise sind deshalb so wichtig, weil es sonst ganz leicht Verwechslungen geben kann, die zu richtig schweren Fehlern führen können.

Quadratzahlen
Stufenzahlen
Dezimalsystem
Null

> Unter einer *Potenz* versteht man eine Multiplikation, bei
> der immer eine gleiche Zahl mit sich selbst malgenom-
> men wird.

Welches Ergebnis bekommt ihr bei folgender Aufgabe heraus?
$3 \cdot 3 \cdot 3 \cdot 3 = ?$
Der eine oder andere von euch hat vielleicht („ganz leicht") das
Ergebnis 12 herausbekommen. Das korrekte Ergebnis ist aber
81.

Wer 12 herausbekommen hat, hat Folgendes gerechnet:
$3 + 3 + 3 + 3$
also *die 3 viermal genommen*.

Die Aufgabe war aber:
$3 \cdot 3 \cdot 3 \cdot 3$
also *die 3 viermal mit sich selbst malnehmen*.

Das ist ein himmelweiter Unterschied. Aber weil es sich zum
Verwechseln ähnlich anhört, gibt es dafür unterschiedliche Begriffe und Schreibweisen.

Hoch die Tassen!

Den einen Begriff kennt ihr schon lange: er heißt *multiplizieren*,
also „4 mal 3". Der andere Begriff heißt *potenzieren*, aber alle
sagen meist: „3 hoch 4". Das hat mit der Schreibweise zu tun,
die sich die Mathematiker dafür überlegt haben:
Für $3 \cdot 3 \cdot 3 \cdot 3$ kann man auch verkürzt die 3 mit einer hochgestellten 4 schreiben, also 3^4 Das spricht man so aus: „drei hoch

vier". Die 3 ist in diesem Fall die Grundzahl und die 4 ist die Hochzahl. In der Fachsprache heißt die Grundzahl *Basis* und die Hochzahl *Exponent*.

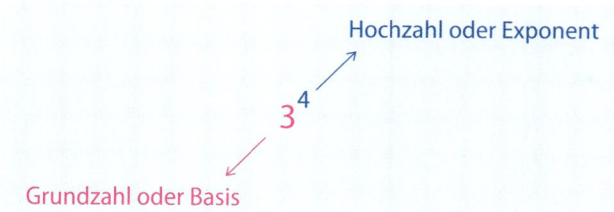

Hochzahl oder Exponent

3^4

Grundzahl oder Basis

Die Hochzahl bestimmt, wievielmal die Grundzahl mit sich selbst malgenommen werden soll.
Alle positiven Zahlen (größer als null) können potenziert werden.

$6 \cdot 6 \cdot 6 \cdot 6 \cdot 6 = 6^5$ (6 hoch 5)
$5 \cdot 5 \cdot 5 \cdot 5 \cdot 5 \cdot 5 \cdot 5 \cdot 5 = 5^8$ (5 hoch 8)
$2 \cdot 2 \cdot 2 = 2^3$ (2 hoch 3)

Auch die 1 kann potenziert werden: $1 \cdot 1 \cdot 1 \cdot 1 = 1^4$ (1 hoch 4)

 • Welches Ergebnis kommt für 1^4 heraus? Und für 1^{17}? [1]
Wie könnt ihr folgende Aufgaben als Potenzen schreiben?
• $4 \cdot 4 \cdot 4 \cdot 4 \cdot 4 \cdot 4 = ?$ [2]
• $3 \cdot 3 \cdot 3 \cdot 3 \cdot 3 \cdot 3 \cdot 3 \cdot 3 \cdot 3 = ?$ [3]
• $5 \cdot 5 \cdot 5 \cdot 5 \cdot 5 \cdot 5 \cdot 5 \cdot 5 \cdot 5 \cdot 5 \cdot 5 \cdot 5 = ?$ [4]

1) $1^4 = 1 \cdot 1 \cdot 1 \cdot 1 = 1$; 1^{17} ist auch 1.   2) 4^6 3) 3^9 4) 5^{12}

Was bedeuten (umgekehrt) die folgenden Potenzen?
• 8^6 1) • 7^4 2)
• Wenn $6^3 = 6 \cdot 6 \cdot 6$ und $6^2 = 6 \cdot 6$, was ist dann 6^1? 3)

Rapide Vermehrung

Schon die Grundzahl 3 vermehrt sich bei steigender Hochzahl so rapide, dass man in kürzester Zeit bei den Millionen angelangt ist. Das kann man nur ausschnittsweise in einem Bild veranschaulichen.

Stellt euch eine Zauberzwiebel unter der Erde vor, aus der eines Tages drei Blumen hervorbrechen. Jeden Tag vermehrt sich jede neue Blume erneut um drei Blumen:

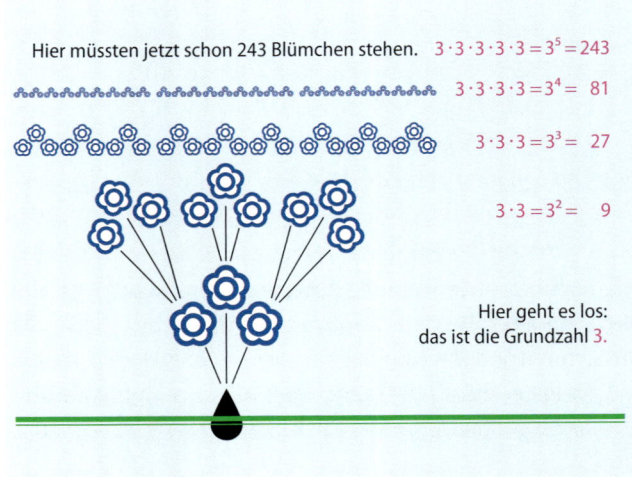

Hier müssten jetzt schon 243 Blümchen stehen. $3 \cdot 3 \cdot 3 \cdot 3 \cdot 3 = 3^5 = 243$

$3 \cdot 3 \cdot 3 \cdot 3 = 3^4 = 81$

$3 \cdot 3 \cdot 3 = 3^3 = 27$

$3 \cdot 3 = 3^2 = 9$

Hier geht es los:
das ist die Grundzahl 3.

1) $8 \cdot 8 \cdot 8 \cdot 8 \cdot 8 \cdot 8$ 2) $7 \cdot 7 \cdot 7 \cdot 7$ 3) $6^1 = 6$

Rechnet mit dem Taschenrechner weiter, bis ihr die erste Million überschritten habt. Welche Potenz von 3 ist das? Wie viel macht dann schon die nächste Potenz von 3 aus? [1]

Die Legende vom Weizenkorn

Sissa ibn Dahir lebte etwa 300 n. Chr. in Indien. Der Legende nach soll er das Schachspiel erfunden haben. Als dem indischen Herrscher Shihram dieses königliche Spiel vorgestellt wurde, war der so begeistert, dass er Sissa ibn Dahir zu sich kommen ließ und ihm einen Wunsch frei stellte. Sissa wünschte sich nichts weiter als Weizenkörner für jedes Feld seines Schachbrettes. Das sollte nach folgender Methode geschehen:

Auf das erste Feld des Schachbrettes *ein* Korn, auf das zweite Feld *zwei* Körner, auf das dritte Feld *vier* Körner, auf das fünfte *acht* Körner usw., also bis zum 64. Feld immer die doppelte Anzahl des vorhergehenden Feldes.

Shihram überließ die „Auszahlung" der Weizenkörner dem Vorsteher seiner Kornkammer und erfuhr von diesem erst Tage später, dass man so viele Weizenkörner im ganzen Reich nicht auftreiben könne. Die Rechenmeister hätten Tag und Nacht gerechnet und seien auf die unvorstellbare Zahl von mehr als 18 Trilliarden [1] Weizenkörnern gekommen. Das wären bei einem angenommenen Gewicht von $\frac{1}{10}$ g pro Weizenkorn mehr als 1,8 Billionen Tonnen Weizen. Die gäbe es auf der ganzen Welt nicht. Wie Shihram und Sissa ibn Dahir schließlich übereingekommen sind, ist leider nicht überliefert. Aber dass man mit Potenzen nicht leichtfertig umgehen darf, das kann man zumindest daraus lernen!

---

1) $3^{13} = 1\,594\,323$; die nächste Potenz von 3 ist $3^{14} = 4\,782\,969$
2) Die genaue Zahl ist: $2^{64} - 1 = 18\,446\,744\,073\,709\,551\,615$ Weizenkörner.

Zehnerpotenzen

Für Zehnerpotenzen ist die verkürzte Schreibweise in Form von Potenzen besonders interessant, weil man damit unser Zehnersystem (Dezimalsystem) übersichtlich darstellen kann.

Das Zehnersystem baut sich auf der Grundzahl 10 auf. Und dann geht es genauso weiter wie im Beispiel mit den Zauberblumen. Aus jeder der ersten 10 Blumen sprießen wiederum 10 weitere Blumen.

Zehnerpotenzen	
In der zweiten Potenz	$10 \cdot 10 = 10^2 \ = \qquad 100$ Blumen
In der dritten Potenz	$10 \cdot 10 \cdot 10 = 10^3 \ = \qquad 1\,000$ Blumen
In der vierten Potenz	$10 \cdot 10 \cdot 10 \cdot 10 = 10^4 \ = \qquad 10\,000$ Blumen
In der fünften Potenz	$10 \cdot 10 \cdot 10 \cdot 10 \cdot 10 = 10^5 \ = \quad 100\,000$ Blumen
In der sechsten Potenz	$10 \cdot 10 \cdot 10 \cdot 10 \cdot 10 \cdot 10 = 10^6 \ = 1\,000\,000$ Blumen
usw.	

 Merkt ihr was?

Beantwortet die folgenden Fragen zur sechsten Potenz von 10:

- Wievielmal wird die 10 mit sich selbst malgenommen?
- Wie lautet die Hochzahl in der (verkürzten) Potenzschreibweise?
- Wie viele Nullen hat das (ausgeschriebene) Ergebnis? [1]

---

1) Die Antwort ist bei allen drei Fragen: SECHS!

- Schreibt die Potenz 10^{21} als Zahl mit all ihren Nullen auf. [1]
- Schreibt folgende Multiplikation in der Potenzschreibweise: $10 \cdot 10 \cdot 10 \cdot 10 \cdot 10 \cdot 10 \cdot 10 \cdot 10 \cdot 10 \cdot 10 \cdot 10 \cdot 10$
  Wie viele Nullen hat die Ergebniszahl? [2]

der **Preis**

Normalerweise bezahlen wir für eine Ware so viel, wie auf dem Preisschild steht. Wie Preise gemacht werden, ist allerdings eine Wissenschaft für sich und das schon zu Zeiten, als es noch gar kein Geld gab und die Menschen Waren tauschten.
Mehr dazu unter dem Stichwort Geld.

Geld
runden
Überschlag

[1] Es ist die Zahl mit 21 Nullen: 1 000 000 000 000 000 000 000. Das ist übrigens die Trilliarde!
[2] Die verkürzte Potenz-Schreibweise ist 10^{12}. Das Ergebnis hat also 12 Nullen: 1 000 000 000 000. Es ist eine Billion.

Schon damals wurde abgeschätzt, ob z. B. ein Schaf ungefähr so viel wert ist wie ein Sack Getreide oder ob zwei Fische als Gegenwert für ein Paar Ledersandalen ausreichten.

Viele Preise, mit denen wir es heute zu tun haben, haben sich im Lauf der Zeit aus den Alltagserfahrungen der Menschen herausgebildet.

Die Regeln der Preisbildung

Der Preis richtet sich danach, was allgemein üblich ist.

Im Großen und Ganzen sind die Preise für die alltäglichen Dinge des Lebens ähnlich hoch. Ein Geschäft, in dem der Liter Milch 5 Euro kostet, würde sicher keinen einzigen Liter verkaufen. Die Kunden wissen, dass sie ihn im Laden nebenan viel billiger bekommen und wechseln das Geschäft. Und der Laden mit dem hohen Milchpreis wird mit Sicherheit den Preis an das übliche „Niveau" anpassen.

Der Preis richtet sich danach, wie viel die Ware wert ist.

Die eine Ware kann man für wenig Geld bekommen, die andere kostet viel Geld. Das hängt von verschiedenen Faktoren ab:
- *Größe und Gewicht*: Ein (kleines) Brötchen kostet weniger als ein (großes) Brot.
- *Material*: Eine Goldkette ist viel teurer als eine Kette aus Glasperlen.

- *Arbeits- und Zeitaufwand*: Handarbeit ist teurer als maschinelle Fertigung (z. B. am Fließband). Kopien sind billiger als Einzelstücke.
- *Luxus*: Ein Auto mit Sonderausstattung und zahlreichen „Extras" ist teurer als in der Grundausstattung. Luxusmarken müssen teuer bezahlt werden.

Tünnes kommt strahlend vom Markt: „Stell dir vor, ich hab' mein Schwein für 3 000 Euro verkauft!" – „Wahnsinn!", freut sich Scheel mit ihm. „Bar bezahlt oder mit Scheck?" – „Ach was, ich hab zwei Hühner genommen, 1 500 Euro pro Stück!"

Der Preis richtet sich danach, wie viel eine Ware dem Kunden wert ist.

Sammler z. B. bezahlen oft viel mehr für ein Liebhaberstück, als es vom Material her wert ist.

Der Preis richtet sich nach Angebot und Nachfrage.

„Angebot und Nachfrage regeln den Preis!" Das ist das Grundprinzip unserer so genannten Marktwirtschaft. Alles, was in unserem Land verkauft und gekauft wird, muss man sich wie auf einem riesigen Markt vorstellen. Das *Angebot* sind die Produkte (Waren), die zum Verkauf angeboten werden; unter der *Nachfrage* ist das Kaufinteresse der Kunden an den Produkten zu verstehen.

Wenn das Angebot zum Beispiel zur Zeit der Kirschernte sehr groß ist, sinkt der Preis. Das Angebot ist dann größer als die Nachfrage.

Wenn die Kirschen knapp sind, steigt der Preis. Dann ist möglicherweise die Nachfrage größer als das Angebot. Das ist, als ob der Wert der Kirschen nun gestiegen wäre.

Diese Regeln der Preisbildung funktionieren aber nur *im Prinzip*. Es gibt noch viele andere Faktoren, die den Preis einer Ware beeinflussen können.

Eine große Rolle spielt auch die Werbung, die für ein Produkt gemacht wird. Sie ist neben der Information über ein Produkt vor allem dazu da, die Nachfrage zu erhöhen. Das führt aber nicht unbedingt zur Preissenkung, sondern kann genauso gut eine Preiserhöhung nach sich ziehen. Was alle haben wollen, kann ganz schön teuer werden.

Preise vergleichen

Wer Preise vergleicht, kann Geld sparen. Eure Eltern werden bestimmt wissen, in welchen Geschäften sie bestimmte Produkte des täglichen Lebens günstiger einkaufen können als anderswo. Sie vergleichen vielleicht auch Prospekte und deren Sonderangebote. Dabei werden sie abwägen, ob es sich lohnt, von einem Geschäft zum anderen zu laufen oder zu fahren, wenn es nur um geringe Preisunterschiede geht.

Preisvergleiche lohnen sich besonders bei größeren Anschaffungen. Dabei muss man aber aufmerksam studieren, ob die groß geschriebenen Preise auch wirklich die Endpreise sind oder ob noch andere Unkosten entstehen. Das eine Geschäft liefert die Ware ohne Aufpreis an, das andere Geschäft nimmt dafür Geld. Bei dem einen Geschäft ist der Einbau eines Geräts kostenlos, bei dem anderen muss dafür bezahlt werden.

Preise überschlagen

Die Preise liegen sehr oft kurz unterhalb des nächsten ganzen
Euro. Meist sind es nur ein oder zwei Cent bis zum vollen Euro.
Die Ananas kostet also quasi 4 Euro.
Überprüft das einmal bei eurem nächsten Einkauf.

- Tut euch zu zweit zusammen und macht eine Statistik:
  Nehmt euch einen Warenkatalog. Macht eine Tabelle
  mit den Ziffern 0 bis 9. Einer von euch benennt die Ziffern der Preise, also z. B. für 5,89 € "fünf, acht, neun". Der
  andere macht bei der betreffenden Ziffer in der Tabelle
  einen Strich. Ihr werdet mit sehr hoher Wahrscheinlichkeit bei *einer* Ziffer die meisten Striche haben. Ihr ahnt
  bestimmt, bei welcher.
- Schaut euch den Kassenzettel an. Welcher Betrag
  kommt heraus, wenn ihr beim Überschlagen nur auf
  die Eurobeträge vor dem Komma achtet? [1]

Beim Überschlagen der Preise muss man also auch auf die Cent-
beträge nach dem Komma schauen. Meist muss man aufrunden. Manchmal kann man aber auch abrunden.

---

[1] Es kommen nur 11 Euro heraus.

Primfaktoren

Primzahlen
Faktor
Produkt
Teilbarkeitsregeln
Vertauschungsgesetz

Primzahlen sind gewissermaßen „einsame Zahlen", weil sie nur durch 1 und durch sich selbst teilbar sind und durch sonst gar nichts. Andererseits treiben sie sich als *Primfaktoren* in sämtlichen anderen Zahlen herum.

> Primfaktoren sind die Bausteine jeder Zahl,
> die selbst keine Primzahl ist.

Die 21 ist selbst keine Primzahl, weil sie durch 3 und durch 7 teilbar ist. Schaut man sich die Teiler der 21 genauer an, stellt man fest: Es sind Primzahlen! Und weil sie miteinander *multipliziert* werden, nennt man sie *Primfaktoren*.
Bei jedem anderen Produkt ist es genauso: 55 ist durch 5 und durch 11 teilbar. 5 und 11 sind Primzahlen! Sie sind die Primfaktoren der Zahl 55.

Und wie ist es mit der 12?
Die 12 ist durch 3 und durch 4 teilbar. Die 3 ist eine Primzahl, aber die 4? Die 4 ist natürlich keine Primzahl, denn sie ist durch 2 teilbar ($4 = 2 \cdot 2$). Und schon haben wir es wieder nur mit Primfaktoren zu tun, diesmal mit *drei* Primfaktoren: $12 = 3 \cdot 2 \cdot 2$.

> Jedes Produkt lässt sich in Primfaktoren zerlegen.

Ihr wisst: $42 = 6 \cdot 7$. Nun schaut ihr euch die beiden Faktoren an. Die 7 *ist* eine Primzahl, aber die 6 *nicht*. Also müsst ihr noch die 6 zerlegen: $6 = 3 \cdot 2$. Dann ist die 42 das Produkt aus den Primfaktoren 7 und 3 und 2 ($42 = 7 \cdot 3 \cdot 2$).

Damit alles seine Ordnung hat, stellt man die Faktoren der Größe nach auf: $42 = 2 \cdot 3 \cdot 7$. Nach dem Vertauschungsgesetz kann man die Faktoren ja nach Belieben umstellen.

Bei größeren Zahlen müsst ihr ausprobieren, wie ihr am besten vorankommt. Hier ein Vorschlag für die Zahl 180:

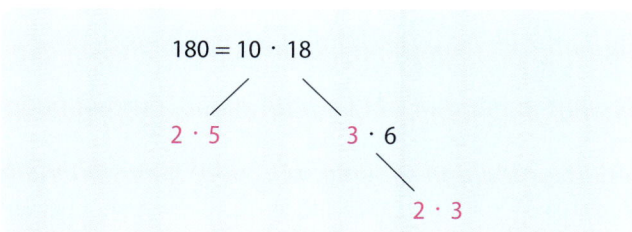

Dann ist $180 = 2 \cdot 5 \cdot 3 \cdot 2 \cdot 3$. In schöner Ordnung also:
$180 = 2 \cdot 2 \cdot 3 \cdot 3 \cdot 5$.

Für die Faktorenzerlegung ist es hilfreich, die **Teilbarkeitsregeln** zu kennen. Mehr dazu findet unter dem betreffenden Stichwort.

 Zerlegt folgende Produkte in ihre Primfaktoren:

- 18 ¹⁾
- 60 ²⁾
- 45 ³⁾
- 210 ⁴⁾
- 132 ⁵⁾

---

1) $18 = 2 \cdot 3 \cdot 3$ 2) $60 = 2 \cdot 2 \cdot 3 \cdot 5$ 3) $45 = 3 \cdot 3 \cdot 5$
4) $210 = 2 \cdot 3 \cdot 5 \cdot 7$ 5) $132 = 2 \cdot 2 \cdot 3 \cdot 11$

die **Primzahlen**

Primfaktoren
Teilbarkeitsregeln

Es gibt Zahlen, die etwas Besonderes an sich haben, ohne dass man genau sagen kann, warum. Das ist z. B. die Zahl 7 oder die 13. Sie werden oft entweder als Glückszahl oder umgekehrt als Unglückszahl angesehen.

Es fällt auf, dass diese beiden Zahlen zum einen ungerade sind und zum anderen nicht ohne Rest teilbar sind. Das stimmt zwar nicht so ganz, weil jede Zahl natürlich durch 1 teilbar ist und ebenso durch sich selbst (7 : 1 = 7 und 7 : 7 = 1), aber sonst stehen sie ziemlich einsam da. Dagegen ist die 12 eine sehr „gesellige" Zahl. Sie enthält (außer der 1 und sich selbst) auch die 2, die 3, die 4 und die 6 als Teiler.

Für Mathematiker und Mathematikerinnen sind aber gerade die „einsamen" Zahlen immer schon ganz besonders interessant gewesen. Sie nennen sie *Primzahlen*. Von diesen „einsamen" Zahlen gibt es noch viel mehr als nur die 7 oder 13, und zwar unendlich viele. Dabei geht es aber nur um die *natürlichen Zahlen*, also keine Brüche oder negativen Zahlen.

> Primzahlen sind alle natürlichen Zahlen, die durch keine andere Zahl teilbar sind – außer durch 1 und durch sich selbst, jedenfalls nicht ohne Rest.

Zahlen, die aus der Reihe tanzen

Die 1
Wenn ihr bestimmen sollt, ob eine Zahl eine Primzahl ist, prüft ihr einfach nach, ob sie keinen anderen Teiler hat.

Mathematisch korrekt ist es natürlich so:

> Primzahlen sind alle natürlichen Zahlen, die genau *zwei*
> Teiler haben, nämlich 1 und sich selbst.

Es gibt unter den natürlichen Zahlen nur eine einzige Zahl, die
keine zwei Teiler hat. Das ist die 1. Auch die 1 lässt sich zwar
durch 1 und durch sich selbst teilen, aber weil sie selbst 1 ist,
gibt es nur *einen* Teiler, nämlich die 1.

> Die 1 ist daher *keine* Primzahl!

Die 2

Viele Leute denken, dass Primzahlen nur *ungerade* Zahlen sind.
Das stimmt aber nicht! Die einzige Zahl, die in der unendlichen
Reihe der Primzahlen eine *gerade Zahl* ist, ist die 2. Auch die
(gerade) 2 erfüllt die Regel: Sie ist durch keine andere Zahl teilbar, außer durch 1 und durch sich selbst.

> Die 2 ist eine Primzahl. Sie ist die einzige *gerade* Prim-
> zahl. Alle anderen Primzahlen sind ungerade.

Je höher man in der Zahlenreihe kommt, desto weniger Primzahlen werden gefunden. Aber die Suche hat bis heute nicht
aufgehört, obwohl man weiß, dass es immer noch eine geben
wird.

Wie im Sport wetteifern die Mathematiker um immer größere Primzahlen. 2006 lag der Rekord bei der Zahl $2^{32582657} - 1$.

Das heißt: *die Zwei* 32 582 657-mal mit sich selbst malgenommen *minus* 1. Das ist eine Zahl, für die es gar keinen Namen mehr gibt. Man muss sie als Potenz aufschreiben, weil sie – in Ziffern ausgeschrieben – wahrscheinlich ein paar Mal um die Erde reichen würde oder bis zum Mond. Vorstellen kann man sich so eine Zahl nicht mehr.

Mehr dazu unter dem Stichwort **potenzieren**.

Die Primzahlen bis 100

Selbst suchen

Ihr könnt euch selbst auf die Suche nach Primzahlen machen. Im Zahlenraum bis 100 findet man noch eine ganze Menge. Fangt also bei den Zahlen von 2 bis 100 an. Die Teiler 1 und „durch sich selbst" könnt ihr euch dabei sparen: Die sind ja in jeder Zahl enthalten.

Am besten fragt ihr euch bei jeder Zahl: „Ist sie durch irgendeine andere Zahl teilbar?" Wenn ja, scheidet sie gleich aus. Wenn ihr meint, sie ist es nicht, prüft lieber zweimal. Manche Teiler verstecken sich gern! Wenn wirklich kein Teiler enthalten ist, handelt es sich um eine (einsame) Primzahl.

Das Sieb des Eratosthenes

Die Suche nach den Primzahlen hat schon im Altertum begonnen. Von dem griechischen Mathematiker und Sternenforscher Eratosthenes ist eine Methode überliefert, mit der er *systematisch* nach Primzahlen gesucht hat. Das war um 200 v. Chr. Die Methode ist als das „Sieb des Eratosthenes" bekannt geworden. Dabei werden die Zahlen, die keine Primzahlen sein können, nach und nach „ausgesiebt".

In der Abbildung findet ihr ein Quadrat mit 10 mal 10 Feldern. Darin sind die Zahlen 1 bis 100 eingetragen (wobei die 1 von vornherein herausgefallen ist, weil sie sowieso keine Primzahl ist). Dieses Zahlenfeld wird nun nach und nach „durchgesiebt".

Das Zweiersieb

Es beginnt mit dem *Zweiersieb*. Die 2 als erste Zahl in der Zweierreihe bleibt als Primzahl stehen. Durch das Zweiersieb fallen alle Zahlen, die durch 2 teilbar sind. Das sind alle geraden Zahlen und daher fällt schon die Hälfte aller Zahlen durchs Sieb.

Das Dreiersieb (nach dem Zweiersieb)

Nach der 2 folgt die 3. Weiter geht es also mit dem *Dreiersieb*. Die 3 als erste Zahl in der Dreierreihe bleibt als Primzahl stehen. Durch das Dreiersieb fallen nun alle Zahlen, die durch 3 teilbar sind. Einige sind schon nicht mehr da. Welche sind das?

Die nächste Zahl nach der 3 ist die 4. Eigentlich müsste es jetzt mit dem *Vierersieb* weitergehen. Aber es sind gar keine Zahlen mehr da, die durch 4 geteilt werden könnten. Sie sind alle schon durch das Zweiersieb gefallen.

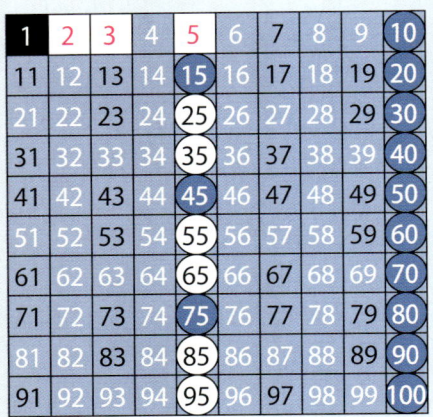

1	2	3	4	5	6	7	8	9	10
11	12	13	14	15	16	17	18	19	20
21	22	23	24	25	26	27	28	29	30
31	32	33	34	35	36	37	38	39	40
41	42	43	44	45	46	47	48	49	50
51	52	53	54	55	56	57	58	59	60
61	62	63	64	65	66	67	68	69	70
71	72	73	74	75	76	77	78	79	80
81	82	83	84	85	86	87	88	89	90
91	92	93	94	95	96	97	98	99	100

Das Fünfersieb (nach dem Dreiersieb und nach dem Zweiersieb)

Nach der 4 kommt die 5. Die 5 ist noch da. Sie ist weder durch das Zweiersieb noch durch das Dreiersieb gefallen. Also kommt das *Fünfersieb* an die Reihe. Als erste Zahl in der Fünferreihe bleibt die 5 wieder als Primzahl stehen. Alle anderen Zahlen mit dem Teiler 5 fallen durch das Sieb. In der Zehnerreihe sind schon alle Zahlen weg. Warum? Auch auf das *Sechsersieb* kann man wieder verzichten. Warum?

Das Siebenersieb (nach dem Fünfersieb, nach dem Dreiersieb und nach dem Zweiersieb)

Als nächstes kommt das *Siebenersieb* zum Einsatz. Die 7 ist noch durch kein Sieb gefallen. Als erste Zahl in der Siebenerreihe bleibt die 7 als Primzahl stehen und alle weiteren Zahlen, die durch 7 teilbar sind, fallen durch das Siebenersieb. Es sind allerdings nur noch wenige da. Durch welche Siebe sind die anderen Zahlen der Siebenerreihe schon durchgefallen?

1	2	3	4	5	6	7	8	9	10
11	12	13	14	15	16	17	18	19	20
21	22	23	24	25	26	27	28	29	30
31	32	33	34	35	36	37	38	39	40
41	42	43	44	45	46	47	48	49	50
51	52	53	54	55	56	57	58	59	60
61	62	63	64	65	66	67	68	69	70
71	72	73	74	75	76	77	78	79	80
81	82	83	84	85	86	87	88	89	90
91	92	93	94	95	96	97	98	99	100

Ein *Achtersieb*, ein *Neunersieb* und ein *Zehnersieb* brauchen wir gar nicht erst auszupacken. Ihr wisst inzwischen, warum. Alle Zahlen, die durch keines der Siebe hindurch gefallen sind, bleiben stehen. Das sind die Primzahlen bis 100.

! Im Zahlenraum bis 100 gibt es 25 Primzahlen.

Ihr könnt die Suche nach Primzahlen auf einen größeren Zahlenraum ausdehnen, z. B. bis 200. Bei 101 geht es los. Ihr fangt wieder ganz von vorn mit der Zweierreihe an und macht so weiter wie ihr es auch im Hunderterraum gemacht habt. Aber aufgepasst! Für größere Zahlenräume braucht man noch mehr Siebe als bis zum Siebenersieb!

Statt die Zahlen durchzusieben, könnt ihr sie natürlich durchstreichen. [1]

pro

Das Wörtchen „pro" bedeutet „für jede einzelne Person" oder „für jede einzelne Sache".

à
je

- Der Eintritt für das Konzert kostete *pro* Kopf 12 Euro.
  Also: *für jede* Person 12 Euro.
- Der Benzinpreis ist *pro* Liter um 2 Cent gestiegen.
  Also: *für jeden* Liter.
- Das Eisbären-Baby nimmt *pro* Tag etwa 150 Gramm zu.
  Also: *jeden* Tag.
- Die Geschwindigkeit einer Postkutsche betrug 5 Kilometer *pro* Stunde.
  Also: 5 km *in einer* Stunde.

Ein Elefant und eine Maus wollen ins Theater gehen.
An der Kasse hängt ein Schild – „Oh nein", sagt der Elefant.
„Das wird mir dann doch zu teuer."

[1] Im Zahlenraum von 101 bis 200 gibt es 21 Primzahlen: 101, 103, 107, 109, 113, 127, 131, 137, 139, 149, 151, 157, 163, 167, 173, 179, 181, 191, 193, 197, 199

Der Klassenausflug kostet 6 Euro pro Person. Wie viel Euro werden von den 25 Schülern und Schülerinnen insgesamt eingesammelt? [1]

das **Produkt**

multiplizieren
Faktor

Als „Produkt" bezeichnet man in der Mathematik das Ergebnis einer Multiplikation.

$$3 \cdot 7 = 21$$

1. Faktor   2. Faktor   Produkt

Man sagt: „Das Produkt aus 3 und 7 ist 21." Die Aufgabe kann so lauten: „Bilde das Produkt aus 3 und 7." Damit ist also gemeint, dass ihr eine Malaufgabe mit den Faktoren 3 und 7 rechnen sollt.

das **Prozent (%)**

Bruch
Rabatt

Hundert Prozent

Im allgemeinen Sprachgebrauch bedeutet „hundertprozentig" soviel wie „völlig" oder „ganz und gar" oder „total". Zum Beispiel:

1) 150 €

„Du kannst dich hundertprozentig auf mich verlassen." Wenn einer sagt: „Ich fühle mich hundertprozentig fit!", dann meint er damit, dass er sich kein bisschen krank oder schlapp fühlt. Bei einer Quizsendung sagt eine Kandidatin: „Ich bin mir hundertprozentig sicher!" Dann hat sie nicht den geringsten Zweifel. Sie ist sich absolut sicher.

Auf dem Kleiderschild steht: 100 % Baumwolle. Das bedeutet, dass der Pullover *ganz und gar* aus Baumwolle besteht.

> Mit *hundert Prozent* ist immer alles oder das Ganze gemeint.

Prozente sind Hundertstel

Das Wort *Prozent* kommt von dem lateinischen „pro centum". Das bedeutet übersetzt „von hundert" oder „je hundert". Prozente sind nichts anderes als Brüche mit immer demselben Nenner 100.

Das Zeichen für Prozent sieht daher auch ein bisschen nach einem Hundertstel mit Bruchstrich und zwei Nullen aus: %.

Babys mögen gern einen Obstbrei aus Äpfeln und Bananen. Es gibt denselben Brei in kleinen und in größeren Gläsern zu kaufen. Auf beiden Gläsern steht drauf, wie viel Prozent Äpfel und wie viel Prozent Bananen in dem Brei enthalten sind. Obwohl es um unterschiedliche Mengen geht, sind die Prozentangaben die gleichen.

Äpfel: 77 %, Bananen: 23 %   Äpfel: 77%, Bananen: 23 %

Egal, um wie viel Brei dieser Sorte es geht, eine *ganze* Portion ist immer 100 Prozent und davon sind immer 77 Teile Äpfel und 23 Teile Bananen. 77 % sind also $\frac{77}{100}$ und 23 % sind $\frac{23}{100}$. Zusammen sind es $\frac{77}{100} + \frac{23}{100} = \frac{100}{100}$. Das ist das Ganze und daher 100 %.

Hundertstel vom Grundwert

In der Fabrik, in der der Obstbrei hergestellt wird, kommen auch 77 % Äpfel und 23 % Bananen in einen großen Kessel und müssen zusammengerührt werden. In so einem Kessel sollen zum Beispiel 500 Kilogramm von dem Obstbrei hergestellt werden. Wie viel Kilogramm Apfelmus und wie viel Kilogramm Bananenmus müssen dafür zusammengerührt werden?
Die 500 Kilogramm sind die *ganze* Menge. Man nennt das Ganze den „Grundwert".

> Egal, wie groß der Grundwert ist,
> er entspricht immer 100 %.
>
> 1 Hundertstel vom Grundwert ist 1 Prozent.
> **Kurz:** $\frac{1}{100} = 1\,\%$

Nun kann man ausrechnen, wie viel Kilogramm Äpfel und wie viel Kilogramm Bananen für den Grundwert von 500 Kilogramm zusammengerührt werden müssen: $\frac{1}{100}$ von 500 kg = 5 kg; $\frac{77}{100}$ von 500 kg = 77 · 5 kg = 385 kg

 Wie viel Kilogramm Bananen müssen hinzugefügt werden? [1]

Übersichtliche Vergleiche

Mit Prozenten kann man gut ausdrücken oder sich vorstellen, wie viel vom Ganzen gemeint ist. Weil das Ganze immer 100 % ist, weiß man bei jeder Prozentangabe gleich, ob es viel oder wenig ist:
60 % sind mehr als die Hälfte, 40 % sind weniger als die Hälfte. 5 % sind wenig, 90 % sind beinahe alles, 25 % sind genau ein Viertel, 50 % genau die Hälfte usw.
Mit Prozenten kann man daher auch gut Vergleiche anstellen.

---

[1] 115 kg Bananen; Probe: 385 kg + 115 kg = 500 kg.

Schaut euch das Schaubild über den deutschen Wald an und erzählt euch gegenseitig, was ihr daraus ablesen könnt.

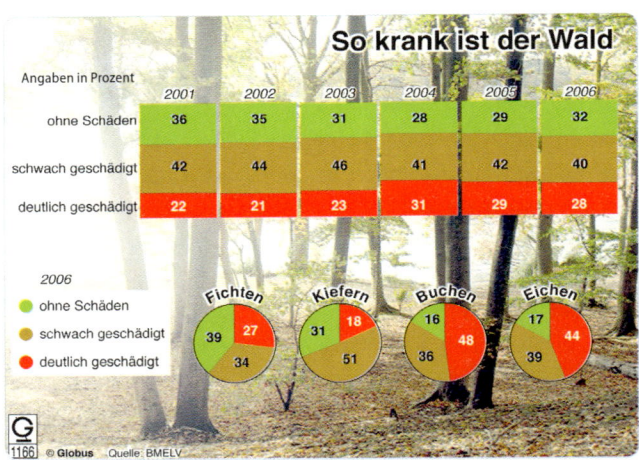

So krank ist der Wald

Angaben in Prozent

	2001	2002	2003	2004	2005	2006
ohne Schäden	36	35	31	28	29	32
schwach geschädigt	42	44	46	41	42	40
deutlich geschädigt	22	21	23	31	29	28

2006

- ● ohne Schäden
- ● schwach geschädigt
- ● deutlich geschädigt

Fichten: 39, 27, 34
Kiefern: 31, 18, 51
Buchen: 16, 48, 36
Eichen: 17, 44, 39

1166 © Globus   Quelle: BMELV

Prozente bekommen

Zinsen

Auch beim Geldsparen gibt es Prozente. Man bekommt „Zinsen". Ihr legt zum Beispiel 300 Euro aufs Sparbuch und bekommt nach einem Jahr 2 % Zinsen. Die 300 Euro sind der Grundwert. Sie entsprechen also 100 %. Davon bekommt ihr nach einem Jahr 2 Hundertstel Euro: $\frac{2}{100}$ von 300 € = 300 € : 100 · 2 = 6 €.
Das kann man auch mit Bruchstrich schreiben:
$\frac{300 \cdot 2}{100} = \frac{3 \cdot 2}{1} = 6$
Bei 2 % Zinsen bekommt ihr für eure 300 € also 6 € Zinsen.

- Wie viel Euro würdet ihr für 300 € nach einem Jahr bekommen, wenn der Zinssatz 5 % betrüge? [1]
- Wie viel Euro würde ein Lottogewinner nach einem Jahr zu seinem Gewinn von 250 000 Euro hinzubekommen, wenn er 5 % Zinsen bekäme? [2]

Rabatt

Wenn Kaufhäuser Kunden anlocken oder ihr Lager räumen wollen, setzen sie die Preise herunter. Sie gewähren Rabatt. Der alte Preis ist der Grundwert. Er entspricht 100 %. Der Rabatt wird meist in Prozent ausgedrückt.

Ein Kaufhaus wirbt mit dem Angebot: „Auf alle Fahrräder 15 % Rabatt!" Um wie viel Euro werden die Fahrräder billiger? [3]

790 €   **1280 €**   **399 €**

Die Lehrerin schimpft: „Der Mathetest ist katastrophal ausgefallen! 75 Prozent von euch haben so gut wie nichts kapiert!" – Eine Stimme von hinten: „Hä? So viele sind wir doch gar nicht!"

die **Punktrechnung**

Grundrechenarten

1) Ihr würdet 15 € Zinsen bekommen.
2) Er würde 12 500 € an Zinsen hinzubekommen.
3) Um 118,50 € billiger; um 192 € billiger; um 59,85 € billiger.

die **Pyramide**

Körper
Schrägbild
Höhe
Oberfläche
Volumen
Winkel

Die bekanntesten *Pyramiden* stehen in Ägypten. Von dort kommt auch der Name für diese Bauform.

Die Bezeichnung wurde von der Geometrie für die pyramidischen Körper übernommen.

Von den sieben Weltwundern der Antike sind die Pyramiden von Gizeh als einzige erhalten geblieben.

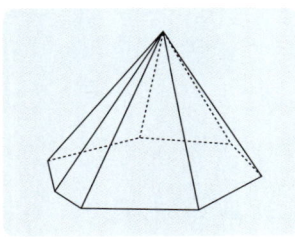

Auch das ist eine Pyramide: siebenseitig, unregelmäßig und schief.

Unterschiedliche Pyramiden

Eine Pyramide ist ein Körper, dessen Seitenwände immer Dreiecke sind. Die Dreiecke treffen sich alle in einem Punkt und bilden die Spitze der Pyramide.

Die Grundfläche einer Pyramide kann unterschiedlich viele Ecken haben. Am bekanntesten sind Pyramiden mit dreieckiger, viereckiger, vielleicht auch sechseckiger Grundfläche. Ebenso gibt es unregelmäßige und schiefe Pyramiden.

Hier aber die bekanntesten regelmäßigen Pyramiden:

Dreiseitige Pyramide oder Dreieckspyramide	Vierseitige Pyramide oder rechteckige bzw. quadratische Pyramide	Sechsseitige Pyramide oder Sechseckspyramide
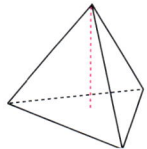	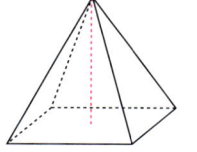	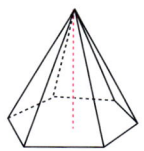
Bei einer dreiseitigen Pyramide kann jede Fläche die Grundfläche sein. Wenn alle Kanten gleich lang sind, dann sind auch alle Flächen gleich groß. Eine solche Pyramide wird auch mit dem griechischen Namen „Tetraeder" (= Vierflächner) bezeichnet.	Bei vierseitigen, sechsseitigen und allen anderen mehrseitigen Pyramiden ist immer *die* Fläche die Grundfläche, die kein Dreieck ist. Auch dann, wenn die Pyramide „umgekippt" ist. 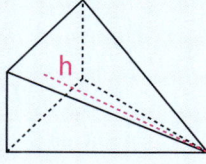	

Bei regelmäßigen Pyramiden liegt deren Spitze genau über dem Mittelpunkt der Grundfläche. Sie heißen daher auch „gerade Pyramiden". Der Abstand vom Mittelpunkt bis zur Spitze ist die Höhe der Pyramide. Die Höhe steht senkrecht auf der Grundfläche.

Zur Berechnung der **Oberfläche** und des **Volumens** einer Pyramide schaut bitte unter den entsprechenden Stichwörtern nach.

Pyramiden in der Umgebung

In der Natur gibt es die Pyramidenform nur bei einigen Kristallen. Ansonsten findet ihr Pyramiden in eurer Umgebung als Bauwerke oder als Teile von Bauwerken, z. B. eine Kirchturmspitze. In der Baukunst ist die gerade Pyramide mit quadratischer Grundfläche ("klassische Pyramide") am beliebtesten.

Die berühmteste moderne Pyramide steht in Paris. Sie wurde 1989 über dem Eingang zum Louvre-Museum errichtet.

Netze

Man kann sich die Pyramide wie einen Pappkarton vorstellen, den man entfalten und auf einer ebenen Fläche ausbreiten kann. Das ergibt ein Netz einer Pyramide.

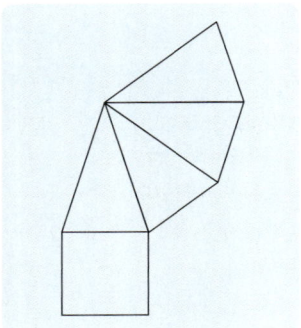

 Entwerft ein zusammenhängendes Körpernetz einer quadratischen Pyramide als Faltvorlage. Ihr könnt damit eine Pyramide bauen.
In Baukästen findet ihr sicher eine quadratische Pyramide. Wenn ihr sie von einer Fläche auf die andere kippt, könnt ihr auch ganz andere Netze herstellen, als das in der Abbildung. In der Fachsprache nennt man das „abwickeln". Überlegt euch, wo Klebelaschen gebraucht werden.

Pythagoras

Pythagoras war ein berühmter griechischer Mathematiker und Philosoph, der vor mehr als 2500 Jahren auf der griechischen Insel Samos geboren wurde und als junger Mann 20 Jahre lang durch die antike Welt reiste, um sich das Wissen seiner Zeit anzueignen.

Dabei soll er bis nach Indien gekommen sein, wo die Rechenkunst schon viel weiter fortgeschritten war als im so genannten Abendland. Aber sicher weiß man das nicht. Es ist aber gut möglich, dass er auf seinen Reisen auch von einer Entdeckung erfahren hat, die bis heute nur in Verbindung mit *seinem* Namen bekannt ist. Das ist der „Satz des Pythagoras".

Pythagoras von Samos
(ca. 580 bis 500 v. Chr.)

Der Satz des Pythagoras

Schon Jahrhunderte vor Pythagoras hatten die Chinesen und Inder eine interessante Entdeckung an *rechtwinkligen Dreiecken* gemacht. Pythagoras war aber der Erste, der bewiesen hat, dass sie auf alle rechtwinkligen Dreiecke zutrifft:

> ❗ Wenn man ein beliebiges *rechtwinkliges* Dreieck ▲ zeichnet und über jeder der drei Seiten ein Quadrat ■ ■ ■ konstruiert, dann sind die Flächen der beiden kleineren Quadrate zusammen genauso groß wie die Fläche des größten Quadrats: ■ + ■ = ■
>
> Das ist der Satz des Pythagoras. Man kennt ihn in folgender Formel:
> $a^2 + b^2 = c^2$

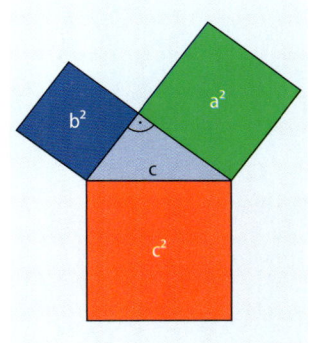

Pythagoras und nach ihm noch sehr viele andere Mathematiker und Tüftler haben nach *Beweisen* dafür gesucht, dass die Behauptung wirklich auf *alle* rechtwinkligen Dreiecke zutrifft.

Hier soll euch die Formel erst einmal „schmackhaft" gemacht werden:

Das rechtwinklige Dreieck zwischen den Schokoladenquadraten hat folgende Maße:

a = die Länge von 4 Schokostücken
b = die Länge von 3 Schokostücken
c = die Länge von 5 Schokostücken

Wie man sieht, trifft der Satz des Pythagoras auf diese leckere Anordnung jedenfalls zu: Das Quadrat aus 4 · 4-Stückchen (a^2) und das Quadrat aus 3 · 3-Stückchen (b^2) haben zusammen genauso viele Stückchen wie das Quadrat aus 5 · 5-Stückchen (c^2); denn 16 + 9 = 25.

Hier also stimmt die Formel $a^2 + b^2 = c^2$.

➡ Überprüft die Formel auch an dem folgenden Beispiel, diesmal mit Kästchen (statt mit Schokoladenstückchen).

➡ Aus wie vielen Kästchen besteht die Fläche a^2?
Aus wie vielen Kästchen besteht die Fläche b^2?
Sind a^2 und b^2 zusammen genauso groß wie die
Fläche c^2? [1]

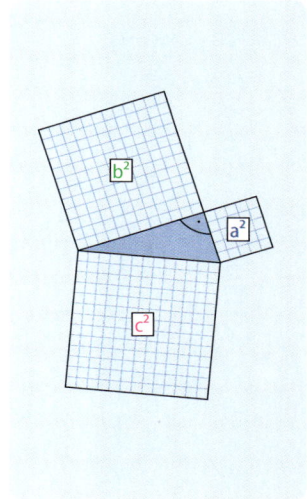

Fachausdrücke

Für die Seiten im rechtwinkligen Dreieck gibt es folgende Fachausdrücke. Sie stammen aus dem Griechischen und hören sich sehr wissenschaftlich an:

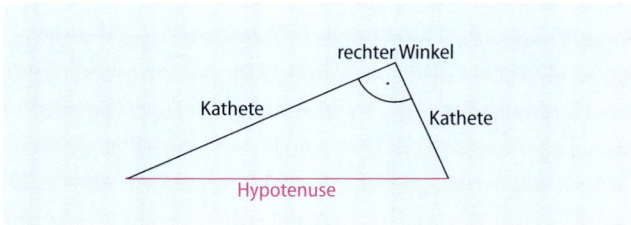

❗ Die zwei kürzeren Seiten des Dreiecks heißen *Katheten*.

Die Katheten bilden den rechten Winkel. Die Quadrate über den Katheten werden „Kathetenquadrate" genannt.

---

1) $a^2 = 5 \cdot 5 = 25$ Kästchen; $b^2 = 12 \cdot 12 = 144$ Kästchen; $25 + 144 = 169$;
$c^2 = 13 \cdot 13 = 169$ Kästchen. Also: $a^2 + b^2 = c^2$.

Die längste Seite heißt *Hypotenuse*.

Die Hypotenuse liegt dem rechten Winkel gegenüber. Das Quadrat über der Hypotenuse nennt man „Hypotenusenquadrat".

Der Satz des Pythagoras

Für den Satz des Pythagoras gibt es unterschiedliche Formulierungen. Vielleicht kommt ihr mit dieser Formulierung zurecht?

Im rechtwinkligen Dreieck haben die beiden Kathetenquadrate zusammen eine genauso große Fläche wie das Hypotenusenquadrat.

Aus dem Munde von gestrengen Mathematikern klingt der Satz so:
Im rechtwinkligen Dreieck ist die Summe der Flächeninhalte der Quadrate über den Katheten gleich dem Flächeninhalt des Quadrats über der Hypotenuse.

Auf den rechten Winkel kommt es an

Ohne rechten Winkel kein Pythagoras!

> ❗ Der Satz des Pythagoras gilt *nur* für rechtwinklige Dreiecke.

Auf Dreiecke, die keinen rechten Winkel haben, trifft er nicht zu. Ihr könnt das an diesem Beispiel nachrechnen.

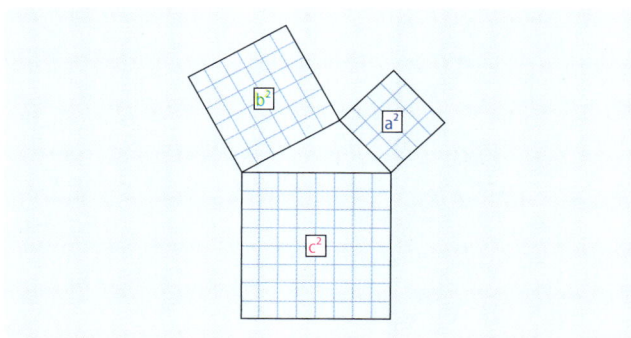

➡ Prüft nach, ob wirklich keiner der drei Winkel im Dreieck ein rechter Winkel ist.

Die Fläche der beiden kleineren Quadrate ist zusammen genommen *nicht* genauso groß wie die Fläche des großen Quadrats:
$a^2 = 16$ Kästchen; $b^2 = 36$ Kästchen; $c^2 = 64$ Kästchen.
16 Kästchen + 36 Kästchen ≠ 64 Kästchen

Schief gelegen?

Rechtwinklige Dreiecke liegen selten so, dass man sofort erkennen kann, wo sich der rechte Winkel eigentlich befindet und wo die Hypotenuse und die Katheten sind. Der Satz des Pythagoras gilt aber auch dann, wenn das rechtwinklige Dreieck sozusagen schief liegt.

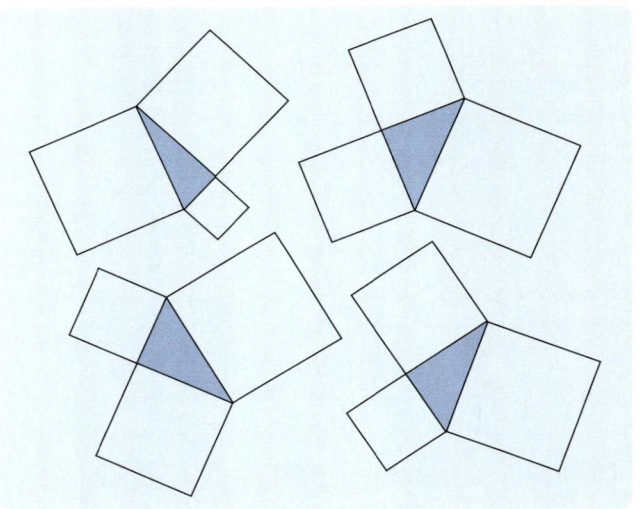

→ Kopiert die Abbildungen. Kennzeichnet den rechten Winkel mit einem Winkelbogen. Schraffiert dann die Hypotenusenquadrate mit einem roten Stift.

Unbekannte Strecken und Entfernungen berechnen

Der Satz des Pythagoras hat z. B. beim Hausbau oder für Archäologen auch heute noch einen praktischen Nutzen. Wenn z. B. Strecken oder Entfernungen ermittelt werden müssen, die man mit dem Zollstock gar nicht oder nicht so einfach messen kann, können sie mit Hilfe des Satzes von Pythagoras *berechnet* werden. Andererseits ist der Satz des Pythagoras eine geometrische Entdeckung, für die man sich auch ohne praktischen Nutzen richtig begeistern kann.

Diagonalen berechnen

Beim Satz des Pythagoras geht es um Quadrate. Wenn ein Quadrat eine Fläche von $16\,cm^2$ hat, beträgt seine Seitenlänge 4 cm. Denn 16 ist eine Quadratzahl ($4\,cm \cdot 4\,cm = 16\,cm^2$). Das nennt man „Wurzel ziehen". $\sqrt{16} = 4$
Wenn ihr euch mit **Quadratzahlen** und **Wurzelziehen** noch nicht so gut auskennt, macht euch erst einmal unter den betreffenden Stichwörtern schlau.

 Wie lang sind die Seiten der Quadrate mit folgenden Flächeninhalten? Schreibt es mit dem Wurzelzeichen auf, also: $\sqrt{36\,cm^2} = 6\,cm$.
- $25\,cm^2$ [1)]
- $9\,cm^2$ [2)]
- $81\,cm^2$ [3)]
- $100\,m^2$ [4)]
- $49\,cm^2$ [5)]

Bei höheren Zahlen müsst ihr ganz schön knobeln oder den Taschenrechner benutzen.

1) $\sqrt{25\,cm^2} = 5\,cm$ 2) $\sqrt{9\,cm^2} = 3\,cm$ 3) $\sqrt{81\,cm^2} = 9\,cm$
4) $\sqrt{100\,m^2} = 10\,m$ 5) $\sqrt{49\,cm^2} = 7\,cm$

Abkürzung für eine Schnecke

Für Schnecken ist bekanntlich jeder Kriechmeter ein langer Weg. Umso besser, wenn sie den Satz des Pythagoras kennen und sich Abkürzungen ausrechnen können.

Eine Schnecke sitzt an einem Eck eines rechteckigen Gemüsefeldes. Sie will ans andere Eck schräg gegenüber, wo ein leckerer Salatkopf wartet. Wie viele Meter spart sie, wenn sie schnurstracks die Diagonale c entlang schleicht, statt außen herum den Schneckenpfad b und a zu benutzen?

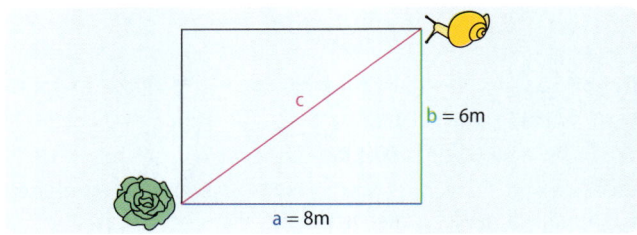

Die Lösung steckt im Satz des Pythagoras.

1. Holt dafür zuerst das Dreieck aus dem Gemüsefeld heraus. Markiert den rechten Winkel. Die Seite c liegt dem rechten Winkel gegenüber. Sie ist also die Hypotenuse.

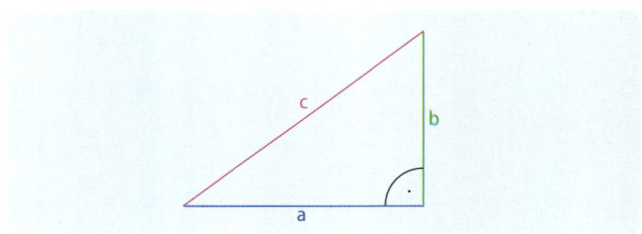

2. Zeichnet oder denkt euch die Kathetenquadrate a^2 und b^2 und das Hypotenusenquadrat c^2.

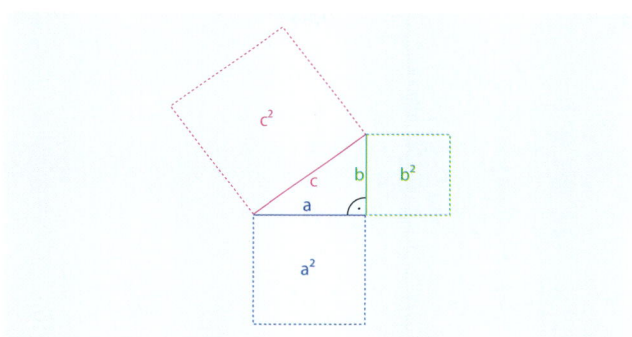

3. Wendet nun die Formel an: $a^2 + b^2 = c^2$. Wie groß ist dann c^2?
Welche Länge hat dann c?
Mathematisch aufgeschrieben sieht das so aus:
$$c = \sqrt{a^2 + b^2}$$

4. Setzt für die Buchstaben in der Formel die angegeben Maße ein. [1]

Höhen berechnen

Die Formel für den Satz des Pythagoras lautet $a^2 + b^2 = c^2$. Wenn man die Fläche des Hypotenusenquadrats (c^2) nicht kennt, rechnet man die Flächen der beiden Kathetenquadrate (a^2 und b^2) zusammen: $c^2 = a^2 + b^2$.

---

[1] Die Schnecke spart auf der Diagonalen 4 m: $a^2 + b^2 = c^2 = 64\,m^2 + 36\,m^2 = 100\,m^2$; die Hypotenuse c (= die Diagonale) ist also $\sqrt{100\,m^2} = 10\,m$; außen herum: $6\,m + 8\,m = 14\,m$. $14\,m - 10\,m = 4\,m$.

Mit derselben Formel lassen sich aber auch die Flächen der kleineren Kathetenquadrate ermitteln. Sie kann also auf folgende drei Fälle angewandt werden:

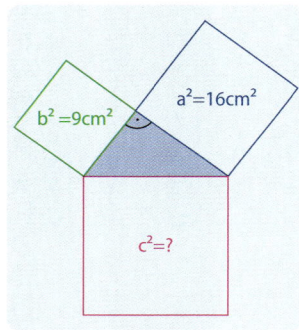

$$c^2 = 16\,cm^2 + 9\,cm^2 = 25\,cm^2$$

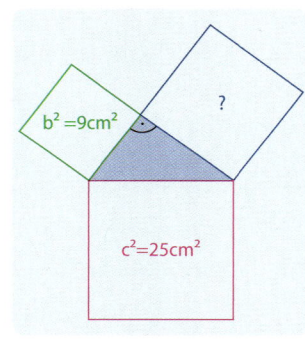

$$a^2 = 25\,cm^2 - 9\,cm^2 = 16\,cm^2$$

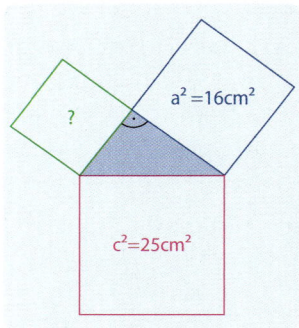

$$b^2 = 25\,cm^2 - 16\,cm^2 = 9\,cm^2$$

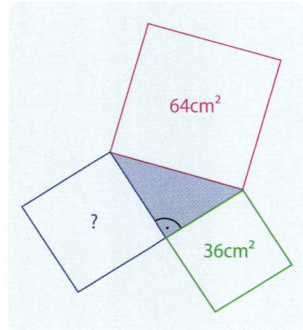

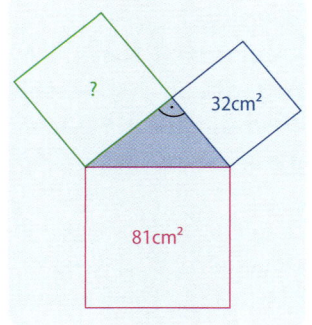

➡ Ermittelt die unbekannten Flächen. Es sind verkleinerte Abbildungen. Stellt sie euch in Zentimeterquadraten vor. [1]

1) 28 cm²; 49 cm²; 135 cm²

Die Spinne in der Pyramide

Es war einmal eine Spinne. Die lebte in einer wunderschönen (hohlen) Pyramide. Nachdem sie ihre Behausung bis in den letzten Winkel ausgekundschaftet hatte und jeden Meter ihrer Krabbelstrecken auswendig kannte, blieb nur noch ein Wunsch offen: Sie wollte sich von der Spitze ihrer Pyramide an ihrem eigenen Seidenfaden bis auf den Boden abseilen.
Sicherheitshalber rechnete sie zuvor aber aus, wie viel Meter Seidenfaden sie dafür benötigte.
Und da sie – wie alle Spinnen – den Satz des Pythagoras beherrschte, überstand sie das Abenteuer wohlbehalten und lebte glücklich bis an ihr Ende.

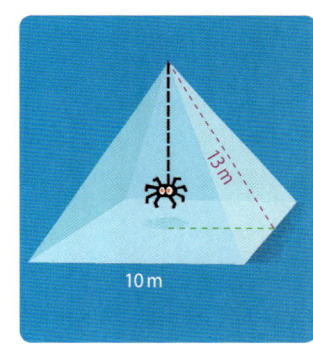

 Holt erst einmal das rechtwinklige Dreieck aus der Pyramide heraus und markiert den rechten Winkel.
Schaut genau hin, welche Seite die Hypotenuse ist und welche Seiten die Katheten sind.
Dann konstruiert ihr über den Katheten und der Hypotenuse die Quadrate. Von zwei Quadraten c^2 und b^2 könnt ihr den Flächeninhalt ohne weiteres berechnen.
Nun kommt der Satz des Pythagoras zum Einsatz, also: $a^2 + b^2 = c^2$. In diesem Fall sieht die Sache allerdings so aus: $? + b^2 = c^2$.
Wie groß ist die gesuchte Quadratfläche a^2? Und wie lang ist dann der Seidenfaden a? [1]

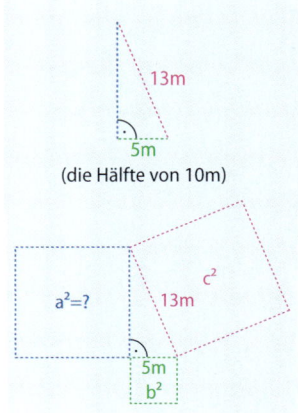

Die Länge des Seidenfadens der Spinne ist zugleich die *Höhe* der Pyramide.

---

[1] Ihr müsst das grüne Kathetenquadrat vom roten Hypotenusenquadrat abziehen:
$c^2 - b^2 = a^2 = 169\,\text{m}^2 - 25\,\text{m}^2 = 144\,\text{m}^2$. Die Länge des Seidenfadens ist also $\sqrt{144\,\text{m}^2} = 12\,\text{m}$.

Der Beweis

Solange man den Satz des Pythagoras an Schokoladenstückchen und vollständigen Kästchen überprüfen kann, ist er beinahe ein Kinderspiel. Die Längen von allen drei Seiten sind *ganze Zahlen*. In der Mathematik nennt man solche ganzzahligen Seitenlängen „pythagoreische [2] Tripel" (tri = drei).

Richtig spannend wird es mit dem Satz des Pythagoras aber erst, wenn es um *beliebige* rechtwinklige Dreiecke geht. Pythagoras wollte *beweisen*, dass die Formel $a^2 + b^2 = c^2$ bei allen rechtwinkligen Dreiecken *immer* zutrifft, und zwar *wirklich immer*, egal wie groß oder klein das Dreieck ist und welche Seitenlängen es hat. Und er hat den Beweis dann auch als Erster erbracht.

Beweise sind in der Mathematik die Krönung. Wenn bewiesen werden kann, dass etwas *immer* stimmt, sind Mathematiker glücklich. Pythagoras soll den Göttern vor lauter Begeisterung und Dankbarkeit 100 Ochsen geopfert haben, als er den Beweis für $a^2 + b^2 = c^2$ gefunden hatte. (Arme Ochsen, aber so war das damals mit der Götterverehrung!)
Auch nach Pythagoras haben sich viele Mathematiker und Tüftler daran versucht, immer noch einen Beweis für $a^2 + b^2 = c^2$ zu finden. Bis heute gibt es 370 Beweise dafür. Sie sind alle ziemlich schwer zu durchschauen, aber manche kann man durch Puzzeln nachmachen. Einer davon soll euch hier vorgestellt werden. Er hat mit „Flächenzerlegung" zu tun. (Dafür gibt es natürlich auch einen rechnerischen Beweis, aber der ist einfach

---

[2] Das Wort „pythagoreisch" spricht man so aus: PYTHAGO[RE]ISCH

zu kompliziert, um ihn hier zu erklären! Es ist übrigens auch nicht der Beweis, den Pythagoras gefunden hat.)

Am Anfang steht also die Behauptung:

❗ $a^2 + b^2 = c^2$

1. Ihr zeichnet ein beliebiges rechtwinkliges Dreieck 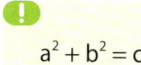 und konstruiert die Kathetenquadrate und das Hypotenusenquadrat über den drei Seiten (Bild 1).
2. Im größeren Kathetenquadrat ermittelt ihr den Mittelpunkt und zeichnet durch den Mittelpunkt eine waagerechte und eine senkrechte Parallele zu den Seiten des Hypotenusenquadrats (Bild 2).

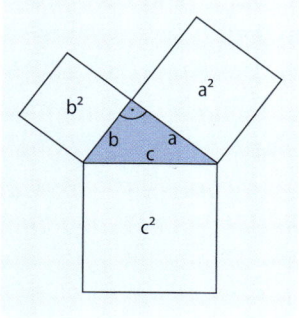

1

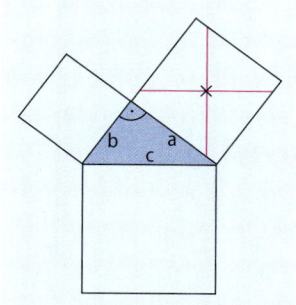

2

3. Ihr malt die Kathetenquadrate wie in Bild 3 aus und schneidet sie in einzelne Puzzle-Teile.

4. Mit den Puzzle-Teilen legt ihr nun das große Hypotenusenquadrat aus. Sie passen genau hinein und füllen das große Quadrat vollständig aus.

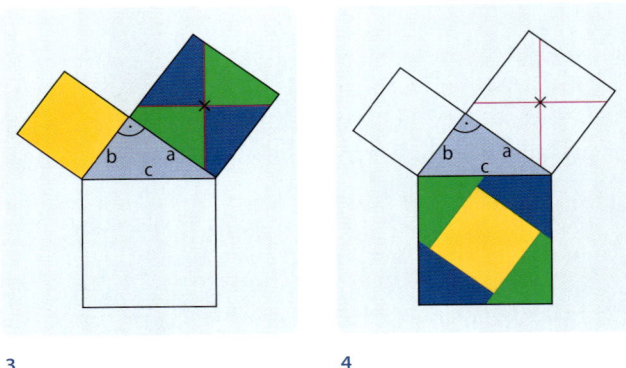

3   4

Damit ist *bewiesen*, dass $a^2 + b^2$ genauso groß ist wie c^2.
Egal, mit welchem rechtwinkligen Dreieck ihr diesen Beweis führt: Die Puzzle-Teile aus den Kathetenquadraten passen immer genau ins Hypotenusenquadrat! Der Satz des Pythagoras trifft *immer* zu! (Sonst wäre er im mathematischen Sinne auch kein „Satz"!)[1]

*„Wieso haben Sie Ihren Kater denn Pythagoras genannt?"
– „Sie müssten mal sehen, was der für einen Satz machen kann!"*

---

1) Im mathematischen Sinne ist ein „Satz" eine Aussage, die wahr ist, weil sie bewiesen werden kann.

der **Quader**

Ein *Quader* ist ein Stein, den man zum Bau von Häusern oder anderen Gemäuern verwendet.
Als Quader bezeichnen wir meist nur große Natursteine, zum Beispiel Marmorquader oder Granitquader.

Körper
rechter Winkel
Kante
Oberfläche
Volumen

Merkmale

Der Begriff „Quader" wurde für den entsprechenden geometrischen Körper übernommen.

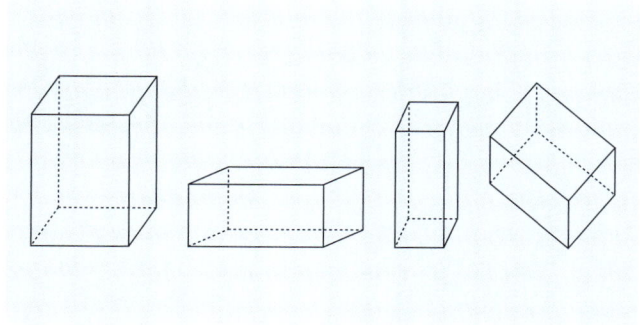

Ziegelsteine sind auch Quader.

Quader können unterschiedlich aussehen oder schief liegen. Wenn sie aber folgende gemeinsame Merkmale haben, dürfen sie sich alle „Quader" nennen.

Ein Quader hat:
- 6 rechteckige Flächen
- 8 Ecken
- 12 Kanten
- ausschließlich rechte Winkel.

   Prüft nach, ob diese Merkmale bei den verschiedenen Abbildungen zutreffen.

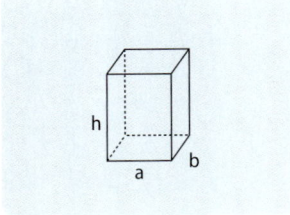

Beim Quader sind immer zwei gegenüber liegende Flächen gleich.
Man braucht daher auch nur drei Maße anzugeben: die Länge, die Breite und die Höhe. Als Kurzbezeichnung werden meist die Buchstaben a, b und h eingesetzt.

Quader in der Umgebung

Gegenstände in Form von Quadern findet ihr in eurer Umgebung überall:

Sucht euch einen Gegenstand aus und zeichnet ihn als geometrisches Schrägbild.
Tipps dazu findet ihr unter dem Stichwort **Schrägbild**.

Quadernetze

Wenn man sich den Quader wie einen Pappkarton vorstellt, kann man ihn – wie jeden anderen geometrischen Körper (außer der Kugel) – entfalten.

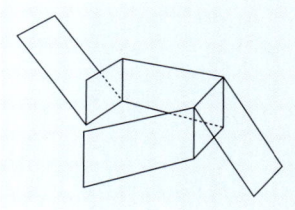

 Wenn ihr den Karton ganz entfaltet und flach vor euch hinlegt, entsteht das Netz eines Quaders. Welches der beiden Netze ergibt sich aus dem entfalteten Karton?[1]

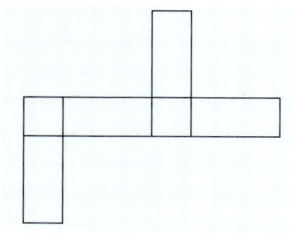

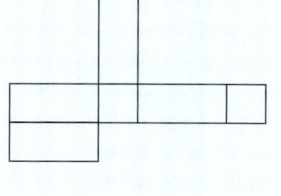

A   B

Ein Quadernetz ist eine Faltvorlage aus einem Stück. Daraus lässt sich ein Karton oder Kästchen bauen.

---

1) Netz A.

> ➡ Macht eine Zahnpastaschachtel oder Seifenschachtel „platt" und umrandet ihr Netz.

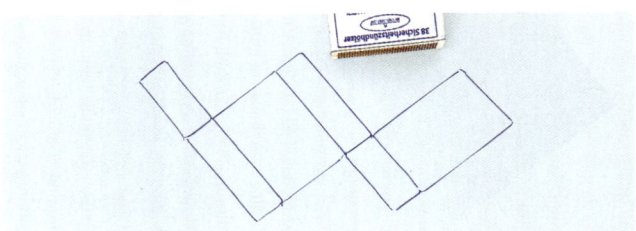

> ➡ Nehmt eine Streichholzschachtel (oder eine andere quaderförmige Verpackung) und kippt sie auf einem Blatt Papier von einer Fläche auf die nächste Fläche. Man nennt das „abwickeln". Umrandet jedes Mal die Fläche, auf der die Schachtel liegt. So könnt ihr verschiedene Quadernetze herstellen.
> Oder schneidet die 6 Flächen aus und puzzelt verschiedene Netze zusammen. [1]

Über die Berechnung der **Oberfläche** und des **Volumens** eines Quaders könnt ihr euch unter den betreffenden Stichwörtern informieren.

Besondere Quader

Es gibt Quader, bei denen die Grundfläche und die gegenüber liegende Deckfläche Quadrate sind. Man nennt einen solchen

---

1) Man soll übrigens 54 unterschiedliche Quadernetze finden können.

Quader auch „quadratische Säule". Einen Quader, bei dem *alle* Kanten gleich lang sind, nennen wir normalerweise Würfel. Aber auch ein Würfel ist ein Quader. Nur eben ein *besonderer* Quader.

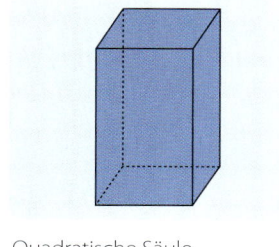

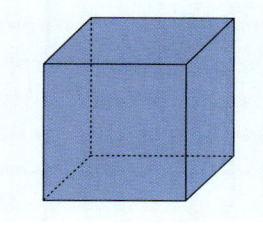

Quadratische Säule   Würfel

das Quadrat

Das Wort „quadratus" bedeutet im Lateinischen viereckig. Das Quadrat ist aber eine *besondere* viereckige Fläche:
Es hat vier gleich lange Seiten, die an jeder Ecke einen rechten Winkel bilden.

Rechteck
rechter Winkel
Flächenmaße
Diagonale
Quadratzahlen

 Ein Quadrat ist ein Rechteck mit vier gleich langen Seiten.

Bei Quadraten reicht es aus, immer nur eine Seitenlänge anzugeben. Dann weiß man schon, wie das Quadrat aussehen muss. Die Seitenlänge wird normalerweise mit dem kleinen Buchstaben a bezeichnet. Hier ist a = 1,5 cm.

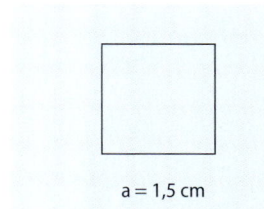

a = 1,5 cm

319

Umfang und Fläche des Quadrats

Umfang
Wenn man wissen möchte, welchen Umfang ein Quadrat hat, stellt man sich am besten einen Zaun drum herum vor. Die Länge des Zaunes ist der Umfang des Quadrats:

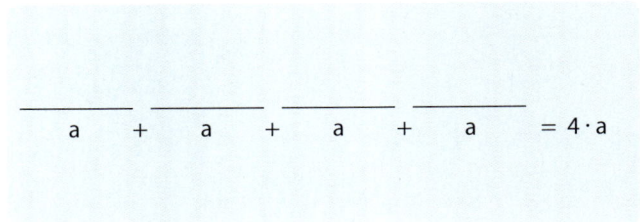

Bei dem Quadrat auf Seite 319 sind es $4 \cdot 1,5\,cm = 6\,cm$.

Die Formel für den Umfang eines Quadrats lautet:
$u_\square = 4 \cdot a$

Flächeninhalt
Wenn man den Flächeninhalt eines Quadrats wissen möchte, stellt man es sich mit Einheitsquadraten ausgekachelt vor. Beim abgebildeten Quadrat sind es 3 Reihen mit jeweils 3 Zentimeterquadraten. Das sind $3 \cdot 3$ Zentimeterquadrate, also 9 Zentimeterquadrate.
Das läuft auf dasselbe hinaus wie *Seitenlänge* mal *Seitenlänge* oder $a \cdot a$. Das kann man auch so schreiben: a^2.

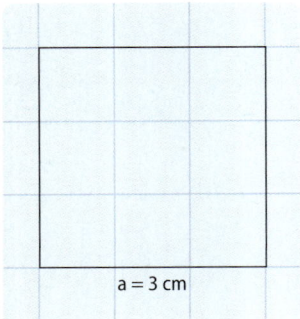

a = 3 cm

> Die Formel für den Flächeninhalt eines Quadrats lautet:
> $F_\square = a \cdot a$ **Oder:** $F_\square = a^2$

Falten, spiegeln und zeichnen

Falten und kniffen

Zum Basteln braucht man oft ein quadratisches Faltblatt. Das lässt sich ganz einfach aus einem rechteckigen Blatt herstellen

1

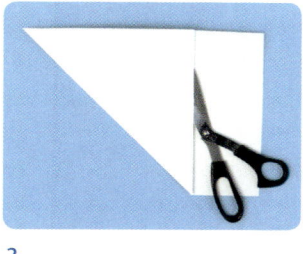

2

3

Auch aus einem unregelmäßigen Stück Papier kann man durch Falten ein Quadrat herstellen.

 Faltet aus irgendeinem ausgerissenen Stück Papier zuerst einen rechten Winkel. Probiert dann selbst aus, wie ihr weitermachen könnt, damit ein Quadrat entsteht. Am Schluss befinden sich diese Kniffe im Papier.

Wie man einen **rechten Winkel** faltet, könnt ihr euch auf Seite 352 anschauen.

Spiegeln

An den Kniffen im gefalteten Papier könnt ihr alle Symmetrieachsen eines Quadrats erkennen. Das sind zwei Diagonalen und zwei Mittellinien.

➜ • Stellt in den bunten Quadraten einen Spiegel an die verschiedenen Symmetrieachsen und malt auf, was ihr zu sehen bekommt.
• Zeichnet selbst Quadrate mit unterschiedlichen Mustern und spiegelt sie.

Zeichnen

Ganz korrekt zeichnet ihr ein Quadrat mit dem Geodreieck:

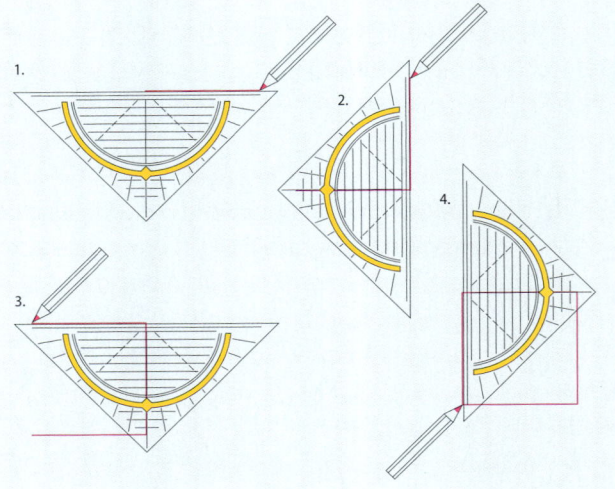

Quadrate vergrößern und verkleinern

➡ Geht von einem Quadrat mit ganzzahliger Seitenlänge aus (z. B. 4 cm). Zeichnet es in die Mitte des Blattes. Ihr braucht rundherum noch Platz zum Vergrößern und Verlängern.
Mit Hilfe welcher Linien könnt ihr am einfachsten den Mittelpunkt des Quadrates ermitteln? [1]

➡ Konstruiert ein Quadrat mit doppeltem *Umfang*.
- Wievielmal so groß wird dann der Flächeninhalt? [2]
- Wie lang sind bei dem neuen Quadrat die Seiten? [3]

➡ **Rätselhaft!**
Ein Schwimmbad soll um das Doppelte vergrößert werden. Dabei soll es unter allen Umständen die quadratische Form behalten und die vier Eichen sollen natürlich an ihrem Platz stehen bleiben.
Gibt es dafür ein Lösung? [4]

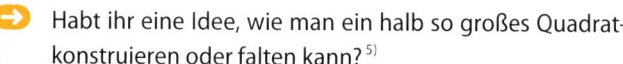

➡ Habt ihr eine Idee, wie man ein halb so großes Quadrat konstruieren oder falten kann? [5]

---

1) Mit Hilfe der beiden Diagonalen.
2) Bei Verdoppelung des Umfangs vervierfacht sich der Flächeninhalt.
3) Die Seitenlänge beträgt dann 8 cm.
4) Natürlich gibt es eine Lösung: siehe Abbildung rechts
5) Vorschlag: Die Ecken zum
Mittelpunkt des Quadrats hin falten.

Quadratzahlen

Quadrat
potenzieren
Wurzel
Differenz

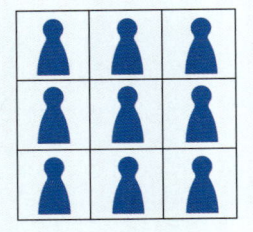

$3 \cdot 3 = 9$
9 ist eine Quadratzahl.

Beliebte Malaufgaben

Beim Einmaleins gibt es Aufgaben, die schon kleinen Kindern besonders gut gefallen und die sie oft ganz stolz aufsagen können, zum Beispiel: „3 mal 3 ist 9" oder „4 mal 4 ist 16" oder „5 mal 5 ist 25".
Das sind die Aufgaben, bei denen eine Zahl mit sich selbst multipliziert wird.

Wenn man diese Aufgaben mit Plättchen oder Figuren darstellt, entstehen Quadrate. Das Ergebnis bezeichnet man daher als *Quadratzahl*.

„Wie viel ist 6 mal 6?" – „Sechsundsechzig!" – „Also, nee! Wer weiß es?" – „6 mal 6 gibt Mittwoch!" – „Ja, wo bin ich denn hier? Christiane, nun mal los!" – „6 mal 6 ist 36!" – „Na, also! Und wie bist du drauf gekommen?" – „Ganz einfach: 66 minus Mittwoch!"

Hoch 2

Quadratzahlen entstehen dadurch, dass man eine Zahl mit sich selbst multipliziert. Das nennt man in der Fachsprache „potenzieren". 9 ist die *zweite* Potenz von 3. Denn die 3 wird *zwei*mal mit sich selbst malgenommen. Wenn eine Zahl dreimal, viermal ... oder Millionen Mal mit sich selbst malgenommen wird, spricht man von der dritten, vierten, ... millionsten Potenz dieser Zahl.
Mehr dazu erfahrt ihr unter dem Stichwort **potenzieren**.
In der Mathematik will man immer alles so kurz und knapp wie

möglich aufschreiben. Für die Potenzschreibung hat man sich daher die *hochgestellte* Zahl ausgedacht. Die 3 mit sich selbst malgenommen schreibt man so: 3^2. Man sagt „drei hoch 2". 3^2 ist also dasselbe wie $3 \cdot 3$.

$1 \cdot 1 = 1$	$1^2 = 1$	●
$2 \cdot 2 = 4$	$2^2 = 4$	●● ●●
$3 \cdot 3 = 9$	$3^2 = 9$	●●● ●●● ●●●
$4 \cdot 4 = 16$	$4^2 = 16$	●●●● ●●●● ●●●● ●●●●

Ihr kennt „hoch 2" auch von den Flächenmaßen her: Dort gibt es die Kürzel mm^2 oder cm^2 oder m^2. Sie bedeuten auch dasselbe wie $mm \cdot mm$ oder $cm \cdot cm$ oder $m \cdot m$.

Von der Quadratzahl zur Wurzel

Quadratzahlen entstehen dadurch, dass eine Zahl mit sich selbst malgenommen wird: $6 \cdot 6 = 36$. Umgekehrt kann man aus einer Quadratzahl die „Wurzel ziehen", das heißt den Faktor ermitteln, der – mit sich selbst malgenommen – in der Quadratzahl drinsteckt: In der Quadratzahl 36 ist es der Faktor 6; denn $6 \cdot 6 = 36$.

Man sagt: „6 ist die Wurzel aus 36". Das Zeichen für „Wurzel aus" ist $\sqrt{}$. Kurz notiert, sieht die Gleichung so aus: $\sqrt{36} = 6$.
Mehr zum Wurzelziehen unter dem Stichwort **Wurzel**.

Die Abstände (die Differenz) zwischen den Quadratzahlen

Hier stehen die Quadratzahlen in einer Reihe. Die Zahlen darunter sind die Differenzen zwischen den Quadratzahlen.

$$1 \mid 4 \mid 9 \mid 16 \quad 25 \quad 36 \quad 49 \quad 64 \quad 81 \quad 100 \quad 121 \quad ? \quad ?$$

$$3 \quad 5 \quad 7 \quad ? \quad ?$$

- Setzt die Differenzfolge fort.
- Die Differenz zwischen zwei Quadratzahlen beträgt 49. Um welche beiden Quadratzahlen handelt es sich? [1]

Schaut euch die Differenzen der Reihe nach an: Es handelt sich ausschließlich um *ungerade* Zahlen. Und zwar der Reihe nach. *Jede* ungerade Zahl, die es in der Reihe der natürlichen Zahlen gibt, ist Differenz von zwei aufeinander folgenden Quadratzahlen. Nur die 1 nicht.

Magische Quadrate

Magie bedeutet „Zauberei". Ein *magisches Quadrat* ist also ein „Zauberquadrat".
Hier soll es nur um die „klassischen" magischen Quadrate gehen. Darin sind die Zahlen von 1 an eingetragen. Es gibt auch magische Quadrate mit anderen Ausgangszahlen.

---

1) Knobelt es aus! Hilft dieser Tipp? $\quad 48 - \textcircled{49} - 50$

$\qquad\qquad\qquad\qquad\qquad\quad 24^2 \qquad\quad 25^2$

Eines der berühmtesten magischen Quadrate befindet sich auf einem Holzschnitt von Albrecht Dürer. Es handelt sich um ein Quadrat aus vier mal vier Kästchen. Die Zahlen von 1 bis 16 sind so eingetragen, dass die vier Zahlen jeder *Zeile*, jeder *Spalte* und jeder *Diagonale* zusammengezählt dieselbe Summe ergeben. Deshalb ist es ein „magisches Quadrat".

Albrecht Dürer hat die Zahlen in seinem magischen Quadrat so angeordnet, dass aus den beiden Kästchen in der Mitte unten das Entstehungsjahr des Holzschnittes abzulesen ist: 1514.

 Prüft das an Dürers Quadrat nach. (Die Ziffer 5 steht übrigens auf dem Kopf.)

Bei so einem „magischen Quadrat der Ordnung 4" kommt kreuz und quer und diagonal immer die Summe 34 heraus. Die 34 ist die „magische Zahl". Wenn ihr also ein unvollständiges magisches Quadrat vierter Ordnung mit den Zahlen 1 bis 16 vorfindet, könnt ihr ganz sicher davon ausgehen, dass beim Addieren der Zeilen, Spalten und Diagonalen die Summe 34 herauskommen muss. Das hat folgenden Grund:
Wenn man alle Zahlen von 1 bis 16 addiert, ergibt das die Summe 136. Da immer vier Zahlen dieselbe Summe ergeben sollen, muss die „magische Zahl" 136 : 4 sein, also 34.

1		15	
13	14		4
	7		5
		6	

		9	6
14	1		
	13	16	
11			10

 Vervollständigt die beiden magischen Quadrate der Ordnung 4. [1]

Es ist ziemlich kompliziert, magische Quadrate der Ordnung 4 oder noch höherer Ordnung selbst zu machen. Leichter geht es mit magischen Quadraten der Ordnung 3, also aus 3 mal 3 Kästchen.

 Welche „magische Zahl" muss es bei einem magischen Quadrat der Ordnung 3 geben? [2]

Schneidet euch neun quadratische Kärtchen aus, die ihr mit den Zahlen 1 bis 9 beschriftet habt und probiert einfach mal drauflos.

[1]

1	2	15	16
13	14	3	4
12	7	10	5
8	11	6	9

7	12	9	6
14	1	4	15
2	13	16	3
11	8	5	10

[2] Die magische Zahl ist 15. Zusammengezählt ergeben die Zahlen von 1 bis 9 die Summe 45. Die 45 müsst ihr diesmal durch 3 dividieren, weil immer drei Zahlen die magische Zahl ergeben sollen.

1. Ihr kommt sicher bald darauf, dass die 5 immer in der Mitte des 3-mal-3-Quadrats liegen muss.
2. Dann müssen die diagonal gegenüber liegenden Zahlen (in den Ecken) zusammen immer 10 ergeben.
3. Ihr werdet merken, dass in den Ecken nur die geraden Zahlen stehen können.

- Welche magischen Quadrate lassen sich aus diesem angefangenen Beispiel bauen? [1]
- Wie viele verschiedene magische Quadrate der Ordnung 3 kann es nur geben? [2]
- Bekommt ihr die magische Zahl für ein magisches Quadrat der Ordnung 5 heraus? [3]

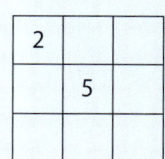

Einen Tipp, wie man die Zahlen von 1 bis 25 schneller zusammenrechnen kann, findet ihr unter dem Stichwort **addieren**.

---

[1] Es gibt zwei Möglichkeiten:

2	9	4
7	5	3
6	1	8

2	7	6
9	5	1
4	3	8

[2] Es kann nur 8 verschiedene Anordnungen geben. Allerdings sind sie alle symmetrisch. Eigentlich gibt es daher nur ein einziges magisches Quadrat der Ordnung 3.

[3] Die magische Zahl beim 5-mal-5-Quadrat beträgt 325.

die **Quersumme**

Teilbarkeitsregeln
Bruch

Durch 3 teilbar

Mit Hilfe der *Quersumme* kann man *vor* dem Ausrechnen einer Divisionsaufgabe testen, ob eine Zahl durch 3 teilbar ist.

> Um die Quersumme einer Zahl zu ermitteln, addiert man ihre Ziffern.

Beispiel: Die Zahl 357 hat die Ziffern 3, 5, 7. Die Summe ihrer Ziffern ist dann $3 + 5 + 7 = 15$.
Man rechnet sich mit einem Trick die Zahl klein, um schnell zu sehen, ob die Quersumme durch 3 teilbar ist. Die Quersumme 15 lässt sich durch 3 teilen, also ist auch die Zahl 357 ohne Rest durch 3 teilbar.

> Wenn die Quersumme einer Zahl durch 3 teilbar ist, dann ist auch die Zahl selbst ohne Rest durch 3 teilbar.

Dividieren muss man nun aber trotzdem noch, denn mit der Quersumme kann man nur *testen*, ob die Zahl überhaupt durch 3 teilbar ist. Sie ist es: $357 : 3 = 119$.

Durch 9 teilbar

Der Test mit der Quersumme funktioniert genauso mit der 9.

Wenn die Quersumme einer Zahl durch 9 teilbar ist, dann ist auch die Zahl selbst ohne Rest durch 9 teilbar.

Am Beispiel **4 572**:
Die Quersumme beträgt 18 (4 + 5 + 7 + 2 = 18). Die Zahl 18 ist durch 9 teilbar, also ist auch die Zahl 4 572 ohne Rest durch 9 teilbar. Eine Zahl, die durch 9 teilbar ist, lässt sich natürlich auch ohne Rest durch 3 teilen; denn 9 = 3 · 3.

 Welche der folgenden Zahlen sind *nur* durch 3 teilbar und welche *auch* durch 9?

- 56 853 [1]
- 175 173 [2]
- 4 140 [3]
- 217 188 [4]
- 110 772 [5]
- 2 259 645 [6]

Warum funktioniert der Trick mit der Quersumme?
Das lässt sich mit der so genannten „Neuner-Restprobe" erklären.
Ihr wollt testen, ob die Zahl 4 734 ohne Rest durch 9 teilbar ist:
Die Zahl 4 734 könnt ihr in ihre Stellenwerte zerlegen. Auf jeder Stelle versteckt sich eine Stufenzahl: 4 734 = (4 · 1 000) + (7 · 100) + (3 · 10) + (4 · 1)
Wenn man eine Stufenzahl wie 1 000 oder 100 oder 10 durch 9 teilt, bleibt immer ein Rest von 1. (Rechnet ruhig noch einmal nach!)

---

[1] Quersumme 27 (auch durch 9 teilbar) [2] Quersumme 24 (nur durch 3 teilbar)
[3] Quersumme 9 (auch durch 9 teilbar) [4] Quersumme 27 (auch durch 9 teilbar)
[5] Quersumme 18 (auch durch 9 teilbar) [6] Quersumme 33 (nur durch 3 teilbar)

Dann bleibt bei 4 mal 1 000 (dividiert durch 9) ein Rest von 4, bei 7 mal 100 (dividiert durch 9) ein Rest von 7, bei 3 mal 10 (dividiert durch 9) ein Rest von 3 und bei 4 mal 1 (dividiert durch 9) ein Rest von 4 (4 : 9 = 0 Rest 4)

Alle Reste zusammen ergeben 4 + 7 + 3 + 4 = 18. Der Gesamtrest von 18 ist also durch 9 teilbar. Dann muss auch die Division der Zahl 4 734 durch 9 aufgehen.

Die Restzahlen sind dieselben wie die Ziffern der Ausgangszahl.

Eigentlich rechnet man also die Restzahlen zusammen, aber weil es dieselben sind wie die Ziffern der Ausgangszahl, kann man genauso gut deren Quersumme ermitteln, um die Teilbarkeit durch 9 zu testen. Das weiß fast keiner, aber den Quersummen-Trick kennt fast jeder.

Brüche kürzen

Den Trick mit der Quersumme kann man beim Kürzen von Brüchen sehr gut gebrauchen. Je weiter man einen Bruch „herunter kürzen" kann, desto leichter kann man mit ihm weiterrechnen. Mehr dazu unter dem Stichwort **Bruch**.

Angenommen, ihr habt es mit folgendem Bruch zu tun: $\frac{54}{75}$.

Auf den ersten Blick sieht der Bruch nicht so aus, als ob man ihn kürzen könnte. Aber bildet vom Zähler und vom Nenner die Quersumme:

Die Quersumme von 54 ist 9; die Quersumme von 75 ist 12. Der Zähler lässt sich zwar durch 9 teilen, aber der Nenner nur durch 3. Brüche kann man aber nur dann kürzen, wenn sich Zähler und Nenner jeweils durch die gleiche Zahl teilen lassen. In diesem Fall durch 3, also: $\frac{54:3}{75:3} = \frac{18}{25}$.

So sieht der Bruch schon etwas „handlicher" aus.

➡ Lassen sich bei den folgenden Brüchen Zähler und Nenner jeweils durch 3 oder sogar durch 9 teilen? Bildet von Zähler und Nenner die Quersummen. (Denkt daran, dass sich durch das Kürzen der Wert des Bruches nicht verändert!)

- $\frac{36}{135}$ 1)
- $\frac{84}{105}$ 2)
- $\frac{174}{297}$ 3)
- $\frac{108}{243}$ 4)

der **Quotient**

Quotient ist der Fachausdruck für das Ergebnis einer Division, also einer Geteiltaufgabe.

dividieren
Dividend
Divisor

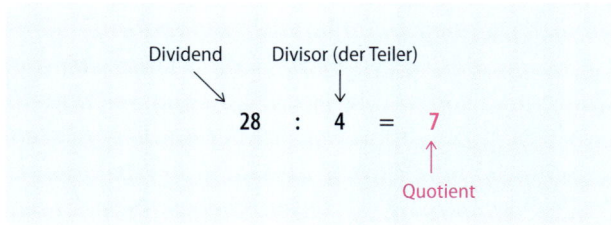

Dividend   Divisor (der Teiler)

$$28 \; : \; 4 \; = \; 7$$

Quotient

Das Wort Quotient kommt aus dem Lateinischen. „Quotiens" bedeutet „wie oft". Der Quotient sagt uns also, *wie oft* ein Teiler in der ersten Divisionszahl enthalten ist.

1) durch 9 → $\frac{4}{15}$ 2) durch 3 → $\frac{28}{35}$ 3) durch 3 → $\frac{58}{99}$
4) durch 9 und dann sogar noch einmal durch 3, also durch 27 → $\frac{12}{27} = \frac{4}{9}$

der **Rabatt**

Preis
bar
Prozent

Das Wort *Rabatt* kommt aus dem Lateinischen. *Battere* bedeutet „schlagen" und *rabattere* „niederschlagen". Das Wort wurde dann in die Kaufmannssprache übernommen. Aber es wurden nicht die Konkurrenten *niedergeschlagen*, sondern die *Preise*. Ein Rabatt ist also ein Preisnachlass. Rabatte werden auf bestimmte Waren *gewährt*. Das heißt, das Geschäft, bei dem man eine Ware kauft, kann aus verschiedenen Gründen mit dem Preis heruntergehen. Der Kunde kann die Ware günstiger bekommen.

Warum gewähren Geschäfte überhaupt Rabatte?

Hersteller und Verkäufer von Produkten können ihren Kunden aus verschiedenen Gründen Preisnachlässe gewähren:
1. Sie belohnen Kunden für schnelle Zahlung.
2. Sie belohnen sie für Barzahlung, denn Ratenzahlung oder Zahlungen mit Kreditkarte sind z. T. mit Verlusten oder zusätzlichen Kosten verbunden. Das sind dann *Barzahlungsrabatte*.
3. Sie belohnen Großeinkäufe mit *Mengenrabatten*.
4. Sie geben bei teuren Produkten lieber einen kräftigen Nachlass, als dass sie den guten Kunden an ein anderes Geschäft verlieren. Ihr Gewinn ist meist immer noch hoch genug, sodass sich der geringere Preis für sie trotzdem noch auszahlt.
5. Sie wollen die Kunden an ihr Geschäft binden. Viele Geschäfte geben Treuekarten aus, mit denen die Kunden Prozente auf ihren Einkauf bekommen. Das sind so genannte *Treuerabatte*. Damit schaffen sie sich eine Stammkundschaft.
Auch Treuepunkte, Treueherzen oder Rabattmarken können gesammelt und eingelöst werden.

6. Sie wollen ein neues Produkt an den Kunden bringen und gewähren einen *Einführungsrabatt*.
7. Sie wollen ihre Lager räumen und z. B. Kleidung aus der vergangenen Saison oder bei Autos oder Möbeln Auslaufmodelle loswerden. Das sind *Ausverkaufsrabatte*.

Prozente und Zugaben

Die Höhe der Rabatte wird meist in Prozenten angegeben.

- Was kosten die angebotenen Inlineskates jetzt? [1)]
- Was würden sie bei einem Rabatt von 20 % kosten? [2)]

Mehr dazu erfahrt ihr unter dem Stichwort **Prozent**.

[1)] 50 % bedeutet die Hälfte von 100 %, also den halben Preis: 18,40 €; 29,45 €; 14,50 €
[2)] 20 % sind ein Fünftel von 100 %: 29,44 € (7,36 € Rabatt); 47,12 € (11,78 € Rabatt); 23,20 € (5,80 € Rabatt)

Rabatte können auch in Form von Zugaben gewährt werden. So erhält der Käufer eines Neuwagens bei Barzahlung z. B. die Klimaanlange zur Grundausstattung hinzu oder auf dem Wochenmarkt legt der Verkäufer noch zwei zusätzliche Bananen in den Korb. Das sind dann *Naturalrabatte*. Der Preis bleibt der gleiche, man bekommt dafür nur etwas mehr.

der **Radius (r)**

Kreis
Durchmesser
Pi

Um einen Kreis zu zeichnen, braucht man einen Zirkel. Die Spannweite bestimmt die Größe des Kreises. Die Spannweite des Zirkels ist der *Radius*.
Radius bedeutet im Lateinischen „Radspeiche". Die Mehrzahl von Radius heißt *Radien*.

In der Geometrie ist der Radius die Entfernung vom Mittelpunkt des Kreises zu irgendeinem Punkt auf der Kreislinie. Das Kürzel ist *r*.

Wenn es heißt: „Der Kreis hat einen Radius von 4 cm", dann ist damit nicht ein ganz bestimmter Radius an einer ganz bestimmten Stelle gemeint, sondern ganz allgemein die Entfernung vom Mittelpunkt bis zur Kreislinie. Man braucht nur von *einem* Radius zu sprechen, weil *alle* Radien gleich lang sind.

Der Radius wird auch „Halbmesser" genannt. Er ist der halbe Durchmesser (d) des Kreises:

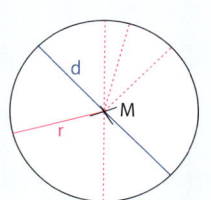

$r = \frac{1}{2}d \;\rightarrow\; d = 2r$

➡ Zeichnet einen Kreis mit dem Radius r = 4 cm. Markiert mit einem spitzen Bleistift immer zuerst den Mittelpunkt, in dem ihr den Zirkel ansetzen wollt. Dafür macht ihr am besten ein Kreuz. Die Schnittstelle wird dann der Mittelpunkt des Kreises.
- Wie groß ist der Durchmesser?[1]
- Welcher Kreis ist größer? Der mit einem Radius von r = 3,6 cm oder der mit einem Durchmesser von d = 7 cm?[2]

Den Radius braucht man für die Berechnung der Fläche und des Umfangs von Kreisen und runden Körpern. Mehr dazu erfahrt ihr unter den Stichwörtern **Kreis**, **Kegel**, **Kugel**, **Oberfläche**, **Volumen**, **Pi**.

1) 8 cm
2) Der Kreis mit dem Radius r = 3,6 cm ist größer. Sein Durchmesser beträgt 7,2 cm.

die **Ratenzahlung**

bar
Preis
Prozent
Schulden

Wer größere Anschaffungen plant, zum Beispiel ein neues Kinderzimmer, ein Auto oder einen neuen Fernsehapparat, wird das Geld dafür möglichst ansparen. Wenn nun aber zum Beispiel die Waschmaschine plötzlich kaputt geht und das Geld für ein neues Gerät nicht ausreicht, besteht die Möglichkeit, den Betrag in Teilbeträgen abzuzahlen. Das nennt man Teilzahlung oder *Ratenzahlung*. Man kann das Gerät sofort bekommen und zahlt den Preis dafür nachträglich „in Raten".

Die Geschäfte werben auch mit dem Angebot der Ratenzahlung, weil sich die Kunden dadurch leichter und schneller für eine Neuanschaffung entscheiden können. In den Anzeigen wird dann von *Finanzierung* gesprochen. Darunter versteht man den Plan und den Vertrag für die Ratenzahlung. Es werden meist Monatsraten vereinbart. Der Zeitraum für die Ratenzahlungen kann unterschiedlich lang sein, z. B. ein Jahr oder drei Jahre oder noch viel länger. Das hängt meist von der Höhe des Preises ab.

Ratenzahlung ohne Preisaufschlag

Bei dieser Anzeige für den Kühlschrank ist der Anreiz für den Ratenkauf besonders groß, weil sich dadurch der Gesamtpreis nicht erhöht. Es wird kein Preisaufschlag genommen, wie es meist üblich ist. Das ist mit „0 % Zins" gemeint.

 Wie hoch ist beim Kauf dieses Kühlschranks die monatliche Rate bei einer Laufzeit von 12 Monaten? [1]

---

1) Eine Monatsrate beträgt 74,00 €.

Ratenzahlung mit Preisaufschlag

In der Regel ist es aber so, dass bei einer Ratenzahlung insgesamt mehr gezahlt werden muss als beim „Barkauf". Dafür, dass man als Kunde eine Ware in Teilbeträgen abzahlen kann, nimmt das Geschäft einen Preisaufschlag. Das Geschäft muss auf den vollen Betrag ja eine Zeitlang warten und dafür verlangt es einen Aufpreis. Als Kunde muss man sich daher gut überlegen, ob man mit dem Kauf noch warten kann, bis man den Barpreis zusammengespart hat, oder ob man die Anschaffung sofort machen muss oder will und einen höheren Preis in Kauf nimmt.

➡ Wie hoch ist der Preisaufschlag beim Ratenkauf des Fernsehgeräts? [1]

Je mehr Zeit für die Ratenzahlung vereinbart wird, desto geringer sind die einzelnen Raten, desto höher wird aber auch der Preisaufschlag. Bei den folgenden Angeboten wird eine Ratenzahlung über einen Zeitraum von 36 Monaten angeboten.

1   2

---

[1] Der Preisaufschlag beträgt 11,64 € (12 · 24,22 € = 290,64 €; 290,64 € − 279,00 € = 11,64 €).

Wie hoch ist bei den beiden Angeboten der Preisaufschlag bei Ratenzahlung? [1]

Ratenkäufe sind in manchen Fällen eine große Erleichterung. Sie sind aber auch verführerisch und können zur „Schuldenfalle" werden. Ratenzahlung ist im Grunde *nachträgliches* Sparen. Man macht Schulden, die nach und nach abbezahlt werden müssen. Niemand kann aber in die Zukunft schauen, sodass unvorhergesehene Ausgaben dazwischenkommen können. Man kann die Raten dann nicht mehr bezahlen und kann in finanzielle Not geraten. Bei Anschaffungen, die nicht unbedingt notwendig sind, ist man durch *vorausgehendes* Sparen auf der sicheren Seite.

der **Rauminhalt**

Volumen
Kubikmaße
Liter

Mit dem *Rauminhalt* wird angegeben, wie viel Platz zum Beispiel in einem Container, einer Dose oder einem Tank ist, um Müll oder Wasser oder Benzin einzufüllen. Der Rauminhalt wird in Litern oder Kubikmaßen gemessen. Er lässt sich z. B mit Messbechern abmessen oder aus der Form des Behälters errechnen.
In der Geometrie wird der Rauminhalt geometrischer Körper *berechnet*. Der Fachbegriff für Rauminhalt lautet *Volumen*.
Hinweise und Tipps zur Berechnung des **Volumens** findet ihr unter dem betreffenden Stichwort.

---

1) Angebot 1: Auf 36 Monate verteilt beträgt der Preisaufschlag 152,64 € (36·31,99 € = 1 151,64 €; 1 151,64 € − 999,00 € = 152,64 €). Angebot 2: Der Preisaufschlag beträgt 96,04 € (36 · 20,14 € = 725,04; 725,04 € − 629 € = 96,04 €).

„Heureka!"

Den Rauminhalt von *unregelmäßigen* Körpern kann man durch einen Trick herausfinden. Diesen Trick hat der griechische Mathematiker Archimedes schon um 250 v. Chr. durch Zufall entdeckt.

Und so lautet die Legende: Der König von Syrakus (Sizilien) hatte den Auftrag erteilt, eine Krone aus purem Gold herzustellen. Als die Krone fertig war, wurde er den Verdacht nicht los, dass das Gold mit Silber vermischt worden sei, einem Metall also, das viel weniger wert war als Gold. Er bat alle Wissenschaftler seines Reiches festzustellen, ob die Krone nun aus reinem Gold sei oder nicht. Niemand hatte eine Idee, wie man das herausfinden könnte. Auch Archimedes zerbrach sich darüber den Kopf. Eines Tages begab sich Archimedes in ein öffentliches Bad. Als er in das Wasser der Badewanne eintauchte, bemerkte er, dass der Wasserspiegel stieg. Wie von der Tarantel gestochen sprang er aus der Badewanne. Er hatte die Lösung für das Problem gefunden. Vor lauter Aufregung soll er nackt nach Hause gerannt und begeistert gerufen haben: „Heureka!", was so viel heißt wie: „Ich hab's gefunden!". Seine Entdeckung bestand darin, dass ein Gegenstand – wenn er untertaucht – so viel Wasser verdrängt, wie sein Rauminhalt ausmacht. So ließ sich nun auch der Rauminhalt der (unregelmäßigen) Krone messen. Er versenkte die Krone also in einen mit Wasser gefüllten

Messbehälter und konnte am gestiegenen Wasserspiegel abmessen, wie groß ihr Volumen war.

Archimedes ließ genauso viel echtes Gold zu einem Goldbarren gießen, wie Wasser verdrängt worden war. Denn diese Menge entsprach ja dem Rauminhalt der Krone. Dann verglich er das Gewicht des Goldbarrens mit dem Gewicht der Krone.

Und siehe da: Die Krone war leichter. Das konnte nur dann der Fall sein, wenn ein leichteres Metall in der Krone enthalten war. Und Silber *ist* leichter als Gold. So konnte Archimedes beweisen, dass die Krone mit Sicherheit nicht aus purem Gold war. Was mit den Betrügern geschah und ob Archimedes reich belohnt wurde, ist nicht überliefert. Aber so ist es nun einmal mit Legenden. Man weiß nicht einmal, ob sie wahr sind, aber wie man den Rauminhalt von unregelmäßigen Körpern bestimmen kann, wurde wohl tatsächlich von Archimedes als Erstem entdeckt.

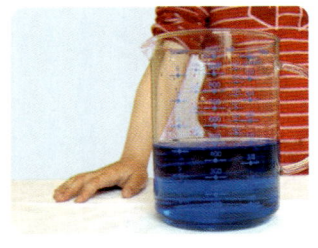

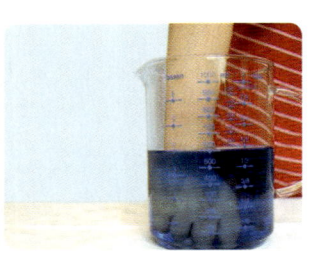

➡ Wie groß der Rauminhalt eures eigenen (unregelmäßigen) Körpers ist, könnt ihr nun also auch ermitteln:
Ihr braucht nur in einem Messbecher unterzutauchen…
oder halt teilweise: Erklärt euch die Methode, die das Kind hier anwendet, um den Rauminhalt seiner Hand zu messen.

die **Raute**

Parallelogramm

das **Rechteck**

Merkmale

rechter Winkel
Quadrat
Quader

Ein *Rechteck* ist eine Fläche mit vier Seiten. Es heißt Rechteck, weil sich an den vier Ecken *rechte* Winkel befinden. Das heißt: Immer zwei Seiten (Schenkel) des Vierecks bilden einen Winkel von 90 Grad, also so: └ und nicht so: ╱ und nicht so: ╲ .
Als Rechteck bezeichnen wir normalerweise eine rechteckige Fläche mit zwei längeren und zwei kürzeren Seiten. Die gegenüberliegenden Seiten sind parallel und gleich lang. Deshalb braucht man nur zwei Seiten zu benennen. Sie werden meist mit den Buchstaben a und b bezeichnet.
Hier ist ein Rechteck mit den Seitenlängen $a = 3\,cm$ und $b = 2\,cm$ abgebildet. Aber auch ein *Quadrat* ist ein Rechteck. Allerdings ist es ein *besonderes* Rechteck, weil es vier *gleich lange* Seiten hat. Deshalb braucht man beim Quadrat nur *eine* Seitenlänge zu kennen, z. B.: $a = 2\,cm$.

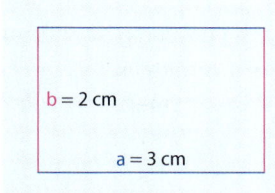

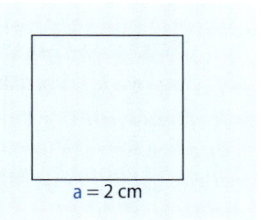

Rechtecke zeichnen

Das Hauptproblem beim Zeichnen von Rechtecken sind die rechten Winkel. Unser Augenmaß reicht nicht aus, um einen rechten Winkel ganz genau an eine gerade Linie anlegen zu können. Schiefe Rechtecke gibt es nicht. Es wären „Schiefecke". Man braucht Werkzeuge, um rechte Winkel exakt zeichnen zu können. Das ist in erster Linie natürlich euer Geodreieck. Zur Not können es aber auch eure Hefte sein oder ein Buch oder eine Karteikarte. Also: Gegenstände, an denen sich vorgefertigte rechte Winkel befinden.

Wie ihr rechte Winkel und rechteckige Flächen exakt konstruieren könnt, findet ihr unter den Stichwörtern **Quadrat** und **rechter Winkel**.

Umfang und Fläche berechnen

Umfang
Wenn ihr den *Umfang* (u) eines Rechtecks berechnen sollt, stellt ihr euch am besten einen Zaun drum herum vor. Die Länge des Zaunes ist der Umfang des Rechtecks.

$$a + b + a + b = 2 \cdot a + 2 \cdot b$$

Die Formel zur Berechnung des Umfangs eines Rechtecks lautet: $u_\square = 2 \cdot a + 2 \cdot b$ oder: $u_\square = 2 \cdot (a + b)$.

➡️ Wie groß ist der Umfang eines Rechtecks mit den Seitenlängen $a = 3\,cm$, $b = 2\,cm$? [1]

➡️ Wie lang ist die Seite b, wenn der Umfang eines rechteckigen Grundstücks 120 Meter beträgt und die Seite a 40 m lang ist? Tipp: Macht euch bei solchen Aufgaben eine Skizze. [2]

$$u = 120m$$
$$b = ?$$
$$a = 40m$$

Flächeninhalt

Wenn ihr den *Flächeninhalt* eines Rechtecks berechnen sollt, stellt ihr euch am besten vor, dass ihr es mit Kacheln (ohne Fugen) auslegen sollt. Je nachdem wie groß die Fläche ist, nimmt man dafür kleinere oder größere Quadrate als Maßeinheiten, z. B. Millimeterquadrate, Zentimeterquadrate, Meterquadrate. In Kurzform schreibt man das so: mm^2, cm^2, m^2.

Mehr dazu erfahrt ihr unter dem Stichwort **Flächenmaße**.

---

1) 10 cm
2) Die Seite b des Grundstücks ist 20 m lang ($2 \cdot 40\,m = 80\,m$; $120\,m - 80\,m = 40\,m$; $40\,m : 2 = 20\,m$).

Die Abbildung soll eine große rechteckige Sandkiste darstellen.

Niemand würde eine Sandkiste auskacheln, aber für die Flächenberechnung muss man sich hier Meterkacheln *vorstellen*: An die eine Seite passen 3 Meterquadrate. Davon passen insgesamt 4 Reihen hin. Die Fläche der Sandkiste beträgt also: 3 Meterquadrate mal 4 Reihen. Das sind 12 Meterquadrate. Das ist dieselbe Rechnung wie *Länge mal Breite*, also: $3\,m \cdot 4\,m = 12\,m^2$. Für *alle* Rechtecke gilt also die Formel:

> ❗
>
> $F_{\square}$ = Länge mal Breite
>
> **Kurz:** $F_{\square} = a \cdot b$

➡️ Zeichnet verschieden große Rechtecke auf Millimeter- oder Rechenpapier und überprüft die Formel.

Rechtecke an Körpern

Rechtecke kann man auch an Körpern entdecken.

1

2

3   4

 Wie viele rechteckige Flächen haben die
Gegenstände? Denkt auch an die nicht sichtbaren
Flächen! [1]

Zur Berechnung von Körpern mit rechteckigen Flächen schaut
unter dem Stichwort **Oberfläche** nach.

---

1) 1. sechs Rechtecke; 2. kein Rechteck, aber wenn man den Bauklotz abrollt, ergibt
sein Mantel eine rechteckige Fläche; 3. keine rechteckige Fläche; 4. drei Rechtecke
(Wenn man den Dachstuhl abnehmen würde, wäre der Dachboden das dritte
Rechteck.)

der **rechte Winkel**

Dreieck
Gerade
Pythagoras
senkrecht
Winkel

Die Lehrerin bittet Annabel an die Tafel: „Zeig uns bitte mal den rechten Winkel in diesem Dreieck." Annabel macht am Eckpunkt B einen schön geschwungenen Winkelbogen und sagt: „Das ist der rechte Winkel."

„Prima", sagt die Lehrerin. Wieder an ihrem Platz, sagt Annabel zu ihrer Nachbarin: „Den linken Winkel hätte ich auch gefunden!"

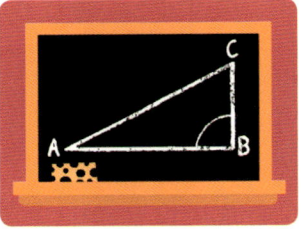

Mit *links* und *rechts* hat der *rechte Winkel* nichts zu tun (sonst wäre der Witz kein Witz!). Annabel hat zufällig recht gehabt, weil sich der rechte Winkel zufällig am rechten Eck des Dreiecks befindet. Sie denkt aber, dass rechte Winkel immer rechts liegen und dass es deshalb natürlich auch linke Winkel geben muss. Das ist ein Missverständnis. Ob links, rechts, oben oder unten: Rechte Winkel gibt es überall und in jeder Lage! Und *linke* Winkel gibt es in der Geometrie nicht.

Merkmale und Fachausdrücke

Aufrecht und geradlinig
Die Bezeichnung rechter Winkel stammt aus alter Zeit, wo *recht* so viel bedeutete wie „geradlinig und aufrecht".

Ein rechter Winkel wird also von zwei geraden Linien gebildet, die exakt *aufrecht* zueinander stehen oder sich aufrecht und *geradlinig* schneiden. Mathematisch korrekt heißt es: Sie stehen senkrecht zueinander.

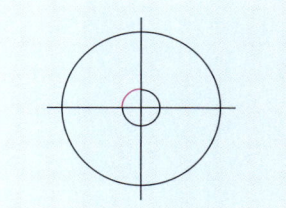

Rechte Winkel sind 90 Grad groß

Wenn man durch einen Kreis zwei Mittellinien im rechten Winkel zueinander zeichnet, wird der Kreis in vier gleiche Teile geteilt. Ein Teil davon hat einen Winkel, der ein Viertel des gesamten Kreises ausmacht.

Und weil man einen ganzen Kreis in 360 Grad eingeteilt hat, ist ein Viertel davon 90 Grad ($360° : 4 = 90°$).

Mehr dazu findet ihr unter dem Stichwort **Winkel**.

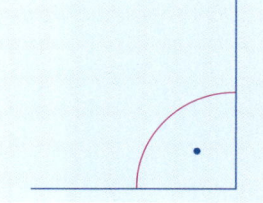

Ein rechter Winkel hat 90 Grad.
Abgekürzt schreibt man das so: 90°.

Weil der rechte Winkel ein besonderer Winkel ist, wird er innerhalb des Winkelbogens oft noch mit einem Punkt gekennzeichnet.

Schief gelegen

Rechte Winkel findet man in allen Lagen.

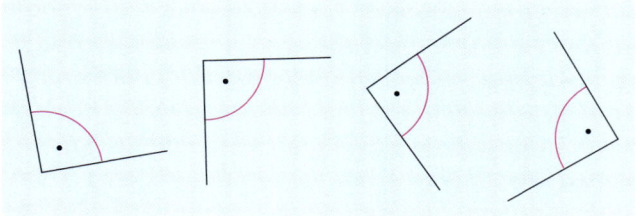

Wo seht ihr in diesem „Kunstwerk" rechte Winkel?

Legt zuerst euer Augenmaß an und überprüft eure Vermutungen dann mit dem Geodreieck oder mit der Ecke einer Karteikarte.

Sogar am schiefen Turm von Pisa befinden sich ganz viele rechte Winkel. Dass er trotzdem schief ist, liegt daran, dass er an einer Seite abgesackt ist und nun nicht mehr senkrecht zur Erdoberfläche steht.

Rechte Winkel in der Umgebung

In der Natur kommen rechte Winkel so gut wie nicht vor. Rechte Winkel wurden von den Menschen erfunden, als sie damit begannen, feste Häuser zu bauen.
In der Architektur sind rechte Winkel unverzichtbar. Sie sorgen dafür, dass Hauswände aufrecht und sicher stehen. Die meisten rechten Winkel werdet ihr daher auch an Gebäuden und standfesten Möbeln finden.

Rechte Winkel herstellen

Weil es in der Natur keine rechten Winkel gibt, hatten die Baumeister in alten Zeiten auch kein Vorbild und kein Maß, um zum Beispiel einen rechtwinkligen Grundriss für ein Gebäude anzulegen.

Eine uralte Methode

Von den Ägyptern ist eine Methode überliefert, mit der sie im freien Gelände einen rechten Winkel herstellen konnten. Die Methode wird heute noch am Bau angewandt.

➡ Tut euch zu dritt oder zu viert zusammen und macht die Methode nach. Nehmt ein langes Seil und teilt es in 12 gleich große Abschnitte, vielleicht zwei Fußlängen pro Abschnitt.
Die Ägypter haben Knoten gemacht. Ihr könnt die Abstände mit Filzstift oder Klebeband markieren.
Schaut euch in der Abbildung an, in welchem Verhältnis die ägyptischen „Seilspanner" das Seil zu einem Dreieck gespannt haben. Nur so bildet sich zwischen den beiden kürzeren Seilabschnitten automatisch ein rechter Winkel.

Das Experiment könnt ihr mit jeder Schnur auch im Kleinformat nachmachen. Bei jedem Dreieck, dessen Seiten ein Verhältnis von 3 Längeneinheiten zu 4 Längeneinheiten zu 5 Längeneinheiten (3 : 4 : 5) haben, entsteht ein rechter Winkel.

Ein einfaches Faltmodell

Am einfachsten lässt sich ein rechter Winkel durch Falten aus jedem Stück Papier herstellen.

Ihr faltet das Papier einmal zusammen.

Dann faltet ihr es noch einmal exakt am ersten Falz entlang. Die „saubere" Ecke ist ein rechter Winkel.

Wenn ihr das Blatt auseinanderfaltet, seht ihr, dass alle Mittelpunktwinkel gleich groß sind. Das ist der Beweis dafür, dass euer „sauberer" Faltwinkel wirklich ein rechter Winkel ist.

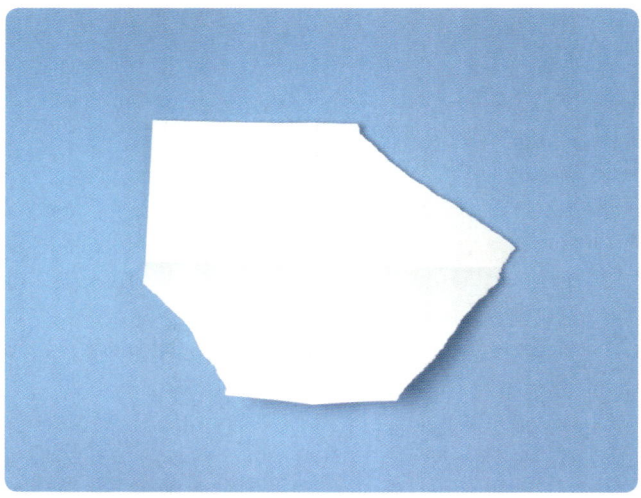

Rechte Winkel zeichnen

Mit Hilfswerkzeugen

Dort, wo ihr einen rechten Winkel zeichnen wollt, legt ihr z. B.
euren Faltwinkel oder eine Karteikarte oder eine rechteckige
Schachtel auf die Grundlinie.

Mit dem Geodreieck

Wenn es ganz exakt sein soll, arbeitet ihr mit dem Geodreieck.
Ihr legt den Scheitelpunkt des rechten Winkels auf der geraden
Grundlinie fest. Dann bringt ihr das Geodreieck am Nullpunkt
der Zentimeterskala wie ein Flugzeug auf der Startbahn in Position und zeichnet den zweiten Schenkel ein. Dabei könnt ihr
gleichzeitig die Länge des Schenkels abmessen.

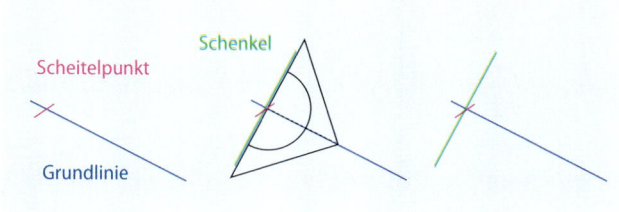

Mit dem Winkelmesser

Mit dem Geodreieck oder einem anderen Winkelmesser könnt
ihr am Scheitelpunkt auch den Winkel von 90° messen.

Mit Zirkel und Lineal

Technische Zeichner konstruieren rechte Winkel auch gern mit
Zirkel und Lineal. Beim Experimentieren werdet ihr bestimmt
auf rechte Winkel stoßen, wo ihr sie gar nicht vermutet.

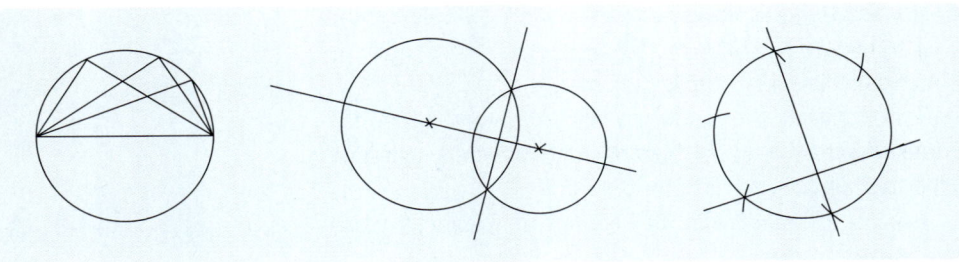

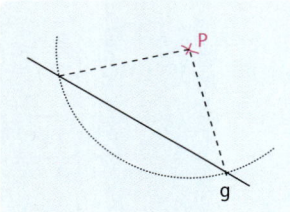

➡️ Ihr wollt durch einen Punkt P eine Gerade zeichnen, die exakt im rechten Winkel auf die Gerade g fallen soll. Das nennt man „das Lot fällen". Auch das gelingt am exaktesten mit Zirkel und Lineal. Probiert es aus. Der Anfang ist schon gemacht.

Ihr könnt auch unter dem Stichwort **senkrecht** nachlesen.

römische Zahlen

Dezimalsystem
Null
Ziffer

In der Geschichte der Mathematik hat es sehr viele verschiedene Zahlen- und Zeichensysteme gegeben, mit denen die Menschen gerechnet und ihre Rechnungen aufgeschrieben haben.

Wir verwenden für unser Dezimalsystem *arabische Ziffern*.
Sie heißen so, weil die Araber dieses Zeichensystem nach Europa gebracht haben.
Ursprünglich stammt es aber aus Indien.

Daneben sind bei uns die römischen Ziffern und Zahldarstellungen am besten bekannt. Sie begegnen uns auch heute noch in manchen Zusammenhängen:

I. Als Nummerierung bei Aufzählungen (wie hier), also statt erstens (1.), zweitens (2.), drittens (3.).

II. Bei Königs- und Königinnen-Namen, z. B. Elisabeth II. (Elisabeth die Zweite) oder Olaf V. (Olaf der Fünfte).

III. Bei Papst-Namen, z. B. Benedikt XVI. (Benedikt der Sechzehnte) oder Johannes Paul XXIII. (Johannes Paul der Dreiundzwanzigste).

IV. Auf Zifferblättern sogar moderner Uhren.

V. Auf Denkmälern und in manchen Büchern.

Von den Kerben zu den Ziffern

Wie in vielen alten Kulturen, so haben auch die Vorfahren der Römer die ersten Zahlzeichen in Kerbstöcke geschnitzt.
Zuerst reihten sie eine Kerbe an die andere. Das wurde ihnen aber zu unübersichtlich und so machten sie für eine Handvoll Kerben zwei spitz zulaufende Schnitze V und für zwei volle Hände zwei Schnitze, die sich überkreuzten X. So erfanden sie eine Ziffer für die 5 und eine Ziffer für die 10.

Da diese ersten Zahlzeichen wie Buchstaben aussahen, wurden auch für die hinzukommenden Ziffern Buchstabenzeichen genommen. Zwei davon sind die Anfangsbuchstaben der entsprechenden Zahlwörter. Deshalb kann man sie sich gut merken:

C steht für das Zahlwort „**C**entum" (= hundert), **M** steht für „**M**ille" (= tausend). Über die Entstehung von **L** (fünfzig) und **D** (fünfhundert) rätselt man noch.

Um alle Zahlen bis in die Tausender hinein aufschreiben zu können, kamen die Römer mit nur sieben Zahlzeichen aus:

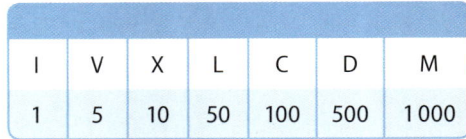

I	V	X	L	C	D	M
1	5	10	50	100	500	1 000

Die Null war ihnen noch nicht bekannt.
Mehr dazu findet ihr unter dem Stichwort **Ziffer**.

Die Regeln der Zahldarstellung

1. Die Grundregel

Damit sich die Menschen nicht unendlich viele Zahlzeichen merken mussten, kombinierten sie ihre sieben Ziffern miteinander. Unsere 6 zum Beispiel wurde aus V (5) und I (1) zusammengesetzt und erhielt das Zahlzeichen VI. Unsere 20 wurde zu XX zusammengefügt und unsere 178 zu CLXXVIII.

Die Grundregel der Zahldarstellung bestand also darin, die Zahlen so zu notieren, dass man den Wert ihrer einzelnen Ziffern von links nach rechts miteinander addieren konnte,
also:

C + L + X + X + V + I + I + I

in unseren Ziffern:

100 + 50 + 10 + 10 + 5 + 1 + 1 + 1 = 178

Regel 1: Die Zahlzeichen werden von links nach rechts geschrieben und ihre Werte addiert. Die Reihenfolge geht von den großen Zahlwerten zu den immer kleiner werdenden Werten.

Mit dieser Grundregel kamen die Römer lange Zeit gut aus.

➡ Auch ihr könnt damit bis in die Tausender hinein römische Zahlen aufschreiben und anderen zu lesen geben.

2. Die Zusatzregeln

Ihr werdet merken, dass manche Zahlen sehr viele Ziffern enthalten und deshalb sehr lang und unübersichtlich werden.

Um eine Zahl wie 3 987 nach der Grundregel aufzuschreiben, verbrauchte man zudem eine Menge wertvolles Papyrus oder musste lange daran meißeln: MMMDCCCCLXXXVII.

Es gab also gute Gründe Zusatzregeln einzuführen, um die Zahlen kürzer darstellen zu können. Das machte die Sache allerdings auch komplizierter.

Regel 2: Ein Zahlzeichen darf höchstens dreimal hintereinander gesetzt werden.

Wie diese Regel umgesetzt wurde, könnt ihr am Zifferblatt der Turmuhr nebenan entdecken.

Um die vier gleichen Zahlzeichen (IIII) zu vermeiden, wurde die nächst höhere Zahl V genommen und eine I davor gesetzt.

Nun musste beim Zahlenlesen und -schreiben also auch noch subtrahiert werden:

Statt IIII → IV (also 5 – 1)

Statt VIIII → IX (also 10 – 1)

Die Regel wurde auf die höheren Zahlen übertragen:

die alte Schreibweise	die neue Schreibweise
XXXX (10 + 10 + 10 + 10 = 40)	XL (50 – 10 = 40)
LXXXX (50 + 10 + 10 + 10 + 10 = 90)	XC (100 – 10 = 90)
CCCC (100 + 100 + 100 + 100 = 400)	CD (500 – 100 = 400)
DCCCC (500 + 100 + 100 + 100 + 100 + = 900)	CM (1 000 – 100 = 900)

 Welche Ziffer auf dem Zifferblatt gehorcht hier nicht der Regel? Wie müsste sie korrekt geschrieben sein?[1]

Probleme machte diese Subtraktionsregel bei zusammengesetzten Zahlen, sodass eine weitere Regel eingeführt werden musste.

Regel 3: Steht eine kleinere Ziffer *vor* einer größeren Ziffer (was nach der Grundregel nicht sein darf), dann gehören die beiden zusammen und bilden *einen gemeinsamen* Zahlenwert. Die kleinere Zahl wird dabei von der größeren abgezogen.

---

1) Die IIII (4) müsste korrekt so aussehen: IV.

X IV 5–1 10 + 4 = 14	LX IX 10–1 50 + 10 + 9 = 69
XC VII 100–10 90 + 5 + 1 + 1 = 97	CD X IX 500–100 10–1 400 + 10 + 9 = 419

MM CM CD IX
1000–100 500–100 10–1
1000 + 1000 + 900 + 40 + 9 = 2949

Bei den Römern waren die zusammengehörigen Ziffern natürlich nicht eingerahmt. Deshalb sind die Zahlen auf den Gedenktafeln oder in alten Büchern oft ziemlich schwer zu lesen. Es lohnt sich daher, die zusammengehörigen Ziffern vorher zu markieren.

 Um welche Zahlen geht es hier? Markiert die zusammengehörigen Ziffern und schreibt die Additionsaufgabe mit unseren Zahlen auf.
- XXXIX[1]
- CDXIV[2]
- DCCXLVIII[3]
- MMCMLXXIV[4]
- MCMXCIX[5]

Auf dieser Gedenktafel steht, dass der Reformator Jean Calvin bis zu seinem Tode an diesem Ort gelebt hat? Von wann bis wann war das?[6]

1) XXXIX = 10 + 10 + 10 + 9 = 39
2) CDXIV = 400 + 10 + 4 = 414
3) DCCXLVIII = 500 + 100 + 100 + 40 + 8 = 748
4) MMCMLXXIV = 1 000 + 1 000 + 900 + 50 + 10 + 10 + 4 = 2 974
5) MCMXCIX = 1 000 + 900 + 90 + 9 = 1 999
5) von 1543 bis 1564

Noch mehr Zusatzregeln
(für alle, die es genau wissen wollen)

Die römischen Ziffern wurden auch von anderen europäischen Ländern übernommen. Bei uns waren sie bis zur Verbreitung unserer heutigen arabischen Ziffern bis ins 13. Jahrhundert hinein in Gebrauch.
Während die Römer mit ihrer Grundregel und den beiden Subtraktionsregeln ganz gut zurechtkamen, wurden in anderen Ländern weitere Zusatzregeln eingeführt:

Regel 4: Es dürfen nur I, X und C als kleinere Zahlen vor die größeren Zahlen gesetzt und von ihnen abgezogen werden (also nicht die Fünf oder Fünfzig oder Fünfhundert).

	falsch	richtig
45	V L	X L V
950	L M	C M L
495	V D	C D X C V

Regel 5: Vor einer größeren Zahl darf nur die nächst kleinere Ziffer stehen und abgezogen werden.

Also: vor M *nur* die nächst kleinere Ziffer C (nicht X oder I), vor D *nur* C (nicht X oder I), vor C *nur* X (nicht I), vor L *nur* X (nicht I); die Ziffer I darf *nur* vor X stehen.

	falsch	richtig
49	IL	XLIX
99	IC	XCIX
490	XD	CDXC
1 999	MIM	MCMXCIX

Hier trifft die Redensart zu: „Warum einfach, wenn es auch kompliziert geht!"

Zu guter Letzt noch eine Regel, die aus Gründen der Übersichtlichkeit sicher sinnvoll ist:

Regel 6: Nie dürfen zwei (oder gar mehr) kleinere Ziffern vor einer größeren stehen, sondern höchstens *eine* kleinere Ziffer.

	falsch	richtig
48	IIL	XLVIII
598	DIIC	DXCVIII
800	CCM	DCCC
1 047	MIIIL	MXLVII

➡ Die Römer selbst haben das nicht so eng gesehen. Auf dem Grabstein eines Feldherrn, der in der Schlacht am Teutoburger Wald gefallen war, ist z. B. festgehalten, dass er der Befehlshaber der *18. Legion* gewesen war. Nach Regel 6 hätte die Schreibung der *18* anders aussehen müssen. Nämlich wie?[1]

1) XVIII

runden

abrunden
aufrunden
Dezimalbruch
schätzen
Überschlag
Taschenrechner

Runden hat etwas mit „rund machen" zu tun. Ihr kennt das Wort sicher im Zusammenhang mit Preisen. Da heißt es z. B.: „Es hat rund 12 Euro gekostet." Das bedeutet: „Ungefähr 12 Euro." Man nennt also nicht den genauen Preis von vielleicht 12,35 € oder 11,86 €, weil die Cents darüber oder darunter in diesem Zusammenhang nicht interessieren. Man macht die Zahl „rund", indem man sie von 12,35 auf 12 *abrundet* oder von 11,86 auf 12 *aufrundet*. Das macht man gewissermaßen nach Gefühl.
Beispiele dafür findet ihr unter den Stichwörtern **abrunden**, **aufrunden**, **schätzen**, **Überschlag**, **ungefähr**.

Die Rundungsregeln

Jedes Runden ist ein bisschen Schummeln. Aber es lässt sich gar nicht vermeiden. Denn beim Dividieren z. B. gehen viele Aufgaben gar nicht auf. Und da muss man sich irgendwie zu helfen wissen. In der Mathematik gibt es dafür Regeln.

1. Auf die Stelle danach kommt es an
Hier stehen zwei Ergebnisse, wie sie ein Taschenrechner z. B. beim Dividieren ermittelt:

258 : 7 = 36,857142   **253 : 7 = 36,142857**

In beiden Fällen ist das Ergebnis höher als 36, aber noch nicht 37. Ihr wollt nun wissen, ob das Ergebnis eher 36 oder eher 37 ist. Dazu schaut ihr euch die erste Zahl *nach* dem Komma an:

Im ersten Fall ist *die Zahl danach* eine 8: 36,**8**57142.	Im zweiten Fall ist *die Zahl danach* eine 1: 36,**1**42857.
Die 8 nach dem Komma ist so hoch, dass sie wie eine hohe Welle auf die 6 davor überschwappt und diese um eins erhöht. Das Ergebnis ist eher 37 als 36. Eure Lösung sieht so aus: 258 : 7 ≈ 37	Die 1 nach dem Komma ist aber ein so kleines Geplätscher, dass sie auf die 6 davor nicht überschwappt. Das Ergebnis ist eher 36 als 37. Eure Lösung: 253 : 7 ≈ 36

Die Rundungsregeln hängen damit zusammen, dass die Zahlen 1 bis 9 entweder näher an der 0 oder näher an der 10, also beinahe an einem vollen Ganzen, liegen. Die 9 ist beinahe 10; die 1 ist beinahe 0. Die 5 liegt genau in der Mitte. Für die 5 gibt es Sonderregeln.

Die Grundregel beim Runden: Die Zahlen 6, 7, 8, 9 sind näher an 10 als an 0. Sie sind sozusagen groß (und stark) genug, um auf die Zahl davor überzuschwappen. Sie erhöhen die Zahl davor um 1. Die Zahlen 1, 2, 3, 4 sind näher an 0 als an 10. Sie sind sozusagen zu klein (und zu schwach), um überzuschwappen. Sie lassen die Zahl davor unverändert.

Bei folgenden Ergebnissen schwappt die erste Nachkommazahl (über das Komma hinweg) auf die Zahl davor über: 36,6; 36,7; 36,8; 36,9. Das gerundete Ergebnis ist jedes Mal 37.

Bei folgenden Ergebnissen schwappt die Nachkommazahl *nicht* auf die Zahl davor über, sondern lässt sie in Ruhe und unverändert: 36,1; 36,2; 36,3; 36,4. Das gerundete Ergebnis ist jedes Mal 36.

Angenommen, ihr braucht *drei* Nachkommastellen, wie es beim Rechnen mit Kilometern oft der Fall ist. Dann kommt es auf die *vierte* Nachkommastelle an. Das ist bei dem folgenden Ergebnis die 7, hier rot markiert: 56,142758. Und weil die 7 größer als 5 ist, schwappt sie auf die 2 davor über und erhöht sie um 1 auf 3. Das gerundete Ergebnis ist dann 56,143. Den Rest dahinter lasst ihr einfach unter den Tisch fallen.

Wenn ihr nur *eine* Stelle nach dem Komma braucht, sieht die Sache so aus: 56,142758. Die 4 ist kleiner als 5 und lässt ihren Vordermann, die 1, in Ruhe. Das gerundete Ergebnis ist 56,1.

 Angenommen, euch reichen *zwei* Stellen hinter dem Komma wie z. B. beim Rechnen mit Metern: Wie sehen dann eure gerundeten Ergebnisse in folgenden Fällen aus?
- 5,3264183 [1]
- 12,758639 [2]
- 0,2438621 [3]
- 245,80625 [4]
- 0,0836254 [5]

2. Die Sonderregeln für die 5

Die 5 ist eine Zahl, die aus eigener Kraft nicht überschwappen kann, weil sie genau in der Mitte zwischen Zehn und Null liegt. Angenommen, eine Division ist aufgegangen und hat folgendes Ergebnis erbracht: 43,265. Ihr braucht aber nur 2 Stellen hinter dem Komma und wollt runden. Also ist die 5 interessant.

[1] 5,33   [2] 12,76   [3] 0,24   [4] 245,81   [5] 0,08

Von hinten bekommt die 5 überhaupt keine Verstärkung. Dann schafft sie es nicht, auf die Zahl davor überzuschwappen. Die 6 davor bleibt unverändert. Das Ergebnis ist 43,26.

Ist das Ergebnis aber 43,265001, dann reicht die Verstärkung von der kleinen 1 ganz hinten aus, um die 5 zum Überschwappen zu bringen. Die 6 davor wird um eins erhöht. Das Ergebnis ist dann: 43,27.

> **Die Fünfer-Regel:** Von allein kann die 5 nicht auf die Zahl davor überschwappen. Es genügt aber schon die allerkleinste Verstärkung von hinten, um die 5 zum Überschwappen zu bringen. Sie erhöht dann ihren „Vordermann" um 1.

3. Ein paar knifflige Fälle zum Schluss:

- Was wäre, wenn im Display des Taschenrechners folgendes Ergebnis stünde: 2,9999999? Ihr wollt (eigentlich) auf 3 Stellen hinter dem Komma runden.[1]
- Ihr wollt auf 2 Nachkommastellen runden. Folgende Zahl steht im Display: 25,095481.[2]
- Und welches gerundete Ergebnis ergibt sich, wenn folgende Zahl (eigentlich) auf 1 Stelle nach dem Komma gerundet werden soll: 0,9500002?[3]

---

1) Ergebnis: 3,000. Jede 9 erhöht ihren Vordermann um 1 auf 10. *Nach* dem Komma bleiben nur Nullen stehen und die 2 *vor* dem Komma wird auf 3 erhöht.

2) 25,10 (die 5 bekommt Verstärkung von hinten und schwappt auf die 9 über, die zur 10 wird und die Null um 1 erhöht)

3) 1,0 (die 5 bekommt Verstärkung von der weit entfernten 2. Sie schwappt auf die 9 über, die als 10 über das Komma hinweg auf die 0 überschwappt und diese um 1 erhöht.)

das **Schaltjahr**

Jahr
Zeit
Monat

Die Zeit, die die Erde braucht, um einmal die Sonne ganz zu umkreisen, nennen wir ein Jahr. Schon in frühen Zeiten hatten die Menschen ausgezählt, wie viele Tage das dauert. Sie waren auf 365 Tage gekommen. Auch in unserem Kalender hat das Jahr 365 Tage.

Ägyptische Astronomen waren es wohl, die als Erste gemerkt haben, dass mit den 365 Tagen des Sonnenjahres irgendetwas nicht ganz stimmte. Ihnen war aufgefallen, dass die Sonne 6 Stunden länger als 365 mal 24 Stunden für ihren Jahreslauf brauchte (man wusste noch nicht, dass es die *Erde* ist, die sich bewegt). Auf vier Jahre gerechnet hatte die Sonne gegenüber dem Kalender immerhin einen ganzen Tag Verspätung (4 · 6 Stunden = 24 Stunden = 1 Tag). Die Sonne ging sozusagen nach. Irgendwann würde man dem Kalender nach Frühlingsanfang haben, aber der Sonne nach wäre es noch kalter Winter.

Der Schalttag ist ein Wartetag

Der Sonnenkalender musste korrigiert werden. Er sollte alle vier Jahre einen Tag lang auf die Sonne warten. Es musste also ein zusätzlicher Wartetag eingeschoben werden. Und so wurde es vor mehr als 2000 Jahren auch gemacht. Das war die Geburt des *Schaltjahres*.

Heute wissen wir, dass der Schalttag die „Verspätung" der *Erde* wieder wettmacht. Am Kalender hat das aber nichts geändert.

Schaltjahre gibt es alle 4 Jahre. Der Schalttag wird dem Februar angehängt. Dann gibt es einen 29. Februar.

Wer also an einem 29. Februar geboren ist, hat nur alle 4 Jahre Geburtstag. Aber wie man hört, wird trotzdem alle Jahre gefeiert. Dann eben am letzten Februartag oder am 1. März.

Die Jahre, die durch 4 teilbar sind

Als sich der römische Kaiser Julius Caesar um 50 v. Chr. in Ägypten aufhielt, verliebte er sich nicht nur unsterblich in die Königin Kleopatra, sondern begeisterte sich auch für den pünktlichen Kalender der Ägypter. Nach seiner Rückkehr setzte er in seinem Reich eine große Kalenderreform durch, bei der auch das Schaltjahr eingeführt wurde. Weil bis zu diesem Zeitpunkt bei den Römern das Jahr mit dem März begann und mit dem Februar aufhörte, bekam der Februar als letzter Monat des Jahres alle vier Jahre den zusätzlichen Tag eingeschoben. Deshalb ist es auch heute noch der Februar, dem der Schalttag zugeschlagen wird. Der „Julianische Kalender" wurde in ganz Europa übernommen. Als Schaltjahre wurden *die* Jahre bestimmt, die durch 4 geteilt werden können.

> Schaltjahre sind bis heute die Jahre, die sich durch
> 4 teilen lassen, z. B.: 1996, 2004, 2008.

Eigentlich müssten wir sagen: „Das Jahr 2008/2009 ist ein Schaltjahr", denn das Schaltjahr geht ja nicht von Januar bis Dezember, sondern von März 2008 bis Februar 2009. Aber wir bezeichnen *das* Jahr als Schaltjahr, in dem der Schalttag eingeschoben ist.
Auch das Jahr 2000 war ein Schaltjahr. Aber das war eine Ausnahme. Zwar lässt sich 2000 durch 4 teilen, aber ein Papst hat

Papst Gregor XIII.

im 16. Jahrhundert bestimmt, dass runde Jahrhundertjahre mit wenigen Ausnahmen keine Schaltjahre sein dürfen, obwohl sie durch 4 teilbar sind. Und das kam so:

Von dem Papst, der 10 Tage verschwinden ließ

Mit der Einführung der Schaltjahre war die Kalenderwelt immer noch nicht ganz in Ordnung.

Die Erde braucht für einen Umlauf um die Sonne nämlich nicht genau 365 Tage und 6 Stunden, sondern exakt 365 Tage, 5 Stunden, 48 Minuten und 46 Sekunden. Das macht im Jahr 11 Minuten und 14 Sekunden weniger aus. In Hunderten von Jahren werden aus Minuten und Sekunden wieder ganze Tage. Dadurch driften die Sonne und der Kalender erneut auseinander. Alle vier Jahre einen Schalttag einzuschieben war also des Guten zuviel. Nun hinkte der Kalender der Sonne hinterher. Als Erster hat das Papst Gregor XIII. im 16. Jahrhundert gemerkt. Da war nämlich die Sonne dem Kalender schon ganze 10 Tage voraus. Kurzerhand ließ er 10 Kalendertage des Monats Oktober unter den Tisch fallen. Auf den 4. Oktober 1582 folgte sogleich der 15. Oktober 1582. Damit hatte der Kalender die Sonne wieder eingeholt. Für die Zukunft verfügte Papst Gregor nun, dass einige Jahrhundertjahre auf ihren Schalttag verzichten müssten. Der Kalender von Papst Gregor XIII. ist als „Gregorianischer Kalender" bis heute gültig.

Die Jahrhundertjahre 1600, 1700, 1800, 1900, 2000, 2100 usw. lassen sich zwar alle durch 4 teilen. Nun aber sollten nur noch diejenigen Jahrhundertjahre einen Schalttag bekommen, deren Jahreszahl nicht nur durch 4, sondern durch 400 geteilt werden konnte. Das war im Jahre 1600 der Fall und im Jahre 2000. Auf das nächste Jahrhundert-Schaltjahr müssen wir knapp 400 Jahre warten.

Welche Jahre waren Schaltjahre oder werden Schaltjahre sein? 1620, 1768, 1885, 1912, 2038, 2152, 2200 [1]

schätzen

Nicht alles, was mit Zahlen und Maßen zu tun hat, lässt sich immer ganz präzise berechnen und messen. In zahlreichen Situationen muss man sich mit Ergebnissen zufrieden geben, die ungenau und nur Annahmen oder Vermutungen sind.

Eine Schlagzeile in der Zeitung lautet zum Beispiel:

MEHR ALS 80 000 ZUSCHAUER BEIM SOMMERFESTIVAL IN DER LÜNEBURGER HEIDE

Dann sind die Teilnehmer natürlich nicht einzeln gezählt, sondern geschätzt worden. Wie so etwas gemacht werden könnte, findet ihr weiter unten bei *Schätzmethoden*.

Auch wenn etwas geplant wird, kann man oft nur schätzen:
- Das können Kartoffeln sein, die für sechs Personen geschält werden müssen: Wie viel wird wohl jeder essen?
- Das kann die Fahrtzeit sein, die man mit dem Auto brauchen wird, wenn man den Beginn einer Veranstaltung nicht verpassen will. Wie schnell fährt das Auto? Wie viel Zeit muss für Staus und Parkplatzsuche zugegeben werden?
- Das kann das Taschengeld sein, das man für die Klassenreise mitnehmen möchte. Wie viel wird man pro Tag mindestens brauchen? Welche Extras wird man sich leisten wollen?

Statistik
ungefähr
runden
Überschlag
Daten

1) Schaltjahre: 1620, 1768, 1912, 2152; Keine Schaltjahre: 1885, 2038, 2200

Sich auf Erfahrungen und Wissen stützen

Wenn man also etwas nicht genau erfassen oder noch nicht wissen kann, muss mit Schätzungen gearbeitet werden. Dafür braucht man Anhaltspunkte. Man stützt sich auf Erfahrungen. Niemand wird aufs Geratewohl für sechs Personen einen Zentner Kartoffeln schälen. Vielmehr rechnet man mit zwei bis drei Kartoffeln pro Person und schält mindestens 12 und höchstens 18, also vielleicht 15.

Es wird beim Schätzen also auch gerechnet, aber die Ergebnisse sind Vermutungen. Erst im Nachhinein stellt sich heraus, ob die Vermutung einigermaßen zutreffend war. Um gut schätzen zu können, braucht man in jedem Fall viel Erfahrung und auch einiges an Wissen.

Testet einmal, ob ihr so gut schätzen könnt, dass ihr ganz abwegige Vermutungen ausschließen könnt. Eine der drei Antworten kann zutreffen, die beiden anderen sind abwegig.

- Wie lange – schätzt ihr – dauert eine Zugfahrt von Köln nach Berlin? 20 Minuten, 4 Stunden oder 2 Tage?[1]
- Wie viele Einwohner hat eine Kleinstadt über den Daumen gepeilt? 3 Millionen, 600 000 oder 30 000?[2]
- Wie viel Liter Benzin passen in einen Reservekanister? 500 Liter, 50 Liter oder 5 Liter?[3]

---

1) 4 Std.
2) 30 000 Einwohner.
3) 5 Liter.

Stellt euch gegenseitig Quizfragen aus dem täglichen Leben, bei denen eine Antwort zutreffend ist und zwei Antworten ziemlich unwahrscheinlich sind.

Erfahrungen sammeln

Beim Lösen von Sachproblemen habt ihr es mit sehr vielen verschiedenen Größen und Maßen zu tun wie Metern und Kilometern, Gramm und Kilogramm, Stunden und Minuten oder Euro und Cent.

Damit ihr eine gute Vorstellung davon bekommt, merkt euch besonders interessante Maße und Daten als Erinnerungsstützen. Macht euch eine ganz persönliche Kartei von den Größen, die euch gut vertraut sind und ergänzt sie nach und nach:

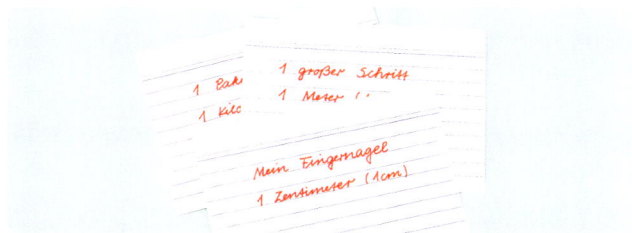

Mit guten Erinnerungsstützen fällt euch bei Sachaufgaben das Schätzen und Lösen leichter.

„Mama, schätz mal, wie viel Zahnpasta in eine Tube passt."
– „Keine Ahnung!" – „Du wirst es nicht glauben: Vom Bade-
zimmer den ganzen Flur lang bis zum Bett in meinem Zim-
mer!"

Schätzmethoden

1. Die eigenen Körpermaße einsetzen

In vielen Schätzsituationen könnt ihr eure eigenen Körpermaße zum Maßstab nehmen:

- Wie hoch ist der Baum?
- Wie lang und wie breit ist der Flur?
- Welchen Durchmesser hat der Kürbis? usw.

Ihr wisst, wie groß ihr seid. Dann könnt ihr ungefähr abschätzen, wievielmal so hoch der Baum ist. Ihr könnt den Flur abschreiten oder Fuß vor Fuß abtippeln. Ihr könnt eure Handbreite, Finger- und Fußlänge oder Armspanne einsetzen usw. (Eure Körpermaße sind gute Erinnerungsstützen für die Kartei.)

Übrigens: Habt ihr gewusst, dass die Armspanne eines ausgewachsenen Menschen genauso lang ist, wie er groß ist?

2. Eine Bezugsgröße anlegen

Außer euren Körpermaßen könnt ihr auch andere *Bezugsgrößen* anlegen. Ihr wisst zum Beispiel, dass eine Tür etwa 2 Meter hoch ist. Das ist eine Bezugsgröße, die ihr auch als Maßstab an ein Haus oder einen Turm anlegen könnt. Ihr könnt dann schätzen, wievielmal die 2-Meter-Tür wohl in der Höhe passt.

Vor allem bei Fotos können solche Bezugsgrößen herangezogen werden.

3. Stichproben nehmen

Um eine Menschenmenge bei einer Großveranstaltung zu schätzen, geht die Polizei z. B. so vor wie auf der Skizze auf der nächsten Seite. Sie nimmt eine *Stichprobe*. Das heißt, sie wählt eine begrenzte Fläche aus, zum Beispiel ein Quadrat von vielleicht 10 mal 10 Metern, und zählt ab, wie viele Menschen sich auf dieser Fläche befinden. Dann schätzt sie ab, wie groß die gesamte Fläche ist, auf der sich alle Menschen aufhalten und rechnet die kleine Stichprobe auf die Gesamtfläche hoch.

Vielleicht zieht sie noch eine gewisse Anzahl ab, weil die Menschen an den Rändern nicht ganz so dicht gedrängt stehen. In der Zeitung steht dann zu lesen:

POLIZEI SCHÄTZT DIE TEILNEHMER AN DER KUNDGEBUNG AUF 8 000

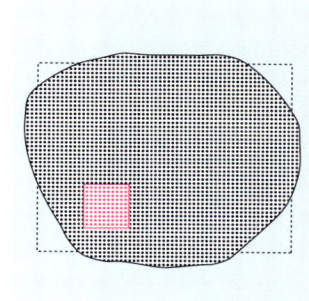

Oft liest man von derselben Kundgebung:

VERANSTALTER SCHÄTZEN DIE TEILNEHMERZAHL AUF 10 000

An dem Unterschied kann man erkennen, dass Schätzergebnisse nicht nur ungenau sind, sondern auch davon abhängen können, wer sie erstellt und welches Interesse dahinter steht. Die Veranstalter z. B. haben das Interesse, dass ihre Kundgebung als Erfolg gesehen wird. Ihr Schätzergebnis ist daher möglichst hoch.

Mit Stichproben wird auch gearbeitet, wenn z. B. der Bestand von Wildtieren geschätzt werden soll oder wenn man herausfinden möchte, wie viele Haare der Mensch auf dem Kopf hat. Schätzungen mit Hilfe von Stichproben werden sehr oft in der Statistik angewandt.

 Ihr könnt diese Schätzmethode auch einmal ausprobieren oder Ideen entwickeln, wie man vorgehen könnte! Außer zählen werdet ihr bestimmt auch wiegen oder messen müssen.

- Wie viele Grashalme wachsen auf einem bestimmten Stück Rasen?
- Wie viel Liter Regen fällt bei einem ordentlichen Wolkenbruch in einer viertel Stunde auf euren Schulhof?

- Wie viele Reiskörner sind in einer 500-g-Packung enthalten?
- Wie viele Wörter stehen in Band 7 von *Harry Potter*? (Vielleicht könnt ihr die Zahl zwar ausrechnen, aber nicht mehr benennen!)

Schätzaufgaben

Viele Informationen, Schlagzeilen und Geschichten werfen Fragen auf, für deren Lösung aber nicht genügend Daten zur Verfügung stehen. Dann muss man sich mit seinen eigenen Erfahrungen, eigenem Wissen, Nachforschungen und Schätzungen weiterhelfen.

Beispiel: Die Kaiserpinguine ziehen zur Aufzucht ihrer Jungen gut und gerne 100 Kilometer von der Küste weg ins Inland der Antarktis. Zum Futterholen im Meer wandern Vater und Mutter abwechselnd den langen Weg hin und zurück.

Was schätzt ihr: Wie lange ungefähr muss ein Pinguinküken immer auf neues Futter warten?

Schätzaufgaben haben kein Ergebnis, das absolut *stimmt*. Aber ihr könnt darüber diskutieren, wie ihr an die Lösung herangehen wollt oder herangegangen seid und ob das Ergebnis zutreffen kann.

Schätzen *vor* und *nach* dem Rechnen

Bevor ihr euch an das Ausrechnen von Rechenaufgaben heranmacht, lohnt es sich oft zu schätzen, welches Ergebnis wohl ungefähr herauskommen wird. Dabei werdet ihr die Zahlen runden und das Ergebnis überschlagen.

Ihr sollt folgende Aufgabe ausrechnen: $19{,}36 \cdot 42{,}87$.

Ihr rundet großzügig und auf Zahlen, die ihr möglichst im Kopf rechnen könnt: 20·42 und erhaltet 840. Das Ergebnis muss also um die 840 liegen (exakt sind es 829,9632). Mit dem geschätzten Ergebnis könnt ihr grobe Fehler ausschließen, z.B. auch wenn ihr euch mit dem Komma vertan habt. Das kann vor allem beim Rechnen mit dem Taschenrechner passieren, wenn man sich bei der Eingabe vertippt hat.

Auch *nach* dem Ausrechnen ist Überschlagsrechnen sinnvoll. Wenn euer geschätztes Ergebnis erheblich von eurem ausgerechneten Ergebnis abweicht, kann etwas nicht stimmen.

das **Schaubild**

Diagramm

der **Schenkel**

Ihr kennt das Wort „Schenkel" von euren Oberschenkeln und Unterschenkeln an den Beinen.

Winkel

Wir können mit geschlossenen oder gespreizten Beinen dastehen. Dann liegen die Schenkel entweder zusammen oder sie streben auseinander.

Manche können ihre Schenkel sogar zum Spagat spreizen.
Weil wir mit unseren Schenkeln alle möglichen Winkel machen
können, hat man den Begriff *Schenkel* zum Fachbegriff in der
Geometrie gemacht.

> Als Schenkel werden die beiden geraden Linien be-
> zeichnet, die einen Winkel begrenzen. Sie bilden den
> Winkel.

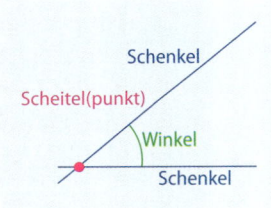

Jeder Winkel hat also zwei Schenkel. Sie treffen sich im *Scheitelpunkt* (kurz *Scheitel*). Zwischen den beiden Schenkeln wird die
Größe des Winkels gemessen.
Wie in dieser Abbildung sind die Schenkel oft zu kurz gezeichnet, um sie mit dem Winkelmesser messen zu können. Dann
müsst ihr die Schenkel verlängern. An der Winkelgröße ändert
sich dadurch nichts.

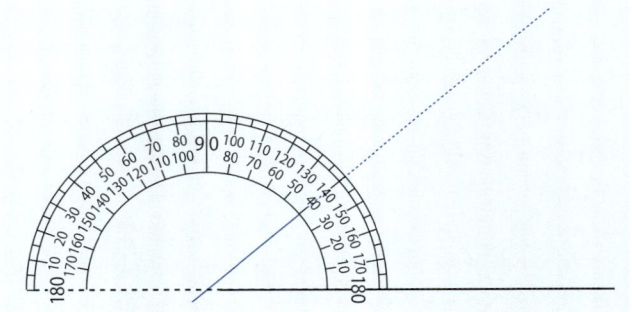

 Prüft nach, ob die beiden Winkel wirklich gleich groß sind.

das Schrägbild

Schrägbilder werden von räumlichen Gegenständen, von Gebäuden oder von geometrischen Körpern gezeichnet. Da sie dreidimensional sind und in die Tiefe gehen, ist das die einzige Möglichkeit, sie in ihrer Räumlichkeit darzustellen. Sie werden *perspektivisch* gezeichnet.

Körper
Perspektive
Kante
parallel

In Schrägbildern sind meist auch die Linien eingezeichnet, die man beim Draufschauen auf den Gegenstand nicht sehen kann, weil sie verdeckt sind. Sie sehen dann aus wie Glaskörper.

Schrägbilder erklären und deuten

Die „nach hinten" gehenden Linien entsprechen nicht den tatsächlichen Maßen. Würde man zum Beispiel einen Würfel im Schrägbild mit gleich langen Kanten zeichnen, dann würde man nicht erkennen, dass es ein Würfel sein soll.

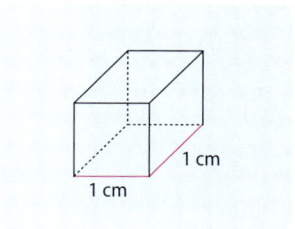

An einem Schrägbild werden die schrägen Linien also verkürzt dargestellt. Man kann sie daher nicht korrekt ausmessen, um ihre wirkliche Länge zu erfahren. Auch die Winkel lassen sich meist nicht exakt messen. Ihr müsst euch an echten geometrischen Körpern (Klötzen, Bausteinen) anschauen, wie die Flächen und Kanten aussehen und zueinander stehen und welche Winkel sie bilden.

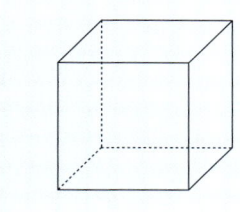

Würfel

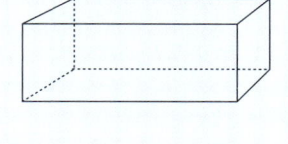

Quader

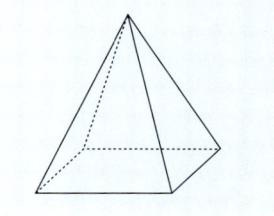

Quadratische Pyramide

Schaut euch gemeinsam (zu zweit oder zu dritt) die abgebildeten Schrägbilder an und beantwortet zu jedem Körper folgende Fragen:

- Wie viele Flächen hat der Körper?
- Welche Flächen sind beim wirklichen Körper gleich groß?
- Wie viele Ecken und Kanten hat der Körper?
- Welche Kanten sind beim wirklichen Körper parallel?
- Welche Kanten sind beim wirklichen Körper gleich lang?
- Welche Winkel sind beim wirklichen Körper gleich groß?
- Wo gibt es beim wirklichen Körper überall rechte Winkel?

Schrägbilder von anderen Körpern findet ihr unter dem Stichwort **Körper**.

Schrägbilder zeichnen

Manche Körper sind als Schrägbilder ziemlich schwer zu zeichnen. Hier findet ihr Vorschläge für den Würfel. Am Schluss könnt ihr euch noch anschauen, wie ihr eine Pyramide zeichnen könnt.

Aus freier Hand zeichnen

Setzt euch zu viert um einen Tisch. Legt einen möglichst großen Spielwürfel in die Mitte. Jeder faltet einen DIN-A4-Bogen wie in der Abbildung. Nun zeichnet jeder von euch den Würfel aus seiner Sicht ins obere Feld. Klappt das erste Feld nach hinten um, lasst euer Blatt auf eurem Platz liegen und setzt euch

dann im Uhrzeigersinn auf den Platz eures Nachbarn. Zeichnet nun aus eurer neuen Sicht den Würfel ins zweite Feld (ohne zu gucken, wie es der Vorgänger gemacht hat), klappt das zweite Feld wieder um und wandert weiter. Am Schluss faltet ihr die Blätter auseinander und vergleicht eure Freihandzeichnungen.

Auf Rechenkästchen zeichnen
Für Schrägbilder könnt ihr die Kästchen im Rechenheft benutzen. Schaut euch von der folgenden Vorlage ab, wie ihr schrittweise vorgehen könnt.

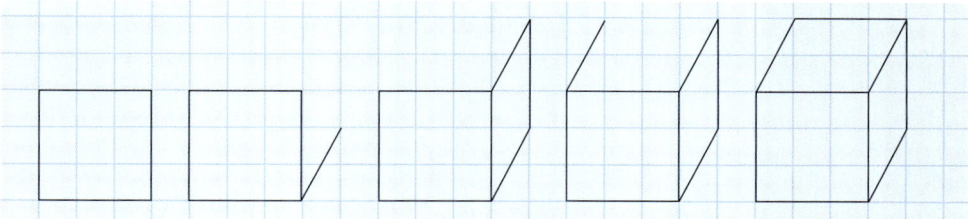

Am fertigen Würfel könnt ihr die Flächen noch mit verschiedenen Farben ausmalen. So habt ihr ein Schrägbild mit den sichtbaren Flächen des Würfels.

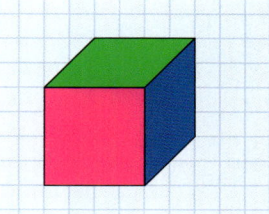

Ihr könnt den fertigen Würfel aber auch in ein durchsichtiges Schrägbild verwandeln und mit spitzem Bleistift auch die eigentlich nicht sichtbaren Kanten einfügen:

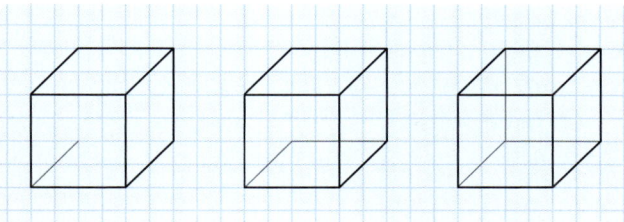

Nehmt einen Spiegel und legt ihn an die äußeren Kanten des Schrägbildes an. Welche Bilder erhaltet ihr dann? Zeichnet auch die gespiegelten Schrägbilder.

Folgende Schrägbilder sind möglich:

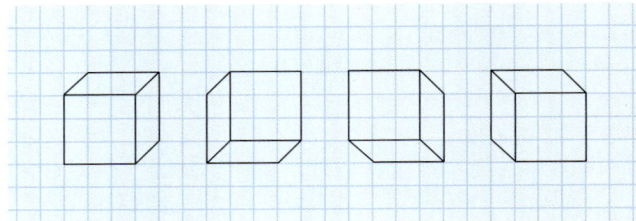

Bekommt ihr auch diese hin?

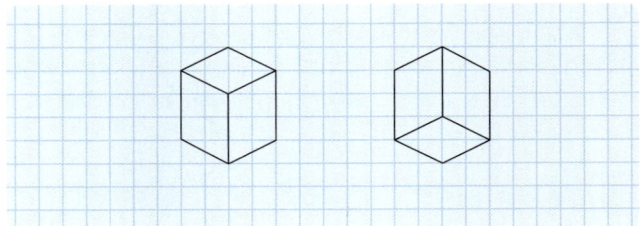

Schräge Körper
Schräge Körper sind besonders schwer abzubilden. Probiert es mit einer quadratischen Pyramide. Zeichnet zuerst alles mit spitzem Bleistift und zieht am Schluss die sichtbaren Kanten schwarz nach.

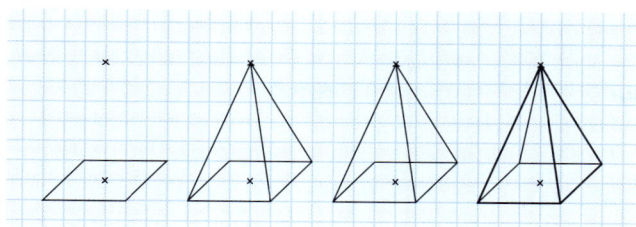

der **Schuh**

Der *Schuh* war früher ein fast so gebräuchliches Längenmaß wie der Fuß. Es entsprach etwa der Schuhgröße 42 und hatte in unseren heutigen Maßen die Länge von ungefähr 30 Zentimetern. Das ist dasselbe Maß wie der *Fuß*.

Fuß
Längeneinheiten

1 Schuh entspricht etwa 30 Zentimetern.

die **Schulden**

Schulden entstehen dadurch, dass man mehr Geld ausgibt, als man hat. Das geht nur, wenn man sich von anderen Geld leiht. Wer 10 Euro Taschengeld bekommt, aber 12 Euro braucht, muss sich 2 Euro leihen. Dann heißt es: „Er ist im Minus." Er hat 2 Euro weniger als gar kein Geld: 10 € – 12 € = –2 €.
Schulden müssen zurückgezahlt werden. Vom nächsten Taschengeld stehen also nur 8 € zur Verfügung.
Schulden sind Minusbeträge. Mathematisch gesehen sind Schulden negative Zahlen.

bar
negative Zahlen
Ratenzahlung

„Papa, ich habe einen Vorschlag zu machen, bei dem du 50 Cent sparen kannst und ich 50 Cent verdiene!" – „Lass hören!" „Also: Du leihst mir einen Euro. Aber du gibst mir davon nur 50 Cent. Die anderen 50 Cent bleibst du mir schuldig. Dann habe ich bei dir 50 Cent Schulden und du schuldest mir auch 50 Cent. Also sind wir quitt! – Einverstanden?"

das **Sechseck**

Kreis
Radius
Dreieck
Winkel

Wie der Name sagt, ist ein Sechseck eine Fläche mit sechs Ecken. Es gibt unterschiedliche Sechsecke: regelmäßige und unregelmäßige.

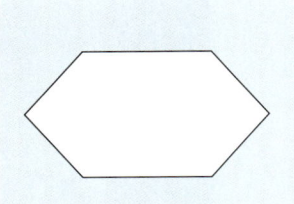

Ein regelmäßiges Sechseck mit zwei unterschiedlichen Seitenlängen.

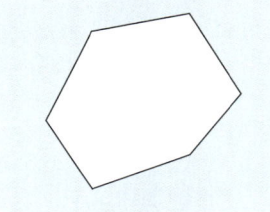

Ein unregelmäßiges Sechseck

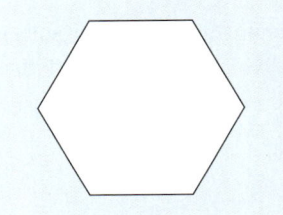

Ein regelmäßiges Sechseck mit gleich langen Seiten heißt auch *gleichseitiges* Sechseck.

Hier soll es um das regelmäßige Sechseck mit gleich langen Seiten gehen.

Sechsecke in der Umgebung

In der Natur finden wir gleichseitige Sechsecke bei den Bienen. Sie bauen ihre Waben in Form von Sechsecken. Die Sechsecke passen ideal aneinander und bieten für die Aufzucht der Larven und als Vorratsspeicher für den Honig am meisten Platz.

Alle Schneekristalle sind sechsstrahlig. Manche entwickeln sich auf dem Weg zur Erde zu sechseckigen Plättchen.

Wenn ihr euch auf die Suche macht, werdet ihr eine ganze Reihe von Gegenständen finden, die sechseckige Formen haben.

Sechsecke zeichnen

Aus freier Hand
Es ist gar nicht so leicht, ein Sechseck aus freier Hand zu zeichnen. Zwei Tipps findet ihr auf der nächsten Seite.

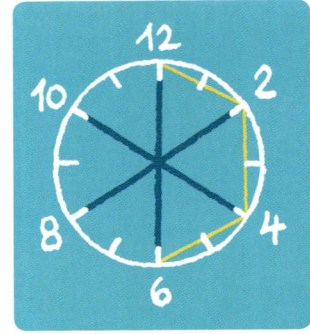

1 Ein Stern als Grundgerüst

2 Das Zifferblatt einer Uhr als Orientierungshilfe

Mit Zirkel und Lineal

Ihr habt bestimmt schon einmal mit dem Zirkel Muster gemacht. Erklärt, wie das Muster in der Abbildung entstanden ist. Vielleicht macht ihr es nach?

Mit derselben Methode könnt ihr ein gleichseitiges Sechseck konstruieren. Übersichtlicher ist es, wenn ihr nur die Schnittstellen der Kreise markiert:

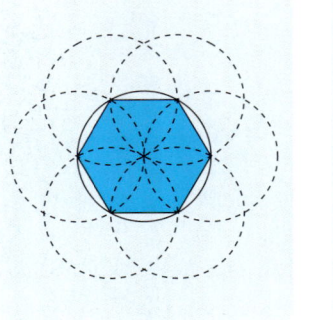

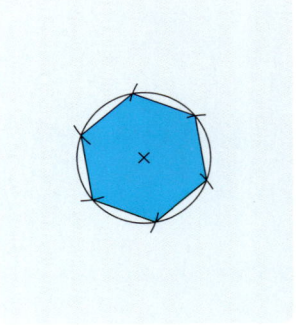

Dabei kommt es nicht darauf an, wo ihr anfangt. Das Sechseck hat dann nur eine andere Lage.

Der Trick zur Konstruktion eines gleichseitigen Sechsecks funktioniert so:

1. Ihr zeichnet irgendeinen Kreis.
2. Die Spannweite des Zirkels (also den Radius) behaltet ihr bei. Nun setzt ihr den Zirkel an irgendeiner Stelle der Kreislinie an und schlagt einen kleinen Bogen auf der Kreislinie.
3. An der Schnittstelle setzt ihr den Zirkel erneut an und macht wieder einen kleinen Bogen auf der Kreislinie. So wandert ihr einmal um den Kreis herum.
4. Wenn ihr sorgfältig gearbeitet habt, kommt ihr am Schluss wieder an der ersten Einstichstelle des Zirkels an. Der Radius schneidet die Kreislinie also genau sechsmal. Nun braucht ihr nur noch die Schnittstellen mit einem Lineal zu verbinden und erhaltet ein exakt gleichseitiges Sechseck.

Warum der Trick funktioniert

Wenn ihr mit dem Radius die Kreislinie schneidet, dann ist der Verbindungsstrich zwischen zwei Schnittpunkten natürlich genauso lang wie der Radius (r).

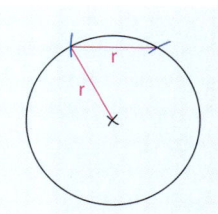

Verbindet man den Mittelpunkt mit zwei Schnittpunkten, ergibt sich ein Dreieck mit drei gleich langen Seiten, also ein gleichseitiges Dreieck. In einem gleichseitigen Dreieck sind auch alle Winkel gleich groß, nämlich 60 Grad.

Also ist auch der Winkel am Mittelpunkt des Kreises (der Mittelpunktswinkel) 60 Grad groß.

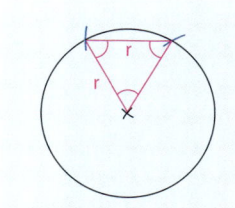

Weil ein ganzer Kreis ein „Vollwinkel" von 360° ist, passen von demselben gleichseitigen Dreieck genau 6 Stück in den Kreis hinein (360° : 60 = 6).

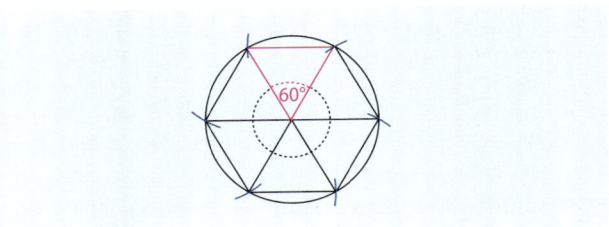

Mehr über **Dreiecke** und **Winkel** findet ihr unter den betreffenden Stichwörtern.

Umfang und Flächeninhalt eines Sechsecks

Der Umfang

Den Umfang einer Fläche könnt ihr euch als Zaun drum herum vorstellen. Beim gleichseitigen Sechseck sind es sechs gleich lange Zaunabschnitte. Die Formel für die Umfangsberechnung eines gleichseitigen Sechsecks lautet also:

> ❗ $u_\bigcirc = 6 \cdot a$ oder: $u_\bigcirc = 6 \cdot r$

Der Flächeninhalt

Den Flächeninhalt eines Sechsecks kann man auf dem Umweg über eines der sechs gleichseitigen Dreiecke ermitteln. Die Formel für den Flächeninhalt eines *Dreiecks* lautet:

$F_\triangle = a \cdot h : 2$

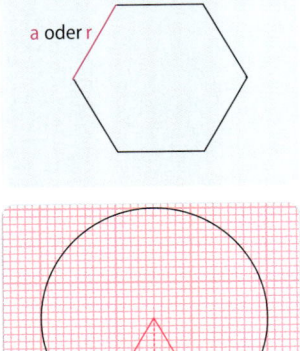

a (oder r) = 1,5 cm

Dann ist der Flächeninhalt des Sechsecks 6-mal so groß:

$$F_{\hexagon} = 6 \cdot (a \cdot h : 2) \quad \text{oder:} \quad F_{\hexagon} = 6 \cdot (r \cdot h : 2)$$
$$= 6 \cdot a \cdot h : 2 \qquad\qquad\quad = 6 \cdot r \cdot h : 2$$

also:

$$F_{\hexagon} = 3 \cdot a \cdot h \qquad \text{oder:} \quad F_{\hexagon} = 3 \cdot r \cdot h$$

Wenn nur der *Radius r* bekannt ist, aber nicht die *Höhe h*, dann kann man *h* mit dem Satz des **Pythagoras** berechnen. Schaut unter dem betreffenden Stichwort nach.

die **Sekunde (s oder Sek.)**

Die Sekunde ist die kleinste Zeiteinheit, mit der wir normalerweise umgehen.

In der Geschichte der Zeitmessung ist sie erst im Mittelalter eingeführt worden, als die ersten Uhren mit Räderwerken hergestellt werden konnten.

Pendeluhren wurden so eingestellt, dass das Pendel sich im Sekundentakt bewegte. In einer Minute schlug das Pendel 60 Mal aus.

Minute
Stunde
Zeit

60 Sekunden ergeben 1 Minute.
Kurz: 60 s oder 60 Sek. = 1 min

Wenn man die Zahl „einundzwanzig" in normaler Sprechgeschwindigkeit ausspricht, vergeht ungefähr eine Sekunde.

Testet mit einer Stoppuhr, wie gut ihr es schafft, die Dauer von einer Minute durch Sekundenzählen zu schätzen. Sagt dabei – ohne Hektik – die Zahlenreihe von 21 bis 80 (60 Sekunden) vollständig auf, also: „einundzwanzig, zweiundzwanzig, dreiundzwanzig" usw. Man ist meist erstaunt, wie lang doch eine Minute dauert.

Mit Sekundenzählen kann man auch ungefähr herausfinden, wie weit ein Gewitter von uns entfernt ist.

Ihr habt bestimmt schon gemerkt, dass es zwischen Blitz und Donner meistens einen Zeitunterschied gibt. Das liegt daran, dass sich das Licht viel schneller fortpflanzt als der Schall. Den Blitz sehen wir quasi sofort, der Schall lässt auf sich warten. Seine Geschwindigkeit beträgt 333 Meter pro Sekunde.

Wenn zwischen Blitz und Donner also drei Sekunden vergehen, ist das Gewitter etwa 1000 Meter (also 1 km) von uns entfernt ($3 \cdot 333\,\text{m} \approx 1\,000\,\text{m}$). Bei 12 Sekunden Zeitunterschied gewittert es in etwa 4 Kilometern Entfernung ($12 : 3 = 4$).

Wenn es quasi gleichzeitig blitzt und kracht, ist der Blitz vielleicht in unmittelbarer Nähe eingeschlagen.

Mit Sekunden rechnen

Beim Rechnen mit Zeiteinheiten tun wir uns etwas schwer, weil wir am besten im Zehnersystem rechnen können. Zeiteinheiten sind nicht in Zehner oder Hunderter oder Tausender unterteilt. Die Stunde, die Minute, die Sekunde bauen auf der 60 als Basis auf. Das Jahr, die Monate, Tage und Wochen haben wieder andere Unterteilungen. Ihr müsst sie euch merken.

Eine Gesamtaufstellung findet ihr unter dem Stichwort Zeit.

Euer Herz schlägt in 10 Sekunden ungefähr 15 Mal.

- Wie oft schlägt es in einer Minute? [1]
- Das Herz einer Maus schlägt in diesen 10 Sekunden rund 75 Mal. [2]
- Auf dem Frankfurter Flughafen startet oder landet zu Hauptverkehrszeiten alle 30 Sekunden ein Flugzeug. Wie viele Flugbewegungen sind das pro Stunde? [3]

Sekunden im Sport

Im Sport ist die Sekunde schon längst nicht mehr die kleinste Zeiteinheit. Bei den Lauf- und Schwimmstrecken zum Beispiel liegen die Sportler und Sportlerinnen so nah beieinander, dass die Unterschiede nur noch mit Bruchteilen von Sekunden messbar sind. Die Sekunde wird nun aber nicht auch noch in sechzig Einheiten unterteilt, sondern – nach dem Zehnersystem – in Zehntel, Hundertstel und Tausendstel. Dadurch können die Ergebnisse mit Komma geschrieben werden.

Ein Hundertmeterläufer schafft die Strecke z. B. in 10,48 Sekunden. Das sind 10 ganze Sekunden, 4 zehntel Sekunden und 8 hundertstel Sekunden.

1) In einer Minute schlägt euer Herz dann 90 Mal.
2) Das Mäuseherz schlägt pro Minute ungefähr 450 Mal.
3) 120 Flugbewegungen pro Stunde.

senkrecht

**Gerade
rechter Winkel
waagerecht**

Die Wörter *senkrecht* und *waagerecht* kennt ihr bestimmt von Kreuzworträtseln her.

Senkrecht kommt von „senken". Am Bau prüfte der Maurer früher mit einem *Senkblei* (einem Gewicht aus Blei), ob die gemauerte Wand ganz gerade ist. Ein solches Senkblei (auch Lot genannt) fällt nämlich wegen der Erdanziehungskraft immer schnurgerade nach unten. Das alte Wort für „senkrecht" ist daher auch „lotrecht".

> **!** In der Geometrie spricht man von senkrecht, wenn zwei Geraden sich im rechten Winkel schneiden.

Das gilt auch für Geraden, die schräg liegen. Die Erdanziehungskraft ist in der Geometrie sozusagen aufgehoben.
Bei den folgenden Abbildungen sind die Geraden senkrecht zueinander, weil sie einen rechten Winkel bilden.

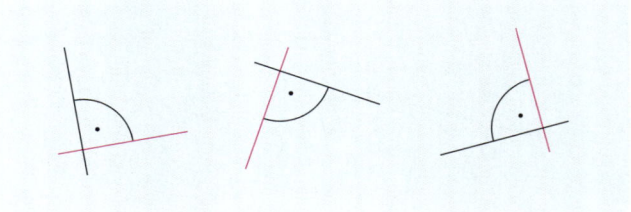

In Rechtecken sind alle Seiten senkrecht zueinander. In Quadern sind auch alle Kanten senkrecht zueinander. In allen Körpern ist die Höhe des Körpers senkrecht zur Grundfläche.

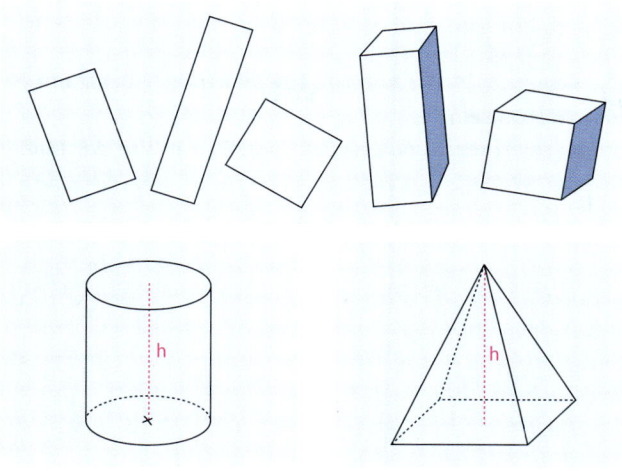

Die Höhe im Zylinder   Die Höhe in der Pyramide

Senkrechte zeichnen mit dem Geodreieck

Die Senkrechte errichten

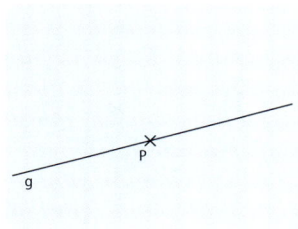

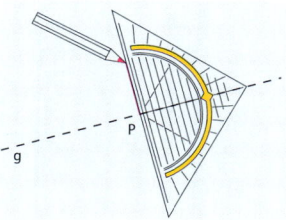

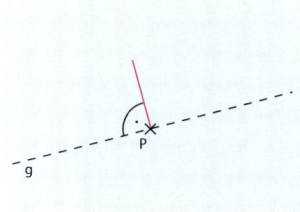

1 Zu einer Geraden g soll in Punkt P die Senkrechte errichtet werden.

2 Legt das Geodreieck am Punkt P auf die Gerade – wie ein Flugzeug auf der Startbahn – und zeichnet am Lineal entlang die Senkrechte ein.

3 Ihr habt nun die Senkrechte in P errichtet.

Das Lot fällen

Mit dem Geodreieck „auf der Startbahn" könnt ihr auch das Lot fällen. Ihr sollt von einem bestimmten Punkt außerhalb der Geraden (nennen wir ihn Q) die Senkrechte auf die Gerade g finden. Ihr schiebt das Geodreieck auf der „Startbahn" entlang, bis ihr Q erwischt habt. Das Lot ist die Strecke vom Punkt Q auf die Gerade g. Es fällt senkrecht auf die Gerade.

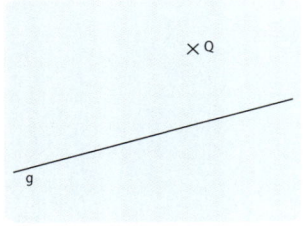

1

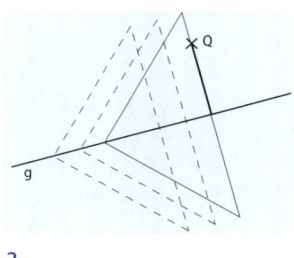

2

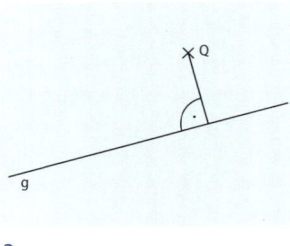

3

Senkrechte zeichnen mit Zirkel und Lineal

Die Senkrechte errichten

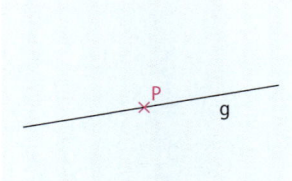

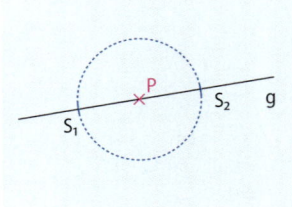

1 Zu einer Geraden g soll die Senkrechte in Punkt P errichtet werden.

2 Ihr schlagt um P einen Kreis mit beliebigem Radius. Der Kreis schneidet die Gerade in zwei Punkten. Wir nennen sie S_1 und S_2. Weil ihr nur die Schnittpunkte S_1 und S_2 benötigt, reichen kleine Kreismarkierungen auf der Geraden.

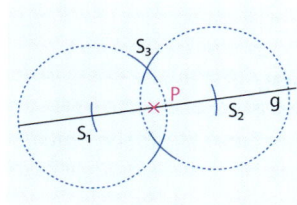

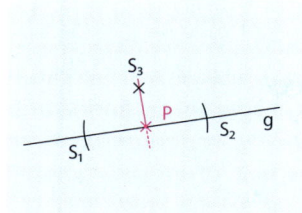

3 Um S_1 und S_2 schlagt ihr je einen Kreis mit gleich großem Radius. Die beiden Kreise sollen sich oberhalb (oder unterhalb) der Geraden schneiden. Ansonsten kann der Radius beliebig groß sein. Den Schnittpunkt der beiden Kreise nennen wir S_3.

4 Die Gerade durch P und S_3 ist die Senkrechte zu g.

Das Lot fällen

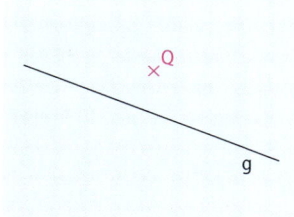

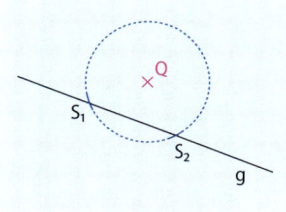

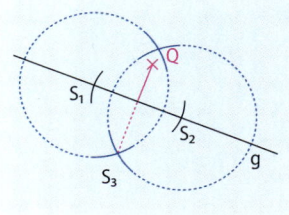

1 Von einem Punkt Q soll das Lot auf die Gerade g gefällt werden.

2 Ihr zeichnet einen Kreis um den Punkt Q. Der Kreis schneidet die Gerade g in zwei Punkten. Wir nennen sie S_1 und S_2.

3 Um die Schnittpunkte S_1 und S_2 schlagt ihr je einen Kreis mit gleich großem Radius. Den Schnittpunkt der beiden Kreise (S_3) verbindet ihr mit dem Punkt Q. Die Strecke von Q auf g ist das Lot. Es fällt senkrecht auf die Gerade.

die **Skizze**

Manche Aufgaben lassen sich leichter lösen, wenn man dazu etwas zeichnet. Das muss nicht exakt und maßstabsgerecht sein. Oft genügt eine Zeichnung aus freier Hand, ein Entwurf. Das nennt man *eine Skizze machen.*
Für solche Aufgaben kann eine Skizze sehr hilfreich sein:

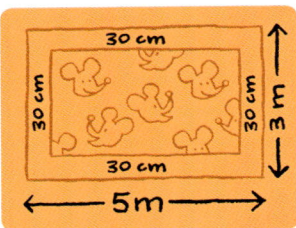

- Ihr wollt einen Teppich für ein Zimmer kaufen, das 5 m lang und 3 m breit ist. Der Teppich soll so groß sein, dass er rundum 30 Zentimeter Abstand von der Wand hat. Wie groß darf der Teppich sein? [1]
- Eine 30 Meter lange Zufahrtsstraße soll mit Fichten bepflanzt werden. Der Obergärtner hat vorgeschrieben, dass die Bäume im Abstand von 2 Metern stehen sollen. Wie viele junge Fichten nimmt der Gehilfe mit, wenn er den Auftrag ordnungsgemäß ausführen will? [2]

Rätselhaft!

Um zur Schule zu kommen, muss Lina eine 1 Kilometer lange Allee entlang laufen, vorbei an einer Eisdiele und an einem Kino. Mit dem Tacho am Fahrrad hat sie irgendwann ausgemessen, dass die Eisdiele 530 Meter von der Schule entfernt ist und dass es von zu Hause 750 Meter bis zum Kino sind.
Wie weit sind Kino und Eisdiele voneinander entfernt? [3]

---

1) 4,40 m lang und 2,40 m breit.
2) Ohne Skizze kann man leicht auf 15 Fichten kommen. Es sind aber 16.
   (Es sind zwar 15 Abstände, aber schon vor dem ersten Abstand muss ja eine Fichte stehen!)

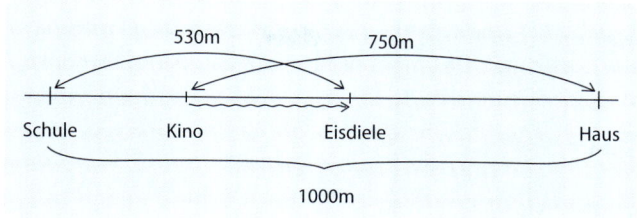

die **Statistik**

Mit *Statistik* wird so gut wie alles erforscht und erfasst, was z. B. Menschen so treiben, was sie essen, was sie haben, was sie sich wünschen, was sie denken, welche Partei sie wählen, wie oft sie ins Kino gehen usw. Und zwar ist nicht der *einzelne* Mensch von Interesse, sondern *alle* Menschen oder bestimmte Gruppen wie Kinder von 6 bis 12 Jahren oder Singles oder Arbeitslose oder Jogger …

Daten
Diagramm
Durchschnitt
Prozent
schätzen

Alltagsstatistik

Wozu sollen Statistiken eigentlich gut sein? Wir gehen bereits im Alltag ständig damit um. Es ist uns bloß gar nicht bewusst, dass es sich dabei um Statistiken handelt. An den folgenden Alltagsbemerkungen wird das sicher deutlich.

3) Die Entfernung Kino – Eisdiele beträgt 280 m. Ihr müsst erst einmal *die* Strecken berechnen, die rechts und links von der gesuchten Strecke liegen. Eisdiele – Haus: 1 000 m – 530 m = 470 m; Kino – Schule: 1 000 m – 750 m = 250 m. Beide zusammen: 720 m. 1 000 m – 720 m = 280 m.

395

Alles, was wir „normal" nennen, ist eigentlich ein statistischer Wert. Und daran zeigt sich auch, wozu Statistiken gut sind. Man hat einen Vergleichsmaßstab. Manchmal ist das für den einzelnen auch nicht so gut, aber darum kümmert sich die Statistik ja nicht. Die „Alltagsstatistik" ist allerdings vermischt mit persönlichen Erfahrungen und Vorurteilen. Die Statistik als Wissenschaft bemüht sich um das, was man *Objektivität* nennt. Damit ist Sachlichkeit ohne Vorurteile gemeint. Aber blind vertrauen kann man der Statistik deshalb trotzdem nicht. Gegenüber Statistiken darf und soll man skeptisch bleiben.

Statistische Methoden

1. Daten erheben
Zu Beginn einer Untersuchung werden zu einer bestimmten Fragestellung Daten *erhoben* oder *erfasst*.

Das heißt, man sammelt Informationen und hält sie fest. Je nachdem, was man wissen will, werden dafür unterschiedliche Methoden angewandt.

- Will man z. B. wissen, was zwölfjährige Schülerinnen und Schüler über Politik wissen, wird man einen *Test* machen oder *Interviews* führen.
- Will man wissen, wie viele Schülerinnen und Schüler mit dem Fahrrad zur Schule fahren, zu Fuß oder mit öffentlichen Verkehrsmitteln (ÖVM) kommen, wird man *zählen*.
- Will man wissen, womit Kinder ihre Freizeit verbringen, wird man *Fragebögen* ausfüllen lassen.
- Will man wissen, wie schwer die Ranzen von Schulanfängern sind, wird man sie *wiegen*.

Die Daten werden zum Beispiel in Strichlisten notiert, geordnet und berechnet.

2. Eine Stichprobe auswählen

Solche Untersuchungen können in einer Schulklasse oder an einer Schule gemacht werden. Dann treffen die Ergebnisse aber nur auf diese *eine* Klasse oder Schule zu. Für die Statistik sind aber *alle* Schülerinnen und Schüler z. B. von ganz Deutschland von Interesse. Da man aber nicht *alle* befragen kann, wird eine *Stichprobe* ausgewählt. Das heißt, es werden z. B. 5 000 (statt 12 Millionen) Kinder befragt oder beobachtet, die in verschiedenen Gegenden und an unterschiedlichen Standorten in Deutschland unterschiedliche Schulen besuchen. Wie die Stichprobe ausgesucht wird, ist noch einmal eine Wissenschaft für sich, aber man geht dann davon aus, dass diese Gruppe von 5 000 Kindern für die Gesamtheit der Schülerinnen und Schüler typisch ist. Das nennt man *repräsentativ*.

Die Stichprobe repräsentiert die Gesamtheit aller Schülerinnen und Schüler in Deutschland. Sie ist für die 12 Millionen Schulkinder repräsentativ. Die Ergebnisse der Untersuchung werden auf alle Schulkinder übertragen bzw. hochgerechnet. In der Zeitung steht dann zu lesen:

EIN DRITTEL ALLER SCHÜLERINNEN UND SCHÜLER IN DEUTSCHLAND FÄHRT MIT DEM RAD ZUR SCHULE.

Mit Stichproben wird in der Statistik nahezu überall gearbeitet. Ob es um Einschaltquoten von Fernsehzuschauern geht oder um die beliebteste Autofarbe, ob es um die Berufswünsche von Schulabgängern geht oder darum, wer Bundeskanzler oder -kanzlerin werden soll: Immer wird nur eine repräsentative Gruppe von Menschen befragt.

Insofern ist jede Statistik immer auch ein bisschen „gelogen", übertrieben oder untertrieben. Und ihre Ergebnisse hängen auch davon ab, von wem sie gemacht wird und welche Absicht dahinter steckt.

3. Darstellungsmethoden

Statistiken werden in erster Linie für Vergleiche gebraucht. Dafür werden die Ergebnisse meist als Schaubilder dargestellt, sodass man sie „auf einen Blick" erkennen kann. Man nennt sie auch Diagramme.

Mehr dazu findet ihr unter dem Stichwort Diagramme.

In der Zeitung werden die Diagramme oft noch besonders anschaulich gestaltet. Hier zu der weltbewegenden Frage, wie viel Speiseeis in den (alten) europäischen Ländern geschleckt wird.

Zum anderen werden Statistiken dafür gebraucht, um Entwicklungen aufzuzeigen, zum Beispiel, wie sich die Temperaturen auf unserer Erde in den letzten 100 Jahren verändert haben oder wie viel Erdöl Jahr für Jahr gefördert wird oder ob die Menschen immer älter werden.

4. Den Durchschnitt berechnen

Auch ganz viele Sachrechenaufgaben haben mit Statistik zu tun. Zum Beispiel wie groß eine Frau ist, wie schnell ein Fußgänger vorankommt, wie viel Kalorien der Mensch pro Tag braucht, wie hoch sein Puls ist, wie viele Kilometer ein Autofahrer im Jahr zurücklegt, wie viel Taschengeld ein 12-Jähriger bekommt usw. All das sind Durchschnittswerte.

Frauen können groß oder klein sein, Fußgänger schnell oder langsam, die eine bekommt viel Taschengeld, der andere wenig: Aber im Durchschnitt ist jeder gleich, hat jeder dasselbe und braucht jeder dasselbe. So ist Statistik.

Deshalb ist oft auch vom *Durchschnittsmenschen*, vom *Durchschnittsbürger* oder von der *Durchschnittsfamilie* die Rede.

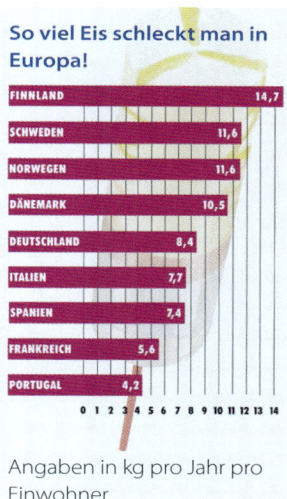

So viel Eis schleckt man in Europa!

FINNLAND	14,7
SCHWEDEN	11,6
NORWEGEN	11,6
DÄNEMARK	10,5
DEUTSCHLAND	8,4
ITALIEN	7,7
SPANIEN	7,4
FRANKREICH	5,6
PORTUGAL	4,2

0 1 2 3 4 5 6 7 8 9 10 11 12 13 14

Angaben in kg pro Jahr pro Einwohner

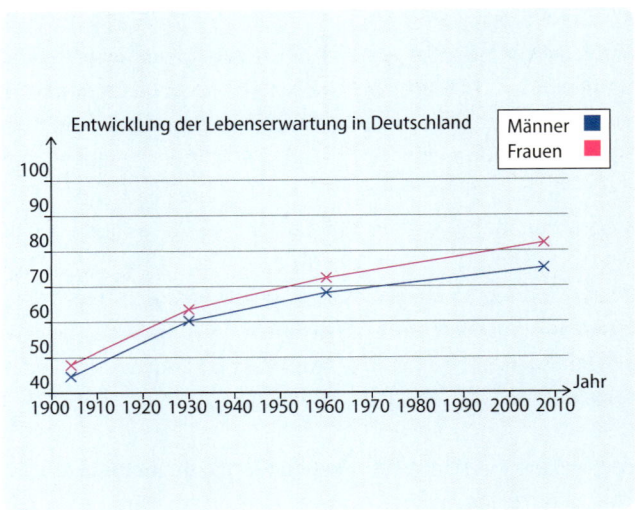

→ Wie die Statistiker zu ihren Aussagen kommen, könnt ihr im Kleinen in eurer Schulklasse herausfinden. Eine Fragestellung könnte sein: Wie groß sind Jungen eures Alters im Vergleich zu den Mädchen?

Eine andere Frage: Wie viele Kilometer legt ein Schüler im Laufe eines Jahres für den Schulweg zurück?

Ihr könnt auch absurde Statistiken aufstellen: Wie viele Sommersprossen hat ein Kind in eurem Alter?

Hinweise und Tipps zur Durchschnittsberechnung findet ihr unter dem Stichwort **Durchschnitt**.

Die Statistik arbeitet auch mit Zahlen, die auf den ersten Blick abwegig erscheinen. So heißt es: „Die deutsche Durchschnittsfamilie hat $1\frac{1}{2}$ Kinder." Was hat es mit dem „halben Kind" auf sich? Es sind bei der Durchschnittsberechnung nun einmal mehr als ein Kind, aber noch nicht zwei Kinder herausgekommen. Auch wenn es also keine halben Kinder gibt: Die statistische Durchschnittsfamilie hat eins.

Oder: „In Deutschland besitzt (mindestens) jeder zweite Einwohner ein Auto." Zu den Einwohnern zählen auch die kleinen Babys, die natürlich noch kein Auto besitzen, und alte Menschen, die gar kein Auto mehr haben wollen. Wozu soll so eine Statistik gut sein? Wieder ist es der Vergleich. In China z. B. hat nur jeder hundertfünfzigste Einwohner ein Auto. Und da auch dort die Babys und alten Menschen mitgerechnet sind, sind die Zahlen vergleichbar.

„Hast du das gehört? In Chicago wurde im Jahre 2005 alle 2 Minuten ein Mensch ausgeraubt." – „Ja, gab's bei dem denn überhaupt noch was zu holen?"

Nicht nur Menschen werden statistisch erforscht, sondern vor allem auch die Umwelt. Ob es um Tiere, Pflanzen, Wasser, Luft, Energie oder Müll geht: Alles wird erfasst und berechnet.

Die Wirtschaft, der Staat, die Medien (Zeitung, Fernsehen) kämen ohne Statistik gar nicht aus. Und der Durchschnittsbürger natürlich auch nicht.

die **Strecke**

Gerade

Eine Strecke ist im normalen Alltag ein Weg, den wir zu Fuß, auf dem Fahrrad, im Auto oder im Zug zurücklegen. Sie ist auch die Entfernung zwischen zwei Städten, die wir auf der Karte ausmessen. Eine Strecke hat immer einen Ausgangspunkt und einen Endpunkt.

So ist es auch in der Geometrie. Dort ist eine Strecke aber schnurgerade. Sie ist ein Abschnitt auf einer Geraden:

Im Gegensatz zu einer Geraden ist eine Strecke durch zwei Punkte begrenzt. Das sind die *Randpunkte*. Sie werden mit Großbuchstaben gekennzeichnet.

Dies ist die Strecke AB:

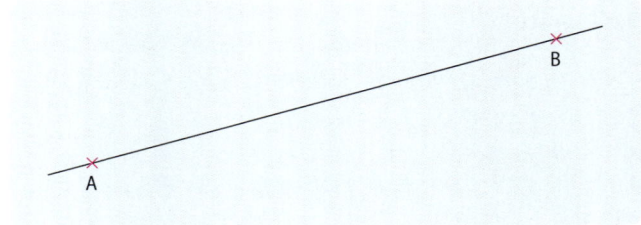

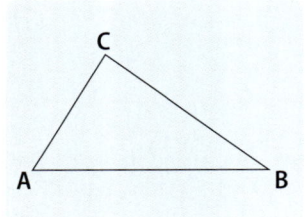

In Dreiecken zum Beispiel gibt es auch die Strecken BC und AC. Man nennt die Randpunkte der Strecke in der Reihenfolge, wie sie im Alphabet stehen, also AC und nicht CA. (Meist werden die Seiten eines Dreiecks aber mit den Kleinbuchstaben a, b und c bezeichnet.)

die **Strichrechnung**

Grundrechenarten

Stufenzahlen

Unser Zahlensystem ist ein *Stellenwertsystem*. Es kommt mit den zehn Ziffern 1, 2, 3, 4, 5, 6, 7, 8, 9, 0 aus. Dieselben Ziffern können innerhalb einer Zahl immer wieder verwendet werden, weil ihr Wert davon abhängt, auf welcher Stelle die Ziffer steht. In der Zahl 111 hat die letzte Ziffer den Wert von 1, die Ziffer davor den Wert von 10 und die vorderste Ziffer den Wert von 100. Das ergibt 100 + 10 + 1 = 111. Bei den Römern z. B. hatte dieselbe Ziffernfolge III den Wert von drei, nämlich I + I + I = III. Das römische Zahlensystem nennt man daher „additives System".

Dezimalsystem
potenzieren
Null
Ziffer

Zehnerstufen

Die 10 ist die *Basis* unseres Stellenwertsystems. Daher heißt unser Zahlensystem auch *Zehnersystem* oder in der Fachsprache *Dezimalsystem*:

$$
\begin{array}{lll}
1 \cdot 1 & = 1 \\
1 \cdot 10 & = 10 \\
1 \cdot 10 \cdot 10 & = 100 \\
1 \cdot 10 \cdot 10 \cdot 10 & = 1\,000 \\
1 \cdot 10 \cdot 10 \cdot 10 \cdot 10 & = 10\,000 \\
1 \cdot 10 \cdot 10 \cdot 10 \cdot 10 \cdot 10 & = 100\,000 \\
1 \cdot 10 \cdot 10 \cdot 10 \cdot 10 \cdot 10 \cdot 10 & = 1\,000\,000 \\
\text{usw.} & \text{usw.}
\end{array}
$$

Das sind Stufenzahlen

403

Unser Zehnersystem baut sich wie eine Treppe auf. Deshalb sprechen wir auch von *Stufenzahlen*. Jede Stufe ist zehnmal so hoch wie die Stufe davor. Das sieht man auch daran, dass sie immer eine *Null* hinzu bekommt.

An der Anzahl der Nullen kann man ablesen, wie viele Zehnerstufen die Zahl emporgestiegen ist. Die Million mit ihren 6 Nullen ist also 6 Zehnerstufen nach oben gehüpft:

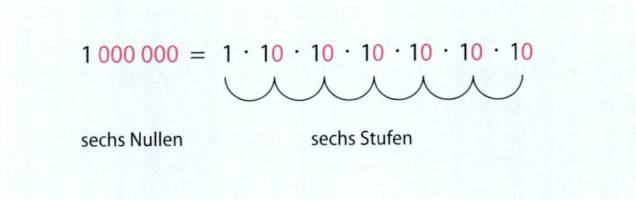

$$1\,000\,000 = 1 \cdot 10 \cdot 10 \cdot 10 \cdot 10 \cdot 10 \cdot 10$$

sechs Nullen   sechs Stufen

Potenzschreibweise

Da sich Mathematiker Vielschreiberei gerne ersparen, drücken sie durch eine Hochzahl aus, wie viele Zehnerstufen die Zahl gehüpft ist: $1\,000\,000 = 10^6$. Man sagt: „Zehn hoch sechs." Das nennt man die *Potenzschreibweise*.

Mehr dazu findet ihr unter dem Stichwort **potenzieren**.

Selbst wenn man eine lange Stufenzahl gar nicht benennen könnte, kann man sie in der Potenzschreibweise notieren: $1\,000\,000\,000\,000\,000 = 10^{15}$ (die Zahl heißt übrigens 1 Billiarde). Wenn euch also jemand fragt, um welche Zahl es sich bei $1\,000\,000\,000\,000$ handelt und euch der Name nicht gleich einfällt, zählt ihr schnell die Nullen ab und sagt: „10 hoch 12." Das macht Eindruck! (Es ist übrigens die Billion.)

Treppauf – treppab

So wie man eine Treppe Stufe für Stufe nach oben gehen kann, kann man umgekehrt auch Stufe für Stufe nach unten gehen.
$100 \cdot 10 = 1\,000$; also ist $1\,000 : 10 = 100$.
Man kann auch mehrere Stufen auf einmal nehmen:

aufwärts:

$100 \cdot 100 = 100 \cdot \underbrace{10 \cdot 10}_{} = 10\,000$

zwei Stufen = zwei Stellen *mehr*

abwärts:

$100\,000 : 1\,000 = 100\,000 : \underbrace{10 : 10 : 10}_{} = 100$

drei Stufen = drei Stellen *weniger*

Versteckte Stufenzahlen

Den meisten Zahlen sieht man nicht an, dass sich auf jeder Stelle eine Stufenzahl befindet. Sie hat sich sozusagen versteckt: Der Zahl 712 zum Beispiel sieht man nicht auf Anhieb an, dass sich in der 7 die Stufenzahl 100 versteckt.

Aber die 7 hat hier ja einen Wert von $700 = 7 \cdot 100$.
So ist es mit *jeder* Ziffer in *jeder* Zahl!

5 3 7 6

In der 6 versteckt sich die Stufenzahl 1 ; $6 \cdot 1$	=	6
In der 7 versteckt sich die Stufenzahl 10 ; $7 \cdot 10$	=	70
In der 3 versteckt sich die Stufenzahl 100 ; $3 \cdot 100$	=	300
In der 5 versteckt sich die Stufenzahl 1 000 ; $5 \cdot 1\,000$	=	5 000

Welche Stufenzahl sich in einer Ziffer versteckt, könnt ihr daran ablesen, wie viele Stellen sie noch hinter sich hat: Die 3 hat noch 2 Stellen hinter sich, also versteckt sich in der 3 die Stufenzahl 100 mit ihren *zwei* Nullen. Die 3 hat daher den Wert von $3 \cdot 100 = 300$.

 Welche Stufenzahlen verstecken sich bei der folgenden Zahl in den bunten Ziffern?
42 975 356 [1]

In einer *Null* innerhalb einer Zahl versteckt sich auch eine Stufenzahl. Aber davon gibt es auf ihrem Platz gerade keine einzige. Die Null hält nur den Platz frei für die 9 Ziffern, die sich vielleicht darauf einfinden können.
Am Beispiel 208 bedeutet das: Die Stufenzahl, die sich hier in der Null versteckt, ist die 10, weil ja noch eine Stelle folgt. Es gibt bloß keinen Zehner in dieser Zahl. Die Null hält aber den Platz für bis zu 9 Zehner frei.
Mehr zur **Null** findet ihr unter dem betreffenden Stichwort.

Tausenderstufen

Auf der Zehnertreppe kommt man zwar Schritt für Schritt von einer Stufenzahl zur nächsten, aber man verliert leicht den Überblick. Deshalb wurden Tausenderstufen eingerichtet. Jede Tausenderstufe bekommt auch einen neuen Namen: die *Einer*, die *Tausender*, die *Millionen* usw.
Man braucht die Tausendergruppen, um hohe (und damit lange) Zahlen gliedern zu können. Bereits die Million wäre ohne

---

1) $4 \cdot 10\,000\,000$; $9 \cdot 100\,000$; $7 \cdot 10\,000$; $5 \cdot 10$.

diese Gliederung schwer lesbar: 1000000. In Tausendergruppen aufgeteilt, erkennt man sie auf einen Blick: 1 000 000.

So baut sich die Tausendertreppe mit ihren Stufenzahlen auf:				
1 000 Einer	= 1 Tausender	=	1 000	(3 Nullen)
1 000 Tausender	= 1 Million	=	1 000 000	(6 Nullen)
1 000 Millionen	= 1 Milliarde	=	1 000 000 000	(9 Nullen)
1 000 Milliarden	= 1 Billion	=	1 000 000 000 000	(12 Nullen)
1 000 Billionen	= 1 Billiarde	=	1 000 000 000 000 000	(15 Nullen)
1 000 Billiarden	= 1 Trillion	=	1 000 000 000 000 000 000	(18 Nullen)
1 000 Trillionen	= 1 Trilliarde	=	1 000 000 000 000 000 000 000	(21 Nullen)

Die Namen der Tausendergruppen müsst ihr auswendig lernen,
jedenfalls möglichst bis zu den Trilliarden.

Beispiel:
Im Lexikon steht: *Der Planet Merkur kommt der Sonne bis auf
46000000 km nahe.* Wie nahe kommt er ihr denn nun?
Geht so vor:
1. Teilt zuerst die Dreiergruppen von hinten ab: 46'000'000
   (so macht es auch der Taschenrechner).
2. Schreibt die Zahl noch einmal mit Lücken auf: 46 000 000
3. Benennt die Dreiergruppen von hinten:

46	000	000
Millionen	Tausender	Einer

Von vorn gelesen lautet die Zahl 46 Millionen.
Der Merkur kommt der Sonne also bis auf 46 Millionen Kilometer nahe.

Wenn wir eine Reise durch unsere Galaxis (die Milchstraße) machen könnten, müssten wir 851472000000000 km weit fahren.
- Was ist das für eine Strecke – in Worten ausgedrückt? [1]
- Übrigens soll es 10000000000000000 Ameisen auf der Erde geben. Hat man da noch Worte? [2]

Überall Einer, Zehner und Hunderter

In allen Tausendergruppen gibt es drei Abteilungen, nämlich Einer, Zehner, Hunderter.
Einer, Zehner, Hunderter gibt es nicht nur in der Einergruppe (bis 999). Genau genommen müssten sie dort Eineiner, Zehneiner, Hunderteiner heißen.

Einer: 1
Zehner: 10
Hunderter: 100

Auch bei den hohen Stufenzahlen gibt es Einer, Zehner, Hunderter, zum Beispiel bei den Tausendern:

die Eintausender: 1000
die Zehntausender: 10000
die Hunderttausender: 100000

---

1) 851472000000000 km = 851 Billionen 472 Milliarden Kilometer
2) 10000000000000000 = 10 Billiarden

Und so geht es bis zu den Trilliarden (und darüber hinaus):

die Eintrilliarden: 1 000 000 000 000 000 000 000

die Zehntrilliarden: 10 000 000 000 000 000 000 000

die Hunderttrilliarden: 100 000 000 000 000 000 000 000

Rechentricks mit Stufenzahlen

Bei den Stufenzahlen gibt es Zahlen mit vielen Nullen. Um damit bequemer rechnen zu können, wendet man Tricks an, die mit dem Treppauf – Treppab und dem Versteckspiel der Stufenzahlen zu tun haben.

1. Zahlen mit vielen Nullen multiplizieren

Trick 1

Wenn ihr zwei Stufenzahlen miteinander malnehmt, hat das Ergebnis genau so viele Nullen wie die beiden Stufenzahlen zusammen:

1 000 · 10 000 = 10000000 = 10 000 000 (= Zehnmillionen)

3 Nullen   4 Nullen   7 Nullen

 Prüft den Trick an vielen Aufgaben nach.
- 100 · 1 000 [1]
- 1 000 000 · 10 [2]
- 100 000 · 10 000 [3]

---

1) 100 000
2) 10 000 000
3) 1 000 000 000

Trick 2

Beim Multiplizieren mit anderen als den „reinen Stufenzahlen"
ist es im Prinzip genauso.

Wenn ihr zwei Zahlen mit vielen Nullen miteinander malnehmen
wollt, hat das Ergebnis genauso viele Nullen wie die beiden
Zahlen zusammen:

$$600 \cdot 4000 = 2400000 = 2\,400\,000$$

2 Nullen   3 Nullen   5 Nullen

Ihr habt es dann nur noch mit der einfachen Malaufgabe $6 \cdot 4$
zu tun und braucht nur noch die Summe der Nullen an das Ergebnis
anzuhängen.

 Prüft den Trick an vielen Aufgaben nach.
- $7000 \cdot 30000$ [1)]
- $250 \cdot 400000$ [2)]
- $512000 \cdot 3400000$ [3)]

2. Zahlen mit vielen Nullen dividieren

Trick 3

Wenn ihr zwei Zahlen mit vielen Nullen durcheinander teilen
wollt, müsst ihr schauen, durch welche *gemeinsame* Stufenzahl
sie teilbar sind. Dann könnt ihr die *gemeinsamen* Nullen
wegstreichen:

1) 210 000 000
2) 100 000 000
3) 1 740 800 000 000

$$2\,500\,000 : 50\,000 = 2\,5\cancel{00\,000} : 5\cancel{0\,000} \quad = 250 : 5 = 50$$

5 Nullen   4 Nullen   4 Nullen weg   4 Nullen weg

gemeinsame Stufenzahl: 10 000 mit 4 Nullen

Also aufgepasst: Ihr dürft beim Dividieren nicht einfach *alle* Nullen „weglassen" oder „wegstreichen". Ihr müsst immer erst schauen, wie viele Nullen die beiden Zahlen *gemeinsam* haben. Bei dem Beispiel oben hat die Ausgangszahl zwar 5 Nullen, aber sie hat nur 4 Nullen mit der zweiten Divisionszahl *gemeinsam*. Also dürfen von jeder Zahl nur 4 Nullen weggestrichen werden. Mathematisch ausgedrückt kürzt ihr durch 10 000.

 Prüft den Trick an vielen Beispielen nach.
- 15 000 : 500 [1]
- 160 400 : 20 [2]
- 100 000 : 25 000 [3]

die **Stunde (h oder Std.)**

Die Einteilung des Tages in zweimal 12 Stunden stammt aus der Antike. Aber nur in Babylonien (das ist das Gebiet des heutigen Irak) war eine Stunde ein genau festgelegter Zeitabschnitt. Sie wurde auch schon in 60 Minuten unterteilt.
Die Abkürzung *h* kommt übrigens vom lateinischen Wort „hora" für „Stunde".

Minute
Sekunde
Tag
Zeit

1) 30 (2 Nullen streichen)
2) 8 020 (1 Null streichen)
3) 4 (3 Nullen streichen)

Die Griechen und Römer aber zählten die (hellen) Tages- und (dunklen) Nachtstunden getrennt. Die zwölf Stunden des Tages wurden von Sonnenaufgang bis Sonnenuntergang gezählt, die der Nacht dann vom Dunkelwerden an. Da im Sommer die Tage länger sind, waren dann tagsüber die Stunden länger und in der Nacht kürzer. Im Winter war es umgekehrt. Am kürzesten Tag des Jahres (am 21. Dezember) war die Tagesstunde - nach unserer heutigen Zeitmessung – in Rom 45 Minuten lang, am längsten Tag (21. Juni) dauerte sie 75 Minuten. Bei den Nachtstunden war es umgekehrt.

Eine Stunde war also keine feste Zeiteinheit. Deshalb gab es auch noch keine genaueren Unterteilungen der Stunde in Minuten oder gar Sekunden. Die halbe Stunde war die kleinste Zeiteinheit.

Erst als im Mittelalter mechanische Uhrwerke gebaut werden konnten, „änderten sich die Zeiten". Die Stunde war sommers wie winters und Tag und Nacht gleich lang. Man unterteilte sie zunächst in halbe und viertel Stunden, dann in Minuten und schließlich auch in Sekunden.

1 Tag hat 24 Stunden.
1 Stunde hat 60 Minuten.
1 Stunde hat 3 600 Sekunden (60 · 60).

1 halbe Stunde ($\frac{1}{2}$ h) dauert 30 Minuten
1 Viertelstunde ($\frac{1}{4}$ h) dauert 15 Minuten
1 Dreiviertelstunde ($\frac{3}{4}$ h) dauert 45 Minuten

Sonja und Pit spielen in der Sandkiste. „Wie spät ist es eigentlich?", fragt Sonja. „Keine Ahnung", sagt Pit, „aber fünf kann es nicht sein!" – „Wieso nicht?" – „Weil meine Mama gesagt hat: ‚Um fünf bist du zu Hause'."

der **Subtrahend**

Subtrahend ist der Fachausdruck für die zweite Zahl bei einer Subtraktionsaufgabe. Das Wort kommt aus dem Lateinischen und bedeutet „das Abzuziehende". Der Subtrahend ist also die Zahl, die abgezogen wird.

subtrahieren
Minuend
Differenz
minus

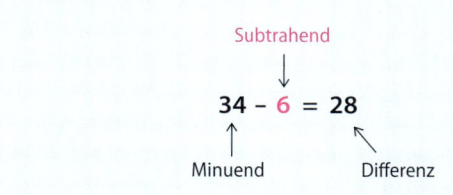

Das Ergebnis der Subtraktion bezeichnet man als Differenz.

subtrahieren

Fachausdrücke und Rechenzeichen

Das Wort *subtrahieren* kommt aus dem Lateinischen. Es bedeutet „abziehen" und „wegnehmen". Das Nomen (Substantiv) heißt „Subtraktion".

Die Subtraktion ist eine der vier Grundrechenarten.

Grundrechenarten
addieren
Differenz
Kommazahlen addieren und subtrahieren
natürliche Zahlen
negative Zahlen

Beim Subtrahieren wird *normalerweise* eine kleinere Zahl von einer größeren Zahl abgezogen. Das wird mit dem Wort „minus" ausgedrückt: „sieben minus fünf".

Manchmal zieht man auch eine größere Zahl von einer kleineren ab. Dann ist das Ergebnis eine *negative* Zahl. Ihr kennt das sicher vom Thermometer her: Wenn z. B. eine Temperatur von 2 Grad über Null herrscht und es um 3 Grad kälter wird, dann sinkt das Thermometer unter Null Grad: plus 2 Grad minus 3 Grad = minus 1 Grad.

Mehr dazu findet ihr unter dem Stichwort **negative Zahlen**.

Als Rechenzeichen für das Wort „minus" steht ein waagerechter Strich: –. In einer Gleichung sieht das so aus: $7 - 5 = 2$. Man spricht: „Sieben minus fünf (ist) gleich zwei".

Die Zahlen in der Subtraktionsaufgabe haben (natürlich) auch Namen: **Minuend – Subtrahend = Differenz**

Mehr dazu findet ihr unter den betreffenden Stichwörtern

Die Differenz ermitteln

Wir bleiben im Folgenden im Bereich der *natürlichen Zahlen*. Das sind die Zahlen, die größer als Null sind. Dabei subtrahiert man die kleinere Zahl von der größeren Zahl.

Beim Subtrahieren geht es immer um den Unterschied zwischen Zahlen oder Maßen, also um die *Differenz*.

Dazu eine kleine Bildergeschichte:

50 Plätzchen   23 aufgegessen   Wie viele sind übrig?

Die Differenz könnt ihr auf unterschiedliche Weise berechnen:
mit der *Abziehmethode* und mit der *Ergänzungsmethode*.

1. Die Abziehmethode: von oben nach unten
Ihr zieht die kleinere Zahl von der größeren Zahl ab.
50 – 23
Die Zahl 50 soll um 23 verringert werden.

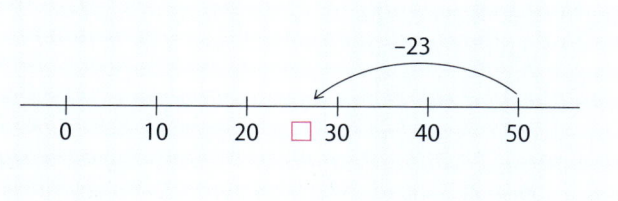

Bei der Abziehmethode fragt ihr: „50 minus 23 sind wie viel?"
Und die Aufgabe sieht *so* aus: 50 – 23 = ☐
Die Lösung schreibt ihr als Gleichung auf: 50 – 23 = 27

Das ist die *Abziehmethode*. Ihr zieht *von oben nach unten* ab
bzw. am Zahlenstrahl *von rechts nach links*.

2. Die Ergänzungsmethode: von unten nach oben

Dasselbe Beispiel: **50 − 23**

Mit der Ergänzungsmethode geht ihr von der kleineren Zahl aus und rechnet *nach oben* die Differenz zur größeren Zahl aus. Das nennt man „ergänzen".

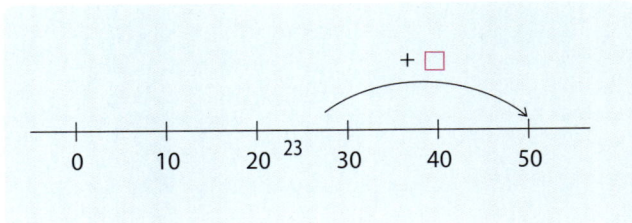

Bei der Ergänzungsmethode fragt ihr:

„23 plus wie viel sind 50?"

23 + ☐ = 50, aber ihr schreibt die Aufgabe trotzdem als Minus-aufgabe auf: 50 − 23 = 27

Das ist die *Ergänzungsmethode*. Ihr ergänzt *von unten nach oben* bzw. am Zahlenstrahl *von links nach rechts*.

Umgekehrte Addition

Die Subtraktion ist eine umgekehrte Addition.
Wenn $7 - 5 = 2$, dann ist $2 + 5 = 7$.

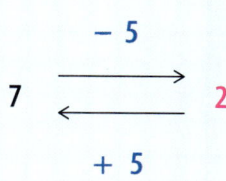

Das kann man für die Kontrolle der Ergebnisse gut gebrauchen.
Man kann eine Umkehrprobe machen.

27 – 12 = 15 → Umkehrprobe: **15 + 12 = 27**

 Überprüft bei folgenden Rechnungen die Ergebnisse mit
Hilfe der Umkehrprobe. Einige sind nicht korrekt.
- $49 - 16 = 33$ ¹⁾
- $50 - 24 = 26$ ²⁾
- $17 - 13 = 6$ ³⁾
- $76 - 8 = 64$ ⁴⁾
- $34 - 15 = 19$ ⁵⁾
- $53 - 7 = 44$ ⁶⁾

1) Diese Rechnung ist korrekt, denn $33 + 16 = 49$.
2) Diese Rechnung ist korrekt, denn $26 + 24 = 50$.
3) Falsch! Denn $6 + 13 \neq 17$.
4) Falsch! Denn $64 + 8 \neq 76$.
5) Diese Rechnung ist korrekt, denn $19 + 15 = 34$.
6) Falsch! Denn $44 + 7 \neq 53$.

Schriftlich subtrahieren

Wenn ihr mehrstellige Zahlen subtrahieren müsst, rechnet ihr am besten schriftlich.

Das ist die Grundregel:

```
    5 3 6 7
  −   1 5 2
    5 2 1 5
```

1. Ihr schreibt die Zahlen wie in der Stellentafel *untereinander* auf. Ihr müsst also darauf achten, dass
   die Einer unter den Einern stehen,
   die Zehner unter den Zehnern,
   die Hunderter unter den Hunderten usw.

2. Ihr fangt *von hinten* mit den Einern an und rechnet die Differenz aus.
   Dann kommen die Zehner an die Reihe,
   dann die Hunderter
   usw.

```
    5 215
  +   152
    5 367
```

Umkehrprobe

Ihr tut so, als ob es auf jeder Stelle um Einer geht und braucht euch beim Rechnen auch gar keine Gedanken darüber zu machen, ob ihr bei der Zehner- oder Hunderter- oder Tausenderstelle seid. Hinterher solltet ihr aber zur Kontrolle die Umkehrprobe machen.

Bei der Beispielaufgabe ist das Abziehen deshalb so leicht, weil an jeder Stelle die obere Zahl immer größer ist, als die untere Zahl. Man braucht keinen Übertrag:

$7 - 2 = 5$; $6 - 5 = 1$; $3 - 1 = 2$; $5 - 0 = 5$

Das ist aber in den meisten Fällen anders. Im Folgenden werden euch zwei Verfahren vorgestellt, die mit dem Problem des Übertrags unterschiedlich umgehen.

1. Die Abziehmethode: von oben nach unten

984 – 356

Bei den Einern gibt es ein kleines Problem: Von 4 kann man schlecht 6 abziehen.
Aber es gibt ja noch genügend Zehner, von denen ihr einen wegnehmt und ihn in 10 Einer umwechselt.
Dann könnt ihr rechnen: $14 - 6 = 8$. Bei den Zehnern gibt es statt 8 nur noch 7.

H	Z	E
9	8̷ 7	¹4
– 3	5	6
6	2	8

Im Rechenheft würde das Durchstreichen und Hineinschreiben ziemlich unübersichtlich werden. Deshalb macht ihr es am besten so:

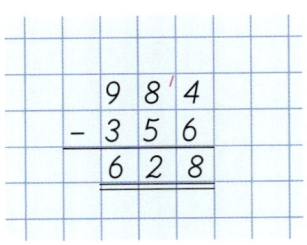   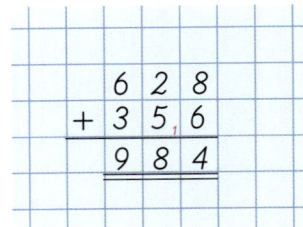

Umkehrprobe

Sobald ihr also von der Stelle davor 1 Zehner wegnehmt, macht ihr dort ein Häkchen. Das erinnert euch beim Weiterrechnen daran, dass die Zahl mit Häkchen um 1 geringer geworden ist. Statt 8 sind es nur noch 7.
Dann macht ihr sicherheitshalber noch die Umkehrprobe.

2. Die Ergänzungsmethode: von unten nach oben

Bei der Ergänzungsmethode rechnet man die Differenz von unten nach oben aus.
Ihr schaut zuerst auf die untere Zahl, also auf den Subtrahenden, und ergänzt zur oberen Zahl.

984 − 356

H	Z	E
9	8	¹4
− 3	5₁	6
6	2	8

Bei den Einern gibt es ein Problem: Von 6 kann man schlecht auf 4 ergänzen. Möglich wäre es von 6 auf 14. Dafür muss man sich einen Zehner von der Stelle davor abholen. Dann gibt es auf der Einerstelle 14. Damit könnt ihr erst einmal rechnen: Von 6 bis 14 = 8.

Mit der Ergänzungsmethode geht es nun aber *so* weiter:
Ihr nehmt *nicht* 1 Zehner von den 8 Zehnern weg, sondern *erhöht* die 5 Zehner beim Subtrahenden um 1 Zehner und schreibt ihn ganz klein daneben: 5_1.
Dann rechtnet ihr also: Von 6 bis 8 = 2.

In eurem Rechenheft sieht das dann so aus:

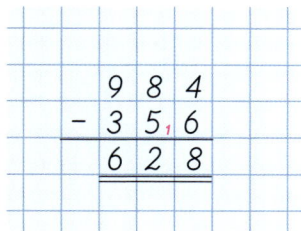   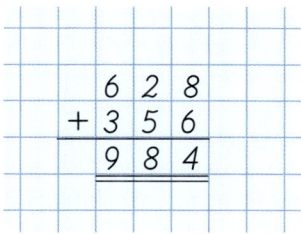

Umkehrprobe

der **Summand**

addieren
Summe
plus
Vertauschungsgesetz

Alle Zahlen, die in einer Additionsaufgabe zusammengezählt werden sollen, heißen *Summanden*.
Das Ergebnis ist die Summe.

Summe
↓

$$32 \; + \; 25 \; = \; 57$$

Summand   Summand

Es kann auch mehrere Summanden geben:
$8 + 14 + 9 + 5 = 36$

Die Summanden können vertauscht werden. Die Summe bleibt dieselbe:
$9 + 8 + 5 + 14 = 36$

Das nennt man das *Vertauschungsgesetz*.

die **Summe**

addieren
plus
Summand

Ihr findet das Wort „Summe" zum Beispiel auf Kassenzetteln.
Die Summe gibt an, wie viel alles zusammen kostet.
Auch bei vielen Gesellschaftsspielen rechnet ihr aus, wie viele Punkte ihr zusammen habt, und notiert die Summe.

Im Lateinischen bedeutet „summa" die „Gesamtzahl".
Ihr bekommt vielleicht die Aufgabe gestellt: „Bilde die Summe aus den Summanden 25 und 6." Dann ist so eine Aufgabe gemeint:

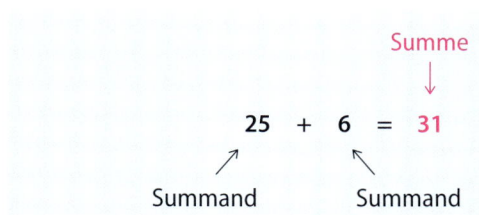

die **Symmetrie**

Das Wort „symmetrisch" stammt aus dem Griechischen und bedeutet soviel wie „ebenmäßig" oder „gleichmäßig".

Geometrie

Klecksbilder sind symmetrisch: Ihr faltet ein Blatt Papier und klappt es wieder auf. Auf die eine Seite kleckst und träufelt ihr Tinte oder Wasserfarben. Dann faltet ihr das Papier wieder zusammen und streicht mit der Hand darüber.
Beim Auseinanderfalten seht ihr eine symmetrische Figur. Der Falz ist die *Symmetrieachse*: Jede Stelle und jeder Punkt auf der einen Seite der Achse befindet sich genauso auf der anderen Seite. Die „Kopie" kann allerdings schwächer sein und vielleicht ist auch nicht immer alles abgedruckt.

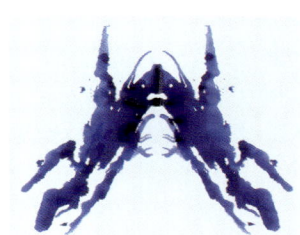

Ihr könnt auch einen Spiegel an den Falz anlegen. Das gibt genau dasselbe Bild. Die Symmetrieachse nennt man auch *Spiegelachse*.

Bei Klecksbildern können sich zwei Bilder ergeben, die in allen Einzelheiten übereinstimmen und daher symmetrisch sind. Ihr könnt auch symmetrische Figuren *aus einem Stück* herstellen. Faltet ein Blatt Papier und schneidet am Falz irgendwelche Formen aus. Auch hier ist der Falz die Symmetrieachse bzw. Spiegelachse. Die Formen sind achsensymmetrisch.

 Welche vollständigen Bilder ergeben sich bei den Schnitten nebenan?

 Das Gesicht in dieser Zeichnung ist nicht symmetrisch. Es ist „asymmetrisch". Wo müsst ihr den Spiegel anlegen, damit das Gesicht symmetrisch ist und einmal lacht und einmal traurig dreinschaut?

Symmetrie in der Umgebung

Symmetrien gibt es
- in der Natur;
- in der Technik;
- in der Architektur;
- in der Kunst;
- in der Musik …

➡️ Macht euch selbst auf die Suche nach symmetrischen Figuren und Formen in eurer Umgebung.

A B C D E F G H I J K L M
N O P Q R S T U V W X Y Z

➡️ Auch die meisten Großbuchstaben sind achsensymmetrisch. Welche sind das? Legt einen Spiegel an die Symmetrieachsen an. [1]

---

1) A, B, C, D, E, H, I, K, M, O, T, U, V, W, X, Y

→ Hier steht eine Nachricht mit halben Buchstaben. Mit einem Spiegel könnt ihr sie Buchstabe für Buchstabe entziffern. Ihr müsst nur die passende Symmetrieachse finden. [1]

Viele Faltvorschläge bauen auf der Achsensymmetrie auf. Zum Beispiel für den folgenden Flieger (der übrigens ausgezeichnete Flugeigenschaften hat!).

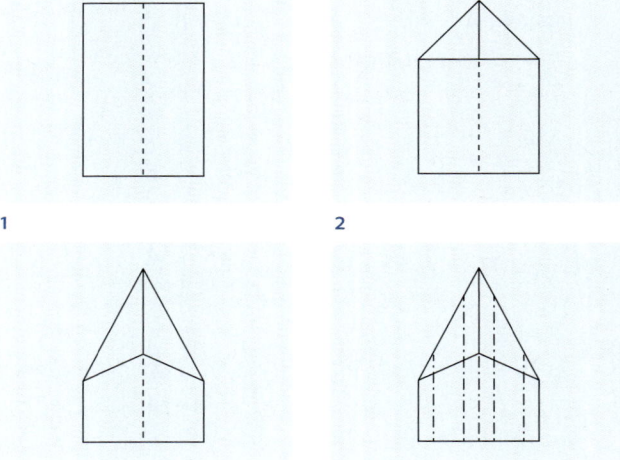

1   2

3   4

1) ICH HABE BAUCHWEH

Symmetrie in der Geometrie

Eine Figur, die ihr so zusammenfalten könnt, dass beide Hälften in jedem Punkt genau aufeinander passen, ist symmetrisch. Dabei kann es sich um zwei getrennte symmetrische Figuren handeln oder um eine einzige Figur, deren beide Hälften symmetrisch sind – wie der Schmetterling. Wenn man die symmetrischen Teile übereinander klappt, decken sie sich genau ab. Sie sind *deckungsgleich*.

Regelmäßige geometrische Flächen kann man an unterschiedlichen Achsen falten oder spiegeln. Sie haben mehrere Spiegelachsen.

Probiert das mit einem Spiegel an den folgenden Flächen aus.
Wie viele Symmetrieachsen entdeckt ihr? [1] (Seite 428)
Die Spiegelung muss dasselbe Bild ergeben wie die Ausgangsfigur.

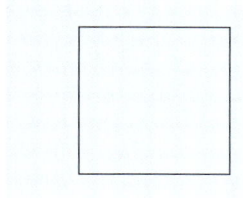

1 Quadrat

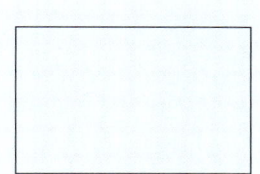

2 Rechteck

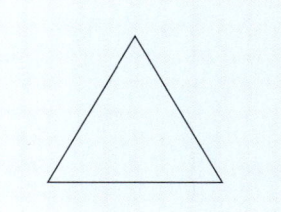

3 Gleichseitiges Dreieck

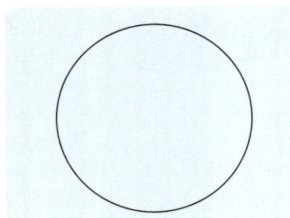

4 Kreis

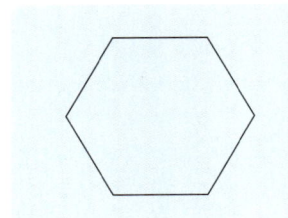

5 Sechseck

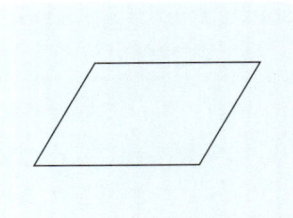

6 Parallelogramm

Ein Mathematikprofessor hat seine neu entdeckte Formel rahmen lassen und will sie nun als Bild aufhängen.
Leider ist niemand da, der den Nagel in die Wand schlägt. Also nimmt er selbst Nagel und Hammer in die Hand, hält aber den Nagel mit dem Kopf zur Wand.
Gerade will er zuschlagen, da schaut er noch einmal genau hin und stutzt. Er überlegt und überlegt. Nach fünf Minuten hat er's: „Das ist ein Nagel für die gegenüberliegende Wand!"

1)

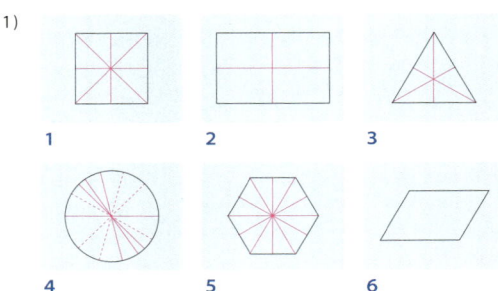

1   **2**   **3**

4   **5**   **6**

➡ Zwei der folgenden Würfelnetze sind symmetrisch.
Welche sind das? Findet es durch Drehen heraus. [1]

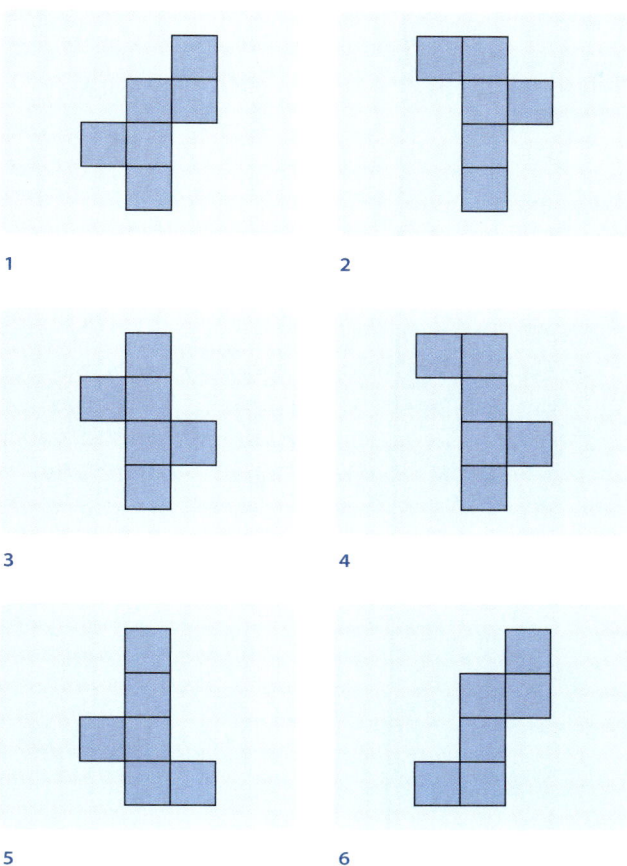

1

2

3

4

5

6

<hr>

1) 2 und 5 sind symmetrisch.

der **Tag**

Zeit
Stunde
Woche
Monat

Der Begriff *Tag* wird bei uns unterschiedlich gebraucht und verstanden. Zum einen ist damit der helle Tag im Gegensatz zur Nacht gemeint. Das ist die Zeit von Sonnenaufgang bis Sonnenuntergang, in der wir normalerweise wach sind. In diesem Sinne ist der Tag keine Zeiteinheit, mit der gerechnet wird.

Zum anderen verstehen wir unter einem Tag die ganze Zeitdauer, in der die Erde sich einmal um sich selbst dreht. Das sind 24 Stunden und darin sind dann der helle Tag und die Nacht eingeschlossen. Mit dieser Zeiteinheit wird auch gerechnet.

So heißt es zum Beispiel: „Noch drei Tage bis zu meinem Geburtstag" oder: „Wir machen 14 Tage Urlaub". Auch die Ableitungen *täglich* oder *pro Tag* meinen immer den ganzen Tag einschließlich der Nacht. Das hört sich manchmal etwas komisch an: „Kinder sollen täglich mindestens neun Stunden schlafen" heißt es. Wenn sie das tagsüber täten, wären sie wohl Nachtgespenster. Komisch ist auch, dass der Tag mitten in der Nacht anfängt:

Punkt Mitternacht – um 0 Uhr – beginnt (rechnerisch) ein neuer Tag.

Womit gerechnet wird

1 Tag hat 24 Stunden.
1 Woche hat 7 Tage.
1 Jahr hat 365 Tage.
1 Schaltjahr hat 366 Tage.

Im Geschäftsleben:

1 Monat hat 30 Tage.
1 Jahr hat 360 Tage.

Die Wochentage

Der Tag, mit dem die Woche anfängt, ist festgelegt.

Am Montag fängt die Woche an.

- Montag, Dienstag, Mittwoch, Donnerstag, Freitag, Samstag nennt man *Werktage*. (*Werken* ist ein altes Wort für „arbeiten". Ihr kennt es als Schulfach.)
- *Sonn- und Feiertage* sind für die meisten Menschen arbeitsfrei.

die **Tara**

Unter dem Wort *Tara* versteht man das Verpackungsgewicht einer Ware.
Mehr dazu unter dem Stichwort **brutto**.

brutto

der Taschenrechner

runden
Stufenzahlen

Schon immer wollten die Menschen sich das Rechnen durch Maschinen erleichtern. Die älteste Rechenhilfe ist wohl der *Abakus*, der noch heute von kleinen Kindern benutzt wird und der in einigen Ländern immer noch als Rechenmaschine in Kaufläden in Gebrauch ist.

Nachdem die Uhrmacher im ausgehenden Mittelalter komplizierte Uhrwerke herstellen konnten, begann auch die Zeit der mechanischen Rechenmaschinen.

Der französische Philosoph, Mathematiker und Physiker Blaise Pascal erfand im Jahre 1642 den ersten mechanischen Rechenautomaten. Er funktionierte mit ineinandergreifenden Zahnrädern und konnte automatisch Zahlen mit bis zu 6 Stellen addieren und subtrahieren. Immer wenn auf einer Stelle die 9 überschritten wurde, fing es dort wieder mit der Null neu an und die Stelle davor erhöhte sich um 1.

Das Prinzip haben wir heute noch bei den Tachometern am Fahrrad oder im Auto.

Auch früher durften die Kinder in der Schule schon eine „Rechenmaschine" benutzen.

Blaise Pascal

Rechenautomat mit zehn Stellen.

Welche Höchstsumme konnte der abgebildete Rechen-automat errechnen? [1]

Im Lauf der Zeit entwickelten sich die Rechenmaschinen zu unseren heutigen Computern und zu kleinen Taschenrechnern, die inzwischen sogar fast in jedes Handy eingebaut sind.
Das Gute am Taschenrechner ist, dass er sich nicht verrechnet. Er kann bloß nicht denken. Das muss man doch noch selber machen.

Beschreibung der Symbole und Funktionen

Taschenrechner sehen zwar unterschiedlich aus und haben mal mehr, mal weniger Funktionen, aber die wesentlichen Symbole auf den Funktionstasten sind bei allen Rechnern weitgehend gleich.

Allgemeine Tipps zum Umgang mit dem Taschenrechner

1. Tippt nie einfach nur drauflos.
2. Macht euch klar, was ihr herausbekommen wollt. Notiert euch Stichwörter, Sätze, Fragen und schreibt in jedem Fall vorher die Aufgabe auf, die ihr in den Taschenrechner tippen wollt. Bei höheren Zahlen vergisst man die Zahlenfolge leicht.

---

1) 9 999 999 999

3. Notiert das Ergebnis zuerst mit Bleistift und testet in einem zweiten Durchgang, ob dasselbe Ergebnis herauskommt. Es könnte ja sein, dass ihr euch vertippt habt.

4. Kontrolliert anhand eurer Notizen, ob das Ergebnis Sinn macht. Bei überschaubaren Aufgaben schätzt ihr mit einer Überschlagsrechnung am besten ab, welches Ergebnis ungefähr herauskommen müsste.

5. Wenn beim Multiplizieren und Dividieren im Display Kommazahlen mit vielen Stellen hinter dem Komma erscheinen, müsst ihr entscheiden, wie genau das Ergebnis sein soll. Dann müsst ihr eventuell ab- oder aufrunden.
Schaut dazu unter dem Stichwort **runden**.

Besonderheiten beim Taschenrechner

- Das Zeichen für „geteilt durch" sieht oft so aus:

- Das Malzeichen ist kein Punkt sondern ein:

- Beim Taschenrechner ist das Komma ein Punkt.

- Auch wennn im Display Folgendes steht,

  ist damit eine Kommazahl gemeint: 278,95.

- Lange Zahlen werden im Display des Taschenrechners mit einem kleinen Strichelchen in Dreiergruppen abgeteilt, damit man sie besser lesen kann: 2'869'305

- Der Taschenrechner zeigt die Zahlen natürlich höchstens bis zum Ende des Displays an. Sehr lange Zahlen passen deshalb oft nicht mehr ganz drauf. Wenn ihr große Zahlen miteinander multipliziert, ergibt das eventuell ein falsches Ergebnis. Im Taschenrechner erscheint dann am Ende der Zahl ein „E". Das steht für das englische Wort „ERROR" (= Irrtum, Fehler).

Wenn einer der Faktoren am Ende viele Nullen hat, kann man sich damit behelfen, dass man die Zahl zum Beispiel um das 1000-fache verringert und mit drei Nullen weniger rechnet. Das Ergebnis multipliziert man hinterher wieder mit 1 000, indem man die drei Nullen anhängt.

Beispiel: **12'780'000 · 712**
12'780'~~000~~
12 780 · 712 = 9'099'360
Ergebnis: 9'099'360'000

„So, meine Lieben", sagt die Lehrerin. „Heute wird mal mit Taschenrechnern gerechnet. Also, aufgepasst: Wie viel sind drei Taschenrechner plus fünf Taschenrechner?"

die Teilbarkeitsregeln

Bruch
dividieren
Quersumme

Bei den *Teilbarkeitsregeln* geht es darum, wie man schon *vor dem Ausrechnen* testen kann, ob eine Zahl *ohne Rest* durch eine andere teilbar ist.

In der folgenden Tabelle findet ihr die Teilbarkeitsregeln für die Teiler von 2 bis 10. Findet gemeinsam heraus, warum die Teilbarkeitsregeln funktionieren. Nur bei dem Teiler 7 kann man die Teilbarkeit nicht vorher testen. Für die Teiler 3 und 9 könnt ihr euch auch unter dem Stichwort **Quersumme** informieren.

Teiler	Teilbarkeitsregel	Beispiele	Kann man das der Zahl *ansehen*?	Muss man dafür erst einmal ein bisschen rechnen?
2	Eine Zahl ist durch 2 teilbar, wenn ihre letzte Ziffer eine gerade Zahl ist. Denn jede gerade Zahl ist durch 2 teilbar.	75 438 ist durch 2 teilbar, weil 8 eine gerade Zahl ist.	ja	nein
3	Eine Zahl ist durch 3 teilbar, wenn ihre Quersumme durch 3 teilbar ist.	4 758 ist durch 3 teilbar, weil die Quersumme 24 beträgt $(4 + 7 + 5 + 8 = 24)$. Und 24 ist durch 3 teilbar.	nein	Man muss die einzelnen Ziffern zusammenzählen.
4	Eine Zahl ist durch 4 teilbar, wenn ihre beiden letzten Ziffern eine Zahl sind, die durch 4 teilbar ist.	586 324 ist durch 4 teilbar, weil 24 durch 4 teilbar ist. 45 768 ist durch 4 teilbar, weil 68 durch 4 teilbar ist.	Wenn die Zahl ungerade ist, braucht man es gar nicht erst zu probieren.	Wenn die beiden letzten Ziffern eine höhere Zahl als 40 $(= 10 \cdot 4)$ darstellen, rechnet man am besten die Differenz zu 40 aus.

Teiler	Teilbarkeitsregel	Beispiele	Kann man das der Zahl *ansehen*?	Muss man dafür erst einmal ein bisschen rechnen?
5	Eine Zahl ist durch 5 teilbar, wenn ihre letzte Ziffer eine 5 oder 0 ist.	298 365 ist durch 5 teilbar, weil die letzte Ziffer eine 5 ist. 97 370 ist durch 5 teilbar, weil die letzte Ziffer eine 0 ist.	ja	nein
6	Eine Zahl ist durch 6 teilbar, wenn sie eine gerade Zahl ist und ihre Quersumme durch 3 teilbar ist. $(6 = 2 \cdot 3)$	37 920 ist durch 6 teilbar, weil es sich um eine gerade Zahl handelt und die Quersumme 21 beträgt. Und 21 ist durch 3 teilbar.	Wenn die Zahl ungerade ist, braucht man es gar nicht erst zu probieren.	Man muss die einzelnen Ziffern zusammenzählen.
8	Eine Zahl ist durch 8 teilbar, wenn ihre letzten drei Ziffern durch 8 teilbar sind.	29 672 ist durch 8 teilbar, weil 672 durch 8 teilbar ist.	Wenn die Zahl ungerade ist, braucht man es gar nicht erst zu probieren.	Die Teilbarkeitsregel mit der 8 ist nicht besonders hilfreich, weil man ein bisschen zu viel vorausrechnen muss.
9	Eine Zahl ist durch 9 teilbar, wenn ihre Quersumme durch 9 teilbar ist.	15 867 ist durch 9 teilbar, weil ihre Quersumme 27 beträgt. Und 27 ist durch 9 teilbar.	nein	Man muss die einzelnen Ziffern zusammenzählen.
10 100 1000 usw.	Eine Zahl ist durch 10 teilbar, wenn die letzte Ziffer eine 0 ist. Eine Zahl ist durch 100 teilbar, wenn die beiden letzten Ziffern 2 Nullen sind. (Durch 10 ist sie dann natürlich sowieso teilbar.) usw.	47 830 ist durch 10 teilbar, weil die letzte Ziffer eine 0 ist. 3500 ist durch 100 teilbar, weil die letzten beiden Ziffern Nullen sind. usw.	ja	nein

Testet, durch welche Teiler die folgenden Zahlen ohne Rest teilbar sind. Es gibt bei allen Zahlen mehrere Möglichkeiten. Prüft dann mit dem Taschenrechner nach, ob ihr Recht hattet.

- 345 [1]
- 53 900 [2]
- 78 512 [3]
- 356 280 [4]
- 35 316 [5]

Fragt die Lehrerin in der Mathestunde: „Annika, welche Zahlen von 1 bis 100 lassen sich durch 8 teilen?" – Annika: „Zum Glück alle!"

Gut fürs Kürzen

Beim Kürzen müssen Zähler und Nenner durch dieselbe Zahl geteilt werden. Dann bleibt der Wert des Bruches gleich groß. Wenn man vorher testen kann, durch welchen gemeinsamen Teiler der Bruch gekürzt werden kann, erspart man sich viel unnötige Rechnerei.

Beispiel: $\frac{240}{360}$

$$\frac{240 : 10}{360 : 10} = \frac{24 : 4}{36 : 4} = \frac{6 : 3}{9 : 3} = \frac{2}{3}$$

also: $\frac{240}{360} = \frac{2}{3}$

---

1) Teiler 3, 5.
2) Teiler 2, 4, 5, 10, 100.
3) Teiler 2, 4, 8.
4) Teiler 2, 3, 4, 5, 6, 8, 10.
5) Teiler 2, 3, 4, 6, 9.

➡️ So elegant funktioniert das Kürzen natürlich selten, aber damit das Üben mehr Spaß macht, hier noch ein paar elegante Beispiele. (Wenn ihr auf Anhieb höhere gemeinsame Teiler *seht*, müsst ihr natürlich nicht in so kleinen Schritten vorgehen!)

- $\frac{120}{270}$ [1)]
- $\frac{210}{630}$ [2)]
- $\frac{1800}{7200}$ [3)]
- $\frac{2520}{15120}$ [4)]

teilen

dividieren

die **Temperatur (°C)**

Temperatur ist die fühlbare und messbare Wärme oder Kälte der Luft, des Wassers oder anderer Körper.

Null
negative Zahlen

Wenn jemand Fieber hat, sagen wir: „Er hat Temperatur." Das hört sich an, als hätten wir ohne Fieber gar keine Temperatur. Wir haben aber *immer* Temperatur – so wie auch die Luft, das Wasser und alles, was uns umgibt, „Temperatur hat". Die Normaltemperatur unseres Körpers beträgt 36 bis 37 Grad Celsius. Fieber bedeutet also eine Temperatur, die über der Normaltemperatur liegt. Korrekt müsste es heißen: „Er hat *erhöhte* Temperatur."

1) $\frac{4}{9}$ 2) $\frac{1}{3}$ 3) $\frac{1}{4}$ 4) $\frac{1}{6}$

Anders Celsius

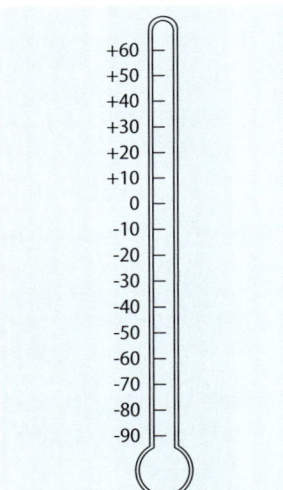

Die Temperatur wird mit dem Thermometer [1] gemessen.

Bei uns heißt die Maßeinheit *Grad Celsius*. Die Abkürzung wird so geschrieben: °C. Die Bezeichnung Grad Celsius kommt von dem schwedischen Forscher Anders Celsius (1701 – 1744). Er hat 1742 die Temperaturskala von 0 bis 100 Grad erfunden.

Dafür hat er den Gefrierpunkt des Wassers, der zugleich der Schmelzpunkt des Eises ist, als Null Grad festgelegt: 0 °C. Den Siedepunkt des Wassers, bei dem Wasser in Dampf übergeht, hat er als 100 Grad festgelegt: 100 °C. Zwischen diesen beiden Punkten ist die Temperaturskala in 100 gleiche Abschnitte eingeteilt.

Heute gibt es Thermometer, bei denen die Skala sowohl nach oben als auch nach unten weit darüber hinausgeht.

Temperaturen unter dem Nullpunkt werden in Kältegraden angegeben. Sie erhalten vor der Ziffer ein Minuszeichen. Minusgrade sind negative Zahlen. Bei uns kann es im Winter z. B. –10 °C sein.

Die höchsten Lufttemperaturen auf der Erde werden in den Tropen am Äquator gemessen (bis + 56 °C), die tiefsten im „ewigen Eis" des Nord- und Südpols (bis – 80 °C).

 Wie groß ist der Unterschied zwischen der höchsten und der tiefsten Temperatur auf der Erde? [2]

Ein Pinguin zum anderen: „Guck mal. Das Thermometer steht heute schon auf 34 Grad unter Null!" – „Na also, es wird doch noch Sommer!"

---

1) „Thermo …" ist ein Wortteil aus dem Griechischen, das in Zusammensetzungen „warm, heiß" bedeutet. Für kalte Temperaturen ist das Wort eigentlich ungeeignet.
2) 136 °C

Fahrenheit

In England, Amerika und anderen englischsprachigen Ländern wird die Temperatur mit einer Skala gemessen, die in 180 Grade eingeteilt ist. Sie wurde 1714 von dem Physiker Daniel Gabriel Fahrenheit erfunden. Damit wird in *Grad Fahrenheit* (°F) gemessen. Die Umrechnung von Celsius in Fahrenheit (und umgekehrt) ist kompliziert. Wer wissen will, wie hoch sein Fieber von 39 Grad Celsius in Grad Fahrenheit ist, schaut am besten im Internet nach und *lässt* umrechnen. Es sind 102,2 °F.

Als eine in Deutschland lebende Engländerin einmal besorgt den Kinderarzt anrief, weil ihre Tochter Fieber hatte, soll der Arzt in Ohnmacht gefallen sein, als sie sagte: „Sie ist 102 Grad heiß!"

Wer die Umrechnung doch lieber selbst machen möchte, kann folgende Formel anwenden (für x müsst ihr die Celsiusgrade einsetzen, die ihr umrechnen wollt):

❗ $x\,°C = x \cdot 1,8 + 32$

Erklärung: 1°C entspricht 1,8°F; 32°F entsprechen dem Nullpunkt auf der Celsius-Skala (daher „plus 32"). Das Fahrenheit-Thermometer hat seinen Nullpunkt nämlich bei einer eisigen Temperatur. Umgekehrt lässt sich °F mit dieser Formel in °C umrechnen (für x setzt ihr die Fahrenheitgrade ein):

❗ $x\,°F = (x - 32) : 1,8$

„So eine Thermoskanne ist toll! Im Winter hält sie den Tee warm und im Sommer die Limo kalt." – *„Ja, unglaublich, dass so eine Thermoskanne weiß, wann Sommer und Winter ist!"*

die **Tonne (t)**

Gewichtseinheiten
Kilogramm

Ursprünglich war die *Tonne* ein richtiges Fass, in dem man Bier, Salz, Sauerkraut oder Getreide aufbewahrte und transportierte. Wer eine Tonne Sauerkraut bestellte oder verkaufte, verstand die Tonne dann auch als eine Art Maßbehälter.
Heute ist die Tonne eine genau festgelegte Gewichtseinheit.

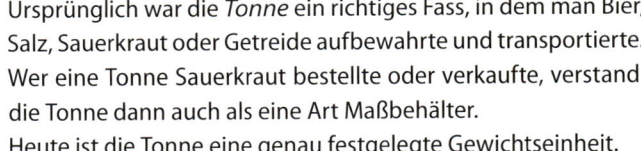

> **!**
> 1 Tonne = 1 000 Kilogramm **Kurz:** 1 t = 1 000 kg

Die Tonne ist die einzige Gewichtseinheit, deren Bezeichnung nicht von der Grundeinheit *Gramm* abgeleitet ist. Sie hätte sonst wohl „Kilo-Kilogramm" heißen müssen, denn „kilo" bedeutet im Griechischen „tausend". Auch „Megagramm" wäre eine passende Bezeichnung für Tonne, denn „mega" bedeutet „millionenfach". 1 Tonne ist so schwer wie 1 000 mal 1 000 Gramm, also wie 1 000 000 Gramm.

1 t

8 t

5 t

70 – 80 t

die **Trilliarde**

1 Trilliarde hat 21 Nullen: 1 000 000 000 000 000 000 000
1 Trilliarde = 10^{21}

Stufenzahlen
potenzieren
Dezimalsystem
Million
Milliarde
Billion
Billiarde
Trillion

1 000 Einer	= 1 Tausender	=	1 000
1 000 Tausender	= 1 Million	=	1 000 000
1 000 Millionen	= 1 Milliarde	=	1 000 000 000
1 000 Milliarden	= 1 Billion	=	1 000 000 000 000
1 000 Billionen	= 1 Billiarde	=	1 000 000 000 000 000
1 000 Billiarden	= 1 Trillion	=	1 000 000 000 000 000 000
1 000 Trillionen	= 1 Trilliarde	=	1 000 000 000 000 000 000 000

1 Trilliarde = 1 000 Trillionen
= 1 000 · 1 000 · 1 000 · 1 000 · 1 000 · 1 000 · 1 000

Informationen über andere Schreibweisen von hohen Zahlen
findet ihr unter dem Stichwort **Million**.

Immer so weiter

Nach der Trilliarde geht es in unserem Zahlensystem immer so weiter. Nur in diesem Lexikon hören wir hier auf. Die nächsten Tausendernamen sind Quadrillion, Quadrilliarde, Quintillion, Quintilliarde und sie setzen sich fort mit den „Vornamen" Sexti-, Septi-, Okti-, Noni- … und hören auch bei Centillion nicht auf. Irgendwann gibt es dann auch keine Namen mehr.

In der Mathematik verwendet man ohnehin kaum die Zahlennamen, sondern spricht und schreibt sie als Potenzen. Die Centillion z. B. ist 10^{600}. Das Faszinierende daran ist, dass niemand sich solche Zahlen überhaupt noch vorstellen kann, dass man damit aber trotzdem präzise rechnen kann. Wozu auch immer!

die **Trillion**

Stufenzahlen	
potenzieren	1 Trillion hat 18 Nullen: 1 000 000 000 000 000 000
Dezimalsystem	1 Trillion = 10^{18}
Million	
Milliarde	

Billion	1 000 Einer	= 1 Tausender =	1 000
Billiarde	1 000 Tausender =	1 Million =	1 000 000
Trilliarde	1 000 Millionen =	1 Milliarde =	1 000 000 000
	1 000 Milliarden =	1 Billion =	1 000 000 000 000
	1 000 Billionen =	1 Billiarde =	1 000 000 000 000 000
	1 000 Billiarden =	1 Trillion =	1 000 000 000 000 000 000

> 1 Trillion = 1 000 Billiarden
> = 1 000 · 1 000 · 1 000 · 1 000 · 1 000 · 1 000

Informationen über andere Schreibweisen von hohen Zahlen findet ihr unter dem Stichwort **Million**.

der **Überschlag**

Überschlagsrechnen ist „ungenaues Rechnen". Damit ist nicht Nachlässigkeit gemeint, sondern eher schnelle Übersicht und geschickte Kontrolle mit gerundeten Zahlen.

runden
ungefähr
schätzen
Vertauschungsgesetz

Ungenaues, überschlägiges Rechnen brauchen wir in sehr vielen Situationen, z. B.

- wenn wir beim Einkaufen im Supermarkt abschätzen wollen, wie viel Geld wir schon ausgegeben haben oder ob die 20 Euro im Portmonee wohl reichen werden;
- wenn wir einen Koffer packen müssen, der nicht mehr als 15 Kilogramm wiegen darf;
- wenn wir für eine größere Gruppe Spaghetti mit Tomatensoße kochen wollen;
- wenn nach der Einwohnerzahl einer Stadt gefragt wird oder nach der Mitgliederzahl im Turnverein oder nach dem Bestand der Weißstörche in Sachsen-Anhalt;
- und wenn im Kopf abgeschätzt werden soll, ob das Ergebnis einer schriftlichen Rechenaufgabe zutreffen kann.

In all diesen Fällen kommt es nicht auf jeden Cent an, nicht auf jedes Gramm und jede Minute, nicht auf jeden Einzelnen oder auf die dritte Stelle nach dem Komma. Vielmehr sollen Ergebnisse ungefähr ermittelt werden. Das nennt man *überschlagen*.

Geschickt runden

Beim Überschlagsrechnen müsst ihr euch die Zahlen genau ansehen und möglichst rasch erkennen, welche Zahlen ihr geschickt auf- oder abrunden könnt.

 Ihr wollt euch informieren, was ein Kinder-Outfit für Reiter kostet. Ihr überschlagt den Gesamtpreis. Wie rundet ihr die Einzelbeträge am besten?

Geschickt zusammenfassen

Beim überschlagenden Zusammenrechnen stellt ihr euch die Preise geschickt zusammen, also zum Beispiel 34,95 € (≈ 35 €) und 3,95 € (≈ 4 €); das sind rund 40 €. dann nehmt ihr die Stiefel zu ≈ 150 € dazu, macht zusammen ≈ 190 €.
Geschickte Zusammenstellungen sind glatte Zehner oder Zahlen, die sich leicht zu glatten Zehnern addieren lassen.
Bei einem Betrag wie 37,50 € legt ihr 0,50 € drauf (zu 38 €) und nehmt denselben Betrag von 4,50 € wieder weg (zu 4 €).

 Schaut euch folgende Preise an, rundet sie (wenn nötig), fasst geschickt zusammen und überschlagt den Gesamtpreis:
- Welchen Überschlagsbetrag erhaltet ihr? [1]
- Welchen genauen Betrag wird die Kasse anzeigen? [2]

3,60 €	6,99 €	2,18 €
4,80 €	5,40 €	1,95 €

[1] Euer Überschlag wird bei 25 € liegen.
[2] Die Kasse zeigt an: 24,92 €.

Geschickt mit Zehnerzahlen rechnen

Beim Überschlagsrechnen muss man sich die Zahlen so zurechtstutzen, dass man leichter mit ihnen rechnen kann. Dafür sind „glatte" oder „runde" Zahlen besonders gut geeignet. Die Zahl 150 merkt man sich einfach besser als die Zahl 149,95.
„Glatte" Zahlen sind hauptsächlich Zehnerzahlen. Man behält sie nicht nur leichter, man kann auch leichter mit ihnen rechnen. 150 + 40 kann man im Kopf rechnen, an 149,95 + 37,50 geht man wohl eher schriftlich heran oder nimmt einen Taschenrechner.
Um geschickt mit Zehnerzahlen rechnen zu können, muss man sich mit unserem Zehnersystem auskennen.

Unter dem Stichwort **Dezimalsystem** könnt ihr euch noch einmal darüber informieren.

der **Übertrag**

Altes Kontobuch

Das Wort *Übertrag* kennen wir hauptsächlich im Zusammenhang mit Geld und Zahlen. In alten Kontobüchern gab es auf jeder neuen Seite am oberen Rand eine Spalte, in die der letzte Betrag oder die Summe von der vorigen Seite eingetragen wurde. Das war der Übertrag. So konnte auf der neuen Seite weitergearbeitet werden, ohne dass man immer zurückblättern musste.
Bei Rechenaufgaben werden z. B. 10 Einer als 1 Zehner auf die nächste Stelle „übertragen".
Wie mit Übertrag gerechnet wird, findet ihr bei den jeweiligen Rechenverfahren **addieren**, **subtrahieren**, **multiplizieren**, **dividieren**.

der **Umfang**

Das Wort „Umfang" kennt man aus der Werbung für Schlankheitskuren. Dort heißt es zum Beispiel: „In drei Wochen 5 Zentimeter weniger Bauchumfang." Der Umfang kann mit einem Maßband einmal um den Bauch herum gemessen werden.

Vom Umfang ist auch bei Baumstämmen die Rede oder bei der Erdkugel.

Flächeninhalt
Körper

Umfang in der Geometrie

In der Geometrie wird der Umfang vor allem bei *Flächen* gemessen oder berechnet.

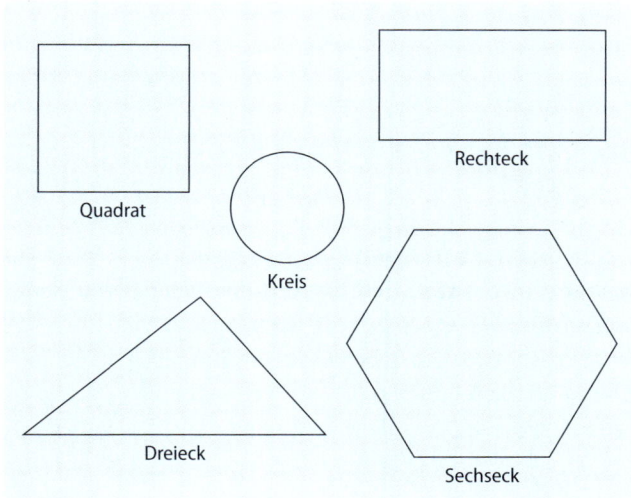

Quadrat

Rechteck

Kreis

Dreieck

Sechseck

Wenn man den Umfang einer Fläche wissen möchte, stellt man sich einen Zaun drum herum vor. Die Länge des Zaunes ist der Umfang der Fläche.

1. Den Umfang messen
Ihr könnt den Umfang mit einem Lineal oder Zollstock messen oder – bei runden Flächen – mit einer Schnur abtragen.
Bei den eckigen Flächen braucht ihr nicht jede einzelne Seite auszumessen. Überlegt selbst, welche Messungen ihr unbedingt braucht.

 Hier sind die „Zaunlängen" von einigen der abgebildeten Flächen von Seite 449 aufgezeichnet.
Zu welcher Fläche gehört welcher „Zaun"? [1]

2. Den Umfang berechnen
Hinweise und Tipps zur Berechnung des Umfangs findet ihr unter den Stichwörtern zu den betreffenden Flächen.
In der nachfolgenden Tabelle sind die Formeln zur Umfangsberechnung der gebräuchlichsten geometrischen Flächen zusammengestellt.

[1] Dreieck; Sechseck; Kreis; Quadrat

Damit die Formeln für *alle* Flächen gelten, egal wie groß oder wie klein sie sind, setzt man statt der Maßangaben Buchstaben ein. So wird zum Beispiel beim Rechteck die Länge mit dem Buchstaben a und die Breite mit dem Buchstaben b gekennzeichnet.

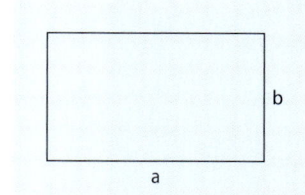

Für ein *bestimmtes* Rechteck muss dann für die Länge a und für die Breite b das *bestimmte* Maß in die Formel eingesetzt werden. Also zum Beispiel: a = 25 cm, b = 16 cm

Übersicht über die Formeln zur Berechnung des Flächenumfangs:

Bezeichnung der Fläche	Die Form	Welche Angaben braucht man?	Die Formel
Rechteck	b a	zwei Seiten a und b	$u_\square = 2 \cdot a + 2 \cdot b$ oder auch: $u_\square = 2 \cdot (a + b)$
Quadrat		eine Seitenlänge a	$u_\square = 4 \cdot a$
unregelmäßiges Dreieck	b a c	drei Seiten a, b und c	$u_\triangle = a + b + c$
gleichseitiges Dreieck	a	eine Seite, z. B. a	$u_\triangle = 3 \cdot a$

Bezeichnung der Fläche	Die Form	Welche Angaben braucht man?	Die Formel
gleichschenkliges Dreieck		zwei Seiten, c und a; denn b = a	$u_\triangle = c + 2 \cdot a$
Kreis		den Durchmesser d (bzw. den doppelten Radius r) und Pi ($\pi \approx 3{,}14$)	$u_\bigcirc = \pi \cdot d$ bzw.: $u_\bigcirc = \pi \cdot 2 \cdot r$
regelmäßiges Sechseck		eine Seite a bzw. r; denn a = r	$u_\bigcirc = 6 \cdot a$ bzw.: $u_\bigcirc = 6 \cdot r$
Parallelogramm		eine Seite a und die Seite b	$u_\square = 2 \cdot a + 2 \cdot b$ oder auch: $u_\square = 2 \cdot (a + b)$
Raute		eine Seite a; denn alle Seiten sind gleich lang	$u_\diamond = 4 \cdot a$

Zu den beiden folgenden Flächen findet ihr in diesem Lexikon keine weiteren Erläuterungen.

Bezeichnung der Fläche	Die Form	Welche Angaben braucht man?	Die Formel
Trapez	(c, b, a Trapez)	die Seiten a, b und c	$u_{\triangle} = a + 2 \cdot b + c$
Drachenviereck	(b, a Drachenviereck)	die Seite a und die Seite b	$u_{\Diamond} = 2\,a + 2\,b$ oder auch: $u_{\Diamond} = 2\,(a + b)$

Auch den Umfang von einigen geometrischen *Körpern* misst und berechnet man an deren Grund*flächen*.
So entspricht der Umfang z. B. eines Zylinders dem Kreisumfang seiner Grundfläche. Und der Umfang eines Quaders dem Umfang seiner rechteckigen (oder quadratischen) Grundfläche.

- Ein Test zum Schluss: Sucht euch das höchste Trinkglas, das ihr finden könnt, und schätzt erst einmal.
  Was ist größer: seine Höhe oder sein Umfang?[1]
- **Und noch was!**
  Habt ihr eine Vorstellung, wie oft man eine Schnur um den Kopf wickeln kann, die so lang ist, wie ihr groß seid?[2]

[1] Es gibt kaum ein Trinkglas, das höher ist, als sein Umfang beträgt.
[2] Man kommt nur ungefähr dreimal herum.

ungefähr (≈)

Ungefähr bedeutet „nicht ganz genau, aber in der Nähe eines genauen Ergebnisses". Man kann auch sagen „annähernd".
In Rechnungen benutzt man eine Doppelwelle an Stelle des Gleichheitszeichens: $100 : 3 \approx 33$, um anzuzeigen, dass das Ergebnis nicht exakt ist.
Manchmal kommt es auf ganz genaue Auskünfte und Ergebnisse an, sehr oft braucht man aber nur annähernde Ergebnisse.

 Welche Antworten hätten die Fragesteller eher erwartet?

Ungefähre Ergebnisse gibt es:
- Beim Schätzen: „Nachdem die Biber in Europa beinahe ausgestorben waren, wird ihr Bestand heute wieder auf *ungefähr* 6 000 Tiere geschätzt."
- Beim Überschlagsrechnen: Für ein Gewinnspiel hat jemand neun Mal hintereinander eine SMS verschickt. Jede kostete 43 Cent. Das macht *ungefähr* 4 Euro aus (10 · 40 Cent). Wetten, dass er nicht einmal etwas gewonnen hat?
- In der Statistik: „Der deutsche Normalbürger verspeist jährlich *ungefähr* 75 Kilogramm Kartoffeln, davon *ungefähr* 30 Kilogramm als Pommes frites und Chips."

das **Vertauschungs-**
gesetz

Grundrechenarten
addieren
multiplizieren

Es gibt zwei Grundrechenarten, bei denen es egal ist, in welcher Reihenfolge mit den Zahlen in der Aufgabe gerechnet wird. Sie können vertauscht werden.

Das sind die *Addition* und die *Multiplikation*. Für beide Grundrechenarten gilt das *Vertauschungsgesetz*. In der Fachsprache nennt man es auch *Kommutativgesetz*. Das kommt von dem lateinischen Wort „commutare", das auch „vertauschen" bedeutet.

Das Kommutativgesetz der Addition und der Multiplikation ist schwerer auszusprechen, als es in der Sache ist.

Addition

Ihr habt ein Armband mit 3 blauen, 5 lilafarbenen und 6 rosafarbenen Perlen. Zusammen sind es 14 Perlen.

Die Additionsaufgabe dazu kann so aussehen: $3 + 5 + 6 = 14$.

Sie kann genauso gut aber auch so aussehen: $6 + 3 + 5 = 14$.

Oder so: $5 + 6 + 3 = 14$ oder noch anders.

Egal, in welcher Reihenfolge man bei der Addition die Summanden zusammenzählt, das Ergebnis bleibt dasselbe.

Das Kommutativgesetz der Addition lautet also:

> Bei der Addition dürfen die Summanden vertauscht werden. Das Ergebnis bleibt dasselbe.

Das Vertauschungsgesetz ist als Rechentrick gut zu gebrauchen.

Ihr sollt folgende Additionsaufgabe im Kopf lösen:
7 + 24 + 13 + 6

Weil man mit glatten Zehnerzahlen schneller rechnen kann, vertauscht ihr die Summanden und rechnet:
$13 + 7 + 24 + 6 = 20 + 30 = 50$

Multiplikation

Ihr seid zum Beispiel 24 Schüler und Schülerinnen in eurer Klasse und sollt euch in Reih und Glied aufstellen, z. B. so:

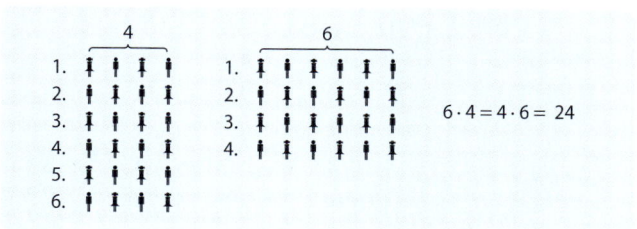

6 Reihen à 4 Kinder sind genauso viel wie 4 Reihen à 6 Kinder.

> **!** Bei der Multiplikation dürfen die Faktoren vertauscht werden. Das Ergebnis bleibt dasselbe.

Das Vertauschungsgesetz ist auch bei der Multiplikation für geschicktes Rechnen gut zu gebrauchen.

Ihr sollt zum Beispiel $12 \cdot 4$ rechnen. Vielleicht gelingt es euch schneller, wenn ihr die Faktoren vertauscht und $4 \cdot 12$ rechnet. Auch wenn mehrere Zahlen miteinander malgenommen werden sollen, darf man die Faktoren vertauschen: $5 \cdot 9 \cdot 6$.
Ihr müsst nicht der Reihe nach rechnen, sondern vertauscht die Faktoren. Zuerst rechnet ihr $5 \cdot 6 = 30$ und dann $30 \cdot 9 = 270$.
Das geht bestimmt schneller als $5 \cdot 9 = 45$; $45 \cdot 6 = 270$.

das **Viereck**

Wie der Name sagt, sind *Vierecke* Flächen mit vier Ecken. Sie haben vier gerade Seitenlinien.
Vierecke, die ihr sicher am besten kennt, sind das Quadrat und das Rechteck.

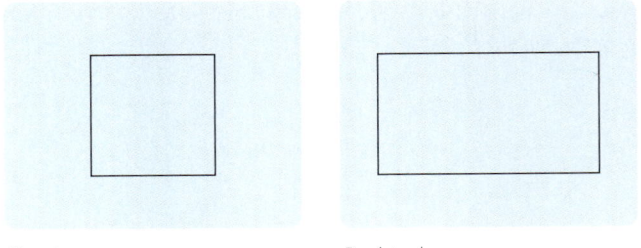

Quadrat   Rechteck

Weitere Vierecke sind das Parallelogramm, das Trapez, die Raute und der Drachen.

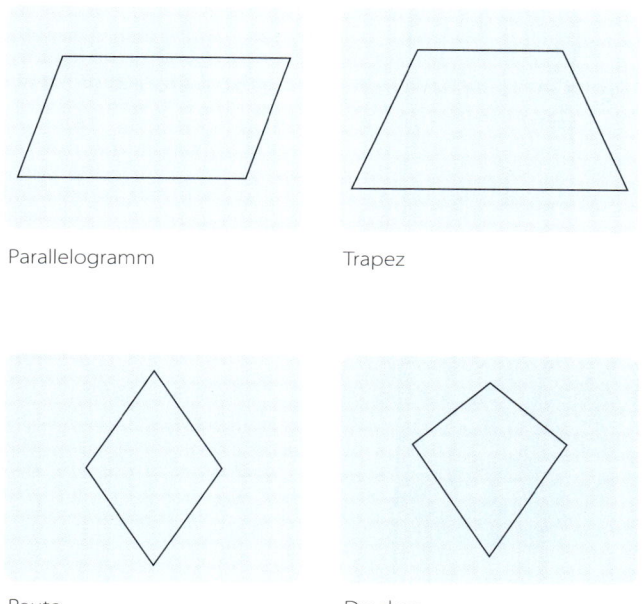

Parallelogramm

Trapez

Raute

Drachen

Zu den Vierecken **Parallelogramm und Raute**, **Quadrat** und **Rechteck** findet ihr weitere Informationen unter den betreffenden Stichwörtern.

das **Viertel**

Begriff und Schreibweise

Ein Viertel bedeutet der „vierte Teil". Die Silbe „-tel" ist ein Überbleibsel von dem Wort „Teil". In der Kurzform schreiben wir ein Viertel so: $\frac{1}{4}$.

Viertel in der Umgebung

Mit Vierteln haben wir es im normalen Alltag oft zu tun:

Eine Viertelstunde hat 15 Minuten, eine ganze Stunde hat 60 Minuten

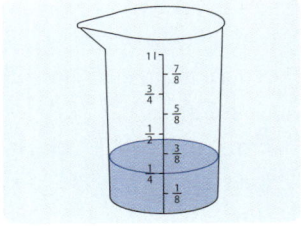

Ein Viertelliter Milch hat 250 Milliliter, ein ganzer Liter hat 1000 ml

Ein Vierteljahr hat 3 Monate, ein ganzes Jahr hat 12 Monate

Ein Viertelkilogramm hat 250 Gramm, ein ganzes Kilogramm hat 1 000 g

Ein Viertel ist ein Teil von einem Ganzen. Ein Ganzes besteht aus vier Vierteln. Als Bruch geschrieben sieht das so aus: $\frac{4}{4}$.

Mit Vierteln rechnen

In der Zeitung steht:

EIN VIERTEL ALLER SCHÜLERINNEN UND SCHÜLER GEHT MORGENS OHNE FRÜHSTÜCK AUS DEM HAUS.

oder:

DREI VIERTEL DER GETREIDEERNTE SIND WEGEN DES SCHLECHTEN WETTERS GEFÄHRDET.

Man erfährt also nicht in Zahlen wie viele Schülerinnen und Schüler ohne Frühstück aus dem Haus gehen oder wie viele Tonnen Getreide gefährdet sind.

Für die Zeitungsleser wären die Zahlen auch nicht besonders informativ. 2 275 387 Schüler oder 8 754 860 Tonnen Getreide hören sich zwar viel an, man hat aber keinen Vergleich. Es fehlt die Bezugsgröße. Für ein Viertel oder drei Viertel ist die Bezugs-größe das Ganze, in diesen Fällen also *alle* Schülerinnen und Schüler und das *gesamte* Getreide.

Wer genaue Zahlen wissen möchte, kann zusätzliche Informationen einholen oder mit den angegebenen Informationen weiterrechnen.
Wenn 2 275 387 Schülerinnen und Schüler *ein Viertel* aller Schulkinder in Deutschland sind, wie groß ist dann die gesamte Schülerschaft? [1]

Frankfurt   Kassel
$\frac{1}{4}$ $\frac{2}{4}$ $\frac{3}{4}$ 160 km

 Von Frankfurt nach Kassel sind es 160 Kilometer. Herr Möller hat ungefähr drei Viertel der Strecke geschafft.
Ihr stellt euch die ganze Strecke in 4 gleich große Abschnitte aufgeteilt vor. Und davon hat Herr Möller 3 Streckenabschnitte zurückgelegt.
• Wie viel Kilometer hat Herr Möller also schon zurückgelegt und wie viel Kilometer hat er noch vor sich? [2]

---

1) Viermal so groß. 2 275 387 · 4 = 9 101 548 ≈ 9,1 Millionen Schüler.
2) $\frac{3}{4}$ von 160 km = 120 km; $\frac{1}{4}$ hat er noch vor sich, also 40 km.

Ein Viertel als Dezimalbruch

Ein Viertel kann auch als Dezimalbruch dargestellt werden. Dezimalbrüche sind **Kommazahlen**.
Mehr dazu findet ihr unter dem betreffenden Stichwort.

$\frac{1}{4}$ Meter

1 Meter sind 100 cm. $\frac{1}{4}$ m ist dann ein Viertel von 100 cm, also 25 cm. $\frac{1}{4}$ m = 0 m 25 cm = 0,25 m

$\frac{1}{4}$ Kilogramm

1 Kilogramm sind 1 000 Gramm. $\frac{1}{4}$ kg sind dann ein Viertel von 1 000 g, also 250 g. $\frac{1}{4}$ kg = 0 kg 250 g = 0,250 kg
Genauso ist es auch bei allen anderen Messgrößen und Maßeinheiten:

- beim Kilometer (= 1 000 m): $\frac{1}{4}$ km = 0 km 250 m = 0,250 km;
- bei der Tonne (= 1 000 kg): $\frac{1}{4}$ t = 0 t 250 kg = 0,250 t

Die blauen Nullen *nach* der letzten Nachkommazahl, haben keinen Wert mehr. Man kann sie deshalb auch weglassen.

> **!** $\frac{1}{4}$ ist immer 0,25 **Kurz:** $\frac{1}{4}$ = 0,25

Der Bruchstrich hat dieselbe Bedeutung wie ein Teilungszeichen. $\frac{1}{4}$ ist also 1 : 4.

das Volumen (V)

Rauminhalt
Kubikmaße
Liter
Körper
Quader
Würfel
Pyramide
Zylinder
Kegel
Kugel

Volumen im Alltag

Volumen ist das Fachwort für „Rauminhalt". Der Begriff wird im Alltag immer dort verwendet, wo es um geschlossene oder verschließbare Behälter geht, so bei Heizkesseln, Benzintanks, Mülleimern, Kühlschränken oder Kochtöpfen.
Das Volumen eines Behälters wird meist in Litern angegeben, auch wenn das, was drin ist oder hinein soll, gar nicht flüssig ist. So hat ein kleinerer Mülleimer der Müllabfuhr ein Volumen von 60 oder 80 Litern und der größte Container für Mehrfamilienhäuser ein Volumen von 11 Hektolitern.
Mehr zum **Liter** findet ihr unter dem betreffenden Stichwort.

Volumen in der Geometrie

In der Geometrie wird das Volumen von Körpern nicht in Litern oder Hektolitern gemessen. Als Maßeinheit werden vielmehr Einheits*würfel* genommen.
Je nachdem, wie groß der Körper ist, dessen Volumen man ermitteln möchte, wird mit kleineren oder größeren Einheitswürfeln gemessen. Das sind die Kubikmaße. Die verschiedenen Kantenlängen entsprechen den Längenmaßen. Es gibt also *Millimeter*würfel, *Zentimeter*würfel, *Dezimeter*würfel oder *Meter*würfel.
In der Kurzschreibweise wird *Kubik* mit einer hochgestellten 3 notiert, also z. B. cm^3 oder m^3.

Mehr dazu findet ihr unter dem Stichwort **Kubikmaße**.

Das Volumen ermitteln

1. Ausprobieren

Wenn man wissen will, wie viel Platz oder Raum in einem Körper ist, stellt man ihn sich mit den kleineren oder größeren Würfeln ausgefüllt vor. Bei schiefen und krummen Körpern muss man mit angeschnittenen Würfeln rechnen. Mehrere Stücke können dann wieder so viel sein wie ein ganzer Würfel oder Bruchteile davon. Das Maß bleibt jedenfalls der Würfel.

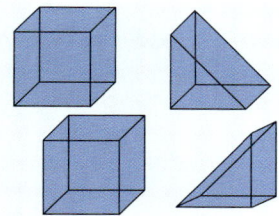   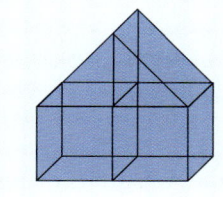

1 Die Glasbausteine   **2** Das fertige Glashaus

 In der Abbildung 1 sind vier durchsichtige Bausteine zu sehen, aus denen man ein Glashaus bauen kann. Es handelt sich um ganze und halbe Zentimeterwürfel.
Wie groß ist das Volumen des fertigen Glashäuschens? Oder: Wie viel Kubikzentimeter Luft passen in das Häuschen hinein? Die Wände der Bausteine nehmen (in der Geometrie) keinen Platz weg. [1)]

---

1) Das Glashäuschen besteht aus 2 ganzen und 2 halben Zentimeterwürfeln.
Das Volumen des Hauses beträgt 3 cm^3.

 Eine Streichholzschachtel ist 5 cm lang, $3\frac{1}{2}$ cm breit und $1\frac{1}{2}$ cm hoch.
- Um welche Bruchteile von einem Zentimeterwürfel handelt es sich bei den blauen und roten Würfelteilen?[1]
- Überlegt, mit wie vielen Zentimeterwürfeln und Teilen davon sich die Schachtel ganz ausfüllen lässt.[2]

2. Das Volumen berechnen

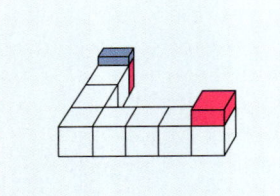

 Für die Berechnung des Volumens von geometrischen Körpern braucht man in jedem Fall die Maße der Grundfläche und der Höhe.

Das Volumen von eckigen Körpern
(mathematisch korrekt: „Körper mit ebenen Seitenflächen")

Der Quader
An einem (durchsichtigen) Quader kann man am besten sehen, worauf es bei der Volumenberechnung ankommt.
Auf die Grundfläche mit den Seitenlängen 3 cm und 2 cm passen 3 · 2 Zentimeterwürfel, also 6 Zentimeterwürfel. Das sind 6 Kubikzentimeter (6 cm³). Davon passen in der Höhe insgesamt 4 Schichten hinein. Der Quader lässt sich also mit 24 Zentimeterwürfeln ausfüllen. Sein Volumen beträgt 24 Kubikzentimeter (24 cm³).

---

[1] Bei den roten Bruchteilen handelt es sich um die Hälfte von einem Zentimeterwürfel ($=\frac{1}{2}$ cm³), bei dem blauen um ein Viertel von einem Zentimeterwürfel ($=\frac{1}{4}$ cm³).

[2] Ihr braucht $26\frac{1}{4}$ Zentimeterwürfel, nämlich: 15 ganze, 20 halbe und 5 viertel.

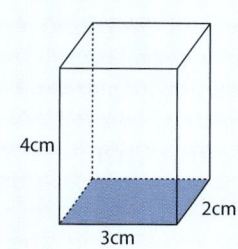

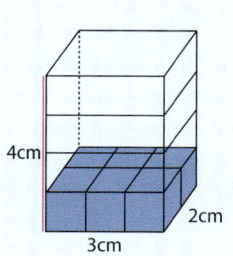

4cm 2cm 3cm

4cm 2cm 3cm

 Für das Volumen *aller* Quader gilt die Formel:
Grundfläche mal Höhe. **Kurz:** V⬚ = G · h

Die Grundfläche G berechnet man mit Länge mal Breite.

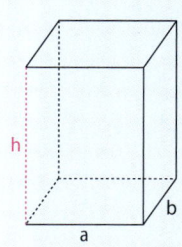

 Für das Volumen *eines* Quaders gilt dann also:
V⬚ = Länge · Breite · Höhe. **Kurz:** V⬚ = a · b · h

➡ **Rätselhaft!**
Dieser Quader sieht rundum so aus wie aus dieser Perspektive. Die roten Würfel sind aber nur Verkleidung. Sie wurden nur für die äußeren Wände verbaut. Innen befinden sich weiße Würfel derselben Größe. Wie viele weiße Würfel sind in den Quader „eingemauert"? [1]

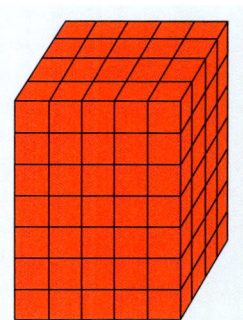

[1] Es sind 30. Die weißen Würfel bilden einen Quader mit den Maßen: a = 3 cm, b = 2 cm, h = 5 cm.

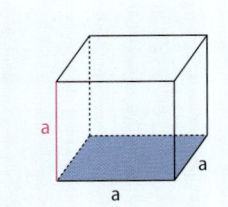

Der Würfel

Ein Würfel ist auch ein Quader. Aber er ist ein besonderer Quader, weil alle seine Kanten gleich lang sind. Für die Berechnung des Volumens braucht man daher nur eine einzige Angabe, nämlich *eine* Kantenlänge a.

Auch für den Würfel gilt die Formel Länge mal Breite mal Höhe. Da *Länge*, *Breite* und *Höhe* aber gleich lang sind, lautet die Formel a · a · a. Dafür gibt es die kurze Schreibweise: a^3. Man spricht: „a hoch drei".

Die Formel für das Volumen *aller* Würfel lautet daher so:

$$V_{\square} = a \cdot a \cdot a \quad \text{oder:} \quad V_{\square} = a^3$$

Die Formel trifft auch dann zu, wenn das Würfelmaß keine ganze Zahl ist. Das ist gerade das Gute an den Formeln. Es gibt ja auch Würfel mit der Kantenlänge von z. B. 3,8 cm. Dann ist das Volumen 3,8 · 3,8 · 3,8. Das ergibt 54,872 Zentimeterwürfel. Das könnte man nie und nimmer auszählen. Durch Berechnung kann man also ganz genau ermitteln, wie viele ganze Zentimeterwürfel (hier 54) und wie viel „Bruch" (hier also 0,872 Zentimeterwürfel) in den größeren Würfel hineinpassen.

 Nehmt einen Taschenrechner und berechnet das Volumen eines Würfels mit der Kantenlänge a = 5,3 cm. Überschlagt vorher, wie viele ganze Zentimeterwürfel es mindestens sein werden.[1]

---

[1] Es muss mindestens 5 · 5 · 5 = 125 ganze Zentimeterwürfel geben. Genau sind es 148,877 cm³

Die Pyramide

Das Volumen einer Pyramide lässt sich am besten auf dem *Umweg* über das Volumen des Quaders berechnen.

Eine Pyramide spitzt sich nach oben hin zu. Ihr Volumen ist deshalb natürlich viel geringer als das Volumen eines Quaders, in den sie genau hineinpasst.
Wir haben hier eine Pyramide mit quadratischer Grundfläche genommen.

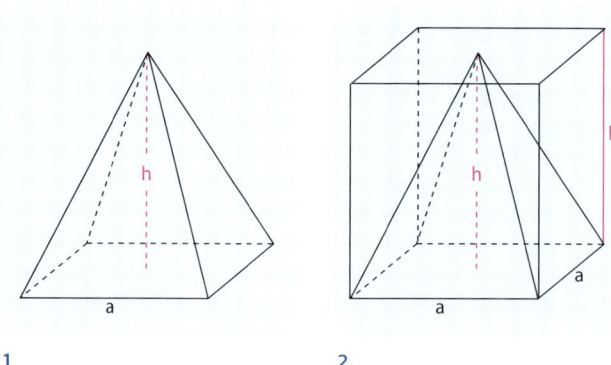

1   2

Das Volumen einer Pyramide ist *ein Drittel*
vom Volumen des entsprechenden Quaders.

Das lässt sich mit höherer Mathematik natürlich auch beweisen. Es ist allerdings sehr kompliziert. Ihr könnt es aber auch anders beweisen, und zwar mit Knetmasse (oder Ton):

➡ Formt einen möglichst exakten Quader mit quadratischer Grundfläche. Wiegt sein Gewicht aus. Schneidet dann diesen Quader zu einer Pyramide zurecht und wiegt auch sie aus. Ihr bekommt das vielleicht nicht so genau hin, aber ihr werdet sehen, dass die Behauptung stimmt: Das Gewicht der Pyramide ist nur ein Drittel von dem Gewicht des entsprechenden Quaders. Deshalb ist auch ihr Volumen nur der dritte Teil von dem eines Quaders.

Die Formel für das Volumen des Quaders lautet : $V_\square = G \cdot h$.
Das Volumen einer Pyramide ist dann ein Drittel davon.

❗ $V_\triangle = G \cdot h : 3$

Für Formelbastler:
Weil $G = a \cdot a = a^2$, wird die Formel auch so geschrieben:

❗ $V_\triangle = a^2 \cdot h : 3$ **oder:** $\frac{1}{3} \cdot a^2 \cdot h$

Auf dem Umweg über den Quader könnt ihr nun das Volumen jeder quadratischen Pyramide berechnen.

➡ Angenommen, $a = 5\,cm$ und $h = 9\,cm$. Wie groß ist dann das Volumen der quadratischen Pyramide?[1]

---

1) $V_\triangle = 75\,cm^3$

Das Volumen von runden Körpern (mathematisch korrekt: „Körper mit gekrümmten Begrenzungsflächen")

Als „runde Körper" bezeichnen wir hier zum Beispiel den Zylinder, den Kegel und (runder geht's nicht!) die Kugel.

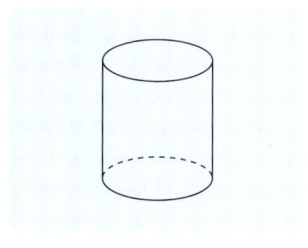

Zylinder

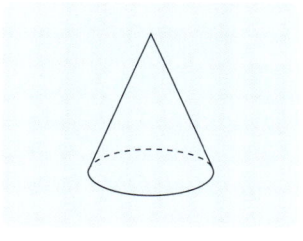

Kegel

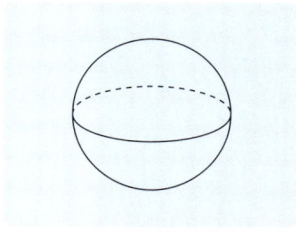

Kugel

Sie gehören zu den komplizierteren Figuren in der Geometrie und haben die Mathematiker und Mathematikerinnen aller Zeiten gerade deshalb immer ganz besonders gereizt.

Ein berühmter Mathematiker und Physiker der Antike war der Grieche Archimedes, der von 287 bis 212 v. Chr. in Syrakus auf Sizilien gelebt hat. Er entdeckte einen Zusammenhang von Zylinder, Kegel und Kugel, der bis heute dazu dienen kann, sich das Volumen dieser drei Körper gut zu erklären und zu merken .

Der Zylinder
Für alle Körper gilt, dass ihr Volumen mit den Maßen der Grundfläche und der Höhe berechnet werden kann.
Das gilt also auch für runde Körper (und, wie ihr sehen werdet, mit einem Trick sogar für die Kugel!).

Archimedes

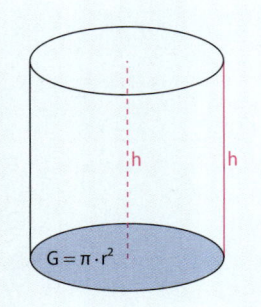

Beim Zylinder ist die Grundfläche ein Kreis.
Die Formel für das Volumen des Zylinders ist dann Grundfläche mal Höhe, also:

❗

$$V_{\square} = G \cdot h$$

Für Formelbastler

Weil $G = \pi \cdot r^2$ ist, kann man das Volumen des Zylinders auch so angeben:

❗

$$V_{\square} = \pi \cdot r^2 \cdot h$$

Über π und die Berechnung der Kreisfläche könnt ihr unter dem Stichwort **Kreis** nachlesen.

➡ Rechnet das Volumen eines Zylinders mit den Maßen $r = 1{,}2\,\text{cm}$ und $h = 3\,\text{cm}$ aus. ($\pi \approx 3{,}14$ [1])

Der Kegel

❗

Das Volumen eines Kegels lässt sich am besten auf dem *Umweg* über den Zylinder berechnen, in den er genau hineinpasst.

1) Das *berechnete* Volumen des Zylinders beträgt exakt $13{,}5648\,\text{cm}^3$; gerundet: $13{,}565\,\text{cm}^3$.

Kegel könnte man auch als „runde Pyramiden" bezeichnen. Jedenfalls verhält es sich mit dem *Kegel* und dem *Zylinder* genauso wie mit der *Pyramide* und dem *Quader*. Auch ein Kegel spitzt sich nach oben hin zu und hat deshalb ein viel kleineres Volumen als der Zylinder, in den er eingeschlossen ist. Tatsächlich ist es wieder ein Drittel.

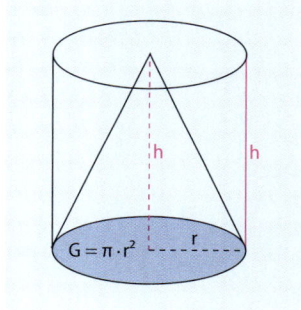

❗ Das Volumen eines Kegels ist ein Drittel vom Volumen eines Zylinders.

➡ Das könntet ihr – wie bei der Pyramide – wieder mit Knetmodellen beweisen. Es ist allerdings nicht so leicht, den runden Kegel aus dem runden Zylinder herauszuschälen. Versuchen könnt ihr es trotzdem.
(Tipp: Wenn man den Knetzylinder im Kühlschrank härtet, geht es etwas besser!)

Wenn ihr das Volumen eines Kegels berechnen sollt, braucht ihr euch nur den Zylinder drumherum vorzustellen. Die Grundfläche und die Höhe des Zylinders sind zugleich die Grundfläche und die Höhe des Kegels. Also gilt auch hier die Formel:

❗ $V_\triangle = G \cdot h : 3$

Für Formelbastler
Weil $G = \pi \cdot r^2$ ist, kann man die Formel für das Kegelvolumen auch so schreiben:

$$V_{\triangle} = \pi \cdot r^2 \cdot h : 3 \quad \textbf{Oder:} \quad V_{\triangle} = \frac{1}{3} \cdot \pi \cdot r^2 \cdot h$$

Formeln vergisst man leicht. Wenn ihr euch merkt, dass das Kegelvolumen ein Drittel vom Zylindervolumen ist, könnt ihr euch alles wieder selber zusammentüfteln!

Die Kugel
Aus mathematischer Sicht gehört die Kugel zu den komplizierteren Körpern. Alles, was in der Geometrie eckig ist, lässt sich ganz gut berechnen. Aber alles, was rund ist, macht Probleme. Die Kugel ist auch der einzige Körper, der keine Grundfläche hat. Sie berührt den Boden immer nur in einem Punkt.

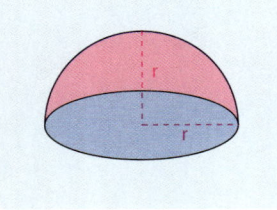

Für die Berechnung des Volumens braucht man aber unbedingt eine Grundfläche. So muss auch der griechische Mathematiker Archimedes vor mehr als 2000 Jahren gedacht haben. Und er kam auf eine ebenso einfache wie geniale Lösung: Er schnitt die Kugel genau in der Mitte durch. Nun hatte er eine Halbkugel mit einer kreisförmigen Grundfläche.

Eine halbe Kugel ist immerhin die Hälfte einer ganzen Kugel. Wenn man das Volumen einer halben Kugel berechnen könnte, bräuchte man das Ergebnis ja nur noch zu verdoppeln.
Das Interessante an so einer Halbkugel ist außerdem, dass ihre Höhe genau dasselbe Maß hat wie der Radius ihrer Grundfläche. Man braucht dann das Maß der Höhe nicht extra zu ermitteln. Und das brachte Archimedes auf die nächste geniale Idee: Vielleicht gab es einen Zusammenhang zwischen der Halbkugel und dem eingeschlossenen Kegel, dessen Höhe und Radius auch gleich groß waren. Und den gibt es tatsächlich:

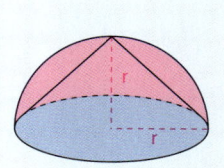

 Das Volumen einer Halbkugel ist doppelt so groß wie das Volumen des eingeschlossenen Kegels.

➡️ Ihr könntet es wieder mit Knetmasse nachweisen. Formt eine Kugel, schneidet sie in der Mitte durch, wiegt die Halbkugel aus, schneidet sie zu einem Kegel zurecht (ohne die Grundfläche zu verändern!!) und wiegt nun den Kegel aus.

Die Halbkugel wiegt doppelt so viel wie der herausgeschälte Kegel. Damit kann man nun auch das Volumen einer Halbkugel berechnen.

 $V_{\frown} = 2 \cdot V_{\triangle}$

Dann ist das Volumen der ganzen Kugel viermal so groß wie das Volumen eines eingeschlossenen Kegels. Das kann man sich gut merken.

 $V_{\bullet} = 4 \cdot V_{\triangle}$

So könnt ihr euch nun an die Formel zur Volumenberechnung der Kugel „ranschleichen":

1. Schritt
Volumen des Zylinders: $V_{\square} = G \cdot h$

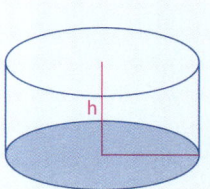

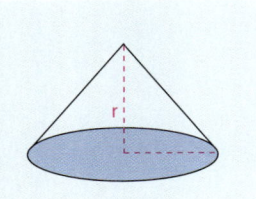

2. Schritt

(Der Kegel ist ein Drittel vom Zylinder.)

Volumen des Kegels: $V_\triangle = G \cdot h : 3$.

Und weil die Höhe h in diesem Fall gleich dem Radius r der Grundfläche ist: $V_\triangle = G \cdot r : 3$

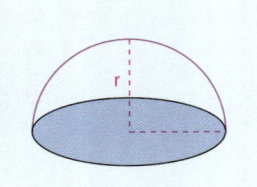

3. Schritt

(Die Halbkugel ist das Doppelte vom Kegel.)

Volumen der Halbkugel: $V_\frown = 2 \cdot G \cdot r : 3$

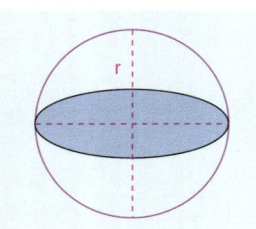

4. Schritt

(Die Kugel ist das Doppelte von der Halbkugel.)

Volumen der *ganzen* Kugel: $V_\bullet = 2 \cdot 2 \cdot G \cdot r : 3$ bzw.

$V_\bullet = 4 \cdot G \cdot r : 3$.

Für Formelbastler

Die Grundfläche G ist der kreisförmige Querschnitt der Kugel, also $\pi \cdot r^2$. In der Formel $V_\bullet = 4 \cdot G \cdot r : 3$ kann man G daher durch $\pi \cdot r^2$ ersetzen.

Die Formel schreibt man dann so: $V_\bullet = 4 \cdot \pi \cdot r^2 \cdot r : 3$

Schließlich ergibt sich folgende Formel:

$V_\bullet = 4 \cdot \pi \cdot r^3 : 3$ **oder:** $V_\bullet = \frac{4}{3} \cdot \pi \cdot r^3$

Das Volumen einer Kugel könnte man nie und nimmer exakt zusammenpuzzeln. Es ist faszinierend, dass man durch *Berechnung* haargenau ermitteln kann, wie viele eckige Würfel (und Bruchstücke davon) in ein solches rundes Gebilde hineinpassen. Das einzige Maß, das man dafür braucht, ist der Radius.

Übersicht über die Formeln zur Berechnung des Körpervolumens

Bezeichnung des Körpers	Die Form	Welche Angaben braucht man?	Die Formel
Quader		zwei Kantenlängen a und b und die Höhe h	$V_▱ = G \cdot h$ also: $V_▱ = a \cdot b \cdot h$
Würfel		eine Kantenlänge a	$V_▱ = a \cdot a \cdot a$ also: $V_▱ = a^3$
Pyramide mit quadratischer Grundfläche		eine Seite der Grundfläche a und die Höhe h	$V_△ = G \cdot h : 3$ also: $V_△ = a \cdot a \cdot h : 3$ also: $V_△ = a^2 \cdot h : 3$ oder: $V_△ = \frac{1}{3} \cdot a^2 \cdot h$
Zylinder		den Radius r und die Höhe h (und Pi (π) ≈ 3,14)	$V_▯ = G \cdot h$ also: $V_▯ = \pi \cdot r^2 \cdot h$

Bezeichnung des Körpers	Die Form	Welche Angaben braucht man?	Die Formel
Kegel		den Radius r und die Höhe h (und $\pi \approx 3{,}14$)	$V_\triangle = G \cdot h : 3$ also: $V_\triangle = \pi \cdot r^2 \cdot h : 3$ oder: $V_\triangle = \frac{1}{3} \cdot \pi \cdot r^2 \cdot h$
Kugel		den Radius r (und $\pi \approx 3{,}14$)	$V_\bullet = 4 \cdot \pi \cdot r^3 : 3$ oder: $V_\bullet = \frac{4}{3} \cdot \pi \cdot r^3$

waagerecht

senkrecht

Das Wort *waagerecht* hat mit „Waage" zu tun. Früher waren Waagen wie eine Wippe gebaut, an der zwei Waagschalen hingen. Wenn sich die beiden Waagschalen auf gleicher Höhe befanden, hielten sich die Gewichte die Waage. Ihre Schalen befanden sich dann auf einer waagerechten Linie.

Eine Gerade ist dann waagerecht, wenn sie parallel zum Wasserspiegel liegt. Gleichgültig wie schräg man zum Beispiel ein Glas mit Wasser hält: Der Wasserspiegel ist immer waagerecht. Das hat mit der Erdanziehungskraft zu tun.
Nach diesem Prinzip funktionieren auch Wasserwaagen. Wir benutzen Wasserwaagen zum Beispiel, um Bilder waagerecht an die Wand zu hängen. Am Bau werden sie für die waagerechten Stürze bei Fenstern oder Türen gebraucht.
Waagerecht wird oft im Zusammenhang mit *senkrecht* genannt.

Ihr kennt das sicher von Kreuzworträtseln her. Die Lösungswörter werden waagerecht und senkrecht eingetragen.

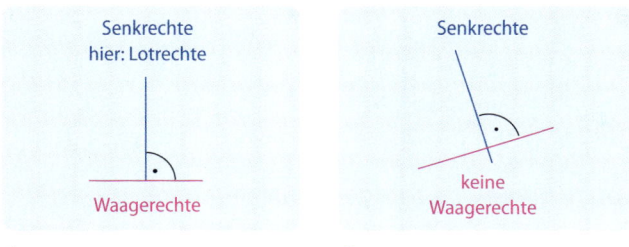

1   2

In der Geometrie können Senkrechte schräg liegen wie in Abbildung 2. Schräg liegende Waagerechte gibt es aber nicht.
Der Begriff „waagerecht" wird in der Geometrie auch nicht verwendet. Dort ist eine Waagerechte die andere Senkrechte.
Ein anderes Wort für „waagerecht" ist „horizontal". Obwohl die Erde gekrümmt ist, sehen wir den *Horizont* waagerecht.

die Wahrscheinlichkeitsrechnung

Wahrscheinlichkeit und Zufall

Oft kann man beobachten, wie jemand z.B. beim „Mensch-Ärgere-Dich-Nicht-Spiel" den Würfel in der hohlen Hand beschwört und ihn ausgiebig schüttelt, bevor er ihn mit einem „Toi, toi, toi" und allerlei Verrenkungen ins Spiel bringt. Das soll seine Chance erhöhen, z.B. eine Sechs zu würfeln. Vielleicht glaubt er wirklich daran, aber es ändert nichts an der Tatsache, dass statt der Sechs genauso gut eine Eins, eine Zwei, eine Drei, eine Vier oder Fünf fallen könnte.

Statistik
Durchschnitt
schätzen

Es gibt bei einem Wurf nur eine *sechstel* Chance, eine Sechs zu würfeln. Die Wahrscheinlichkeit, dass eine Sechs fällt, ist $\frac{1}{6}$. Man sagt auch: „Sie ist 1 zu 6", und das wird meist so geschrieben: 1 : 6. Noch anders ausgedrückt: Auf 6 Würfe entfällt wahrscheinlich 1 Treffer.

Die Wahrscheinlichkeit ist der Grad der Sicherheit, mit dem ein Ereignis eintreten wird. Sie ist nur durch eine Zahl auszudrücken, die zwischen 0 und 1 liegt. Der Wert 0 bedeutet, dass der Fall niemals eintritt; 1 steht dafür, dass er mit absoluter Sicherheit eintritt. Morgen geht also mit einer Wahrscheinlichkeit von 1 wieder die Sonne auf und heute Nacht werden wir mit einer Wahrscheinlichkeit von 0 die Rückseite des Mondes zu sehen bekommen.

Glück muss man haben

Die Wahrscheinlichkeit eines Treffers kann man also mathematisch ausdrücken. Das brachte vor etwa 300 Jahren die Mathematiker auf die Idee, die Wahrscheinlichkeit des Glücks zu *berechnen*. Das ging tatsächlich vom Glücksspiel aus: Würfelspieler, Kartenspieler, Roulettespieler wollten nur zu gerne wissen, welche Chancen auf einen Gewinn sie hatten. Die Chancen ließen sich berechnen.

Trotzdem sind Glücksspieler bis heute fast immer die Verlierer. Denn selbst wenn man weiß, dass die Chance, eine Sechs zu würfeln, bei sechs Würfen liegt, muss der Fall auch beim sechsten Versuch nicht eintreten. Oder – was besonders verführerisch ist – er tritt gleich beim ersten Mal ein. Wahrscheinlichkeitsrechnung ist keine Wahrsagerei. Sie gibt nur Auskunft darüber, wie hoch die Wahrscheinlichkeit ist, mit der das erhoffte Ereignis eintreffen *kann*. Das Glück oder Pech lässt sich also nicht berechnen, sondern nur die Wahrscheinlichkeit.

Eine Münze werfen

Zu Beginn eines Fußballspiels wirft der Schiedsrichter immer eine Münze, um die Seitenwahl zu entscheiden. Es gibt nur zwei Möglichkeiten: Entweder liegt die *Zahl* oben oder das *Wappen* (das Bild auf der Rückseite).

Die Wahrscheinlichkeit ist also 1:2. Der Wahrscheinlichkeit nach müsste eine Mannschaft alle zwei Spiele die Seitenwahl gewinnen. Trotzdem kann es passieren, dass sie die ganze Spielsaison über immer verliert. Sie hat einfach Pech!

Zahl und Wappen

 Überprüft die Wahrscheinlichkeit für *Zahl* (Z) oder *Wappen* (W) in einem Experiment. Werft etwa 50-mal eine Münze und notiert in einer Tabelle, ob Zahl oder Wappen oben liegt.

Wie oft müsste der Wahrscheinlichkeit nach bei 50 Durchgängen *Zahl* „gewinnen", wie oft *Wappen*?[1]

Durchgang	Z	W
1.	✓	—
2.	✓	—
3.	—	✓

---

[1] Beide gleich oft, also 25-mal.

Würfeln und Kartenziehen

Bei einem bestimmten Würfelspiel kommt es darauf an, eine Eins zu würfeln. Ihr könnt wählen, ob ihr dafür mit nur *einem* Würfel würfeln wollt oder mit *zwei* Würfeln gleichzeitig. Ihr werdet euch bestimmt für zwei Würfel entscheiden. Denn ihr könnt euch eine doppelt so große Chance *ausrechnen*. Unser gesunder Menschenverstand betreibt also in vielen Fällen ganz automatisch Wahrscheinlichkeitsrechnung, um sich die größten und besten Chancen auf einen Treffer oder ein anderes Ereignis zu sichern.

 Untersucht die doppelt so große Chance in einem Experiment:
Einer von euch würfelt mit *einem* Würfel, der andere mit *zwei* Würfeln. Macht 30 Durchgänge. Würfelt immer gleichzeitig und setzt in die Tabelle ein Häkchen für einen Einser-Treffer und einen Strich für eine Niete.

- Gebt an, wie viele Treffer ihr *wahrscheinlich* bei 30 Durchgängen erzielt. Also: Wie oft müsste die Eins mit *einem* Würfel fallen, wie oft mit *zwei* Würfeln?[1]
- Wie groß ist die Wahrscheinlichkeit, mit zwei Würfeln eine 1 zu würfeln?[2]

Durchgang	Treffer mit einem Würfel	Treffer mit zwei Würfeln
1.		—— ✓
2.	✓	—— ——
3.	-----	----- -----
...		
30.	-----	----- -----
Summe der Treffer	-----	----- -----

1) 5 Treffer mit einem Würfel; 10 Treffer mit zwei Würfeln.
2) Die Wahrscheinlichkeit ist 2 : 6 oder (gekürzt) 1 : 3.

- Aus einem gut gemischten Kartenspiel mit 32 Karten sollt ihr blind die Herz Dame herausziehen. Wie groß ist die Wahrscheinlichkeit, dass ihr es schafft? [1]
- Wie groß ist die Wahrscheinlichkeit, aus demselben Kartenspiel *irgendeine* der vier Damen zu ziehen (Herz, Karo, Pik oder Kreuz)? [2]
- Wie groß ist die Wahrscheinlichkeit aus demselben Kartenspiel irgendeine *Bildkarte* zu ziehen? (Es gibt vier Buben, vier Damen, vier Könige.) [3]

Ein statistischer Wert

Auch in ernsten Angelegenheiten spielt die Wahrscheinlichkeitsrechnung eine wichtige Rolle. Sie wird in der Statistik angewandt. Als Ende des Jahres 2004 im Indischen Ozean ein Tsunami große Teile der Küstenregionen überflutete und sehr viele Menschen in den Tod riss, erfuhr die Welt, dass eine solche Katastrophe nur alle 700 Jahre zu erwarten sei. Diese Wahrscheinlichkeit hatten Wissenschaftler mit sehr komplizierten Methoden auf der Grundlage einer großen Datenmenge berechnet. Trotzdem kann man nun nicht sicher sein, dass eine weitere Katastrophe erst in 700 Jahren eintreten wird. Auch hier gibt die Wahrscheinlichkeitsrechnung nur einen Anhaltspunkt dafür, dass eine solcher Tsunami nur alle 700 Jahren zu erwarten ist. Eine Garantie liefert sie nicht.

Trotzdem spielt die Wahrscheinlichkeit als statistischer Wert in unserem Leben eine große Rolle.

---

[1] Die Wahrscheinlichkeit, dass ihr die Herz Dame zieht, ist $\frac{1}{32}$ bzw. 1 : 32. D.h. auf 32 Versuche wahrscheinlich ein Treffer.

[2] Die Wahrscheinlichkeit, irgendeine Dame zu ziehen, ist viermal so groß wie bei einer bestimmten Dame, also $\frac{4}{32}$ bzw. 4 : 32 (gekürzt: $\frac{1}{8}$ bzw. 1 : 8). Auf acht Versuche wahrscheinlich ein Treffer.

[3] Die Wahrscheinlichkeit ist 12-mal so groß wie bei der einsamen Herzdame, also $\frac{12}{32}$ bzw. 12 : 32 (gekürzt: $\frac{3}{8}$ bzw. 3 : 8). Auf acht Versuche wahrscheinlich drei Treffer.

- Weil bei Rauchern die Wahrscheinlichkeit, viel früher krank zu werden und zu sterben, wesentlich höher ist als bei Nichtrauchern, wird (mit Recht) vor dem Rauchen gewarnt.
- Weil aller Wahrscheinlichkeit nach ein guter Schulabschluss bessere Berufsaussichten verspricht, drängen Eltern (mit Recht) darauf, dass ihre Kinder sich in der Schule anstrengen.
- Dass es Raucher gibt, die trotzdem 100 Jahre alt werden, und abgebrochene Schulabgänger, die trotzdem Karriere machen, ist der Unsicherheitsfaktor in der Wahrscheinlichkeitsrechnung.

Sicherheit gibt es also trotz der Wahrscheinlichkeitsrechnung weder im Glück noch im Unglück.

Wahrscheinlichkeit mit Sicherheit

Lotto: 6 aus 49

Es gibt aber eine Wahrscheinlichkeitsrechnung, bei der man mit Sicherheit darauf setzen kann, dass das Ereignis eintritt. Ihr werdet es nicht für möglich halten: Beim Lotto ist es so. Nur hat man nichts davon!
Die Wahrscheinlichkeit sechs Richtige im Lotto zu haben, kann man im Gegensatz zu anderen Glücksspielen ganz genau berechnen. Sie liegt bei 1 zu 13 983 816. Die Berechnung ist deshalb so exakt möglich, weil man *jede mögliche* Kombination von sechs Zahlen im Tippfeld von 1 bis 49 ermitteln *kann*.
Wenn man also zu einem einzigen Ziehungstermin 13 983 816 *unterschiedliche* Tipps abgäbe, könnte man sicher sein, *einen* Sechser zu haben. Warum sich niemand diese Mühe macht, könnt ihr nachrechnen: Allein das Ausfüllen so vieler Tipps würde – rund um die Uhr – 2 Jahre und 3 Monate dauern (bei

geschätzter Zeit von 5 Sekunden pro Tipp). Und ob bei einer Gebühr von 0,75 € pro Tipp noch ein Gewinn herausspringt, ist auch eher unwahrscheinlich.

Die Chance auf einen Sechser im Lotto – so sagt man – ist ungefähr so groß wie sechsmal vom Blitz erschlagen zu werden.

Ihr könnt das Lotto-Spiel einmal mit kleineren Zahlenfeldern durchspielen. Absolut sicher könnte man sein, wenn man „6 aus 6" tippen könnte. Dafür wäre allerdings nicht einmal Glück notwendig.

6 aus 7

Bei „6 aus 7" bräuchte man dann schon ein wenig Glück.
Aber ihr könnt auch sicher gehen und die Wahrscheinlichkeit für einen Volltreffer *ermitteln*.

- Wie viele Tippscheine müsst ihr ausfüllen, um garantiert 6 Richtige zu haben? [1]
- Wie viele Tippscheine wären für ein Spiel „1 aus 7" nötig? Fällt euch im Vergleich zum vorigen Spiel beim Ergebnis etwas auf? [2]

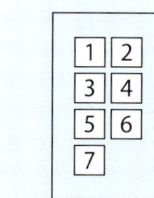

6 aus 8

Bei „6 aus 8" bräuchtet ihr dann schon eine ganz gehörige Portion Glück, um einen Volltreffer zu landen.

Bastelt eine eigene Lostrommel, zum Beispiel aus einem Schuhkarton mit einem Eingriff-Loch für die Lottofee. Als Lottokugeln nehmt ihr Tischtennisbälle (oder Zettel).

[1] Bei 7 unterschiedlichen Tipps ist ein Volltreffer dabei. (Bei jedem Tipp lässt man *eine* Zahl aus.)
[2] Auch hier sind 7 Tippscheine nötig (dieselbe Wahrscheinlichkeit wie bei „6 aus 7").

Macht euch eigene Lottoscheine für „6 aus 8". Tippt zuerst auf gut Glück. Setzt euch dann zu zweit oder zu dritt zusammen und denkt euch ein System aus, mit dem ihr alle möglichen Sechser-Kombinationen erfassen könnt.

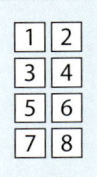

 Wie viele Tippscheine müsstet ihr für einen sicheren Volltreffer ausfüllen? Testet mit eurer Lostrommel. [1]
Tipp: Bei „6 aus 8" bleiben pro Tipp ja immer *zwei* Zahlenfelder frei. Vielleicht kommt ihr mit „2 aus 8" leichter auf die vielen Kombinationsmöglichkeiten?

die **Währung**

Euro
Geld
Preis

Beinahe überall auf der Welt haben sich die Gesellschaften so entwickelt, dass sie Geld als Zahlungsmittel verwenden. Mehr dazu unter dem Stichwort **Geld**.
In den verschiedenen Ländern haben sich für das Geldwesen unterschiedliche Namen und Geldwerte herausgebildet. Das nennt man die *Währung*.

Verschiedene Währungen – aber vergleichbarer Wert

Bei uns in Deutschland und in vielen weiteren europäischen Ländern ist der *Euro* die Währungseinheit. In anderen Ländern gibt es andere Währungen, z. B. das *Pfund* in Großbritannien,

---

1) Es gibt 28 Kombinationen. Ihr müsstet für einen sicheren Volltreffer also 28 unterschiedliche Tipps abgegeben.

die *Krone* in drei skandinavischen Ländern, den *Rubel* in Russland, den *Zloty* in Polen, die *Lira* in der Türkei, den *Franken* in der Schweiz, den *Yuan* in China und viele andere mehr.

Was bei uns 1 Euro kostet, kostet in England ungefähr 0,80 Britische Pfund und in Japan ungefähr 160 Yen. Das heißt nicht, dass in Japan alles unbezahlbar teuer ist und in Großbritannien alles viel billiger.
Jede Währung hat vielmehr ihre eigene Berechnungsgrundlage. In japanischen Yen wäre euer Taschengeld zum Beispiel ein Betrag von 1 600, aber in England bekämt ihr nur 8,00. Trotzdem hättet ihr genauso viel Geld wie hier im Euroland, nämlich einen Betrag *im Wert von* 10,00 Euro. Es kommt also nicht auf die Zahlen an, sondern darauf, was man dafür kaufen kann.

Umrechnungskurse

Wenn wir in ein Land reisen, das eine andere Währung als den Euro hat, dann müssen wir die Preise immer umrechnen. Wir müssen uns erkundigen, wie viel Schweizer Franken so viel wert sind wie 1 Euro oder was eine Ware in unserer Währung kosten würde, die in Russland mit 103,80 Rubel ausgezeichnet ist.

Kurstabelle (Stand April 2008)		
Land	Währung	1 Euro ≈
Schweiz	Franken	1,60 CHF
Russland	Rubel	37,10 RUB
Dänemark	Krone	7,50 DKK
China	Yuan	11,10 CNY
Japan	Yen	160,10 JPY

Bei Banken und Sparkassen kann man sich nach den Umrechnungskursen erkundigen und im Internet übernehmen Computer die Umrechnung. Dort erfährt man, dass 1 Euro etwa so viel wert ist wie 1,60 Schweizer Franken und so viel wie 37,10 Rubel. Der so genannte Wechselkurs ändert sich allerdings. Das hängt von der Weltwirtschaft ab.

- Rechnet 5 Euro in verschiedene Währungen aus der Kurstabelle um.[1]
- Rechnet umgekehrt aus, was die Preise auf den Preisschildern in unserer Euro-Währung bedeuten. Nehmt den Taschenrechner.[2]

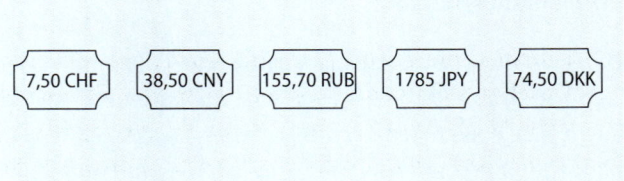

7,50 CHF   38,50 CNY   155,70 RUB   1785 JPY   74,50 DKK

---

1) 5 € entsprechen: 8,00 CHF; 185,50 RUB; 37,50 DKK; 55,50 CNY; 800,50 JPY
2) Die Preise in Euro: ≈ 4,70 €; ≈ 3,50 €; ≈ 4,20 €; ≈ 11,15 €; ≈ 10,00 €

Beim Wechseln in eine andere Währung fallen übrigens noch Wechselgebühren an. Die Banken, Sparkassen oder Wechselstuben verdienen am „Kauf" oder „Verkauf" des Geldes.

der **Winkel**

Kreis
Schenkel
rechter Winkel
Gerade

Fachausdrücke

Unter einem *Winkel* stellt man sich vielleicht so etwas wie eine Ecke vor. Wer sich „im letzten Winkel verkriecht", drückt sich in eine Ecke.

In der Geometrie wird ein Winkel von zwei geraden Linien gebildet, die sich in einem Punkt treffen. Diesen Punkt nennt man Scheitelpunkt oder auch nur Scheitel. Die beiden geraden Linien heißen Schenkel.

Je nachdem, wie weit die beiden Schenkel auseinander klaffen, bilden sie einen größeren oder kleineren Winkel. Man kann messen, wie groß ein Winkel ist.

In den Winkel wird ein Bogen hineingezeichnet. Das ist der *Winkelbogen*. Er deutet an, dass die Größe eines Winkels einem bestimmten Kreisausschnitt entspricht.

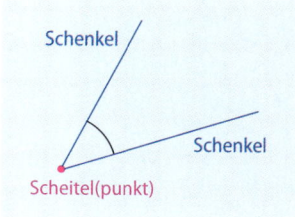

Winkel messen

Das Zifferblatt der Uhr als Winkelmesser

Ein Winkel entsteht durch Drehung: Ihr steht auf einem bestimmten Punkt und schaut auf den Turm. Die Richtungslinie, die von der Nasenspitze zum Turm führt, betrachtet ihr als den ersten Schenkel.

Dann *dreht* ihr den Kopf zum Beispiel nach links und fixiert die Fahne. Die neue Richtungslinie ist der zweite Schenkel.

Dadurch, dass ihr einen Schwenk gemacht habt, habt ihr einen Winkel gebildet.

Weil man bei einem Schwenk eine Kreisbewegung macht, kann man auch mit Hilfe eines Kreises messen, wie groß der Schwenk war. Ein Hilfsmittel könnte das runde Zifferblatt einer Uhr sein. Die Einteilung in 60 Minuten liefert das Maß. Damit messt ihr zwar nicht die Zeit, aber ihr könnt ziemlich genau angeben, wie weit die beiden „Zeiger" auseinanderklaffen, also wie groß der Winkel ist. Statt Minuten sagt ihr vielleicht „Minis". Vom Turm zur Fahne habt ihr dann mit der Nasenspitze einen Schwenk von 10 „Minis" gemacht. Der Winkel ist also 10 „Minis" groß.

Mit dem Zifferblatt als Winkelmesser könnt ihr auch die Größe von anderen Winkeln ziemlich genau ermitteln.

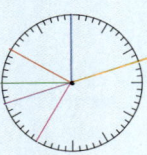

 • Wie viele „Minis" misst der Winkel zwischen dem roten Schenkel und dem lilafarbenen Schenkel?[1]
• Wie groß ist der Winkel zwischen dem pinkfarbenen und dem blauen Schenkel?[2]
• Und ihr könnt einer Freundin einen Tipp geben: „Mache von der Ausgangsposition (12 Uhr) einen Schwenk um 12 „Minis" nach rechts und da siehst du ihn schon!". Was hat die Freundin gesucht?[3]

---

1) 8 Minis   2) 25 Minis   3) Einen Briefkasten

Das einheitliche Winkelmaß

Damit man sich überall auf der Welt über Winkelgrößen verständigen kann, braucht man ein einheitliches Winkelmaß. und einen Winkelmesser, mit dem man an jedem Ort und bei jeder Arbeit einen ganz bestimmten Winkel messen und selber zeichnen oder herstellen kann.

Wie ihr gesehen habt, ist eine kreisrunde Scheibe wie das Zifferblatt einer Uhr als Winkelmesser bestens geeignet. Für den *einheitlichen* Winkelmesser hat man den Kreis nun aber nicht in 60 Einheiten geteilt, sondern in viel, viel kleinere Teile, und zwar 360.

 Ein Winkelmesser besteht aus 360 Maßeinheiten.

Man hätte auch eine andere Einteilung als 360 nehmen können, aber alles was mit der Zahl 60 zu tun hat (360 = 6 · 60), war den Menschen in alten Kulturen heilig. Und außerdem lässt sich die Zahl 360 durch sehr viele andere Zahlen ohne Rest teilen, was für die Winkelberechnung ein großer Vorteil ist.
Der Erfinder der 360er-Einteilung soll übrigens der griechische Mathematiker Eratosthenes (276 – 195 v. Chr.) gewesen sein, der auch die Teilbarkeit der Zahlen erforscht und eine Methode zum Aussieben der Primzahlen entwickelt hat.

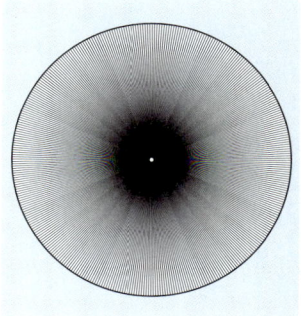

Von *einem* solchen winzigen Kreisausschnitt gibt es rund herum also 360. *Ein* solcher Winkel ist *eine* Maßeinheit. Sie wird *Grad* genannt.

> Die Winkelgröße wird in *Grad* gemessen. Das Zeichen für *Grad* ist ein kleiner hochgestellter Kreis: °.

Ein Winkel von 20° ist dann so groß wie 20 von den winzigen Winkeln zusammen (Bild 1).

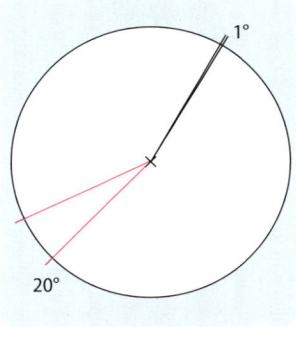

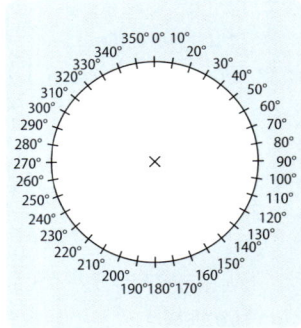

1   **2**

Der ideale Winkelmesser ist ein Kreis, bei dem die Grade rundherum eingezeichnet sind. Weil die Winkel in der Mitte (zum Scheitelpunkt hin) gar nicht mehr voneinander getrennt zu sehen sind (siehe die Abbildung auf S. 491), reicht es aus, wenn die Schnittpunkte an der Kreislinie eingetragen und übersichtlich durchnummeriert sind (Bild 2).

Es gibt auch kreisrunde Winkelmesser, die in der Schule aber nicht üblich sind.

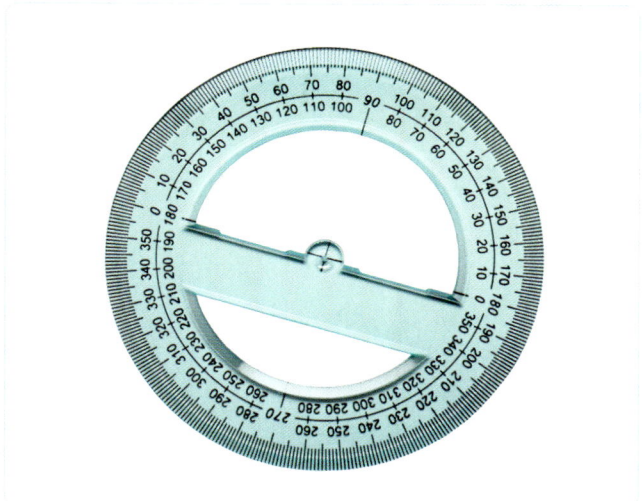

➡ Wenn ihr möchtet, kopiert euch diesen hier auf Folie und probiert aus, wie ihr die Größe der folgenden Winkel am besten messen könnt. [1]

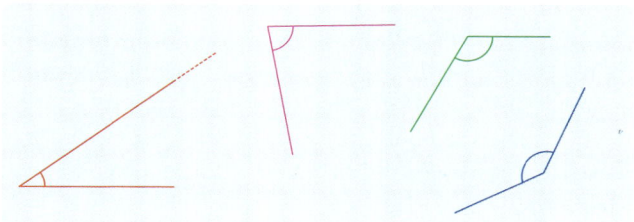

Tipp: Wenn die Schenkel zu kurz gezeichnet sind, müsst ihr sie verlängern. Die Winkelgröße verändert sich dadurch nicht.

1) Die drei Winkel haben folgende Größen: 35°; 80°; 120°.

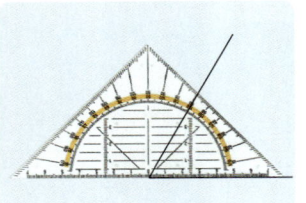

In der Schule benutzen die meisten das Geodreieck zum Winkelmessen. Beim Geodreieck wird Platz gespart. Der Winkelkreis ist daher halbiert.

Ein besonderer Winkel: Der rechte Winkel

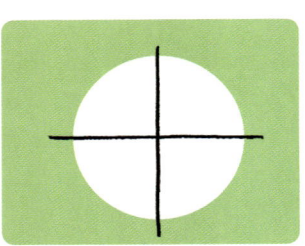

Teilt man einen Kreis in vier gleiche Teile, entstehen vier gleich große Winkel, bei denen die Schenkel senkrecht aufeinander stehen.
So ein Winkel wird *rechter Winkel* genannt.
Er ist so groß wie 90 kleine Maßeinheiten, hat also 90 Grad (90°). Denn 360 : 4 = 90.

Ein rechter Winkel hat 90 Grad (90°).

Rechte Winkel werden innerhalb des Winkelbogens zusätzlich mit einem Punkt gekennzeichnet.
Man findet sie an allen „Ecken" und Enden (nur in der Natur so gut wie nicht!).

Mehr zum **rechten Winkel** findet ihr unter dem betreffenden Stichwort.

Spitze und stumpfe Winkel

❗ Winkel, die *kleiner* als 90° sind, nennt man *spitze Winkel*.
Winkel, die *größer* als 90° sind, heißen *stumpfe Winkel*.

➡ Messt die Winkel aus. Welcher ist ein spitzer Winkel?
Welcher ist ein stumpfer Winkel?[1]

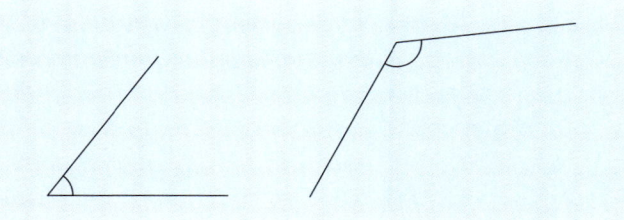

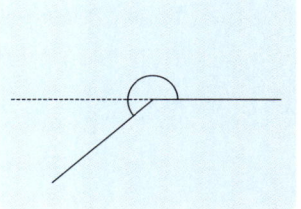

Schließlich gibt es noch den überstumpfen Winkel. Er entsteht, wenn er 180° überschreitet. Dieser hier hat 220°

Überstumpfer Winkel: größer als 180°

Am überstumpfen Winkel könnt ihr auch noch einmal erkennen, welche Bedeutung der Winkelbogen für die Winkeldarstellung hat. Wäre der Restwinkel gemeint, wäre der Bogen so eingezeichnet:

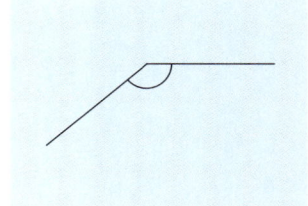

➡ Wie groß ist der Restwinkel?[2]

1) spitzer Winkel: 52°; stumpfer Winkel: 125°
2) Der Restwinkel beträgt 140° (360° − 220° = 140°; oder: 180° − 40° = 140°).

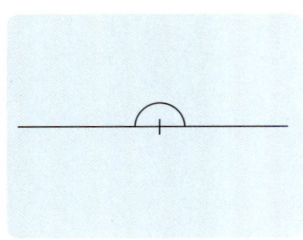

Gestreckter Winkel: 180°

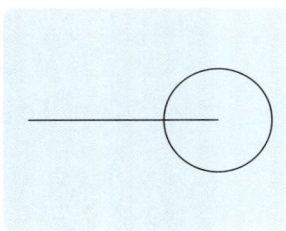

Vollwinkel: 360°

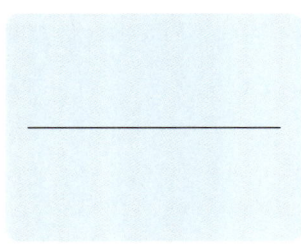

Nullwinkel: 0°

Seltsame Winkel

Es gibt auch Bezeichnungen für Winkel, die überhaupt nicht nach einem Winkel aussehen.

Das ist einmal der so genannte *gestreckte Winkel*, bei dem die beiden Schenkel sozusagen Spagat machen und auf einer Geraden liegen.

> **!** Der gestreckte Winkel misst 180°.

Zum anderen gibt es den so genannten *Vollwinkel*. Er beträgt 360°. Man muss ihn sich so vorstellen, als hätte man sich auf dem Scheitelpunkt einmal um sich selbst gedreht. Man hat sich in einem Winkel von 360° um die eigene Achse gedreht.

> **!** Der Vollwinkel misst 360°.

Eigentlich ist der Vollwinkel von einem *Nullwinkel* nicht zu unterscheiden. Aber dann hätte man sich ja nicht gedreht.

Wer braucht schon einen Nullwinkel? Aber sogar dafür gibt es in der Geometrie eine Abbildung. Natürlich ohne Winkelbogen.

Die Winkelbezeichnungen

Wenn man es mit mehreren Winkeln zu tun hat, gibt man ihnen Bezeichnungen. Dafür hat man griechische Kleinbuchstaben genommen. Die Bezeichnungen haben nichts mit der Größe der Winkel zu tun.

Am häufigsten werden folgende Buchstaben verwendet:

 α heißt *alpha*, β heißt *beta*, γ heißt *gamma*.

Manchmal braucht man noch den Buchstaben δ. Er heißt *delta*. Die Buchstaben werden in den Kreisbogen hineingeschrieben. Bei Dreiecken oder Vierecken befindet sich der Winkel α am Eckpunkt A, der Winkel β am Eckpunkt B, der Winkel γ bei C und δ bei D. Die Eckpunkte und Winkel werden der alphabetischen Reihe nach entgegen dem Uhrzeigersinn eingetragen:

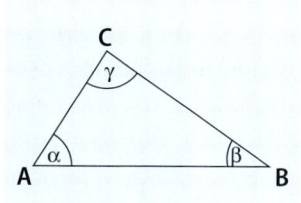

Im Dreieck   Im Viereck

Oft verzichtet man auch auf die griechischen Buchstaben. Im Dreieck wird der Winkel bei A dann so gekennzeichnet: ∢BAC. Im Viereck ist das der Winkel ∢BAD.

 Welcher Winkel im Dreieck ist bei der folgenden Bezeichnung gemeint: ∢BCA? Und welcher Winkel im Viereck ist hiermit gemeint: ∢CDA? [1]

1) ∢BCA ist der Winkel bei C (γ); ∢CDA ist der Winkel bei D (δ).

die **Woche**

Monat
Stunde
Tag
Zeit

Die Woche ist eine Zeiteinheit, die mit den Mondphasen zusammenhängt. Den Menschen war schon in frühen Zeiten aufgefallen, dass der Mond in nicht allzu langen Zeitabständen und vor allem regelmäßig wie ein Uhrwerk sein volles rundes Gesicht zeigt. Und in ebenso regelmäßigen Abständen ist er nur halb oder gar nicht zu sehen. Das machte den Mond zu einem idealen Zeitmesser. Er diente den Menschen daher auch als Kalender. Man konnte Termine machen: „Beim nächsten Vollmond sehen wir uns wieder." Und jeder wusste, wie viel Zeit bis dahin vergehen würde. Wem das zu lang war, der machte den Termin bis zum nächsten Halbmond.

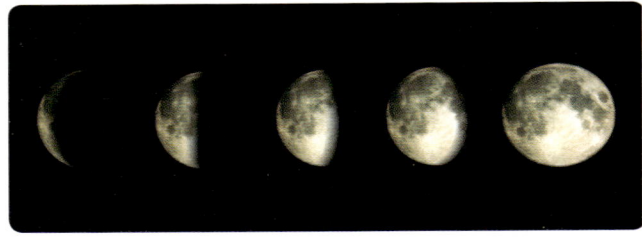

Jede Mondphase dauert gleich lang. Man hatte den Eindruck, dass es immer 7 Tage seien. Das trifft zwar nicht zu, denn von Vollmond zu Vollmond vergehen genau genommen $29\frac{1}{2}$ Tage und das kommt mit 4 · 7 Tagen nicht genau hin.
Aber die 7 Tage sind uns als Zeitspanne für die Woche erhalten geblieben.

!
1 Woche hat 7 Tage.

Die Woche ist eine ungenaue Zeiteinheit

So pünktlich der Mond auch immer seine Gestalt wechselt, er hat eine andere Zeiteinteilung als die Sonne. Nach der Sonne richten sich aber die Jahreszeiten, sodass die Menschen früher oder später ihren Kalender nach der Sonne ausrichteten. Ein Sonnenjahr dauert 365 Tage (und knappe 6 Stunden, um genau zu sein). Teilt man die 365 Tage des Jahres durch die 7 Tage der Woche, so kommt man nur *ungefähr* auf 52 Wochen.

Die Monate lassen sich noch schlechter in Wochen aufteilen. Sie haben im Wechsel 31 oder 30 Tage (der Februar normalerweise 28). 31 Tage lassen sich nicht ohne Rest durch 7 teilen, 30 Tage auch nicht. Nur beim Februar sind es (normalerweise) genau 4 Wochen.

In den Fällen, in denen es nicht so genau darauf ankommt, hat man sich allgemein auf folgende Zeiteinteilungen geeinigt:

1 Jahr hat 52 Wochen.
1 Monat hat 4 Wochen.

Eltern geben das Alter ihrer Babys gern in Wochen an. „Unser Spätzchen ist jetzt schon 17 Wochen alt." Außenstehende können sich darunter meist wenig vorstellen und rechnen in die nächsthöhere Einheit um.
- Wie viele Monate alt ist das Spätzchen also? [1]

1) 4 Monate und 1 Woche.

Auch Weltumsegler teilen ihre lange Zeit auf den Weltmeeren am liebsten in Wochen ein: „Wir waren 187 Wochen unterwegs!"
Wie viele Jahre, Monate und Wochen waren das?[1]

Übrigens: Habt ihr das gewusst?
Mit Medikamenten dauert ein Schnupfen gerade mal zwei Wochen. Ohne Pillen und Wässerchen muss man sich 14 Tage damit herumplagen!

der **Würfel**

Körper
Quadrat
Oberfläche
Volumen
Kubikmaße

Spielwürfel

Würfel gehören zu den ältesten Spielmitteln der Menschheit. Schon in der Steinzeit wurde mit Schafsknöchelchen gewürfelt. Und in 4 000 Jahre alten ägyptischen Gräbern fand man Würfel als Grabbeilagen. Sie waren aus Stein, Horn und Elfenbein gefertigt und trugen auf ihren sechs Flächen eingravierte Zeichen. Weil ein Würfel sechs Flächen hat, gibt es sechs Zahldarstellungen, die wir als Zahlbilder schnell erfassen können:

---

1) 3 Jahre, 7 Monate und 3 Wochen.

Die Punkte auf den Würfelflächen nennt man „Augen". Immer zwei gegenüberliegende Augenzahlen ergeben zusammen die Zahl 7. Überprüft das an euren Spielwürfeln.

➡ Welche Augenzahlen liegen bei den drei Würfeln unten?[1]

➡ **Rätselhaft!**
Fünf normale Spielwürfel sind willkürlich übereinander gestapelt. Man kann den Turm von allen Seiten betrachten. Nur dort, wo die Würfel aufeinander liegen (und unten), kann man die Augen nicht sehen. Wie viele Augen sind insgesamt verdeckt?[2]
Wer sich mit den gegenüber liegenden Augenzahlen nicht auskennt, denkt, ihr könntet hellsehen!

Würfel in der Geometrie

Der Begriff „Würfel" wurde für den entsprechenden geometrischen Körper übernommen. Bei Spielwürfeln sind die Ecken

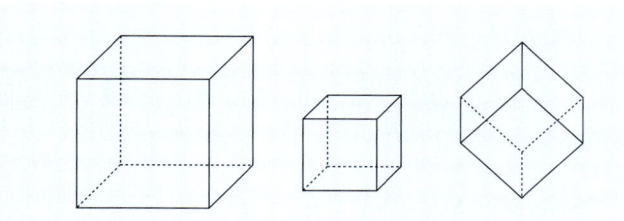

[1] Gegenüber der 3 liegt die 4, gegenüber der 5 liegt die 2, gegenüber der 1 liegt die 6.
[2] Es sind zusammen 34 Augen verdeckt. Weil die gegenüber liegenden Seiten eines Würfels zusammen die Augenzahl 7 haben, sind $5 \cdot 7 - 1$ Augen verdeckt, also $35 - 1 = 34$.

immer abgerundet, weil sie dann besser rollen. In der Geometrie hat ein Würfel aber immer ganz gerade Kanten und spitze Ecken.

Es gibt große und kleine Würfel. In der Geometrie können sie sogar auf einer Ecke stehen, aber wenn sie folgende gemeinsame Merkmale haben, dürfen sie sich alle *Würfel* nennen.

Ein Würfel hat
- 6 quadratische Flächen,
- 8 Ecken,
- 12 Kanten,
- und überall nur rechte Winkel.

Einen regelmäßigeren eckigen Körper als den Würfel gibt es nicht. Bei ihm ist alles gleich, egal wie man ihn dreht und wendet. Er ist genauso lang wie breit wie hoch und hat nichts als rechte Winkel. Man braucht daher nur eine einzige Kantenlänge anzugeben, um einen Würfel zeichnen oder basteln zu können.

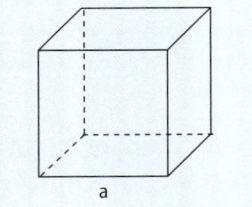

Die Kurzbezeichnung für alle Kantenlängen eines Würfels ist daher einfach nur a.

Würfelnetze

Einen Würfel kann man sich als Pappkarton vorstellen und wie jeden anderen geometrischen Körper (außer der Kugel) entfalten und in seine Einzelflächen zerlegen. Man macht ihn damit sozusagen „platt". Dann entsteht das *Netz* eines Würfels. Ein Netz ist so etwas wie eine Bastelvorlage (ohne Klebelaschen).

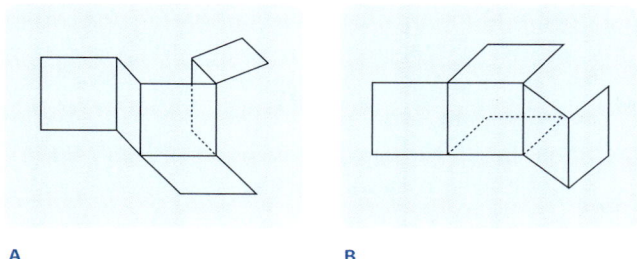

A   B

Man kann einen Würfel ganz unterschiedlich zerlegen. Daraus entstehen dann auch ganz unterschiedliche Würfelnetze. Insgesamt gibt es 11 verschiedene Würfelnetze. Einige könnte man noch spiegelverkehrt zeichnen, aber weil sie deckungsgleich sind, gelten sie als ein und dasselbe Netz.

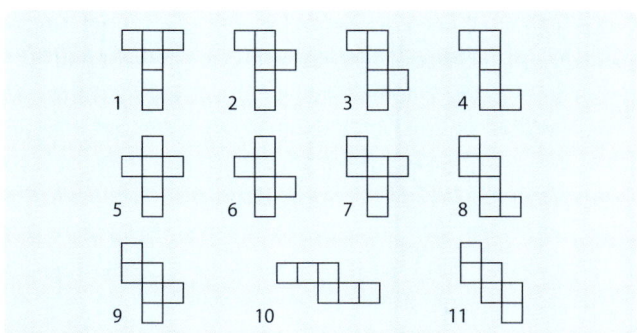

➡ Sucht die Würfelnetze heraus, die in den beiden Abbildungen oben beim Zerlegen entstehen. [1]

___

1) A ≙ 2; B ≙ 5

Probiert auf kariertem Papier selbst alle Würfelnetze aus, die euch einfallen.

Ihr könnt auch sechs Quadratplättchen zu Würfelnetzen zusammenpuzzeln.

Nehmt euch einen Spielwürfel als Vorbild und tragt die Augenzahlen in die Würfelnetze ein.

Zur Berechnung der **Oberfläche** und des **Volumens** eines Würfels schaut unter den betreffenden Stichwörtern nach.

die **Wurzel**

potenzieren
Quadratzahl

Das Wort „Wurzel" ist die deutsche Übersetzung des lateinischen Wortes „radix". In der Fachsprache heißt *Wurzelziehen* deshalb auch „radizieren". Was dieser seltsame Begriff in der Mathematik zu suchen hat, findet man nirgendwo erklärt. Vielleicht soll er an eine Zahnwurzel erinnern. „Wurzel ziehen" ist in der Mathematik nämlich ein ausgesprochen umständliches (gewissermaßen „schmerzhaftes") Verfahren. Inzwischen wird es quasi überall dem Taschenrechner überlassen.

Trotzdem muss man schon selbst wissen, wofür das Wurzelziehen eigentlich gebraucht wird und wann man es einsetzen muss. Das kann der Taschenrechner niemandem abnehmen.

Von der Quadratzahl zur Wurzel

Wurzelziehen ist die Umkehrung des Potenzierens. Wenn eine Zahl mit sich selbst malgenommen wird, nennt man das *potenzieren*: $6 \cdot 6 = 36$.

Mehr darüber findet ihr unter dem Stichwort **potenzieren**.
Die *Wurzel* aus 36 ist *die* Zahl, die mit sich selbst malgenommen 36 ergibt. Das ist die 6.
Man sagt: „6 ist Wurzel aus 36." Oder: „Wurzel aus 36 ist gleich 6." Wurzel aus 16 ist 4, Wurzel aus 25 ist 5, usw.
Das Zeichen für „Wurzel aus" sieht so aus: $\sqrt{}$
„Wurzel aus 36" schreibt man abgekürzt so: $\sqrt{36}$.
Als Gleichung schreibt man es so: $\sqrt{36} = 6$

Wurzelziehen braucht man zum Beispiel bei Quadratflächen, wenn man – ohne zu messen – die exakte Seitenlänge wissen möchte. Dieses blaue Quadrat hat eine Fläche von 9 Zentimeterquadraten. Es ist 9 Quadratzentimeter groß (9 cm²). *Eine* Seitenlänge ist dann Wurzel aus 9 cm².

→ • Wie lang ist die Seitenlänge des Quadrats?
$\sqrt{9\,cm^2} = ?$ [1]

Macht die Probe: Seitenlänge mal Seitenlänge ergibt die Fläche des Quadrats.

9 cm²

Wenn eine Quadratzahl mit Kästchen dargestellt ist, kann man die Wurzel aus der Quadratzahl auch ablesen:

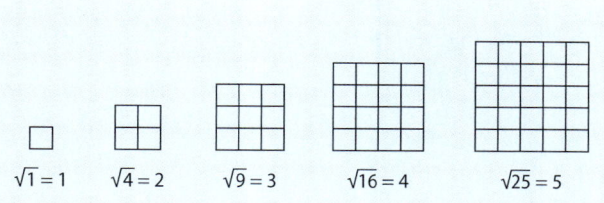

$\sqrt{1} = 1$ $\sqrt{4} = 2$ $\sqrt{9} = 3$ $\sqrt{16} = 4$ $\sqrt{25} = 5$

---

1) Die Seitenlänge beträgt 3 cm; denn 3 · 3 = 9.

Die Quadratzahlen auswendig kennen

 Solange ihr auf Anhieb wisst, welche Wurzel eine Quadratzahl hat, ist das Wurzelziehen noch kein Problem. Zieht aus folgenden Zahlen die Wurzel:

- $\sqrt{25}$ [1)]
- $\sqrt{64}$ [2)]
- $\sqrt{36}$ [3)]
- $\sqrt{49}$ [4)]
- $\sqrt{81}$ [5)]
- $\sqrt{100}$ [6)]

Trotzdem merkt ihr schon bei dieser einfachen Übung, dass ihr die Quadratzahlen *kennen* müsst, um deren Wurzel „herausziehen" zu können. Ihr könnt sie nicht einfach *errechnen*. Wenn euch nicht einfällt, welche Wurzel die 49 hat, müsst ihr herumprobieren.

> Bis 100 sollte man die Quadratzahlen auswendig kennen, um auch die Wurzel benennen zu können.

- Welche Zahlen in der folgenden Reihe sind keine *Quadratzahlen*? [7)]
  48, 100, 9, 36, 45, 64, 75, 49, 25, 16, 18, 4, 81
- Benennt blitzschnell die Wurzeln aus den Quadratzahlen. [8)]

---

1) 5   2) 8   3) 6   4) 7   5) 9   6) 10
7) 48, 45, 75, 18   8) 10, 3, 6, 8, 7, 5, 4, 2, 9

Schätzen und probieren

Die Quadratzahlen bis 100 lernt ihr beim „kleinen Einmaleins". Bei Quadratzahlen, die über 100 liegen, muss man ganz schön knobeln! Ihr müsst erst einmal schätzen und dann probieren.

$\sqrt{256}$

- *schätzen:* Wurzel aus 256 muss größer als 10 sein, denn $10 \cdot 10 = 100$. Sie muss kleiner als 20 sein; denn $20 \cdot 20 = 400$. Sie muss also zwischen 10 und 20 liegen, eher in der Mitte.
- *probieren:* Probiert es mit 15 aus. → $15 \cdot 15 = 225$. Das ist noch zu wenig.
- Vielleicht 16? → $16 \cdot 16 = 256$. Also ist $\sqrt{256} = 16$.

→ Zieht die Wurzel aus Quadratflächen: Wie lang sind die Seiten dieser Quadrate? Schätzt und probiert.

- $\sqrt{225\,\text{m}^2}$ [1)]
- $\sqrt{441\,\text{cm}^2}$ [2)]
- $\sqrt{169\,\text{cm}^2}$ [3)]
- $\sqrt{841\,\text{m}^2}$ [4)]

Den Taschenrechner einsetzen

Es gibt Quadratzahlen, deren Wurzel wohl niemand mehr mit Schätzen und Probieren herausknobelt, sondern bei denen man am besten gleich den Taschenrechner nimmt.

1) 15 m   2) 21 cm   3) 13 cm   4) 29 m

„Die Grundfläche des Eiffelturms in Paris beträgt 15 625 Quadratmeter." So steht es in einem Reiseführer. Das hört sich zwar viel an, aber eine rechte Vorstellung bekommt man davon nicht. Wenn man nun weiß, dass die Grundfläche *quadratisch* ist, kann man mit dieser Information trotzdem etwas anfangen. Man kann ermitteln, wie lang eine Seite der Grundfläche ist. Es ist die Wurzel aus $15\,625\,\text{m}^2$.

Taschenrechner haben heutzutage meist eine Funktionstaste mit dem Wurzelzeichen $\sqrt{}$.

Tippt also die Quadratzahl 15 625 ein und drückt anschließend auf die Taste $\sqrt{}$.[1]

Macht mit dem Ergebnis sicherheitshalber die Probe, indem ihr es mit sich selbst multipliziert. Dabei muss natürlich wieder die Quadratzahl herauskommen, hier also die Grundfläche des Eiffelturms.

Mit dem Taschenrechner kann man versuchen, aus *jeder* Zahl die Wurzel zu ziehen. Wenn dabei eine Kommazahl „ohne Ende" herauskommt, kann es sein, dass es sich *nicht* um eine Quadratzahl handelt. Aber ein annäherndes Ergebnis erhält man trotzdem.

$$\sqrt{66} = 8{,}1240384 \ldots$$

Wenn ihr die Probe macht $(8{,}1240384 \cdot 8{,}1240384)$, zeigt der Taschenrechner folgendes Ergebnis an: 65,999999.

Das darf man sogar als Mathematiker als 66 bezeichnen.

---

[1] Im Display erscheint das Ergebnis: 125. Die Seitenlänge der Grundfläche beträgt also 125 m.

Die dritte, vierte, fünfte, … Wurzel

Wir ziehen normalerweise nur sogenannte *Quadratwurzeln*. Quadratwurzel nennt man auch *zweite Wurzel*, weil es um *zwei* gleiche Faktoren geht: $\sqrt{36} = 6$; denn $6 \cdot 6 = 36$. Auch die *Wurzeltaste* des Taschenrechners ermittelt immer nur Quadratwurzeln. Das Zeichen $\sqrt{}$ bedeutet also „zweite Wurzel aus" oder „Quadratwurzel aus".

Weil man eine Zahl so oft mit sich malnehmen kann, wie man will, kann man aber auch umgekehrt genauso oft die Wurzel ziehen, also z. B. die dritte oder vierte oder fünfte oder zehnte Wurzel.

Die dritte Wurzel aus 27 ist 3; denn $3 \cdot 3 \cdot 3 = 27$. Das wird so aufgeschrieben: $\sqrt[3]{27} = 3$.
Oder: Die vierte Wurzel aus 16 ist 2, denn $2 \cdot 2 \cdot 2 \cdot 2 = 16$. Kurz notiert sieht das so aus: $\sqrt[4]{16} = 2$. Weil Wurzelziehen die Umkehrung des Potenzierens ist, gibt es auch fürs Wurzelziehen keine Grenzen. Aber ohne Computer ist das bei höheren Potenzen kaum zu leisten.

In den meisten Fällen wird aber die *Quadratwurzel* gezogen, also die *zweite* Wurzel. Weil das der „Normalfall" ist, wird das Wurzelzeichen auch nicht mit hochgestellter 2 vorneweg geschrieben, sondern sozusagen „nackt". Das „nackte" Zeichen $\sqrt{}$ bedeutet also immer „zweite Wurzel aus" oder „Quadratwurzel aus".

die **Zeit**

Jahr
Monat
Woche
Tag
Stunde
Minute
Sekunde

Bei allen Kulturvölkern dieser Welt ist die Zeit danach gemessen worden, wie die Erde zum Mond oder zur Sonne steht.

- Die Zeit von Sonnenaufgang bis Sonnenuntergang und von Sonnenuntergang bis Sonnenaufgang wird als ein Tag gezählt.
- Der Tag wurde in zweimal 12 Stunden aufgeteilt. Ein ganzer Tag dauert also 24 Stunden.
- Etwa alle 30 Tage steht der Mond als Vollmond am Himmel. Dieser Zeitabschnitt wird heute noch als *Monat* bezeichnet.
- Zwischendurch verändert der Mond etwa alle sieben Tage seine Gestalt. Daraus ist die Woche mit ihren 7 Tagen entstanden.
- Der längste Zeitabschnitt ist das Jahr, in dem sich die vier Jahreszeiten abspielen.
- Wenn bei uns heller Tag ist, ist es zum Beispiel in China schon später Abend oder in den USA noch ganz früh am Morgen. Das hängt damit zusammen, dass die Erde sich in 24 Stunden einmal um sich selbst dreht. Der Osten (also auch China) hat sich schon von der Sonne weg bewegt, während wir im Westen gerade von ihr beschienen werden.

Womit gerechnet wird

Die Zeit kann inzwischen auf Millionstel Sekunden genau gemessen werden. Aber die größeren Zeitabschnitte, die wir seit Tausenden von Jahren verwenden, enthalten immer noch Ungenauigkeiten. Und das wird wohl auch so bleiben. Weltweit hat man sich auf folgende Einheiten geeinigt. Mit ihnen wird auch gerechnet.

1. Wenn es genau sein soll:

- • 1 Jahr hat 365 Tage. 1 Schaltjahr hat 366 Tage.
- • 1 Woche hat 7 Tage.
- • 1 Tag hat 24 Stunden.
- • 1 Stunde (Std. oder h) hat 60 Minuten (min).
- • 1 Minute (min) hat 60 Sekunden (Sek. oder s).

Rätselhaft!

Nichts geht über ein perfekt gekochtes Frühstücksei. Für Kasimir muss es exakt 5 Minuten kochen, damit es noch schön weich, aber nicht mehr glibberig ist. Er hat allerdings nur zwei Eieruhren, von denen die eine in genau 4 Minuten durchläuft und die andere in genau 3 Minuten. Wie stellt er es an, die Kochzeit von exakt 5 Minuten einzuhalten? [1]

---

1) Kasimir dreht zuerst beide Eieruhren um. Wenn die 3er-Uhr durchgelaufen ist, dreht er sie sofort wieder um und wartet ab, bis die 4er-Uhr durchgelaufen ist (= 4 min.). Dann ist die 3er-Uhr 1 Minute gelaufen. Die 3er-Uhr dreht er also gleich noch einmal um, bis sie leer gelaufen ist. Dann sind 5 Minuten vorbei.

Übrigens: Wenn *ein* Ei 5 Minuten Kochzeit braucht, wie lange brauchen dann *vier* Eier für die ganze Familie? [1]

2. Wenn es nicht so genau sein muss:

> 1 Jahr hat 12 Monate oder 52 Wochen.
> 1 Monat hat 30 Tage oder 4 Wochen.

(Im Geschäftsleben wird *immer* mit 30 Tagen pro Monat gerechnet. Ein Geschäftsjahr hat daher 360 Tage.)

 Wievielmal tickt der Sekundenzeiger …
- … in einer Minute? [2]
- … in einer Stunde? [3]
- … an einem Tag? [4]
- … in einem ganzen Jahr? [5]

Wie viele Stunden vergehen in einem Jahr,…
- …wenn es genau darauf ankommt? [6]
- …wenn es nicht so genau darauf ankommt:
  In 52 Wochen? [7]
  In 12 Monaten à 4 Wochen à 7 Tagen? [8]

---

1) Natürlich auch nur 5 Minuten! In 20 Minuten wären alle Eier steinhart!
2) 60-mal
3) 3 600-mal
4) 86 400-mal
5) 31 536 000-mal (bei 365 Tagen)
6) 8 760 Std. (8 784 Std. im Schaltjahr)
7) In 52 Wochen: 8 736 Std.
8) In 12 Monaten à 4 Wochen à 7 Tagen: 8 064 Std.

Anton ist stolz: „Ich habe gestern ein Puzzle geschafft, da stand 5 bis 7 Jahre drauf. Und ich habe nur drei Stunden dafür gebraucht!"

Der Beginn der Zeitrechnung

In christlich geprägten Staaten hat man den Beginn der Zeitrechnung mit dem Tag verbunden, auf den man die Geburt von Jesus Christus festgelegt hat. Das ist der Beginn des Jahres 1. Das Jahr 2008 bedeutet also zweitausendacht Jahre nach Christi Geburt.

Bei den *Juden* fängt die Zählung 3 761 Jahre früher an. Nach ihrem Glauben hat Gott zu diesem Zeitpunkt die Welt erschaffen. Die *Muslime* fangen bei ihrer Zeitrechnung mit jenem Jahr an, in dem ihr Prophet Mohammed von Mekka nach Medina fliehen musste. Das war das Jahr 622 nach Christi Geburt.

Die *Buddhisten* bezeichnen das vermutliche Todesjahr ihres Religionsführers Buddha als das Jahr Null. Das war 483 Jahre vor Christi Geburt.

Bei uns werden historische Ereignisse, die *vor* Christi Geburt stattgefunden haben, mit dem Zusatz *v. Chr.* (vor Christus) gekennzeichnet. Zur Unterscheidung werden Ereignisse *nach* Christi Geburt mit *n. Chr.* gekennzeichnet. Alexander der Große z. B. hat 336 bis 323 v. Chr. regiert (es wird also „rückwärts" gezählt). Dagegen regierte Karl der Große 800 bis 814 n. Chr.

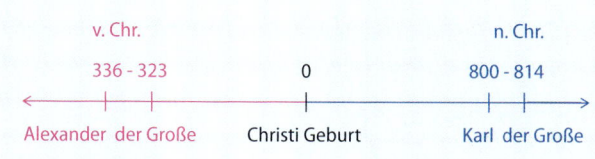

Zenti…

Längeneinheiten
Zentimeter

Früher wurde der *Zentimeter* mit „C" geschrieben: „Centimeter".
Daher wird auch das Kürzel noch so geschrieben: *cm*.
Der Wortteil „centi" hat mit dem lateinischen Wort „centum" zu
tun. „Centum" bedeutet „hundert". *Zenti…* bedeutet „hundertmal kleiner" oder „ein Hundertstel".

Wir kennen *Zenti…* in Zusammensetzung mit Maßeinheiten.

>
>
> *Zenti…* bedeutet immer „der hundertste Teil" oder
> „ein Hundertstel" ($\frac{1}{100}$).

---

1) Der Witz besteht darin, dass die Menschen im Jahre 480 *vor* Christi Geburt
   natürlich noch nicht wissen konnten, wann Christus geboren wird und deshalb die
   Amphore auch nicht mit 480 v. Chr. signieren konnten. Die Amphore ist also eine
   Fälschung aus der Zeit n. Chr.

Die Zenti-Einheiten

1 Zentiliter $= \frac{1}{100}$ Liter   1 cl $= \frac{1}{100}$ l

1 Zentimeter $= \frac{1}{100}$ Meter   1 cm $= \frac{1}{100}$ m

Auch ein *hundertstel* Euro ist dem Wert nach ein „Zenti-Euro" (also: $\frac{1}{100}$ Euro). Wir nennen und schreiben ihn aber wie die amerikanische Münze „Cent".

der **Zentimeter (cm)**

Der *Zentimeter* ist eine Längeneinheit. Das Wort setzt sich aus *Zenti*- (= hundertstel) und *Meter* zusammen.

Längeneinheiten
Meter
Millimeter
Zenti...

Ein Zentimeter ist ein hundertstel Meter.

In der Maßeinheit Zentimeter werden kleinere Gegenstände und Längen gemessen.

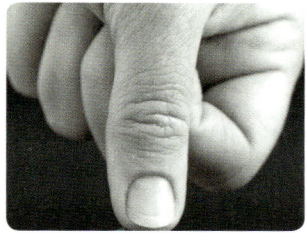

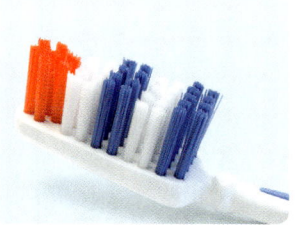

Eure Fingernägel sind vielleicht 1 cm lang.

Die Borsten einer Zahnbürste sind ca. 1 cm lang.

Ein Streichholz ist gut 5 cm lang.

515

100 Zentimeter=	1 Meter	**Kurz:**	100 cm =	1 m
10 Zentimeter=	1 Dezimeter	**Kurz:**	10 cm =	1 dm
1 Zentimeter=	10 Millimeter	**Kurz:**	1 cm =	10 mm

Informationen und Beispiele zum Umrechnen von einer Längen-einheit in die andere findet ihr unter den Stichwörtern **Längen-einheiten** und **Kommazahl**.

der **Zentner (Ztr.)**

Gewichtseinheiten
Pfund

Der *Zentner* ist eine Gewichtseinheit, die offiziell nicht mehr gilt. In der Umgangssprache wird der Begriff aber noch ge-braucht. Der Zentner entspricht dem Gewicht eines Kohlen- oder Kartoffelsacks, der gerade noch auf dem Buckel ge-schleppt werden kann.

1 Zentner = 50 Kilogramm **Kurz:** 1 Ztr. = 50 kg

Zentner wurde früher mit „C" geschrieben: „Centner". Daran kann man erkennen, woher der Begriff stammt.
Im Lateinischen bedeutet *centum* „hundert". Der Zentner war hundertmal so schwer wie ein anderes veraltetes Gewicht, das Pfund. Es entsprach 500 g.

1 Zentner = 100 Pfund **Kurz:** 1 Ztr. = 100 ℔

In der Landwirtschaft wird gern noch mit der Gewichtseinheit *Doppelzentner* gerechnet. Für dasselbe Gewicht gibt es inzwischen die Bezeichnung *Dezitonne* (= $\frac{1}{10}$ Tonne).

 1 Doppelzentner = 100 Kilogramm **Kurz:** 1 dz = 100 kg

1 Doppelzentner = 1 Dezitonne **Kurz:** 1 dz = 1 dt

die **Ziffer**

Stellen wir uns einmal Folgendes vor: Wenn in alten Zeiten ein Ägypter und ein Römer über den Verkauf von zehn Kühen handelseinig waren, schrieb der Römer in den Kaufvertrag „X Kühe erhalten!" und der Ägypter: „Betrag für ∩ Kühe erhalten". Wenn nun noch ein Chinese als Aufpasser dabei war, schrieb er: „Der Verkauf von  Kühen wird hiermit bestätigt!"
Für alle drei ging es um ein und dieselbe *Zahl*, nämlich Zehn, aber jeder hatte eine andere *Ziffer* dafür, der eine X, der andere ∩, der dritte . (Wie sich die drei ansonsten verständigt haben mögen, soll hier mal ganz außer Acht gelassen werden!)

Zahl und *Ziffer* sind nicht dasselbe. Ziffern sind nur die Schriftzeichen für Zahlen. Das sind ausgedachte Zeichen, die überall auf der Welt anders ausgesehen haben.

Dezimalsystem
Römische Zahlen
Null
Stufenzahlen
potenzieren

Innerhalb eines Kulturkreises hat man sich auf seine Zahlzeichen geeinigt, so dass jeder gebildete Römer beim Anblick der Ziffer X an die Zahl Zehn dachte, der Ägypter bei seiner Ziffer ∩ ebenfalls und der Chinese bei ✝ genauso. Die gemeinte *Zahl* steht also unverrückbar fest, die *Ziffer* dafür kann ganz unterschiedlich aussehen.

Ziffern wurden erfunden, damit man Zahlen aufschreiben konnte. Weil man nicht für jede Zahl ein eigenes Zeichen erfinden wollte, das man sich ja auch hätte merken müssen, wurden überall *Zeichensysteme* entwickelt, mit denen die Zahlen übersichtlich dargestellt werden konnten. Dabei unterscheidet man zwischen *additiven Ziffernsystemen* und *Stellenwertsystemen*.

Additive Ziffernsysteme

Für die Eins hat es in vielen Ziffernsystemen einen einfachen Strich oder eine Einkerbung gegeben: I. Das Grundprinzip *additiver* Systeme bestand nun darin, für die Zahl Zwei zwei Striche zu machen II , für die Zahl Drei drei Striche III, usw. Man zählte also eins und eins und eins zusammen und ersparte sich damit Zeichen für die Zwei, die Drei, usw. Ab der Zahl Fünf wird eine solche Strichreihe aber unübersichtlich: IIIII. Man kann sie nicht mehr so leicht auf einen Blick erfassen. Bei IIIIII flimmert es einem schon vor den Augen.

Nun gab es zwei Möglichkeiten, das Problem zu lösen:
Entweder wurden die gleichen Zeichen übersichtlich aufgeteilt wie z. B. bei den Babyloniern, die die so genannte Keilschrift verwendeten.
Oder man gab der Fünf und dann wieder der Zehn ein eigenes Zeichen, wie ihr es sicher von den Römischen Zahlen her kennt.

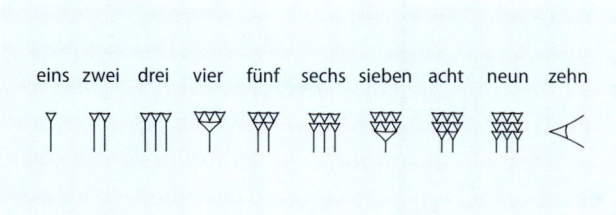

Die Zahlen Eins bis Zehn in der Keilschrift.

 Ihr könnt die folgenden Zahldarstellungen in der Keilschrift sicher entziffern.
Übertragt sie in unsere Schreibweise. [1]

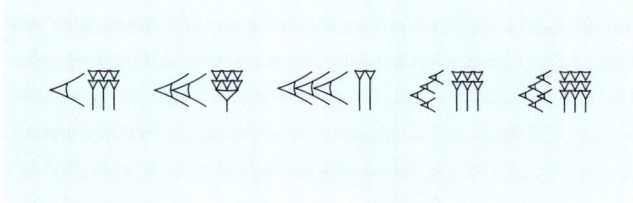

Mit additiven Ziffernsystemen konnte man Zahlen zwar recht eindeutig darstellen, aber *schriftliches Rechnen* war nicht möglich. Und je höher die Zahlen wurden, desto mehr Zeichen mussten zusammengefügt werden, sodass die Übersichtlichkeit verloren ging.

1) 16; 27; 32; 46; 59

Stellenwertsysteme

Den großen Durchbruch in der Geschichte der Zahlen- und Ziffernsysteme brachte die Erfindung der Null.

Die Zahlenwerte der Ziffern

Beim *additiven System* hatte jede Ziffer ihren eigenen Zahlenwert. Ob die V bei den Römischen Zahlen ganz allein dastand oder in Kombination mit I, also z. B. VIII (= 5 + 1 + 1 + 1) oder in Kombination mit X, also z. B. XXV (= 10 + 10 + 5), sie hatte immer den Wert von fünf Einern. Ob sie vorn stand oder hinten oder in der Mitte der Zahl, ihr Wert blieb immer gleich fünf.

Beim *Stellenwertsystem* richtet sich der Wert einer Ziffer danach, an welcher Stelle der Zahl die Ziffer steht. In unserem Zehnersystem ist jede Ziffer immer zehnmal so viel wert, wie die Ziffer auf der Stelle rechts davor.

111

Die drei Einsen haben in unserem Stellenwertsystem also nicht – wie bei den additiven Ziffernsystemen – den Wert von 1 + 1 + 1 = 3, sondern den Wert von 100 + 10 + 1 = 111.

Mehr Informationen zum **Dezimalsystem** findet ihr unter dem betreffenden Stichwort.

Die arabischen Ziffern

Mit der Erfindung der Null wurden nur noch 10 verschiedene Ziffern gebraucht, um alle Zahlen bis ins Unendliche aufschreiben zu können: 1, 2, 3, 4, 5, 6, 7, 8, 9, 0.

Wir nennen unsere Ziffern *arabische Ziffern*. Aber ursprünglich stammen sie von den Indern. Die Araber haben sie auf ihren Handelsreisen nach Indien kennen gelernt und sie dann auch an das Abendland weitergegeben.

Aus Überlieferungen wissen wir, dass die Ziffern der Inder schon vor mehr als tausend Jahren zum Teil so ausgesehen haben, wie wir sie heute noch schreiben:

٦	2	٤	8	9	٤	٦	T	৬	٦٥	٦٦	٦٤	...	٦৬	٤٥	...	٤٤
1	2	3	4	5	6	7	8	9	10	11	12	...	19	20	...	26

Mehrstellige Zahlen

Ab 10 gibt es keine neuen Zahlzeichen mehr. Stattdessen werden die Zahlen zweistellig notiert, ab 100 dreistellig, ab 1 000 vierstellig, usw.

Je mehr Ziffern (und damit Stellen) eine Zahl hat, desto höher ist sie. Das ist bei den additiven Ziffernsystemen nicht der Fall. So hat die Römische Zahl XXXVIII (28) zum Beispiel viel mehr Ziffern als die wesentlich höhere Zahl C (100). Und die Zahl *Tausendeins* schrieb man MI. Dass es darin keine Hunderter und keine Zehner gab, spielte keine Rolle. Was nicht da ist, ist eben nicht da! Die Null als Platzhalter war unbekannt.

Mehr zur Null als Platzhalter findet ihr unter dem Stichwort **Null**.

Andere Stellenwertsysteme und das Dualsystem

Es hat in der Geschichte der Zahlen noch ganz andere Stellenwertsysteme gegeben. In vielen Kulturen war z. B. nicht die Zehn die Basis des Stellenwertsystems, sondern z. B. die 20 oder die 16 oder die 60. Dort begann es mit der Zweistelligkeit einer Zahl also erst ab zwanzig oder sechzehn oder sechzig.

Die Zahlen-reihe im Dualsystem	Der Wert in unserem Zehner-system:
I	1
I 0	2
I I	3
I 0 0	4
I 0 I	5
I I 0	6
I I I	7
I 0 0 0	8
I 0 0 I	9
I 0 I 0	10
I 0 I I	11
I I 0 0	12
I I 0 I	13
I I I 0	14
I I I I	15
I 0 0 0 0	16

Aber alle Stellenwertsysteme konnten nur mit der Null als Platz-halter funktionieren.

So ist es auch mit dem so genannten Dualsystem, das bei der Datenverarbeitung im Computer verwendet wird. Dual hat mit dem lateinischen Wort „duo" zu tun. Das bedeutet „zwei". Die *Basis* ist also die *Zwei*, für die es – wie bei unserer Basis *Zehn* – schon kein eigenes Zahlzeichen mehr gibt. Vielmehr wird die *Zwei* genauso geschrieben wie unsere *Zehn*, nämlich 10. Man sagt nur nicht „zehn", sondern „eins-null", denn der Wert von „eins-null" beträgt ja nur soviel wie ▫▫ oder ▫○ oder ★★ oder ❤❤ oder ❤★ oder, oder, oder…

Es gibt bei diesem System also nur die beiden Ziffern **I** und **0**. Die Zwei ist bereits die zweistellige „eins-null" (=**I0**) und unse-re 3 ist dann **II**. Unsere 4 ist schon dreistellig: **I00**. So geht es im Prinzip genauso weiter wie in unserem Zehnersystem.

Stellt euch vor, dass es irgendwo im Weltall intelligente Wesen gibt, die mit ihren zwei Fühlern zählen. Das muss nicht bedeu-ten, dass sie nur bis zwei zählen können, so wie auch wir mit unseren zehn Fingern nicht nur bis zehn zählen können. Sie kommen vielmehr mit zwei Ziffern aus, um alle Zahlen auf-schreiben zu können. Das sind die Ziffern **I** und **0**. Die Basis ihres Stellenwertsystems ist die Zwei.

Die Computerfachleute machen es genauso, als hätten sie nur zwei Finger zum Zählen. Der Vorteil dieses Stellenwertsystems besteht darin, dass man zwei Ziffern z. B. durch einfaches Ein-schalten (1) und Ausschalten (0) des Stroms schneller „schrei-ben" kann als zehn Ziffern.

Um die Zahlen im Dualsystem in unser vertrautes Zehnersys-tem übersetzen zu können, wendet man ganz mechanisch die Potenzen von 2 an:

- Die **l 0 0** hat *zwei* Nullen und bedeutet daher 2^2 $(= 2 \cdot 2 = 4)$.
- Die **l 0 0 0** hat *drei* Nullen und bedeutet daher 2^3
  $(= 2 \cdot 2 \cdot 2 = 8)$.
- **l l 0 0** $(= $ **l 0 0 0** $+$ **l 0 0**$)$ bedeutet dann: $2^3 + 2^2$
  $(= 2 \cdot 2 \cdot 2 + 2 \cdot 2 = 12)$. [1]

➜ Um welche Zahlen in unserem Zehnersystem handelt
es sich dann bei den folgenden Zahldarstellungen im
Dualsystem?
- **l 0 0 l 0 0** [2] · **l l l 0 0** [3]
- **l 0 l l 0 0** [4] · **l l 0 l 0 0 0** [5]

der **Zoll (")**

Das Wort „Zoll" hat in der deutschen Sprache zwei unterschied- **Körpermaße**
liche Bedeutungen, die nichts miteinander zu tun haben.
1. An manchen Grenzen muss man *Zoll* bezahlen, wenn man
   wertvolle Waren oder Genussartikel ein- oder ausführt. Dort
   gibt es auch eine *Zollschranke* und *Zollbeamte*. In Flughä-
   fen muss man manchmal durch die *Zollkontrolle*.
2. Zum anderen gibt es den *Zoll* als *Maßeinheit*. Bei uns ist
   diese Maßeinheit nicht mehr so gebräuchlich, weil sie nicht
   ins Zehnersystem der anderen Maßeinheiten passt. Von
   Handwerkern wird der Zoll aber oft noch als Maßeinheit

---

1) Wir haben die **l** und die **l 0** hier weggelassen, weil die Potenzen ein bisschen
   schwer zu durchschauen sind. Wen es dennoch interessiert: **l** $= 2^0 = 1$ und **l 0** $= 2^1 = 2$.
2) $2^5 + 2^2 = 32 + 4 = 36$
3) $2^4 + 2^3 + 2^2 = 16 + 8 + 4 = 28$
4) $2^5 + 2^3 + 2^2 = 32 + 8 + 4 = 44$
5) $2^6 + 2^5 + 2^3 = 64 + 32 + 8 = 104$

verwendet. Der *Zollstock*, den wir zum Messen verwenden, hat seinen Namen auch vom Zoll als Maßeinheit. Bei uns haben die meisten Zollstöcke heute aber eine Meter-, Zentimeter- und Millimetereinteilung.

In England und Amerika (und in den anderen englischsprachigen Ländern) ist der Zoll ein Maß, das sogar üblicher ist als Zenti- oder Dezimeter. Dort heißt *Zoll* „inch". Weltweit ist der *Zoll* bzw. *inch* inzwischen vereinheitlicht.

1 Zoll (inch) entspricht exakt 25,4 mm.
Über den Daumen rechnet man mit 25 mm bzw. 2,5 cm.
Das Zeichen für Zoll sind zwei hochgestellte Strichelchen, wie „Gänsefüßchen": 20 ″.

Bei uns ist der Zoll noch bei Radgrößen üblich. Kinderräder haben z. B. einen Durchmesser von 20 oder 24 Zoll. Räder für Erwachsene gibt es in den Größen 26 oder 28 Zoll.
Welchem Durchmesser entspricht das in der Maßeinheit Zentimeter? [1]

Auch bei Fernsehern und Monitoren wird die Bildschirmdiagonale in Zoll angegeben.

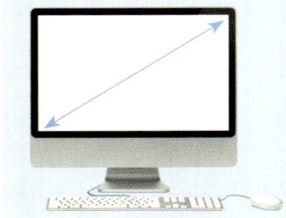

---

1) • 20 Zoll = 50,8 cm; 24 Zoll = 60,96 cm; 26 Zoll = 66,04 cm; 28 Zoll = 71,12 cm
• Über den Daumen: ≈ 50 cm; ≈ 60 cm; ≈ 65 cm; ≈ 70 cm

zusammenzählen

addieren

der **Zylinder**

Wenn von einem Zylinder die Rede ist, denken wir vielleicht an einen eleganten Hut, den die Herren früher zum Frack getragen haben oder aus dem Zauberer gern weiße Kaninchen hervorzaubern. Seinen Namen hat so ein Hut von der zylindrischen Form bekommen. Das Wort „Zylinder" kommt aus dem Griechischen, wo „kylindros" „Walze" oder „Rolle" bedeutet.

Körper
Kreis
Radius
Pi
Oberfläche
Volumen

Zylinder in der Umgebung

Wenn ihr euch in eurer Umgebung umschaut, werdet ihr eine ganze Menge zylinderförmiger Gegenstände finden. Ihr könnt ja mal einige Dinge sammeln, fotografieren oder aufschreiben und euch gegenseitig Zylinder-Rätsel aufgeben: „Mein Zylinder ist 16 Zentimeter lang und hat einen Durchmesser von 7 Millimetern" (Bleistift). – „Mein Zylinder ist hohl und oben und unten offen. Sein Umfang beträgt etwa 14 Zentimeter und er ist 10 Zentimeter hoch" (Papprolle vom Klopapier).

Merkmale

Auch in der Geometrie ist mit *Zylinder* ein walzenförmiger Körper gemeint.

Seine Form setzt sich aus der kreisförmigen Grund- und Deckfläche sowie dem Mantel zusammen, den man sich als Papprolle vorstellen kann. Wenn man die Rolle abwickelt, erhält man eine rechteckige Fläche.

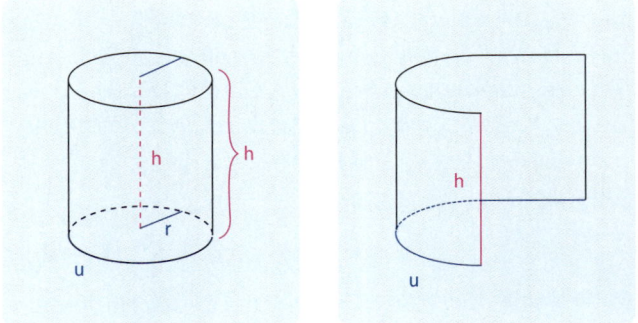

Die eine Seite des Rechtecks ist genauso lang wie der Umfang u des Zylinders. Die andere Seite ist die Höhe h.

Das Netz eines Zylinders sieht dann so aus:

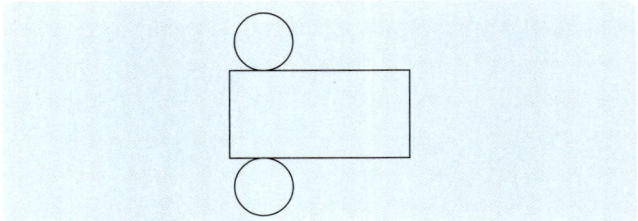

Zur Berechnung der **Oberfläche** und des **Volumens** eines Zylinders schaut unter den betreffenden Stichwörtern nach.

Abkürzungen · Kürzel · Zeichen

Beim Aufschreiben von Maßangaben verwenden wir gern Kürzel, damit wir nicht so viel schreiben müssen. Es ist auch übersichtlicher. Hier findet ihr alle Kürzel, die man so braucht. Sie sind alphabetisch geordnet. Einige Begriffe haben auch Zeichen als Kürzel, z.B. „Grad". Erklärungen zu den Begriffen findet ihr in diesem Lexikon.

Cent	ct
Dezigramm	dg
Deziliter	dl
Dezimeter	dm
Dezitonne	dt
Doppelzentner	dz
Dutzend	Dtzd.
Euro	€
Giga...	G
Grad	°

z. B. 25° Wärme;
ein Winkel von 90°

Gramm	g
Hektar	ha
Hektoliter	hl
Joule	J
Kalorie	cal
Kilogramm	kg
Kilometer	km

Kilometer pro Stunde km/h
(h= hora: lat. Stunde)

Kilowatt	kw
Kubikdezimeter	dm³

(Dezimeterwürfel)

Kubikmeter	m³

(Meterwürfel)

Kubikmillimeter	mm³

(Millimeterwürfel)

Kubikkilometer	km³

(Kilometerwürfel)

Kubikzentimeter	cm³

(Zentimeterwürfel)

Lichtjahr	ly

(englisch: lightyear)

Liter	l
Meter	m
Milligramm	mg
Milliliter	ml
Millimeter	mm
Million	Mio.
Milliarde	Mrd.
Minute	min
Pferdestärke	PS
Pfund	
• Gewicht:	℔
• englische Währung (pound):	£

Prozent	%
Quadratdezimeter	dm²
(Dezimeterquadrat)	
Quadratmeter	m²
(Meterquadrat)	
Quadratmillimeter	mm²
(Millimeterquadrat)	
Quadratkilometer	km²
(Kilometerquadrat)	
Quadratzentimeter	cm²
(Zentimeterquadrat)	
Radius	r
Sekunde	Sek. oder s
(in diesem Lexikon wird die	
Abkürzung „**Sek.**" verwendet!)	
Stunde	Std. oder h
(= hora: lat. Stunde)	
Tausend	Tsd.

Zeichen und Symbole:

plus	+
minus	–
mal	•
geteilt durch	:
ist gleich	=
ist nicht gleich	≠
ist ungefähr	≈
ist größer als	>
ist kleiner als	<
Wurzel aus	$\sqrt{}$
Exponent	
z. B. 3² oder 10⁶	
(Hochzahl)	
entspricht	≙

Zeichen, die statt des Gleichheitszeichens verwendet werden (=):

entspricht	≙
ist ungefähr	≈

REGISTER

Die tiefblau gefärbten **Stichwörter** haben einen eigenen Eintrag im Lexikon. Ihr könnt sie also auch dem Alphabet nach suchen. Die hellblauen Stichwörter haben keinen eigenen Eintrag im Lexikon. Ihr findet dazu aber bei den →**Verweisen** ein paar Informationen auf den angegebenen Seiten.

Seite

10   ullstein bild / Springer Pics
10   NicoleNeumann / Jahreszeitenverlag
12   © Vladimir Popovic – fotolia.com
14   wikipedia.org
18   Shutterstock © Shi Yali
32   © Claudio Divicia – fotolia.com
48   Shutterstock © dwphotos
64   Artothek, Weilheim © Peter Willi
64   Shutterstock © Fanfo
69   © Samuel Grondin – fotolia.com
71   © Aloysius Patrimonio – fotolia.com
74   © Claudio Divicia – fotolia.com
85   Shutterstock © Leighton Photography & Imaging
88   wikipedia.org
89   akg-images
90   wikipedia.org
90   Deutsche Bundesbank
91   wikipedia.org
92   © PhotoCreate – fotolia.com
93   TV-yesterday
95   akg-images/ James Morris
104 © Helmut Niklas – fotolia.com
118 © PASQ – fotolia.com
119 Johnny/shotshop
123 © Sven Hoppe – fotolia.com
124 © Fotoplaner – fotolia.com
124 Shutterstock © burkovsky
126 Foto: BilderBox.com
129 © Lennartz – fotolia.com
129 © TimurD – fotolia.com
130 © christian42 – fotolia.com
130 © elemental imaging – fotolia.com
131 Shutterstock
131 © Christine Hanke – fotolia.com
135 Shutterstock © Peter Hansen
136 wikipedia.org © Ralf Roletschek
137 picture alliance / dpa
140 ullstein bild / Schöning
141 © Tommy Toons – fotolia.com
145 Michael Kempf / shotshop
145 Andre Bonn / shotshop
145 © Katja Behms – fotolia.com
149 © Elena Rachkovskaya – fotolia.com
149 © Michael Röhrich – fotolia.com
149 Lars Menz
150 Shutterstock © Sylvain Legare
151 Shutterstock © Paul Paladin

152 wikipedia.org © Lokilech
153 © kmit – fotolia.com
153 ullstein bild / Sven Simon
155 © pero-design – fotolia.com
162 Shutterstock © Marcus Miranda
162 © objectsforall – fotolia.com
163 © Sean Gladwell – fotolia.com
163 © Katja Behms – fotolia.com
163 © Leo Blanchette
164 Shutterstock © Yiannis Papadimitriou
176 © Sandra Brunsch – fotolia.com
176 © Drawos – fotolia.com
176 © TimurD – fotolia.com
176 © Fux – fotolia.com
177 © KeeT – fotolia.com
177 © Internet-Fotograf – fotolia.com
177 © Nadedja Degtyareva – fotolia.com
178 © waugi – fotolia.com
186 © David Rumscheid – fotolia.com
186 © Sascha Tiebel – fotolia.com
192 © Lennartz – fotolia.com
193 © Accent – fotolia.com
197 Friedrich Mediengestaltung / Cordula Johannes
201 © mauritius images / Phototake
202 BPK, Berlin / Scala
203 Shutterstock © Terrance Emerson
204 © Dieter Hahn – fotolia.com
204 Lars Menz
205 akg-images
205 wikipedia.org
206 wikipedia.org
211 Shutterstock © Georgijevic Miroslav
216 Shutterstock © Chepe Nicoli
221 BPK, Berlin / Museo Pio, Musei Vaticani, Vatikan / Scala
221 BPK, Berlin / Alfredo dagli orti
223 Shutterstock © Gala_Kan
223 Shutterstock © PhotoCreate
231 © Bernd Kröger – fotolia.com
231 Shutterstock © Andresr
233 © h.punkt.de – fotolia.com
237 Shutterstock © Paul Paladin
240 Shutterstock © Drahomir Kalina
241 picture alliance / dpa / dpaweb
241 © Vloenerjung – fotolia.com
249 Stephanie Poschmann / Shotshop

252 Foto: BilderBox.com
254 © Catherine Sharashidze – fotolia.com
266 © Barbara Helgason – fotolia.com
271 Mathematikum Gießen / Fotograf: Rolf K. Wegst
273 Shutterstock © Sergei Tarasov
277 Shutterstock © Skaljac
293 face to face
296 Globus Infografik, Hamburg
298 © Nabil Biyahmadine – fotolia.com
300 blickwinkel / K. Thomas
301 BPK, Berlin / Alfredo dagli orti
315 © Xavier Marchant – fotolia.com
316 © Cwuchen – fotolia.com
316 © Cryssfotos – fotolia.com
316 © Kmit – fotolia.com
327 akg-images
335 © Sigtrix – fotolia.com
336 © Karl-Heinz Spremberg – fotolia.com
342 Lars Menz
347 © KeeT – fotolia.com
347 © Volkmar Gorke – fotolia.com
350 © Marco Genzel – fotolia.com
355 wikipedia.org
357 © Kalle Kolodziej – fotolia.com
358 wikipedia.org © Asio_otus
359 akg-images
361 Landschaftsverband Rheinland / Rheinisches Landesmuseum Bonn
368 akg-images
369 Sigbert Georgi / shotshop
372 © Wolfgang Jargstorff – fotolia.com
374 blickwinkel / E. Hummel
383 © Richard Blaker – fotolia.com
383 © Caila – fotolia.com
383 Shutterstock © Arindam Das
383 Foto: BilderBox.com
383 © Ramona Heim – fotolia.com
387 © Zeit4men – fotolia.com
389 Shutterstock © Lavigne Herve
399 Eis Info Service, Köln
425 © Martin Simonet – fotolia.com
425 © Otto Durst – fotolia.com
425 © Felix Horstmann – fotolia.com
425 Shutterstock © Photo Create
432 © NoahGolan – fotolia.com

432 BPK, Berlin
433 Shutterstock © Asasirov
439 Shutterstock © Albo003
424 Idee aus: Radatz, H. /Schipper, W. Handbuch für den Mathematikunterricht an Grundschulen, 1983; S. 173
440 akg-images
441 wikipedia.org
442 © Accent – fotolia.com
442 © Eisenhans – fotolia.com
442 © Christian Lück – fotolia.com
443 © klikk – fotolia.com
443 © Andreas Meyer – fotolia.com
448 © Jaume Felipe – fotolia.com
460 Ernst Giger / Shotshop
460 Shutterstock © AnutkaT
461 © Daiga – fotolia.com
461 © Food – fotolia.com
471 picture alliance / dpa
479 © Sebastian Kaulitzki – fotolia.com
483 Volkmar Schulz / Keystone
484 Foto: BilderBox.com
487 Foto: BilderBox.com
493 Shutterstock © Claudio Baldini
494 di-art / Shotshop
498 © Chris Harvey – fotolia.com
504 © Lucky Dragon – fotolia.com
510 Thomas Imo / photothek.net
515 Shutterstock © South12 Photography
515 © Daniel Käsler – fotolia.com
515 Shutterstock © Franck Chazot
522 Shutterstock © errni
524 Shutterstock © VisualStock
525 © Tomasz Wojnarowicz – fotolia.com
525 © Goos Lar – fotolia.com
525 © JK – fotolia.com

Alle anderen Fotos:
Friedrich Mediengestaltung / Martina Heskamp

Nicht in allen Fällen war es uns möglich, den Rechteinhaber der Bilder ausfindig zu machen. Berechtigte Ansprüche werden selbstverständlich im Rahmen der üblichen Vereinbarungen abgegolten.